ABUNDÂNCIA
E LIBERDADE

COLEÇÃO
ESTADO de SÍTIO

PIERRE CHARBONNIER

ABUNDÂNCIA E LIBERDADE

UMA HISTÓRIA AMBIENTAL DAS IDEIAS POLÍTICAS

Tradução de Fabio Mascaro Querido

© desta edição, Boitempo, 2021
© Éditions La Découverte, Paris, 2020

Traduzido do original em francês:
Pierre Charbonnier, *Abondance et liberté: une histoire environnementale des idées politiques*
(Paris, La Découverte, 2020)

Direção-geral	Ivana Jinkings
Edição	Frank de Oliveira
Coordenação de produção	Livia Campos
Assistência editorial	Camila Nakazone
Tradução	Fabio Mascaro Querido
Preparação	Trisco Comunicação
Revisão	Adriana Bairrada
Capa	Heleni Andrade
	sobre foto de Simon Berger (Unsplash)
Diagramação	Antonio Kehl

Equipe de apoio Artur Renzo, Carolina Mercês, Débora Rodrigues, Elaine Ramos, Frederico Indiani, Higor Alves, Ivam Oliveira, Jéssica Soares, Kim Doria, Luciana Capelli, Marcos Duarte, Marina Valeriano, Marissol Robles, Marlene Baptista, Maurício Barbosa, Pedro Davoglio, Raí Alves, Thais Rimkus, Tulio Candiotto

CIP-BRASIL. CATALOGAÇÃO NA PUBLICAÇÃO
SINDICATO NACIONAL DOS EDITORES DE LIVROS, RJ

C433a

Charbonnier, Pierre, 1983-
Abundância e liberdade : uma história ambiental das ideias políticas / Pierre Charbonnier ; tradução Fabio Mascaro Querido. - 1. ed. - São Paulo : Boitempo, 2021.

(Estado de sítio)

Tradução de: Abondance et liberté : une histoire environnementale des idées politiques
Inclui bibliografia e índice
ISBN 978-65-5717-096-0

1. Ecologia - Filosofia. 2. Ecologia - Aspectos políticos. 3. Ecologia política - História. 4. Ciência política - Filosofia. I. Querido, Fabio Mascaro. II. Título. III. Série.

21-72994

CDD: 304.2
CDU: 574(1:32)

Camila Donis Hartmann - Bibliotecária - CRB-7/6472

Cet ouvrage, publié dans le cadre du Programme d'Aide à la Publication année 2021 Carlos Drummond de Andrade de l'Ambassade de France au Brésil, bénéficie du soutien du Ministère de l'Europe et des Affaires étrangères.

Este livro, publicado no âmbito do Programa de Apoio à Publicação ano 2021 Carlos Drummond de Andrade da Embaixada da França no Brasil, contou com o apoio do Ministério francês da Europa e das Relações Exteriores.

AMBASSADE DE FRANCE AU BRÉSIL
Liberté
Égalité
Fraternité

É vedada a reprodução de qualquer
parte deste livro sem a expressa autorização da editora.

1ª edição: setembro de 2021

BOITEMPO
Jinkings Editores Associados Ltda.
Rua Pereira Leite, 373
05442-000 São Paulo SP
Tel.: (11) 3875-7250 / 3875-7285
editor@boitempoeditorial.com.br
boitempoeditorial.com.br | blogdaboitempo.com.br
facebook.com/boitempo | twitter.com/editoraboitempo
youtube.com/tvboitempo | instagram.com/boitempo

SUMÁRIO

Introdução 9

1. Crítica da razão ecológica 17
   O tecido da liberdade 17
   A outra história. Ecologia e questão social 22
   Por uma história ambiental das ideias 25
   Subsistir, habitar, conhecer 29
   Autonomia e abundância 35

2. Soberania e propriedade. A filosofia política e a terra 45
   As *affordances* políticas da terra 45
   Grotius: o Império e a posse 52
   Locke: o cidadão melhorador 60

3. O grão e o mercado. Ordem mercantil e economia orgânica no século XVIII 71
   O bom uso da terra 71
   O reino agrário dos fisiocratas 74
   O pacto liberal: Adam Smith 81
   Dois tipos de crescimento 87
   Fichte: a ubiquidade dos modernos 92

4. O novo regime ecológico 99
   De um liberalismo a outro 99
   Os paradoxos da autonomia: Guizot 104
   Os paradoxos da abundância: Jevons 110

Extrações coloniais 116

A autonomia-extração: Tocqueville 121

5. A democracia industrial. De Proudhon a Durkheim 127

Revoluções e indústria 127

Propriedade e trabalho 129

Proudhon, crítico do pacto liberal 134

O idioma da fraternidade 139

Durkheim: "carbon sociology" 141

As *affordances* políticas do carvão 151

6. A hipótese tecnocrática. Saint-Simon e Veblen 157

Fluxos de matéria e arranjos de mercado 157

Saint Simon: uma nova arte social 161

A normatividade técnica dos modernos 165

O desnudamento do esquema produtivo 169

Veblen e o culto da eficiência 172

O engenheiro e a propriedade 177

7. A natureza em uma sociedade de mercado 189

Marx, pensador da autonomia 189

O bom uso da floresta 193

Tecnologia e agronomia 196

A conquista do globo 203

Karl Polanyi: proteger a sociedade, proteger a natureza.......207

O desengate 212

Socialismo, liberalismo, conservadorismo 215

8. A grande aceleração e o eclipse da natureza 227

Freedom from want 227

Emancipação e aceleração: Herbert Marcuse 231

Petróleo e átomo: as energias invisíveis 237

9. Riscos e limites: o fim das certezas 247

Alertas e controvérsias 247

Crítica do desenvolvimento e naturalismo político 250

O risco e a reinvenção da autonomia............................261

O impasse: entre *colapso* e *resiliência*...........................269

10. O fim da exceção moderna e a ecologia política.............275

Simetrizações..275

Autoridade e composição...283

Sob o naturalismo, a produção..................................287

O intercâmbio ecológico desigual..............................295

Provincializar a crítica...301

Uma nova cartografia conceitual................................307

11. A autoproteção da terra...311

A mutação das expectativas de justiça.........................311

A autonomia sem abundância....................................320

Rumo a um novo sujeito crítico.................................330

Conclusão. Reinventar a liberdade...................................339

Bibliografia...347

Índice onomástico...365

INTRODUÇÃO

Durante o tempo necessário para escrever este livro, o observatório americano em Mauna Loa, Havaí, indica que a concentração de CO_2 na atmosfera ultrapassou a marca das 400 partes por milhão e, em seguida, das 410 partes por milhão[1]. Essas medidas atestam que, na escala de uma atividade tão pequena quanto a redação de um livro de filosofia, a realidade ecológica se transforma silenciosamente em proporções espetaculares. Ressalte-se apenas que esse valor havia permanecido abaixo da marca de 300 partes por milhão ao longo de toda a história humana pré-industrial, e que o autor destas linhas nasceu quando a conta estava em 340 partes por milhão. Um estudo alemão bastante difundido mostrou também que a biomassa de insetos voadores foi reduzida em 76% em 27 anos[2]: apesar das medidas de proteção e da criação de áreas naturais, três quartos dos insetos desapareceram em poucas décadas. E isso ainda é apenas uma pista em meio a um vasto conjunto de pesquisas sobre a degradação dos solos, da água, das funções de polinização e de manutenção dos ecossistemas[3], as quais indicam que a transformação da Terra ocorre agora em um ritmo comensurável com a duração de uma vida, e até mesmo de um simples projeto de escrita.

Ao longo do mesmo período de cinco anos, o cenário político global passou por transformações igualmente impressionantes. A ascensão ao

---

[1] Ver o site da National Oceanic and Atmospheric Administration: <www.esrl.noaa. gov/gmd/ccgg/trends>.

[2] Caspar A. Hallmann et al., "More than 75 percent decline over 27 years in total flying insect biomass in protected areas", *PLoS ONE*, v. 12, n. 10, 2017.

[3] Ver especialmente os trabalhos da Intergovernmental Science-Policy Platform on Biodiversity and Ecosystem Services IPBES: <www.ipbes.net>.

10 • Abundância e liberdade

poder de Donald Trump nos Estados Unidos, em 2017, de Jair Bolsonaro no Brasil, em 2019, mas também a vitória dos partidários do Brexit, em junho de 2016, são os marcos mais claros de uma série de acontecimentos frequentemente interpretados como a desintegração da ordem liberal. Em vários lugares do mundo, um movimento de retorno às fronteiras e de conservadorismo social enlaça certos perdedores do globalismo desesperadamente à procura de novos protetores e as elites econômicas determinadas a envolver os povos no jogo da rivalidade entre as nações, a fim de preservar a acumulação de capital. Antes, porém, os acordos de Paris, assinados com entusiasmo geral em dezembro de 2015, deixavam entrever a emergência de uma diplomacia de novo tipo, responsável por trazer o concerto das nações para a era do clima. A despeito das fragilidades constitutivas desse acordo, é essa articulação entre cooperação diplomática e política climática que os novos mestres do caos atacaram: fora de cogitação, assim, a ideia de se fundar uma ordem mundial levando-se em conta a limitação da economia.

Ainda durante esse mesmo período, assistimos à multiplicação de frentes de contestação social que questionam o estado da Terra. As últimas correções deste livro foram feitas no ritmo das mobilizações dos "coletes amarelos" na França, desencadeadas – não se pode esquecer – por uma proposta de imposto sobre o combustível. A invenção de uma nova relação com o território, no âmbito da ZAD de Notre-Dame-des-Landes, ou por ocasião do conflito entre os habitantes da reserva indígena Standing Rock e o projeto do oleoduto em Dakota, se iniciou no momento em que eu começava, em meus seminários, a estabelecer os vínculos entre a história do pensamento político moderno e a questão dos recursos, do habitat e, mais amplamente, das condições materiais de existência. A atualidade, em suma, confirma e alimenta sem cessar a ideia de uma reorientação dos conflitos sociais em torno da subsistência humana. Mas, ao lado de tudo isso, ao lado das marchas climáticas, dos discursos de Greta Thunberg e das operações de desobediência realizadas pela Extinction Rebellion em Londres, há também o Haiti, Porto Rico, Houston: a intensificação dos furacões tropicais e a falência das respostas governamentais transformaram a vulnerabilidade climática no indicador de desigualdades sociais cada vez mais politizadas. A distribuição das riquezas, dos riscos e das medidas de proteção nos obriga a compreender no mesmo passo o destino das coisas, dos povos, das leis e das máquinas que os enlaçam.

Cinco anos são suficientes, assim, para se observarem grandes mutações. Cinco anos são suficientes para que olhemos para um passado ainda que próximo como um universo totalmente diferente daquele no qual agora evoluímos, e para o qual jamais voltaremos. A velocidade desses desenvolvimentos nos coloca diante de uma questão mais sombria: onde estaremos quando mais cinco anos tiverem transcorrido?

Este livro é a um só tempo uma investigação sobre as origens e o significado desses acontecimentos e uma de suas múltiplas manifestações – microscópica, sem dúvida. Ele ganha sentido nesse contexto de mudanças ecológicas, políticas e sociais globais cuja importância percebemos de forma confusa, sem, porém, ainda sabermos muito bem como descrevê-las, e muito menos como transcrevê-las em linguagem teórica. Em certo sentido, este trabalho consiste em inserir a prática da filosofia nessa história, recalibrar seus métodos – ou seja, o tipo de atenção que confere ao mundo – em função dessas mutações.

Ele se apresenta como um longo desvio histórico e conceitual, abrangendo vários séculos e formas de conhecimento bastante diferentes umas das outras. Esse desvio pode ser resumido da seguinte forma: para entender o que está acontecendo com o planeta, bem como as consequências políticas dessa evolução, é preciso retornar às formas de ocupação do espaço e do uso da terra vigentes nas sociedades da primeira modernidade ocidental. A implementação da soberania territorial do Estado, os instrumentos de conquista e de aprimoramento do solo, mas também as lutas sociais ocorridas nessas circunstâncias – tudo isso forma a base de uma relação coletiva com as coisas da qual vivemos hoje os últimos momentos. Antes mesmo do início efetivo da corrida pela extração de recursos, que se sobrepôs, no século XIX, às noções de progresso e de desenvolvimento material, uma parte das coordenadas jurídicas, morais e científicas da relação moderna com a terra já estava implantada. Em outras palavras, para compreender os impérios do petróleo, as lutas por justiça ambiental e as curvas perturbadoras da climatologia, é preciso voltar à agronomia, ao direito e ao pensamento econômico dos séculos XVII e XVIII; a Grotius, a Locke, aos fisiocratas. Para compreender nossa incapacidade de impor restrições à economia em nome da proteção de nossa subsistência e de nossos ideais de igualdade, é preciso retornar à questão social do século XIX e ao modo como a indústria afetou as representações coletivas da emancipação. Os debates atuais sobre a biodiversidade, o crescimento e o estatuto da natureza selvagem são apenas a última etapa de uma longa história no decurso da qual nossas concepções sociais e a materialidade do mundo foram conjuntamente construídas. O próprio imperativo ecológico, na medida em que é reconhecido como tal, encontra seu significado nessa história.

Em termos mais propriamente filosóficos, isso significa que as formas de legitimação da autoridade política, a definição dos objetivos econômicos e as mobilizações populares por justiça sempre estiveram estreitamente ligadas ao uso do mundo. O significado que damos à liberdade e os meios empregados para instituí-la e preservá-la não são construções abstratas, mas sim produtos de uma história material em que os solos e os subsolos, as máquinas e as propriedades dos seres vivos forneceram alavancas de ação decisivas. A atual crise climática revela de maneira espetacular essa relação entre a abundância material e o processo de emancipação. A administração americana responsável pela energia, por exemplo, batizou recentemente o gás natural, um combustível fóssil, de "moléculas da liberdade US"[4], invocando assim o imaginário de uma emancipação em relação aos constrangimentos naturais: a liberdade estaria literalmente contida na matéria fóssil. Esse enunciado fabuloso contrasta com tudo o que indicam as pesquisas em climatologia e sua tradução política: o acúmulo de CO_2 na atmosfera não apenas compromete a habitabilidade da Terra, mas exige uma nova concepção de nossas relações políticas com os recursos. Em outras palavras, essas mesmas moléculas contêm o inverso da liberdade, elas são uma prisão ecológica da qual não encontramos a saída.

Trata-se, portanto, de compor uma história e de identificar problemas políticos de um novo tipo, utilizando a experiência geológica e ecológica presente como um revelador, como a parte visível de um enigma a ser reconstituído. O principal fio condutor dessa história é indicado pelo título do livro: como a construção jurídica e técnica de uma sociedade de crescimento impregnou e orientou o sentido que damos à liberdade? Como, por sua vez, as lutas pela emancipação e pela autonomia política investiram no uso intensivo dos recursos para se desenvolver? Em suma, o que uma história material da liberdade nos ensina sobre as transformações políticas atuais?

***

---

[4] "Department of Energy Authorizes Additional LNG Exports from Freeport LNG". Disponível em: <https://www.energy.gov/articles/department-energy-authorizes-additional-lng-exports-freeport-lng>.

Construí essa narrativa e essa análise em torno de três grandes blocos históricos, separados por duas mudanças ecológicas e políticas de alcance revolucionário.

O primeiro desses blocos é a modernidade pré-industrial: trata-se de um universo social em que o trabalho da terra constitui a base da subsistência e o suporte dos principais conflitos sociais, uma referência incontornável para pensar a propriedade, a riqueza e a justiça. A terra é, assim, a um só tempo um recurso disputado, a base da legitimidade simbólica do poder e o objeto de conquistas e de apropriações.

E então, progressivamente, ao longo do século XIX, uma nova coordenada ecológica vem se juntar ao universo material e mental dos humanos: o carvão e, depois, o petróleo, ou seja, as energias fósseis. Um segundo bloco histórico começa então quando as sociedades se reconfiguram em torno do uso dessas energias concentradas, econômicas em espaço, facilmente intercambiáveis e capazes de redesenhar em profundidade as funções produtivas e o destino social de milhões de homens e de mulheres. Com as energias fósseis, os modos de organização e os ideais coletivos passarão pelo teste de um grande rearranjo material.

Finalmente, bem perto de nós, desenrola-se uma segunda mutação ecopolítica cujas proporções são ao menos tão vastas e cruciais quanto a precedente. Ela inaugura um terceiro universo, do qual vivemos os primórdios, e que pode ser definido pela alteração catastrófica e irreversível das condições ecológicas globais. O conjunto dos ciclos biogeoquímicos que estruturam a economia planetária é impelido para além de suas capacidades regenerativas pelo ritmo das atividades produtivas; a natureza dos solos, do ar e das águas está mudando e, com isso, inscrevendo os coletivos humanos e suas lutas em novas coordenadas.

Após um primeiro capítulo introdutório e geral, os capítulos 2 e 3 são dedicados à primeira sequência histórica; o capítulo 4 tenta descrever as características da primeira grande transformação; os capítulos 5 a 9 tratam da sequência intermediária; os dois últimos delineiam os desafios que emergem no limiar da era do clima. O pensamento político moderno desdobra-se então historicamente em três mundos bem diferentes. Um mundo agrário, altamente territorial; um mundo industrial e mecânico, que engendrou novas formas de solidariedade e de conflitualidade; e um mundo que sai do controle, sobre o qual ainda pouco se sabe, exceto que a busca dos ideais de liberdade e igualdade assume uma face inteiramente nova. A cada vez, as aspirações coletivas e as relações de dominação foram profundamente marcadas pelas características específicas desses mundos.

***

Com este livro, gostaria de contribuir para a politização do problema ecológico e, de forma mais ampla, para a construção de uma reflexão coletiva sobre o que está acontecendo com o paradigma moderno do progresso. Pode--se ter uma ideia do estado em que se encontra esse debate simplesmente relembrando as duas posições opostas que o estruturam.

De um lado, um certo número de dados estatísticos globais mostra uma redução da miséria, da doença e da ignorância: a renda média global quase dobrou entre 2003 e 2013, uma proporção cada vez menor da população se encontra abaixo da linha da extrema pobreza[5], a expectativa de vida aumentou e a alfabetização se expandiu, as taxas de mortalidade infantil e de desnutrição diminuíram. Alguns intelectuais, como o filósofo britânico Steven Pinker, ganharam celebridade por interpretar esse tipo de dado como uma prova das virtudes da utopia liberal. A articulação entre capital, tecnologia e valores morais centrados no indivíduo – por ele remetida, de forma um tanto monolítica, ao Iluminismo – constituiria uma fórmula comprovada para tirar a humanidade de sua difícil condição, em um plano a um só tempo moral e material. Os sucessos parciais vividos pelo esquema dominante do desenvolvimento são assim interpretados a fim de bloquear as tentativas de reorientação social e política e desestimular aqueles e aquelas que, ao exigir mais, ou melhor, imprudentemente fragilizariam essa mecânica do progresso[6].

Do outro lado, encontramos naturalmente todos aqueles e aquelas que se alarmam com a degradação da biodiversidade, com a sexta extinção em curso, com o aquecimento global, com o esgotamento dos recursos, com a multiplicação dos desastres, e que às vezes chegam a antecipar o fim iminente da civilização humana, se não do mundo em si. Sem adotar a retórica do apocalipse, as grandes instituições científicas responsáveis por registrar as

---

[5] Max Roser, "No matter what extreme poverty line you choose, the share of people below that poverty line has declined globally". Disponível em: <https://ourworldindata.org/no-matter-what-global-poverty-line>. E, mais amplamente, os dados compilados em: <www.ourworldindata.org>.

[6] Steven Pinker, *Le Triomphe des Lumières*, Paris, Les Arènes, 2018, e a crítica de Samuel Moyn, "Hype for the Best. Why does Steven Pinker insist that human life is on the up". Disponível em: <https://newrepublic.com/article/147391/hype-best>.

Introdução • 15

mudanças no sistema-terra, em particular o IPCC e o IPBES*, alimentam um legítimo sentimento de perda. Todavia, da mesma forma que se deve diferenciar entre a melhoria de certos indicadores econômicos e humanos e a validação de uma teoria do desenvolvimento nascida no século XVIII, há um fosso entre os gravíssimos danos infligidos ao planeta e a identificação da modernidade como pura e simples catástrofe. A voga atual dos pensamentos do colapso revela uma consciência apurada da vulnerabilidade ecológica, e a crença de alguns de que seria tarde demais para salvar o mundo não é senão o ponto de incandescência.

A depender dos indicadores que selecionamos e do modo como os hierarquizamos, é possível estimar que vivemos no melhor ou no pior dos mundos. A filosofia da história há muito estabeleceu uma oposição entre a narrativa da missão civilizadora universal da razão e a contranarrativa da loucura inerente à vontade de controle. No entanto, esse topo teórico é não apenas redutor em termos da história das ideias como, sobretudo, nos torna incapazes de apreender o problema que enfrentamos: é possível, ao menos para alguns, viver melhor num mundo que se deteriora. A contradição que a nós se apresenta não é uma questão de percepção, nem mesmo de opinião, mas se situa na própria realidade e, mais exatamente, em uma realidade social diferenciada. O economista Branko Milanovic, por exemplo, mostrou que os frutos do crescimento econômico das últimas duas décadas beneficiaram amplamente uma nova classe média global – tipicamente, a enorme classe média da China, gerada pela explosão industrial do país[7]. Mas é também essa população a que mais sofre com a poluição, com um ambiente urbano congestionado, bem como com uma feroz disciplina do trabalho, no quadro de um Estado repressivo[8].

---

*   Respectivamente, siglas em inglês do Painel Intergovernamental sobre Mudanças Climáticas, organização científica fundada em 1988, e do Painel Intergovernamental sobre Biodiversidade e Serviços Ecossistêmicos, organização intergovernamental fundada em 2012, ambas na esfera da Organização das Nações Unidas (ONU). Em francês, o IPCC é conhecido pela sigla GIEC: Groupe d'experts intergouvernemental sur l'évolution du climat. (N. T.)

[7]   Branko Milanovic, *Inégalités mondiales. Le destin des classes moyennes, les ultra-riches et l'égalité des chances*, Paris, La Découverte, 2019.

[8]   Ver, por exemplo, Matthew E. Kahn e Siqi Zheng, *Blue Skies Over Beijing. Economic Growth and the Environment in China*, Princeton, Princeton University Press, 2016.

16 • Abundância e liberdade

O crescimento mensurável da economia, das rendas, é uma indicação enganosa. Porque, se ainda veicula, para muitos, a imaginação do aprimoramento material e moral, ele é também inseparável do processo de perturbação planetária que nos leva ao desconhecido. A politização adequada da ecologia reside na lacuna que se abre entre essas duas dimensões da realidade histórica. O entusiasmo angelical e as profecias sombrias do fim são, portanto, apenas duas interpretações caricaturais de uma realidade muito mais complexa, o que nos impele a reconsiderar o sentido que damos à liberdade em um momento em que as suas dependências ecológicas e econômicas colocam em perigo sua própria perpetuação.

1
CRÍTICA DA RAZÃO ECOLÓGICA

O tecido da liberdade

Por muito tempo, pensamos que os conflitos sociais se formavam em torno de experiências e concepções rivais de liberdade, que a história se desenrolava na luta interminável entre aqueles que pedem reconhecimento e aqueles que estão em condições de concedê-lo. Achávamos que se tratava de obter direitos que permitiriam o usufruto em igualdade de um mundo e de suas riquezas, sob a proteção de um Estado justo. A conquista da liberdade de consciência, a proteção contra a arbitrariedade do poder ou da justiça econômica nos apareciam como respostas a expectativas internas à sociedade, desdobrando-se em um espaço externo imutável. Foi quando surgiram lutas para as quais a relação com esse território se tornou um problema, obrigando-nos a rever essa concepção das injustiças e de sua reparação. Quando o alerta ecológico e climático nos leva, por exemplo, a rastrear as dependências energéticas, as formas de vida e os interesses a ela associados, a fim de questioná-los, percebemos de fato que o destino do mundo tal como o conhecemos – e não apenas da sociedade – depende da resolução de um enigma político.

Pensávamos que estávamos lutando em uma terra comum, mas percebemos que ela é mais que nunca o próprio objeto de nossas diferenças. Os solos, os oceanos, os climas e as associações entre seres vivos passam por transformações cuja dimensão apreendemos por meio da ciência, e que nos obrigam a romper o silêncio político em que os temos mantido há bastante tempo. De fato, com essas desestabilizações em série emergem, nas comunidades que são confrontadas com elas, demandas por justiça de um novo tipo e uma redefinição do que é habitar a Terra. Ao mesmo tempo que prolongam

18 • Abundância e liberdade

as lutas sociais com as quais a história nos familiarizou, esses movimentos testemunham uma mutação profunda nas relações entre o corpo social, a ideia que ele tem de si mesmo e seu ambiente natural.

As lutas pela igualdade e pela liberdade, contra a dominação e a exploração, não cessaram de alimentar a história humana, mas estão cada vez mais inseridas em um conflito cujo objeto é o solo capaz de sustentar essas diferenças fundamentais, e sua proteção. Ou melhor, elas revelam sob um ângulo trágico que condição política e condição ecológica estão intimamente ligadas e sujeitas a transformações conjuntas.

É isso o que, com base em nossa história e em nossos reflexos intelectuais, torna os acontecimentos políticos contemporâneos tão difíceis de compreender. Com efeito, como podemos pensar juntos essas duas dimensões do presente – a ordem política e a ordem ecológica? Como estabelecer uma ponte entre as crescentes desigualdades econômicas e sociais e a multiplicação irresponsável dos desastres ambientais e climáticos globais? Como diagnosticar, com os mesmos instrumentos, o colapso democrático vivido por muitos Estados – incluindo grandes potências econômicas e políticas – e o apoio dado a esses regimes pelos principais atores das indústrias fóssil e extrativista? A própria forma das relações sociais contemporâneas e, portanto, suas patologias são o resultado de um arranjo cada vez mais contestado entre a organização territorial, a busca de intensidade produtiva, a autoridade das ciências, a herança colonial e muitos outros fatores que colocam em jogo o uso do mundo.

No cruzamento desses arranjos ecopolíticos está o significado que atribuímos a nossa liberdade e a nossa capacidade de instituí-la. É isso o que a questão do clima torna mais espetacularmente tangível. O aumento das temperaturas médias é, na verdade, o resultado de um século e meio de queima massiva de combustíveis fósseis: depois de tratar a atmosfera como o vertedouro da poluição industrial, compreendemos que sua capacidade de absorção é limitada e que nosso modo de habitar a Terra depende disso. São, portanto, as cinzas da liberdade industrial que se amontoam acima de nossa cabeça; é o aumento espetacular de nosso domínio técnico sobre o mundo e a imaginação cultural da alta modernidade que estão em jogo – expansão urbana, carros, eletrodomésticos, certa sensação de conforto e de segurança.

Em outras palavras, não se pode separar a ecologia da política. As instituições sociais, e em particular o Estado, têm uma vida material que não constitui um pré-requisito tecnológico para o desenvolvimento da vida

Crítica da razão ecológica • 19

social. O fato de a experiência da injustiça se manifestar cada vez com maior frequência em referência ao uso do espaço, da terra e por meio de demandas de reparação após as catástrofes atesta que os fluxos e redes que carregam nossas existências também codificam nossa condição política. Tudo isso nos força a aprimorar nosso conhecimento das dependências materiais que fazem e desfazem nossa concepção de emancipação. É fundamental, por exemplo, saber que nosso telefone, nosso carro e o conteúdo de nosso prato constituem a coagulação de um conjunto de circuitos de abastecimento oriundos das minas e de seus empregados, dos solos, dos conhecimentos geológicos e de fluxos de capitais, e que o preço desses bens frequentemente não reflete o custo social real de sua produção. Muitas vezes, ignoramos que nossa velocidade econômica de cruzeiro exige que 25% da biomassa produzida anualmente pelo sistema Terra seja integrada aos circuitos comerciais ou sacrificada para dar lugar a eles[1], ou que, no caso das regiões mais ricas do mundo, ela excede a biocapacidade do meio em 100%[2]. Estamos vivendo um experimento geológico em escala global que perturba todas as dinâmicas ecoevolutivas conhecidas.

Porém, se fechamos os olhos a ele e às suas consequências é porque ele entra em tensão com o que nos é mais caro, ou com o que frequentemente nos parece como tal, a saber, a possibilidade de desfrutar de uma liberdade absoluta e incondicional. Ora, nada é mais material que a liberdade, e em particular a liberdade das sociedades modernas, que estabeleceram com as capacidades produtivas da terra e do trabalho um pacto que está em vias de ruir.

Essa é a razão pela qual a emancipação política deve agora ser reformulada em termos materiais, geográficos. Seja em escala local ou global, somos dependentes de um conjunto de pressões ecológicas que infringem os princípios mais básicos da sustentabilidade. A erosão da fertilidade das terras agrícolas, a saturação dos poços de armazenamento de carbono atmosférico, o colapso da biodiversidade: um conjunto de indicadores que atestam a capacidade limitada dos ambientes para amortecer os golpes que lhes são causados e sua propensão para restaurá-los sob formas inesperadas, frequentemente imprevisíveis, às vezes catastróficas. Alguns dos ciclos biogeoquímicos e das

---

[1] Fridolin Krausmann et al., "Global human appropriation of net primary production doubled in the 20th century", *PNAS*, v. 110, n. 25, 2013, p. 10324-29.

[2] Ver os dados em: <http://data.footprintnetwork.org>.

dinâmicas evolutivas que tornam a Terra um ambiente habitável estão sendo hoje empurrados para além de seu limite de tolerância, sendo o clima apenas uma dessas transformações, provavelmente a mais espetacular[3]. Assim, são comprometidos simultaneamente o acesso ao território, o futuro comum e as condições mais básicas de justiça, isto é, o que constitui a base de uma existência política.

Mas dizer que ecologia e política tendem a se sobrepor não é suficiente, na medida em que várias estratégias ideológicas se baseiam nessa observação. Assistimos, por exemplo, ao surgimento da uma "finança verde", que busca rotular um determinado número de investimentos considerados responsáveis e, assim, atrair capitais para projetos que respeitem os equilíbrios naturais ou os princípios da sobriedade energética[4]. Por trás disso, está a ambição de construir mercados compatíveis com as exigências ambientais, contornando, desse modo, as críticas que o movimento ecológico há muito tempo lhes dirige. A montagem e a movimentação de capitais pretendem agora incorporar padrões ambientais sem comprometer a ideia de liberdade fundamental de operação da bolsa e do mercado.

Do lado dos movimentos conservadores e reacionários, por exemplo, a ideia de que a natureza pode servir de norma para a organização social faz seu caminho[5]. Assim, a chamada ecologia "integral" visa restabelecer princípios considerados em conformidade com o bom senso e, no entanto, abandonados pela cultura política moderna. A família e a nação são consideradas comunidades naturais, respaldadas por uma identidade conferida pelo solo dos ancestrais, em uma suposta continuidade de povoamento, e a preservação do meio ambiente fluiria sem problemas dentro desse quadro substancialista, para o qual a ordem reputada natural das coisas funda a legitimidade. A exigência difusa de uma conformidade, a ser encontrada entre nossos modos de organização e o substrato físico e vivo do mundo,

---

[3] Um resumo dos "*planetary boundaries*" está disponível em: <www.stockholmresilience. org>.

[4] Diversas iniciativas nesse sentido foram tomadas por grupos de atores financeiros, como os "Green Bond Principles" (<www.icmagroup.org>).

[5] Ver, por exemplo, Roger Scruton, *Green Philosophy. How to Think Seriously About the Planet*, Londres, Atlantic, 2011. Para uma crítica, consultar Nils Gilman, "Beware the rise of Far-Right Environmentalism", *The World Post*, 17 out. 2019. Disponível em: <https://www.berggruen.org/the worldpost/articles/beware-the-rise-of-far-right-environmentalism>.

se traduz de múltiplas formas, fragrantemente incompatíveis entre si, de modo que o casamento tardio dos modernos com a "natureza" não esconde certa confusão.

Para alguns, esse campo de batalha ecológico pode ser facilmente pacificado limitando-se a aposta à desaceleração da máquina econômica e extrativa. Uma vez eliminada a pulsão acumulativa herdada do passado e agora tornada obsoleta pela eficiência técnica, a megamáquina econômica se dobraria obedientemente às restrições naturais a fim de permitir que a mesma sociedade e a mesma organização política se desenvolvessem, apenas livres de seus abusos produtivistas. Mas, como já sugerimos, escapar das pressões ecológicas e descarbonizar a economia exigem uma redefinição total do que é a sociedade, um rearranjo das relações de dominação e exploração e uma requalificação das expectativas de justiça. Em outras palavras, trata-se de descarbonizar a organização democrática e as aspirações que a sustentam – e não apenas a economia. Acessar a prosperidade sem crescimento, para usar o título de uma obra famosa, não envolve uma solução tecnológica, mas uma mudança política cujos equivalentes históricos devem ser buscados do lado das grandes revoluções técnicas e jurídicas que fundaram a modernidade e serviram como um laboratório para nossos ideais compartilhados[6].

As mudanças climáticas e a reviravolta da dinâmica ecoevolutiva não são, portanto, crises da natureza, mas acontecimentos que demandam uma redefinição do projeto de autonomia. Nascido na era das revoluções da virada do século XIX, esse projeto perpetuamente adiado e entravado – em especial fora do polo da industrialização ocidental – consistia em contestar as autoridades arbitrárias e confiar ao povo reunido o poder de impor regras, de segurar o leme da história e de realizar a liberdade dos iguais. Ora, à incompletude constitutiva dessa conquista junta-se agora um descompasso em relação às possibilidades materiais que inicialmente a sustentavam. O crescimento e a intensificação técnica, que por muito tempo tornaram tangível o ideal de controle de nosso destino histórico, induzem agora a uma submissão cada vez maior à arbitrariedade natural. Esta é a principal hipótese deste livro: abundância e liberdade por muito tempo andaram de mãos dadas, a segunda sendo considerada a capacidade de escapar aos caprichos da fortuna e da carência que humilham os humanos, mas essa aliança e a trajetória histórica que ela desenha esbarram hoje num impasse.

---

[6] Tim Jackson, *Prospérité sans croissance*, Louvain-la-Neuve, De Boeck-Etopia, 2010.

Diante dele, a alternativa que se apresenta às vezes opõe, de um lado, o abandono total puro e simples dos ideais de emancipação, sob a pressão de severas restrições ecológicas, e, de outro, o gozo dos últimos momentos de autonomia que nos restam. Mas quem gostaria de uma ecologia autoritária ou de uma liberdade sem futuro? O imperativo teórico e político do presente consiste, portanto, em reinventar a liberdade na era da crise climática, ou seja, no Antropoceno. Ao contrário do que às vezes ouvimos, não se trata de afirmar que uma liberdade infinita em um mundo finito é impossível, mas sim que essa liberdade só pode ser alcançada por meio de uma relação socializadora e sustentável com o mundo material.

A outra história. Ecologia e questão social

Como levar adiante hoje em dia uma investigação teórica e política sobre essas questões? Primeiro, contando a história correta. Pois, ao contrário do que a filosofia tradicionalmente sugeriu, a sensibilidade para com a natureza e a vontade de tratá-la como uma pessoa e não como uma coisa não é o único, nem mesmo o principal enquadramento no âmbito do qual a emergência de uma crítica ambiental pode ser compreendida. Em vez de conceber em abstrato uma natureza pela qual pudéssemos ter empatia, gostaríamos de reinserir as contrações que acabamos de descrever na história da questão social – questão, portanto, que não deve mais ser separada da questão ecológica, ambas sendo duas etapas de um mesmo conflito interno à nossa história.

Chama-se "questão social" a tensão decorrente da orientação das sociedades tanto para o aumento do bem-estar material quanto para a construção de um sistema político-jurídico de direitos centrado na igualdade e na liberdade. Com efeito, as exigências específicas para a realização do primeiro objetivo, e os sacrifícios feitos para esse fim por grande parte da população, comprometeram a realização do projeto de igualização das condições, do qual a Revolução Francesa foi o principal símbolo histórico. A questão social designa a busca de um equilíbrio justo entre enriquecimento e igualdade, entre crescimento e repartição de seus benefícios. Forjada semanticamente no século XIX, essa expressão remete ao conjunto das patologias que afetam as sociedades industriais, bem como às medidas tomadas para mitigá-las ou compensá-las: a transformação da divisão do trabalho e, em particular, sua estruturação na forma do mercado expõem a sociedade a um risco de fragmentação ao qual as instituições respondem protegendo a natureza

Crítica da razão ecológica • 23

socializadora do trabalho. Dito de outra forma, a pobreza representa um problema específico em uma economia de abundância: ela se torna, em certa medida, ainda mais escandalosa que em um regime de subsistência – no qual ela surgiria, se não como permanente, ao menos estrutural –, porque agora afeta não só a vida das pessoas, mas também e sobretudo seu estatuto civil.

Afirmar que a ecologia política está ligada a um fio histórico que nos leva a esse tipo de questão é supor, por sua vez, que a questão social mantém uma profunda afinidade com a forma como o meio material foi afetado por um valor político central. As relações sociais encontram-se, portanto, em um vínculo estreito, e de fato inseparável, com as relações com a natureza. A transformação massiva do regime material de existência das sociedades, sob o efeito de novas formas de relação com recursos e espaços que se desenvolveram nos países europeus e em suas colônias, foi central na reconfiguração das condições de trabalho e, portanto, das dinâmicas sociais. Se podemos dizer que a construção das sociedades modernas e industriais não foi, em absoluto, indiferente ao meio físico e habitacional em que estão inseridas é simplesmente porque a esperança de uma relação com o mundo próspera, controlada e provedora de segurança, ou seja, o desenvolvimento de uma natureza produtiva, conhecida e estável, funcionou como uma estrutura geral na qual estão embutidos os ideais em geral tidos como políticos.

Esses ideais são, portanto, imediatamente inscritos em uma dinâmica histórica que ignora a permeabilidade do natural e do social. Uma vez que o sistema de direitos e o sistema material são vistos como duas dimensões de um mesmo processo histórico, então não há mais razão para reservar o qualificador "político" para o primeiro.

Em um livro essencial sobre essas questões, o historiador inglês Gareth Stedman Jones lembrou que o legado moral e intelectual do Iluminismo na emergência do republicanismo político não pode ser reduzido às ideias de igualdade e de liberdade. Também importante foi a promessa do fim da pobreza, ou seja, da eliminação do problema até então endêmico da penúria[7]. Essa ambição a um só tempo ideológica e prática, cujas formulações mais claras se encontram em autores como Condorcet ou Thomas Paine, confere um sentido material ao princípio da igualdade, uma vez que o desenvolvimento das técnicas e do comércio foi concebido como uma forma de reduzir a distância entre as classes proprietárias e as demais.

---

[7] Gareth Stedman Jones, *An End to Poverty?*, Londres, Profile Books, 2004.

24 • Abundância e liberdade

Evidentemente, a ideia de uma melhoria das condições de existência do maior número de pessoas está intimamente ligada à concepção da natureza como recurso produtivo e talvez não seja alheia à sua exploração abusiva. Mas se é preciso ter essa ideia em mente, o fato é que nos é dada uma indicação da relação entre natureza e política nas sociedades modernas. Se a primeira não foi sem dúvida protegida ou valorizada como um patrimônio, ela não foi, tampouco, o mero teatro sobre o qual uma dramaturgia essencialmente sociocentrada foi implementada. O social, o político e o material estão ligados porque esses diferentes planos de reflexão e evolução histórica encontram-se conjugados, embutidos uns nos outros, e porque o espaço das elaborações teóricas está saturado de considerações sobre o que deve ser, e o que pode ser, nossa relação com a natureza. O movimento que afeta o trabalho, os direitos e o mundo material é, portanto, um só, e é assim que deve ser pensado.

Essa reflexão histórica sobre a questão social está ligada a um questionamento mais amplo da divisão entre natureza e sociedade, tal decorrente dos trabalhos da antropologia da modernidade. Esses trabalhos, em particular os de Bruno Latour e de Philippe Descola, de fato suscitaram um ceticismo salutar em relação ao triunfalismo modernista que prevaleceu nos séculos XIX e XX no mundo ocidental, e que por muito tempo se glorificou por ter inserido a humanidade na via do progresso, conquistando uma vitória decisiva contra a natureza, contra a carência e contra a heteronomia. Com efeito, a concepção do social como esfera autônoma, quer dizer, como espaço que produz sua historicidade por meios e segundo os fins que lhe são próprios, impôs-se progressivamente, na esteira do Iluminismo, como traço central das sociedades que se queriam modernas. Ela é particularmente crucial no momento revolucionário e pós-revolucionário francês[8], mas se estenderá também ao movimento pela emancipação das colônias de escravizados contra os impérios europeus: a luta pela autodeterminação é assim um avatar do projeto de autonomia em oposição aos seus primeiros formuladores[9].

Essa forma de reflexividade também desempenhou um papel central na constituição das ciências sociais, uma vez que, desde muito cedo, estas afirmaram que o caráter endógeno das transformações sociais é o que torna

---

[8] Marcel Gauchet analisa o discurso político da autonomia revolucionária em *La Révolution des droits de l'homme*, Paris, Gallimard, 1989.

[9] Ver, por exemplo, Silyane Larcher, *L'Autre Citoyen. L'idéal républicain et les Antilles après l'esclavage*, Paris, Armand Colin, 2014.

observável "o social" como um objeto científico de pleno direito, mas em especial porque elas se atribuíram a tarefa de elucidar a realização prática desse ideal de autonomia, bem como de suas patologias próprias[10]. É ainda essa forma de reflexividade que torna possível estabelecer um vínculo estreito entre esse novo tipo de pensamento político e os princípios democráticos, na medida em que a autonomia assim concebida acarreta a exigência de um controle idealmente completo exercido pelo povo sobre seu destino político. Hoje percebemos, porém, uma tensão entre essa modernidade – para a qual o caráter endógeno do processo construtivo e crítico é central – e a atual reavaliação dessa mesma fase histórica, segundo a qual a autonomia política recobre e oculta, sob muitos aspectos, um modo de relação constitutiva com a natureza. Em outras palavras, a reinserção do conceito de natureza em nossa compreensão dos últimos dois ou três séculos causou uma reviravolta em nossas categorias de pensamento que não se esgota na questão de saber se devemos ou não atribuir um valor próprio para a natureza. O que está em questão é, antes, a maneira como suas propriedades materiais, espaciais e produtivas foram incorporadas à dinâmica da modernização tal como ela foi efetivamente construída, em seus sucessos e em seus fracassos.

Por uma história ambiental das ideias

A pesquisa que vamos ler se baseia também em uma série de reformulações no que estamos acostumados a considerar como a base de uma crítica ambiental da ordem política.

A formulação dominante do problema ecológico na filosofia assume uma forma essencialmente normativa: trata-se de elaborar princípios destinados a modificar a hierarquia de valores e, de uma perspectiva apologética, convencer o maior número possível de pessoas dos méritos de um reequilíbrio entre humanos e não humanos. Esses valores em geral encontram suas raízes em práticas socialmente situadas, nas quais são elaboradas novas preferências, novos vínculos, novas concepções do justo e do injusto, mas o trabalho filosófico é com frequência circunscrito à retradução normativa pura dessas práticas: antes de tudo, trata-se de princípios. A filosofia se propõe a dar forma a uma convicção preexistente sobre o valor da natureza

---

[10] Esse é o projeto comum à escola durkheimiana, na França, e a Weber e à sociologia alemã, na virada para o século XX.

26 • Abundância e liberdade

a fim de melhor justificá-la, em vez de observar ou provocar transformações nas práticas que se relacionam com as formas de exploração da natureza.

Uma das consequências mais importantes dessa perspectiva teórica é que ela tende a manter separadas conceitualidades reconhecidas como "ecológicas" e outras que não o seriam. Em não poucos pensadores, essa dissociação de princípio assume o lugar da metodologia histórica, pois supõe que se poderia fazer a história do pensamento ecológico tomando como guia a convicção ética que se trata de promover. A atitude espontânea do ecologista diante da história das ideias consiste, portanto, em produzir uma narrativa que retrate a gênese progressiva das ideias, e cuja forma prototípica seja fornecida pela ética ambiental, pela crítica da instrumentalidade técnica ou por outros paradigmas que procuram relativizar ou eliminar o antropocentrismo e o objetivismo em filosofia[11].

A principal limitação desse tipo de trabalho é que a intuição ambiental fundamental funciona apenas parcialmente. De fato, deve-se admitir que essa intuição consiste em pleitear uma reavaliação sistêmica das relações entre os humanos e o mundo material e, portanto, em fazer dessas relações um ponto focal de conceituação. No entanto, se seguirmos essa trilha teórica e histórica de forma consistente, é impossível organizar a viagem de volta no tempo de acordo com um princípio de semelhança de ideias. Muito frequentemente, a história ecológica do pensamento segue a trilha de seus próprios princípios normativos, os quais ela observa aparecer gradualmente, seguindo-os até o momento em que se dissipam em um passado bem distante. Outro modelo às vezes substitui esse paradigma da emergência gradual do mesmo: o jogo do eixo* histórico e geográfico, ao qual se dedica, por exemplo, John Baird Callicott, buscando traços ecológicos em uma ampla gama de pensamentos extraocidentais, ao preço de uma descontextualização de certos enunciados que atenderiam à exigência de semelhança[12]. Mas a lógica subjacente perma-

---

[11] Para trabalhos que assimilam a história do problema ambiental ao modelo de uma emergência progressiva das ideias ecológicas, ver, por exemplo, Roderick Nash, *The Rights of Nature. A History of Environmental Ethics, Madison*, University of Wisconsin Press, 1989.

* O jogo do eixo (*saute-mouton* em francês) é a brincadeira popularmente conhecida como "mãe da mula", na qual uma criança se curva e coloca as mãos sobre os joelhos para que outra possa saltar sobre ela. (N. E.)

[12] John Baird Callicott, *Earth's Insights. A Multicultural Survey of Ecological Ethics from the Mediterranean Basin to Australian Outback*, Berkeley, University of California Press, 1994.

nece a mesma, já que ainda é o princípio da identificação que desempenha o papel de metodologia histórica.

A *história das ideias ambientais*, portanto, aposta suas fichas em um separatismo intelectual, segundo o qual uma tradição de pensamento aparece em camadas sucessivas, diferenciando-se em relação a um fundo comum do pensamento moral e político implicitamente considerado como não pertinente. A isso podemos opor uma *história ambiental das ideias*, em que a centralidade das relações entre natureza e sociedade funciona como um instrumento de análise para o conjunto das ideias, das controvérsias teóricas e de sua história. A diferença entre esses dois esquemas se deve ao fato de que, no segundo, o corpus passível de aparecer como relevante não é mais o mesmo e agrupa qualquer operação conceitual que mobilize essas relações, seja ela orientada ou não para a constituição do ideal normativo ambiental. Ora, é preciso reconhecer que, a partir do momento em que saímos do passado imediato, o lugar epistêmico que emerge no cruzamento entre o natural e o social é investido sobretudo por filósofos, economistas ou sociólogos que não podem ser identificados como ambientalistas: não são suas perspectivas sobre a natureza que os tornam relevantes.

Essa é a segunda diferença em relação ao modelo separatista: a investigação histórica não é mais orientada pelo princípio da semelhança doutrinária, mas sim pela busca das transformações históricas que afetam a relação do natural e do social na história do pensamento. Antes de se constituir a galáxia de ideias e normas que se pode legitimamente chamar de "ambientais" ou "ecológicas", antes de as lutas sociais serem explicitamente orientadas segundo esse tipo de ideal, as relações coletivas com a natureza já eram objeto de reflexividade e distanciamento crítico. Esse conhecimento e esses debates são o que corremos o risco de perder se nos apegarmos em demasiado ao princípio da identidade, tanto como instrumento historiográfico quanto como base para o reconhecimento ideológico. O exemplo do pensamento de Bentham pode ilustrar esse problema. Com efeito, o filósofo inglês foi frequentemente apresentado como um ancestral da causa animal, tendo em vista que colocou no centro de seu pensamento moral a eliminação do sofrimento para os seres sensíveis – humanos ou não[13]. Mas de que vale esse

---

[13] A famosa frase de Bentham sobre os animais ("A questão não é se eles podem *raciocinar*, ou se podem *falar*, mas sim se eles podem *sofrer*") serve como fio condutor para o pensamento de Peter Singer sobre a libertação animal. Ver Jeremy Bentham,

28 • Abundância e liberdade

princípio normativo abstrato se o separamos das reflexões do mesmo Bentham sobre a consolidação do império comercial inglês e sobre a autonomia dos mercados, que são outras consequências desses princípios básicos e que têm tanto a ver com a questão ecológica quanto com o bem-estar animal, já que nesses processos estava em jogo o futuro de vastos espaços de terra e daqueles que nelas trabalhavam?

Para a história ambiental das ideias, o ambiente é menos um objeto que um ponto de vista: o analisador ecológico demonstra sua polivalência tomando qualquer doutrina social como seu objeto e reconstruindo sua relevância com base nas relações com o meio material por ela consideradas possíveis e impossíveis. Em oposição à estratégia "separatista", à história das ideias ambientais, trata-se de um método mais integrador, para o qual o pensamento ecológico não se limita a um registro demonstrativo preestabelecido, reservando-se a possibilidade de provocar surpresas na história convencional das relações sociais com a natureza.

Esse método pretende estabelecer ligações com a história das ideias políticas e econômicas, mas também com a história ambiental. Depois de se desenvolver como uma história da poluição e da depredação ambiental, motivada pela oposição à narrativa dominante de uma modernização sem externalidades negativas[14], a história ambiental também se tornou em seguida menos facilmente diferenciável de uma história geral do desenvolvimento industrial, de suas estruturas jurídicas e ideológicas e de suas consequências sociais. Historiadores não explicitamente motivados por finalidades ecológicas incorporaram em suas reflexões problemáticas caras a seus colegas ecologistas[15].

Mais que a breve e contínua história da tomada de consciência ambiental, escreveremos, portanto, a história longa e cheia de rupturas das relações entre o pensamento político e as formas de subsistência, territorialidade e conhecimento ecológico. Se com efeito a invenção da legitimidade política

---

Introduction aux principes de morale et de législation, Paris, Vrin, 2011, e Peter Singer, *Animal Liberation. A New Ethics for our Treatment of Animals*, Nova York, Avon Books, 1975.

[14] Ver, por exemplo, John McNeill, *Du nouveau sous le soleil. Une histoire de l'environnement mondial au XXᵉ siècle*, Seyssel, Champ Vallon, 2010.

[15] Sem ser apresentada como um trabalho de história ambiental, a obra agora clássica de Kenneth Pomeranz (*Une grande divergence. La Chine, l'Europe et la construction de l'économie mondiale*, Paris, Albin Michel, 2010), por exemplo, é uma contribuição fundamental para os estudos centrados na questão ecológica.

Crítica da razão ecológica • 29

moderna coincide com uma forma específica de tratar o mundo, esta é animada por inúmeras polêmicas e crises. Nas páginas que seguem, estudaremos, assim, vários momentos críticos articulados, por exemplo, com os conceitos de propriedade, de produção, de dejetos, de território, de risco, de clima. Juntos, esses espaços de controvérsia desenham o que poderíamos chamar de reflexividade ambiental de nossas sociedades. Entendemos por essa expressão a capacidade de qualquer sociedade de desenvolver não só técnicas de fiscalização da natureza, mas também, e de maneira indissociável, conhecimentos relativos aos fundamentos dessas técnicas, assim como uma crítica a esses saberes e orientações.

Subsistir, habitar, conhecer

Observa-se sem dúvida uma hesitação terminológica quando se trata aqui de "natureza". Esse é, com efeito, a um só tempo o assunto deste livro e um obstáculo conceitual quando se busca redigir uma história ecológica da política. A filosofia e as ciências sociais se dedicaram com afinco aos impasses do conceito de natureza, talvez de forma excessiva: se é verdade que se trata de um conceito problemático, é simplesmente porque encerra em sua própria construção uma certa concepção das relações entre os humanos e não humanos. Como já mostraram trabalhos hoje clássicos, a "natureza" isola de maneira mais ou menos arbitrária um conjunto de fenômenos a um só tempo disponíveis para a objetificação e a apropriação e considerados externos à esfera política: o naturalismo – se entendermos por isso qualquer configuração socio-histórica na qual o mundo é passível de ser categorizado como "natureza" – é, portanto, um arranjo singular de coisas e pessoas que já envolve certa ordem, certas hierarquias, certas possibilidades e impossibilidades[16]. Em outras palavras, o conceito de natureza deve fazer parte das elaborações intelectuais a serem analisadas, mais que de ferramentas de análise.

---

[16] "Naturismo", aqui, não designa uma doutrina filosófica que defende a legitimidade de uma abordagem científica integral do mundo, tal como se utiliza com mais frequência. Ver Philippe Descola, *Par-delà nature et culture*, Paris, Gallimard, 2005. Sobre o distanciamento das ciências sociais em relação ao conceito de natureza, ver Bruno Latour, em especial *Nous n'avons jamais été modernes*, Paris, La Découverte, 1991, e, mais amplamente, a escola das *sciences studies* e seu eco no feminismo de Marilyn Strathern, Donna Haraway, Isabelle Stengers ou ainda Vinciane Despret.

30 • Abundância e liberdade

Mas não dispomos de opção semântica e conceitual mais satisfatória: meio, ambiente, ecossistema e mesmo o termo não humano envolvem escolhas teóricas que não são nem transparentes nem universais. Quanto às inovações terminológicas, como a *natureculture*[17], apesar de seu bem-vindo potencial provocador, elas buscam designar um *continuum* ontológico que, no limite, é um problema adicional a ser enfrentado: se realmente todas as coisas são do mesmo nível ontológico, então por que a qualificação, a categorização das entidades levanta tanta polêmica? Assim, a estratégia que será aqui adotada consiste em partir nosso objeto em várias partes e distinguir três maciços temáticos: *subsistir, habitar* e *conhecer*.

O primeiro é sem dúvida o mais evidente dos três, uma vez que abrange todas as atividades pelas quais os coletivos humanos obtêm seus meios de reprodução física. Trata-se do trabalho como tarefa funcional dedicada à satisfação de necessidades, mas também como atividade coletiva coordenada e distribuída entre os diferentes membros de um determinado grupo. A subsistência diz respeito, portanto, à relação com os recursos vitais, revelando que se trata sempre de uma relação coletiva. Esse conceito de subsistência é em geral concebido como pertencente à esfera econômica, mas o fato de destacá-lo constitui precisamente uma desestabilização dessa evidência aparente. Com efeito, a economia contemporânea, nascida com o paradigma neoclássico, se define ao mesmo tempo como uma arte da troca e como uma ciência da composição e da otimização dos interesses subjetivos.

Essa acepção relega as modalidades concretas da subsistência a um segundo plano, como observou Karl Polanyi: uma divisão interna no objeto da economia apareceu quando o paradigma neoclássico, ou "formal"[18], se impôs, estabelecendo um profundo desequilíbrio entre os dois lados assim separados. Nessas condições, a subsistência aparece, na pior das hipóteses, como um pré-requisito trivial para uma economia real, aquela que é passível de ser formalizada, matematizada e, *in fine*, governada, e, na melhor hipótese, como uma das esferas entre outras suscetíveis de serem organizadas pelo mercado. No entanto, podemos legitimamente pensar que a dimensão "substancial" da ação coletiva, sobretudo na medida em que esta se orienta para o mundo dos recursos materiais, não pode ser reduzida ao simples jogo

---

[17] Ver, por exemplo, Donna Haraway, *The Companion Species Manifesto. Dogs, People, and Significant Otherness*, Chicago, Prickly Paradigm Press, 2003.

[18] Karl Polanyi, *La Subsistance de l'homme*, Paris, Flammarion, 2011.

Crítica da razão ecológica • 31

dos interesses individuais. Com ela se joga a reprodução do coletivo e de seu meio de vida, assim como das condições gerais de existência.

Conceder às questões de subsistência uma centralidade política pode parecer paradoxal, na medida em que a ordem política pretende se construir sobre procedimentos essencialmente simbólicos, colocando em jogo mais a vontade que a carência, mais a convenção que a necessidade. Mas, como veremos em seguida, uma leitura cuidadosa das teorias políticas que acompanham o processo de modernização convida a reconsiderar essa evidência frágil. A transformação nas condições de vida, provocada primeiro pela transição agroindustrial, depois pelo recurso massivo aos combustíveis fósseis no século XIX, engendrou uma relação social com a abundância e com a carência totalmente diferente daquela vivida pelas sociedades fundadas no ciclo orgânico da fertilidade da terra e nas hierarquias estatutárias que ele permitia legitimar. E essas transformações se refletem nos debates que levaram à emergência de posições políticas e morais classicamente reconhecidas pela história das ideias – não porque seriam o motivo inconsciente, mas porque reflexividade material e reflexividade política estão constantemente entrelaçadas.

O segundo elemento que permite traçar os contornos das relações coletivas com o mundo material é o que se pode reunir em torno da noção de habitação. Em si, esse termo abrange duas facetas: territorialidade e segurança. De um lado, a sociedade está implantada em um espaço geográfico constantemente reconstruído: os humanos são distribuídos no espaço de acordo com suas atividades e outros critérios sociologicamente definidos, em relação com o que os geógrafos clássicos chamavam de "possibilidades", ou seja, *affordances*[19] silenciosamente inscritas no território*: planícies, montanhas, rios, litorais etc. contribuem para desenhar a variedade interna do corpo social. Como a geografia humana mostrou, o espaço não é apenas uma coordenada abstrata da existência coletiva, mas sim um atrativo material de fenômenos ligados às desigualdades, à formação

---

[19] Esse termo inglês é de difícil tradução para o francês, embora o termo "convite" possa ser usado para restituir o sentido de uma perspectiva oferecida à ação ou ao pensamento. No que se segue, manteremos o termo original, que parece ter conquistado seu lugar no léxico teórico francófono.

* O termo *"affordance"* também não encontra tradução exata para o português. Refere-se às propriedades percebidas das coisas, ou seja, aos "recursos" que podem ser "reconhecidos" sem necessidade de explicação prévia. Daí a opção por também se manter aqui o termo original. (N. T.)

de identidades, à pertença e à diferença cultural, mas também à conquista e ao equilíbrio de poder entre centros e periferias. A ligação em rede do território pelas infraestruturas técnicas, em particular de transportes, mas também a capacidade de certas entidades políticas de projetarem seu poder em novos espaços, cujo destino político depende de um diferencial espacial e jurídico, são exemplos notáveis da importância assumida pela geografia política entre os modernos.

A outra faceta do habitat remete à possibilidade de se encontrar uma fonte de segurança no local de vida, ou seja, uma exposição mínima aos perigos do ambiente natural, mas também à oportunidade de conduzir as atividades com base em uma relação sustentável com os elementos do meio. A segurança é o fator espacial combinado a um fator temporal, já que se trata de uma relação com o devir marcada pela eliminação tendencial da incerteza, devendo o futuro assemelhar-se tanto quanto possível à perpetuação do presente. A exigência de segurança está profundamente ligada à apreensão do contexto material e espacial, visto que a ameaça é em geral entendida como uma falha dos dispositivos de controle, de canalização do espaço – a natureza sem dúvida proporcionando, na imaginação política moderna, o caso típico do objeto a ser controlado. A segurança alimentar e energética, a higiene, mas também, mais simplesmente, a segurança do lar doméstico participam das relações coletivas no mundo material, e todas essas dimensões obviamente se cruzam com transformações nas relações com a abundância e a escassez. Como muitos historiadores notaram, a implantação da sociedade industrial foi acompanhada pela ameaça a um grande número de pessoas, em geral privadas dos meios de produção: a proteção se tornou assim um horizonte de expectativa central da sociedade, a fim de fazer face ao aumento das vulnerabilidades materiais. A exposição ao risco industrial e técnico é apenas uma das modalidades de uma relação mais geral com o mundo como provedor de segurança e cujas expressões políticas são abundantes desde o século XIX. Propriedade e segurança estão associadas por laços bem estreitos, como perceberam por exemplo os redatores das diferentes versões da declaração dos direitos humanos: frequentemente esquecidos em detrimento dos princípios de igualdade e liberdade, segurança e propriedade sempre estiveram no centro das expectativas políticas modernas.

Por meio do conceito de habitação, pretendemos, portanto, designar a interseção entre o caráter territorial de toda existência social, manifestada em escala local das comunidades e dos "países", bem como na escala mais ampla

Crítica da razão ecológica • 33

das nações e de seus impérios, e a necessidade de segurança que confere um sentido qualitativo à relação com o espaço vivido.

O terceiro aspecto das relações coletivas com a natureza, finalmente, pode ser reunido sob o conceito de conhecimento – isto é, os processos pelos quais se garante o domínio intelectual das coisas. De certa forma, foi esse o núcleo de significação destacado pelas primeiras críticas dirigidas ao modo moderno de relação com a natureza: sob a noção de objetivação, um amplo leque de proposições filosóficas – às vezes vinculadas ao movimento ecológico – tentou mostrar que o mundo fora reduzido a um status meramente instrumental pelas ciências experimentais e por sua aplicação tecnológica. A motivação para essa crítica é fornecida pela ideia de uma relação com o mundo anterior a esses dispositivos objetivantes, que retoma o sentido agora esquecido do ser-no-mundo no que ele pode ter de pleno e integral[20]. Essa anterioridade filosófica, convertida em prioridade moral, não explica, porém, como ela própria teria se sacrificado a algo de menos verdadeiro e de menos justo, abandonando a crítica a um enunciado puramente dogmático.

Nossa perspectiva sobre os vínculos entre conhecimento e relação com a natureza é muito diferente dessas abordagens que deploram monoliticamente a modernização tecnocientífica, definida como um triunfo da razão instrumental. Com efeito, os princípios da história ambiental das ideias acima descritos sugerem que não há relação com a natureza, com o mundo em geral, que não seja mediada por categorias de pensamento e instrumentos técnicos socialmente compartilhados. Nem todos os sistemas categoriais são, a rigor, "ciências", no sentido restrito das ciências experimentais nascidas na era clássica, mas todos desempenham uma função sociológica elementar, identificada por Durkheim e, depois, pela sociologia da ciência: a articulação entre autoridade científica (reivindicar o ponto de vista que permite dizer o que se passa com as coisas) e autoridade política (reivindicar o ponto de vista que torna possível dizer como os humanos devem ser governados). A questão, portanto, não é apenas constatar o aumento do conhecimento sobre as coisas físicas e biológicas, efetivamente notável nas sociedades modernas, mas observar que a maioria das decisões tomadas sobre o quadro econômico e territorial da natureza o foi em conjunto com as instituições científicas.

---

[20] Essa crítica é especialmente formulada em Edmund Husserl, *La Crise des sciences européennes et la phénoménologie transcendantale*, Paris, Gallimard, 1976.

O espaço de controvérsias sobre o bom uso do mundo integrou sistematicamente um ponto de vista cuja especificidade era a de pretender falar em nome da própria natureza, de acordo com seus próprios mecanismos, e de forma idealmente não tendenciosa, factual. Cabe a uma história crítica da ciência pronunciar-se sobre a validade de tal ponto de vista e sobre a eficácia de sua autonomia em relação a outras instâncias sociais, mas permanece o fato de que a presença mesma dos atores científicos nas controvérsias sociais é um aspecto saliente da modernidade. Ela reflete a secularização das relações com o mundo, uma vez que o déficit de autoridade da religião pôde encontrar alguma compensação na emergência de elites técnicas e científicas desempenhando papel análogo.

A agronomia, a demografia, certos ramos da sociologia, mas também as ciências da engenharia, foram atores centrais na organização política e material das sociedades modernas. Elas lhes deram alguns de seus impulsos mais marcantes, em especial quando se trata de tornar o território produtivo, de supervisioná-lo por meio da quantificação, classificação e padronização das condutas econômicas e políticas. O universo das tecnociências industriais, e em particular a química, é considerado a principal realização do poder da técnica moderna sobre a natureza, mas é preciso lembrar que esse esforço não foi feito apenas para a otimização da produção. As ciências experimentais também desempenharam, e sem dúvida mais cedo na história, um papel central na gênese do ideal progressista, fornecendo à modernidade a primeira figura consistente de uma evolução linear do conhecimento de acordo com uma dinâmica projetada para a frente. Elas não só têm um papel funcional como representam um protótipo da orientação progressista da história, cuja duplicação para a esfera sociopolítica foi central para os pensadores iluministas e mesmo para o positivismo. As ciências empíricas, enfim, como a botânica e a zoologia, ou a geografia, estiveram na vanguarda das explorações coloniais: são elas que permitiram absorver a diversidade quantitativa e qualitativa das coisas, e são elas as que mais frequentemente foram implementadas nas frentes pioneiras da modernização e da globalização, elaborando inventários, desenhando mapas e fazendo listas destinadas a preparar o terreno para a administração e a exploração dos territórios[21].

---

[21] Ver, por exemplo, Helen Tilley, *Africa as a Living Laboratory. Empire, Development, and the Problem of Scientific Knowledge*, 1870-1950, Chicago, University of Chicago

Crítica da razão ecológica • 35

O conhecimento do mundo está, portanto, intimamente ligado à dinâmica da modernização socioambiental sob três modalidades principais. Primeiro, pela emergência de uma forma de autoridade que intervém de maneira duradoura e profunda na vida social, que configura o modo de se relacionar com o mundo e dita a legitimidade dessas relações; em seguida, por meio da ambição declarada de se fazer dos modernos o povo depositário de um saber tendente ao universal, abrangendo a totalidade das coisas e capaz de esgotar sua variedade, em qualquer parte do mundo; e, finalmente, porque as formas de conhecimento do mundo são indissociáveis da maneira como o social conhece a si mesmo, da maneira como ele se define e se relaciona com a própria realidade.

Autonomia e abundância

Descrevamos agora o impasse em que nos deixa o nosso legado histórico. Quando as sociedades decidiram não mais depender de autoridades transcendentes, arbitrárias e externas – Deus, o Rei, a Providência –, elas descobriram uma nova: a sua dependência radical em relação à matéria e às coisas necessárias para integrá-las o mais massivamente possível na economia. O projeto de autonomia implica, assim, uma atitude ambivalente em relação aos processos ecológicos e evolutivos. Se é evidente que o corpo social deve sempre tomar emprestado algo do mundo exterior para se reproduzir, a exigência de emancipação pôde sonhar por um momento em se libertar dessas amarras, em nome da luta contra todas as formas de heteronomia. Mas isso não foi feito de forma unívoca e ingênua: o pensamento político moderno se pronunciou sobre as relações coletivas com a natureza que ele considera possíveis, válidas, preferíveis, e o imperativo ecológico atual não é senão a forma assumida hoje pela tensão constitutiva da trajetória histórica de sociedades industrializadas. Esse imperativo é, portanto, uma reorganização fundamental da modernidade: resultado de uma transformação da questão social, a razão ecológica não é nem uma preocupação a-histórica ligada à intuição um tanto vaga de uma vulnerabilidade eterna da natureza, nem a emergência tardia de uma consciência do risco e dos perigos da modernização em sua fase avançada, mas sim o estágio atual da consciência

---

Press, 2011, e Pierre Singaravélou, *Professer l'Empire. Les "sciences coloniales" en France sous la IIIᵉ République*, Paris, Publications de la Sorbonne, 2011.

crítica nascida com a ascensão dos ideais de abundância e de autonomia, ou seja, de liberdade.

As relações coletivas com a natureza sempre estiveram no centro da construção política e histórica das sociedades e, em particular, daquelas que se definem como modernas. A história e a sociologia das ciências e das técnicas acumularam trabalhos importantes sobre essa questão e orientaram a reflexão sobre os arranjos entre humanos e não humanos, arranjo que para muitos pesquisadores constitui o principal analisador da modernidade. Mas se os últimos dois ou três séculos devem ser lidos como a construção lenta e conflitante de uma sociedade tecnocientífica, capaz de perturbar a própria forma da Terra e do clima global, como explicar que ainda estamos à procura da formulação política adequada do problema ecológico? Não deveríamos estar perfeitamente acostumados a uma compreensão ecológica das questões políticas, se com isso queremos dizer uma compreensão em que prevalece o melhor arranjo possível entre humanos e não humanos? Há um paradoxo aqui que ainda resiste às análises filosóficas: há dois ou três séculos, estamos imersos em um mundo em que o destino comum se define em grande medida nas operações de qualificação, de transformação e de exploração do mundo material, e, no entanto, ainda somos incapazes de nos apropriarmos dessas operações para orientá-las num sentido que corresponda ao nosso senso de justiça, isto é, em uma direção que resista à dinâmica cega de extração e acumulação. A terra, as máquinas e a energia sempre estiveram no centro da modernidade, mas nunca penetraram nas categorias políticas a ponto de nos tornar suficientemente sensíveis aos problemas políticos que elas colocam.

Esse paradoxo resulta em uma situação insustentável: de um lado teríamos uma história da modernidade como fenômeno técnico, material, como um arranjo complexo com não humanos, e de outro uma história da modernidade como advento de um espaço público centrado exclusivamente nas pessoas e em seus direitos. A consequência desse foco duplo é que os problemas colocados na interseção dessas duas histórias permaneceram insolúveis. Ora, nossa hipótese é que cada um desses dois maciços epistemológicos e políticos é incompleto, que a pretensão de cada um de reduzir o outro à sua lógica é ilegítima e que o objetivo que deve ser buscado é uma melhor compreensão de suas relações. Sigamos ainda mais longe: as questões políticas contemporâneas são verdadeiramente incompreensíveis se nos detivermos em sua separação. Para avançar a reflexão, é necessário,

Crítica da razão ecológica • 37

portanto, identificar os dois ideais norteadores da modernidade e monitorar a dinâmica que se cria em sua interseção. A vontade de modernização se exprime com efeito sob a forma de uma dupla injunção, uma orientada para a abundância, a outra para a liberdade, ou, para a caracterizar de modo mais preciso, para a autonomia individual e coletiva.

Comecemos pelo primeiro ideal moderno, a abundância. A ruptura entre um passado caracterizado pela escassez perpétua, pela pressão constante das necessidades, e um futuro definido de forma mais ou menos utópica pela libertação dessa pressão e pelo acesso a uma certa prosperidade desempenhou papel central na adesão do maior número de pessoas ao projeto de modernização. Isso significava que cada um podia legitimamente esperar melhores condições de vida que as de seus pais, e que essa melhoria devia se traduzir em um acesso mais fácil à felicidade privada e em uma maior dignidade na vida. É importante ressaltar que a ruptura entre o antes e o depois da abundância sustentou essa adesão por um período muito extenso, desde a resposta às profecias pessimistas de Malthus na virada para o século XIX até o atual esgotamento das perspectivas de crescimento econômico e o acúmulo de ameaças ecológicas. A vontade de abundância inaugura uma nova temporalidade e confere aos tempos modernos um de seus motores mais duradouros e uma de suas justificativas mais poderosas.

A espécie humana possui hoje uma tal capacidade técnica e organizacional que pode capturar cerca de um quarto da biomassa produzida anualmente nos continentes, ou seja, um quarto da energia solar convertida pelas plantas em matéria viva[22]. Essas indicações permitem compreender tanto a mudança na escala da atividade humana nos últimos séculos quanto sua ancoragem insuperável nos processos físicos e biológicos que regulam o sistema-terra. De fato, a abundância material obtida pelo acesso a energias exossomáticas (ou seja, energias que não são incorporadas ao movimento muscular humano ou animal), essencialmente os combustíveis fósseis, mas também pela multiplicação do rendimento da terra e do trabalho projeta a espécie humana em um registro de ação antes inimaginável e que tende a juntar-se à temporalidade ampla e lenta da geologia. É isso que significa o conceito de Antropoceno: a história humana e a geo-história se unem sob o efeito dos meios práticos desenvolvidos para realizar o sonho industrial

---

[22] Fridolin Krausmann et al., "Global Human Appropriation of Net Primary Production Doubled in the 20th century", *loc. cit.*

38 • Abundância e liberdade

da abundância[23]. Mas o Antropoceno não pode ser entendido como a eliminação das dependências que nos prendem ao mundo físico: não pode haver retirada ecológica sem a necessidade de se restituir à terra os elementos orgânicos, e tampouco crescimento sem entropia. O extraordinário ímpeto produtivo do qual continuamos herdeiros, que já exauriu certos recursos, que corroeu a diversidade genética e específica dos seres vivos e que, de maneira mais geral, atingiu certos limites planetários[24] nos leva portanto à lembrança de uma realidade tão simples quanto brutal: as riquezas produzidas são apenas temporariamente afastadas dos ciclos ecológicos planetários, e qualquer retirada que não seja restituída compromete o funcionamento dessas dinâmicas.

É inútil, porém, separar uma face solar e uma face sombria da abundância, de um lado o desenvolvimento de tecnologias que prolongam a vida e aliviam o sofrimento, de outro a exposição às catástrofes. Nem catástrofe nem salvação, a conquista da abundância encerra uma tal parte da significação política dos últimos séculos, assim como das lutas que a animaram, que deve ser resguardada de um julgamento demasiadamente parcial, que faria dela um simples equívoco ou uma verdade definitiva.

A abundância pode, antes de tudo, ser definida como o anúncio da eliminação da pressão das necessidades, da obsolescência do motivo da sobrevivência no agir humano. Keynes descreveu, por exemplo, o futuro do capitalismo a partir da abolição tendencial do "problema econômico", isto é, desse incitamento ao agir que constitui a subsistência, e que a evolução natural imprimiu em nós[25]. Tendo alcançado um estado de equilíbrio, o ser humano terá de reorientar seus impulsos econômicos originais e, segundo ele, convertê-los em um espírito de lazer. Privados do motivo ancestral da carência, os humanos terão de aprender a fazer um uso não produtivo de seus instintos aquisitivos e a cultivar ocupações não rivais e plenamente integradoras, sob pena de persistir em atitudes econômicas anacrônicas. A previsão e a profundidade dessas análises em nada diminuem o fato de que são amplamente utópicas: a redução real do tempo de trabalho necessário

---

[23] Paul J. Crutzen, "Geology of Mankind", *Nature*, v. 415, n. 6867, 2002.

[24] Johan Rockström et al., "A Safe Operating Space for Humanity", *Nature*, v. 461, n. 7263, 2009, p. 472-5.

[25] "Perspectives économiques pour nos petits enfants", em *La Pauvreté dans l'abondance*, Paris, Gallimard, 2002.

para atender às necessidades básicas torna o nosso apego persistente aos incentivos econômicos ainda mais surpreendente.

Mas há outras concepções de abundância: longe de possibilitar a libertação do tempo e o desaparecimento da economia, ela exigiria de nós disposição para o trabalho, para a disciplina, para a aceitação de um controle racionalizado de nossos desejos e de nossas despesas, sem os quais a acumulação contínua e duradoura de riqueza seria impossível. A abundância, assim retratada, é menos um passo para a emancipação em relação à economia que a penetração da economia no conjunto de esferas de nossa existência, o domínio de nosso sistema de valores pela razão do interesse. Max Weber sistematizou essa concepção da abundância e de suas fontes éticas, religiosas e sociais a ponto de torná-la o centro de gravidade da modernidade capitalista[26], e a ponto também de descrevê-la como um processo absurdo de acumulação sem outra finalidade que não a reprodução de esquemas racionalizados de ação. A esse quadro menos gratificante acrescenta-se o fato de que o acesso a maiores quantidades brutas de bens de consumo e de riqueza foi historicamente absorvido por uma explosão populacional concomitante, que limitou de forma drástica o potencial libertador do crescimento. O sacrifício moral exigido pela abundância torna-se então dificilmente admissível, a menos que essa segunda leitura seja temperada por uma terceira, que considera a injunção ao desenvolvimento material como um fenômeno diretamente político.

Com efeito, a acumulação de riqueza só é possível se a ordem econômica assumir a forma de um mercado que opera de modo autônomo na alocação dessas riquezas. A "gigantesca coleção de mercadorias" em que consiste o capitalismo, para retomar as primeiras linhas de *O capital** de Marx, não é, portanto, senão a face visível de um processo de diferenciação interno à esfera social, que distribui os homens em função de seu acesso à propriedade dos meios de produção ou, mais amplamente, de acordo com sua participação na construção da nova sociedade industrial. Essa interpretação política da ordem produtiva, por parte dos pensadores socialistas, confere à abundância uma

---

[26] Max Weber, *L'Éthique protestante et l'esprit du capitalisme*, Paris, Gallimard, 2004. [Ed. bras.: Max Weber, *A ética protestante e o espírito do capitalismo*. Trad. Karina Jannnini. São Paulo, Edipro, 2020.]

* Ed. bras.: Karl Marx, *O capital*, Livro II. Trad. Rubens Enderle. 2. ed. São Paulo, Boitempo, 2011. (N. E.)

40 • Abundância e liberdade

dimensão hierárquica imediata que, se não confunde a orientação produtiva da economia com a dominação exercida sobre os trabalhadores, torna inevitável a questão da sua articulação. Depois de Marx, Polanyi mostrou como a abundância organizada pelo mercado (ou seja, na forma da manutenção do motivo da carência entre os atores econômicos[27]) pressiona as sociedades a tal ponto que, no limite, elas podem se voltar umas contra as outras.

Seja alegre, austera ou totalmente política, a abundância é uma das aspirações coletivas fulcrais em torno das quais as sociedades modernas foram organizadas. Seria fácil escrever sua história de forma linear: um começo difícil, uma fase intermediária de expansão e sucesso, e um final trágico, atormentado pela desigualdade, sob a nuvem espessa das poluições, e em um planeta superaquecido. Mas essa história seria apenas uma sucessão de fatos empíricos cegos, subordinada a oposições simplistas. Mais grave, ela estaria desconectada das razões plenamente políticas que tornaram desejável tal perspectiva de progresso e que permitem não reduzi-la nem a uma simples vontade de bem-estar material nem a uma *hybris* culpada: a aspiração à abundância está com efeito encravada em uma racionalidade política sem a qual é incompreensível, tanto em seus sucessos como em seus impasses.

Essa racionalidade política, o segundo ideal norteador da modernidade, chama-se autonomia. Esse termo acrescenta às noções vizinhas de liberdade, essencialmente individual, e de emancipação, que se refere à aquisição de direitos, a ideia de uma orientação histórica coletiva. Para usar as palavras de Castoriadis, essa tendência do corpo coletivo de fazer seu próprio exame de maneira ilimitada, a fim de descobrir as condições de sua "autoinstituição", coloca uma "questão abissal"[28]: a sociedade pretende, por meio dessa exigência, constituir uma ordem absolutamente independente de qualquer determinação exógena, para se apresentar como uma realidade *sui generis* do ponto de vista ontológico e histórico. Ela não deve sua realidade senão a si mesma, e seu movimento no tempo é produto de uma orientação que se revela em toda a transparência. A exigência de autonomia pressupõe, portanto, por parte do social, uma capacidade de se dobrar sobre si mesmo para descobrir aí a fonte da normatividade, que ele vai em seguida desdobrar na forma do direito.

Se a sociedade moderna pretende ser transparente para si mesma, não é para descobrir princípios de organização naturais e a-históricos, mas sim

---

[27] "La mentalité de marché est obsolète", em *Essais*, Paris, Seuil, 2008.

[28] Cornelius Castoriadis, *Domaines de l'homme*, Paris, Seuil, 1986, p. 479.

para se proporcionar leis adequadas ao seu estado atual, na medida em que este é afetado pelas formas de divisão do trabalho e pelos valores morais ou religiosos dominantes que nela circulam. Sujeitas a mudanças, essas características exigem que uma sociedade que deseja ser autônoma corrija continuamente seus princípios institucionais para responder o mais adequadamente possível à sua própria historicidade. Assim se enredam os conceitos de crítica e de história, que são as duas faces dessa compreensão dinâmica e aberta da autonomia[29]: jamais se concretizando de forma ideal, esta última precisa, então, realizar sua autocrítica, e é esse movimento reflexivo que orienta a história social e política em uma direção heterogênea ao modelo da repetição perpétua da tradição.

É impossível para nós voltar aqui ao conjunto das fontes desse ideal. Mencionemos apenas alguns dos elementos teóricos que alimentaram essa ambição. O ideal de autonomia é uma herança do Iluminismo e, para além do século XVIII, é preciso buscar seus primórdios na atenuação da clivagem feudal entre a elite aristocrática e o povo, após o surgimento de uma burguesia urbana letrada, às vezes imbuída da cultura antiga e do espírito de livre exame religioso, quando não da filosofia cética[30]. Esses grupos sociais adquiriram importância capital com o desenvolvimento dos circuitos comerciais e culturais no início da Europa moderna, assim como com a separação gradual entre o poder temporal exercido pelos Estados saídos das guerras de religião e o poder religioso. O Iluminismo proporcionou a esses diferentes elementos uma poderosa síntese intelectual, que transformou a arbitrariedade do poder e de sua corrupção no principal alvo de suas críticas, mas que, sobretudo, impôs à Europa uma concepção contratual das relações de interdependência política, destinada a eliminar as velhas hierarquias estatutárias de posição e de condição.

Retomados e generalizados sob a bandeira dos direitos humanos, em particular por Thomas Paine, esses princípios em seguida funcionaram, a partir das revoluções da virada do século XIX, como referência para o conjunto dos movimentos de emancipação, notadamente para aqueles que levaram à emergência da classe operária[31]. A igualdade, a liberdade e a propriedade,

---

[29]   Reinhardt Koselleck propôs uma genealogia das relações entre história e crítica em *Le Règne de la critique*, Paris, Minuit, 1979.

[30]   Ver, por exemplo, John Pocock, *Le Moment machiavélien. La pensée politique florentine et la tradition républicaine atlantique*, Paris, PUF, 1998.

[31]   Edward P. Thompson, *La Formation de la classe ouvrière anglaise*, Paris, Seuil, 2017.

sem dúvida os três termos centrais em torno dos quais se estabeleceram as repúblicas burguesas dos séculos XIX e XX, traduzem, portanto, uma exigência mais geral de autonomia da sociedade. Esta assume a forma de princípios de governo, como os mecanismos de representação democrática ou as garantias constitucionais das liberdades individuais, mas abrange primeiro, a partir da Idade Moderna, a concepção dominante que o corpo coletivo tem de si mesmo.

Tal como o ideal de abundância, o princípio da autonomia foi objeto de críticas, às vezes severas. Alguns, por exemplo, veem o individualismo como uma de suas consequências tardias[32], enquanto outros, mais interessantes, investiram no que se poderia chamar de margens da autonomia. Suas zonas cinzentas são tão amplas como comprometedoras: as sociedades modernas, ao mesmo tempo que exigem para si autonomia política total, reduziram suas periferias coloniais à escravatura e à apropriação mais cruel, deixaram as mulheres em situação de minoria a um só tempo estatutária e doméstica contrária a seus próprios princípios, e, claro, foi durante o reinado do ideal de autonomia que se iniciou a dinâmica de captação de recursos naturais responsável pela atual crise ecológica global. Seria, portanto, tentador escrever uma contra-história do movimento pela autonomia, vendo nela apenas a justificativa falaciosa para uma série contínua de desapropriações e marginalizações. Mas, quer invistamos esse movimento de uma perspectiva subversiva, para sublinhar sua dimensão repressiva, quer nos contentemos em apontar suas contradições atuais, permanece a ideia segundo a qual ela constitui um referencial teórico suficiente para captar a história moderna: não haveria nada além dela, a não ser as contradições e as falhas que acumula.

É esse tipo de esquema que pretendemos evitar aqui. A energia política que se manifestou na revogação dos príncipes, na limitação dos poderes soberanos, na demanda por liberdades econômicas e civis e, *in fine*, na formação das estruturas democráticas das quais somos os herdeiros inquietos não prescinde, com efeito, de sua relação com a ecologia política, isto é, com as formas de reflexividade material. Mas, se for mesmo esse o caso, é porque essa energia foi liberada ao longo do tempo em estreita afinidade com o ideal de abundância. É a razão pela qual, se queremos lançar luz sobre a história política das relações com a natureza, devemos imediatamente nos situar na polaridade constituída pela coexistência entre o ideal da abundância

---

[32] Citemos, por exemplo, os trabalhos de Marcel Gauchet, notadamente *La Démocratie contre elle-même*, Paris, Gallimard, 2002.

e o ideal da autonomia. Cada um desses dois ideais depende do outro para funcionar, e é no nível das fricções que intervêm em sua coexistência que se pode analisar a gênese do problema político que é a mudança climática. No passado, a autonomia política, para se tornar desejável, inicialmente se apoiou na perspectiva da prosperidade material. A abundância, assim, alimentou e sustentou de forma durável o projeto de emancipação jurídica dos indivíduos e dos grupos, dando-lhes um apoio tangível, e há razões para acreditar que a liberdade sem a abundância teria sido bem menos atraente. Em particular na segunda metade do século XIX, a emergência de uma "classe média" de assalariados que se beneficiavam de direitos estáveis e o surgimento de práticas de consumo subservientes ao prestígio social da mercadoria traduzem mais claramente a afinidade entre emancipação política e crescimento econômico[33]. A segunda onda de democratização do capitalismo, no rescaldo da Segunda Guerra Mundial, reveste-se de uma significação semelhante, à medida que também tornou possível uma adesão massiva à ideia de que crescimento e democracia são indissociáveis. Ao mesmo tempo, as condições em que ocorreu o acesso à abundância supuseram (e ainda supõem) a instauração de enormes assimetrias ecológicas, militares e jurídicas entre a Europa e suas margens coloniais. O combate a essas assimetrias proporciona, portanto, hoje, um ponto de convergência entre a reflexividade pós-colonial e a reflexividade ambiental, cuja relação extremamente complexa e dolorosa com a herança modernizadora expressa mais uma vez as tensões que aparecem no cruzamento dos processos de desenvolvimento econômico e de democratização.

O objetivo constituído pela abundância material também foi alvo de uma crítica interna, em especial no final do período de crescimento dos Trinta Gloriosos. Essa crítica se tornou possível por meio da ativação paradoxal do princípio da autonomia: com efeito, é em nome da própria instituição da sociedade como um espaço em que prima a justiça, a igualdade, o direito, e que deve ser protegido como tal, que a transformação ecológica da modernidade passou a ser reivindicada. Sem essa vontade tipicamente moderna

---

[33] Sobre a emergência da classe média, ver Pamela Pilbeam, *The Middle Classes in Europe, 1789-1914. France, Germany, Italy, and Russia*, Chicago, Lyceum Books, 1990. Esse fenômeno rapidamente suscitou o interesse da sociologia, como o testemunha Maurice Halbwachs, *La Classe ouvrière et les niveaux de vie. Recherches sur la hiérarchie des besoins dans les sociétés industrielles contemporaines*, Paris, Alcan, 1912.

de incorporar e de corrigir evoluções socialmente consideradas patológicas e que, portanto, comprometeriam o prolongamento da ordem igualitária e democrática, a ecologia política seria impossível. Estamos, portanto, diante da reviravolta lenta e atualmente inacabada da relação originalmente forjada entre liberdade e abundância.

Essa polaridade ainda está presente no início do século XXI, mas passou por uma série de mutações que comprometem sua capacidade de orientar a história de modo sustentável. Podemos ter uma ideia da importância e do significado desses questionamentos se nos referirmos à rede de controvérsias que se desdobram há várias décadas sobre o fim ou os limites do crescimento, sobre o fundamento dos indicadores dominantes de riqueza, e, mais amplamente, do benefício social e político do desenvolvimento econômico[34]. A ideia de relançar políticas de *welfare* [bem-estar social] em resposta tanto a crises democráticas quanto ecológicas consolidou-se como um componente dos debates contemporâneos, sem, no entanto, ter conseguido exercer uma influência decisiva no tratamento da questão mais geral das desigualdades[35]. Essas questões também foram objeto de relatórios oficiais que, embora reduzissem o problema a medidas de política fiscal ou mesmo a uma gestão racional dos ativos ambientais[36], colaboraram, ainda assim, para suscitar uma reação por parte das autoridades públicas. Todas essas contribuições circunscrevem uma insatisfação difusa em relação à forma atualmente assumida pelo compromisso entre crescimento e democracia, ou seja, pela tensão entre abundância e liberdade. Quanto a nós, nossa hipótese será a seguinte: uma política ecológica se define pela tentativa de melhor compreender a formação e a dissolução dessa polaridade, bem como pela capacidade de aprender o seu esgotamento a fim de buscar novas energias políticas.

---

[34] Ver, por exemplo, respectivamente: Tim Jackson, *Prospérité sans croissance*, cit.; Serge Latouche, *Le Pari de la décroissance*, Paris, Fayard, 2006; Kate Raworth, *Doughnut Economics*, Londres, Random House, 2017; Dominique Méda, *Au-delà du PIB. Pour une autre mesure de la richesse*, Paris, Flammarion, 2008, ou ainda a obra de Amartya Sen em sua totalidade.

[35] Para uma tentativa nesse sentido, ver Lucas Chancel, *Insoutenables inégalités. Pour une justice sociale et environnementale*, Paris, Les petits matins, 2017.

[36] Ver em especial *Stern Review: on the Economics of Climate Change*, Londres, HM Treasury, 2010.

2
SOBERANIA E PROPRIEDADE.
A FILOSOFIA POLÍTICA E A TERRA

As *affordances* políticas da terra

Não se enganar quanto à história: eis uma das principais condições para conferir à questão ecológica toda a sua profundidade política. Ora, é agora que realmente começa a narrativa conceitual que se pretende construir, e optamos por fazer com que ela remonte ao século XVII. Quer dizer: muito antes de a natureza se tornar objeto de uma reavaliação ética para fins de conservação e patrimonialização, muito antes, portanto, que a degradação imposta ao meio ambiente suscitasse uma reação empática e estética. Se é preciso recuar tanto no passado, é porque os arranjos políticos entre humanos, territórios, recursos e seres vivos que conhecemos, e no âmbito dos quais ainda operamos em boa parte, tomaram forma nessa época. No século XVII, numa época em que o pensamento político estava repleto de reflexões sobre a conquista de novas terras, sobre sua partilha, sobre o aprimoramento da sua exploração e, de uma forma mais geral, sobre as regras do seu uso, com efeito é quase impossível diferenciar o ordenamento do mundo e a busca de normas justas da sociedade civil.

O que a tradição filosófica e jurídica progressivamente adquiriu o hábito de chamar de soberania e propriedade se confunde com o domínio da natureza. O modelo do terreno e seus pontos estratégicos, o percurso das distâncias, as trocas e rivalidades que ela suscita, a modelagem dos solos para a produção: o território e suas oportunidades constituem um campo de jogo para o pensamento político. Hoje, adquirimos o hábito nocivo de considerar político, nos textos de autores clássicos, apenas o que diz respeito à constituição do Estado de direito racional, à gênese do sujeito político autônomo e às suas relações mútuas. Mas o edifício moral e normativo que então se estabelecia era inseparável de uma atenção à subsistência, ao habitat, assim como ao conhecimento que elas exigem.

Como veremos pelos exemplos de Grotius e Locke, a construção de um espaço comum para os humanos sob a autoridade da lei, no contexto de um aumento repentino de terras acessíveis e apropriáveis para a exploração, foi um objetivo prioritário de juristas e filósofos. Essa construção forneceu ao pensamento político uma base empírica que ainda exerce influência sobre a razão política atual. A capacidade de formar uma comunidade em um território compartilhado no horizonte de um conflito, de rivalidades sempre possíveis, funcionou como um critério para o pensamento político inclusive quando ele visava a pacificação das relações domésticas, das relações internas à comunidade ocupando o território geograficamente contínuo de uma determinada entidade política[1]. O dispositivo de atribuição do indivíduo a uma porção do espaço, pelo conceito de propriedade, se articula com o modo como o Estado delimita um território que colocará sob a sua lei: propriedade e soberania são duas versões, dois tipos de aplicação de uma racionalidade dominial, que derivam, no caso da primeira, do léxico latino *dominium* e, no da segunda, do *imperium*.

Por trás das noções de soberania e propriedade estão os esquemas práticos da conquista e do aprimoramento. Conquistar e aprimorar, isto é, impor sua lei a terras mais ou menos recentemente descobertas e aumentar as capacidades produtivas de um solo adequado, são duas das principais modalidades que então organizam as relações coletivas com o mundo. Conquistar e aprimorar preocupam de uma forma que chega à obsessão os principais teóricos que adentram na arena política, em particular Grotius e Locke, e é em torno desses esquemas que se estrutura o que doravante se denominará *affordances* políticas da terra[2]. Por essa expressão são entendidas as posições oferecidas pelas características da terra ao imaginário político e jurídico, na ocorrência aqui de um contexto anterior à grande indústria

---

[1] Para uma história da geografia política moderna, ver Charles S. Maier, *Once within Borders. Territories of Power, Wealth, and Belonging since 1500*, Cambridge, Belknap, 2016; Lauren Benton, *A Search for Sovereignty. Law and Geography in European Empires, 1400-1900*, Cambridge, Cambridge University Press, 2010; e, para sua pré-história, ver Stuart Elden, *The Birth of Territory*, Chicago, University of Chicago Press, 2013.

[2] Devo essa expressão em parte a Baptiste Morizot, mas ela recebe aqui um sentido singular.

e à máquina. A terra apresenta constrangimentos espaciais e econômicos, alguns dos quais estruturais, tal como o fato de se ter de estabelecer regras de convivência num território limitado e disputado, e outros acidentais – como os "limites naturais" formados por um litoral, uma cordilheira, por aquelas propriedades ecológicas diferenciadas, férteis ou não, ou pela presença de minas. A arte política sempre lida com essas *affordances*, que não são nem determinações puras e simples, nem simples elementos de decoração: o que se faz é tirar o máximo de partido do jogo, a fim de imaginar parcerias e de projetar princípios de solidariedade.

Ora, no século XVII, sob a pressão conjunta daquilo que se chama, de maneira etnocêntrica, de "grandes descobertas" e da abertura de imensas rotas comerciais, mas também do desenvolvimento de novas técnicas de valorização do solo, raras são as controvérsias políticas que não conduzam a essas *affordances* da terra[3]. Enquanto as elites intelectuais do momento usam a habilidade retórica para afirmar os interesses de seu príncipe nesta ou naquela parte do globo, a terra é considerada uma questão crucial. O direito da guerra e da paz, para usar o título da obra principal de Grotius, é essencialmente um *nomos* da terra, ou seja, para usar a famosa expressão de Carl Schmitt, um conjunto de dispositivos jurídicos que procedem da ocupação territorial[4]. O poder é sempre um geopoder, e ainda hoje conhecemos um imaginário constituído já na pintura renascentista, no qual o legislador, o comerciante e o cartógrafo nunca estão muito distantes um do outro – ao longe, nas bordas do espectro da dignidade e da consideração, os primeiros ocupantes das terras disputadas.

As últimas décadas, com a ascensão do problema ecológico, nos habituaram a pensar que a história política da natureza começa no momento em que emerge uma relação patológica com o meio, essencialmente ligada ao desenvolvimento industrial. A ideia de "crise ecológica" se tornou, assim, um marcador do presente histórico, um regime epistemológico, moral e político que define as condições nas quais se coloca a questão do uso do

---

[3] Nossa leitura se concentrará no espaço atlântico, sob a influência de Locke. Mas recordemos que o espaço mediterrâneo foi, e continua a ser, um laboratório geográfico crucial na constituição do paradigma da soberania. Ver Guillaume Calafat, *Une mer jalousée. Contribution à l'histoire de la souveraineté (Méditerranée, XVIIᵉ siècle)*, Paris, Seuil, 2019.

[4] Carl Schmitt, *Le Nomos de la Terre*, Paris, PUF, 2001.

48 • Abundância e liberdade

mundo no início do século XXI. É preciso, portanto, fazer um esforço de descentramento para reconhecer que a história política da natureza começou antes da crise ecológica e que o conhecimento desse antes é indispensável para que as sucessivas mutações dessa história nos apareçam com clareza.

Então, o que mudou na cultura cristã europeia para que a soberania e a propriedade pudessem se impor como os conceitos-chave de uma nova racionalidade política? Os séculos XVI e XVII na Europa foram caracterizados por uma profunda reorganização das estruturas que enquadram a existência social de homens e mulheres. A afirmação do Estado moderno, antes de mais nada, passa por meios técnicos e administrativos cada vez mais avançados para atingir diretamente as populações, em particular por meio da condução dos assuntos econômicos e monetários, mas também por meio da guerra. Esses Estados conduzem políticas comerciais estrategicamente orientadas de acordo com seus interesses e se dotam de instituições destinadas a fazer dessas estratégias uma parte essencial de sua razão de ser – o que conhecemos como mercantilismo[5]. Foi igualmente durante esse período que o laço entre autoridade política e autoridade religiosa começou a se desfazer. A historiografia do início da modernidade mostrou de modo abundante que as guerras civis religiosas provocadas pela Reforma Luterana e pela Contrarreforma desempenharam papel decisivo no fortalecimento do poder político contra as pretensões universalistas do Império cristão[6]. O período de turbulência que animou a Europa após a cisão protestante, do qual a Guerra dos Trinta Anos foi o ponto culminante no início do século XVII, gradualmente forçou as elites políticas e jurídicas europeias a precipitar o colapso da unidade imperial e a conceber como plenamente soberanas as diferentes unidades territoriais resultantes desse deslocamento. É essa ordem política que é frequentemente associada aos Tratados de Vestfália, assinados em 1648 entre as várias partes interessadas desses conflitos religiosos. Trata-se de um dos atos fundadores da paz civil, mas sobretudo da emergência de uma concepção parcialmente secularizada da associação política sob a autoridade de um Estado que já não reconhece a salvação das almas como sendo de sua alçada. A preservação da paz se assenta, portanto,

---

[5] Para uma visão geral das implicações dessa doutrina para a filosofia, ver Le concept de mercantilisme, *Revue de métaphysique et de morale*, v. 39, n. 3, 2003, p. 289-309.

[6] Olivier Christin, *La Paix de religion. L'autonomisation de la raison politique au XVIe siècle*, Paris, Seuil, 1997.

num conjunto de compromissos jurídicos entre Estados, isto é, em disposições que conferem a essas entidades políticas uma responsabilidade antes subordinada à realização de um desígnio sobrenatural, do qual a garantia última era a Igreja.

É preciso, evidentemente, relativizar o ponto de inflexão simbolizado pela ordem vestfaliana, mas, mesmo que a cronologia, como sempre, seja difícil de estabelecer, a virada que se opera entre os séculos XVI e XVII redesenha em profundidade os quadros sociológicos, políticos e teológicos da Europa Cristã[7].

A história nos mostra que esse período foi vivido de forma massiva como uma época de distúrbios extremamente graves, que afetaram intensamente a relação com o tempo[8]. Até então estruturado pelo horizonte escatológico, pelas profecias e por suas interpretações, sem real profundidade histórica, o tempo social dá lugar a uma dinâmica de sucessão cronológica. O futuro aparece como profundamente incerto, essencialmente determinado pela complexa interação das vontades humanas e do acaso, e, portanto, livre da iminência indefinidamente adiada do Apocalipse. A dimensão de acontecimento da história não é, assim, apenas o efeito de um acúmulo de conflitos, mas sim da constatação segundo a qual nossa situação se define por nossa capacidade de lidar com eles. Pode-se dizer que a nascente consciência histórica provoca, em relação ao tempo, o que a emergência do Estado autônomo provoca, simultaneamente, em relação ao espaço: a dissolução da universalidade cristã imperial e do horizonte escatológico libera capacidades de ação propriamente política em espaços limitados a princípio circunscritos pelo direito, capacidades de ação e de decisão que doravante remetem a um tempo aberto no qual se desdobram a historicidade humana e suas crises.

Essas convulsões são de suma importância para a história da filosofia política, pois o tipo de discurso a que nos referimos quando falamos de "filosofia política" constituiu-se nessas circunstâncias. Essa forma de conhecimento e o projeto social que ela acolhe são herdeiros da libertação do espaço e do tempo, ou pelo menos da sua transmutação, o que abriu a possibilidade de racionalizar o domínio exercido coletivamente sobre os quadros comuns da existência. Assim que esses enquadramentos comuns

---

[7] David Armitage, *Civil Wars. A History in Ideas*, Nova York, Alfred Knopf, 2017.

[8] Reinhart Koselleck, "Le futur passé des temps modernes", em *Futur passé. Contribution à la sémantique des temps historiques*, Paris, Éditions de l'EHESS, 2016.

não são mais definidos imediatamente pela teologia, o palco se abre para dar lugar a outra determinação dos objetivos compartilhados. A articulação de vontades múltiplas em uma totalidade política cujos guardiões devem ser os representantes de uma lei, a racionalidade contratual que dominará o pensamento político até Kant e Rousseau, proporcionando o terreno fértil para o Iluminismo, tudo isso encontra sua fonte na degradação das estruturas feudais da sociedade e da simbologia que a sustenta.

Uma das persistências mais notáveis dessa gênese das concepções modernas da soberania é precisamente a preocupação com as coordenadas espaçotemporais da coexistência. A constituição da consciência moderna do tempo contribuiu para a formação dos ideais de progresso, de perfectibilidade indefinida e de realização histórica, aos quais voltaremos mais adiante. Ao mesmo tempo, a geografia política moderna deve, ela também, ser compreendida como um efeito das mudanças gerais na cultura europeia. Com a afirmação do Estado diante da Igreja, com a constituição de uma economia política conscientemente orientada para a competição das nações, se desenrola a questão da partilha dos mares e das terras recentemente abertas à conquista pelos grandes descobrimentos, na América e na Ásia. Os vários impérios marítimos europeus, Portugal, Espanha, Províncias Unidas, França e Inglaterra, viram-se efetivamente confrontados com a necessidade de partilhar imensos espaços reputados "livres", considerados não administrados por nações autônomas e politicamente conscientes. Essa abertura do Novo Mundo é conceituada por meio das fórmulas *res nullius* e *terra nullius*, que demarcam a ausência de direitos legítimos atribuídos a esses espaços. Esse momento histórico, focado no que também se chamou de "bens sem mestre", deu origem a uma gigantesca onda de violência predatória, dirigida sobretudo contra as comunidades indígenas. Mas também estimulou uma forma de reflexividade política e jurídica que permeou toda a tradição política moderna, da qual ainda somos em parte herdeiros, queiramos ou não[9].

Essa reflexividade política se caracteriza por fazer da terra e do mar o centro de gravidade da conceituação dos conflitos e de sua resolução. Para o pensamento político, a ocupação de uma porção do espaço geográfico representa o problema cardinal a ser considerado, aquele cuja resolução

---

[9] Anthony Pagden, "Human rights, natural rights, and Europe's imperial legacy", *Political Theory*, v. 31, n. 2, p. 171-99, 2003.

Soberania e propriedade. A filosofia política e a terra • 51

envolve – por meio de uma cadeia de consequências – a definição das principais características conferidas a uma entidade soberana[10].

O que todas essas coisas têm a ver com a questão da natureza e, mais importante, como elas lançam luz sobre a atual perspectiva ecológica? Não deveríamos, antes, ver no século XVII a era da invenção das ciências modernas, a de Newton e Descartes, da matematização do mundo?[11] Não foi esse movimento que determinou da maneira mais espetacular e direta os modos de relação com o mundo natural que caracterizaram a modernidade? A importância central atribuída ao ideal cartesiano de domínio e posse na historiografia da crise ecológica deve, na verdade, não ser contestada, mas posta em perspectiva. Com efeito, a emergência da esforço experimental e a tradução da física para a linguagem matemática abriram novas possibilidades práticas, mas não contêm tudo o que uma sociedade precisa para determinar sua orientação em relação às coisas materiais. A história da ciência, aliás, abandonou a ideia de que o desenvolvimento do paradigma objetivista seria uma força histórica autônoma, investida de uma relação com a verdade capaz de se impor à ordem social e política sob a forma de evidência[12].

Quando consideradas em partes iguais, as ciências da matéria, dos seres vivos, os diversos saberes com vocação técnica, agrícola ou médica nos quais o ideal galileu-cartesiano não se aplica de forma transparente, compreende-se melhor a medida do entrelaçamento entre saberes e política que definiu o século XVII. As ciências constituem uma dimensão entre outras das relações coletivas com a natureza, e sua autonomização é precisamente uma parte da ideologia moderna da qual se trata de manter distância. O pensamento jurídico e político não é, portanto, nem uma simples legitimação externa do triunfo tecnocientífico em formação, nem uma racionalidade secundária destinada a mimetizar ou a adotar a das ciências, mas sim uma das forças sociais que ajudam a forjar uma ordem sociomaterial irredutível à dominação técnica. Essa ordem decorre dos modos de apropriação do solo e das

---

[10] Andrew Fitzmaurice, *Sovereignty, Property and Empire, 1500-2000*, Cambridge, Cambridge University Press, 2014, e "The genealogy of terra nullius", *Australian Historical Studies*, v. 129, 2007, p. 1-15.

[11] Alexandre Koyré, *Du monde clos à l'univers infini*, Paris PUF, 1962.

[12] Ver, por exemplo, Steven Shapin, *Une histoire sociale de la vérité. Science et mondanité dans l'Angleterre du XVIIe siècle*, Paris, La Découverte, 2014 (1994) e Carolyn Merchant, *The Death of Nature. Women, Ecology and the Scientific Revolution*, Nova York, Harper & Row, 1983.

coisas, dos frutos da terra e dos espaços habitáveis, cuja lógica é política. Ora, a emergência das ciências modernas não se dá num mundo em que essas questões estão ausentes: o mundo que acolhe as ciências e técnicas modernas já está ordenado de forma singular, em particular pelas descobertas geográficas e pela ordem imperial, pela Reforma e suas consequências na concepção de soberania, pelas transformações das relações entre economia e poder político e pelo declínio relativo da Igreja.

O objeto deste capítulo é, então, a maneira como as *affordances* da terra organizam o pensamento político clássico, como elas catalisam a reivindicação central da modernidade, que é o direito à segurança da vida e da propriedade, em uma palavra, a autonomia do indivíduo.

Grotius: o Império e a posse

Entre os autores da tradição filosófica clássica, Hugo Grotius (1583--1645) é, sem dúvida, aquele que melhor expressa a articulação entre a regulação dos conflitos que se manifestam na esfera dos interesses individuais, a gênese de um Estado soberano sobre seu território, assim como sobre seu povo e o estabelecimento de uma ordem cosmopolita.

Grotius é antes de mais nada um pensador do Império, um jurista e administrador cujo talento precoce foi colocado a serviço de seu governante. Tão logo se formou em direito, o pensador flamengo recebeu, em 1604, a incumbência de redigir um tratado destinado a legitimar a extensão dos circuitos comerciais das Províncias Unidas na Ásia Oriental. Aliás, é a Companhia Holandesa das Índias Orientais (Vereenighde Oostindische Compagnie), fundada em 1602 para competir com sua equivalente inglesa, a patrocinadora direta desse texto intitulado *De Jure Praedae*, do qual por muito tempo conhecemos apenas o décimo segundo capítulo, publicado separadamente sob o título de *Mare Liberum*, *A liberdade dos mares*[13]. Tomadas pela guerra contra a tutela exercida pelo Império espanhol e buscando se inserir no comércio de especiarias orientais ao lado de Portugal, as Províncias-Unidas pretendem assumir um papel de destaque na nova cena internacional. Mas essa competição entre impérios não se desenvolve apenas por meio das relações de força: em grande medida, é na monotonia da argumentação jurídica,

---

[13] Grotius, *La liberté des mers*, Paris, Imprimerie Royale, 1845.

na produção de um saber legal, que se desenham a partilha do mundo e o estabelecimento das jurisdições imperiais e comerciais. A captura do navio português *Santa Catarina* por Jacob van Heemskerk, em fevereiro de 1603, no Estreito de Cingapura, é o elemento desencadeador dessa busca por uma ordem internacional: essa captura de altíssimo valor comercial e simbólico teve de ser objeto de uma arbitragem na qual os diferentes interesses em jogo se confrontaram, e a partir da qual seriam definidos os princípios de coexistência entre as potências marítimas[14].

Desde os debates do século anterior em torno de Vitória e da escola de Salamanca, as rivalidades imperiais foram uma força motriz fundamental da constituição do corpus jurídico europeu, mas Grotius confere a essas controvérsias uma nova formulação. O *Mare Liberum* e, mais tarde, o *Direito da guerra e da paz* tornam possível a compreensão da afinidade entre as categorias do direito moderno e as considerações espaciais e materiais que impulsionam então os diferentes atores políticos. O tratado sobre os mares livres, de início, oferece um panorama contundente da interseção entre as propriedades físicas e morfológicas do espaço marítimo, levadas em conta pelo legislador, e o encontro de diferentes interesses comerciais e territoriais sobre esse espaço comum.

O tratado começa, assim, com a afirmação de que "é permitido a qualquer nação se aproximar de qualquer outra nação e negociar com ela". Essa regra "primária" do direito dos povos – isto é, do direito universal regulando as relações entre as diferentes nações –, extraída do conhecimento dos princípios naturais, é explicada pela vontade de Deus, que não quis que a natureza "sustentasse em todos os lugares a todas as necessidades da vida". Na verdade, ele "desejou que as amizades humanas fossem nutridas pela carência e pela abundância mútuas, com receio de que alguns poucos, pensando-se autossuficientes, se tornassem justamente por isso insociáveis"[15]. A sociabilidade humana é definida como uma forma de mutualismo gerado pela dotação desigual das diferentes comunidades e dos diferentes lugares sobre os quais ela se estabelece. Do ponto de vista de Grotius, a tendência para a troca não se refere, portanto, a uma disposição ao ganho, mas sim à compensação

---

[14] Sobre a inscrição do pensamento de Grotius na história dos impérios comerciais, ver Martine Julia van Ittersum, *Profit and Principle. Hugo Grotius, Natural Rights Theories, and the Rise of Dutch Power in the East Indies, 1595-1615*, Boston, Brill, 2006.

[15] Ibidem, p. 21-2.

imediata das variações internas à natureza, que distribui desigualmente seus dons e obstáculos. A interdependência decorre de fatores que hoje seriam apontados como geográficos e ecológicos, mas que são contrabalançados pela capacidade dos humanos de se comunicar e de fazer comércio. Obstruir essa disposição equivale, portanto, a limitar a expressão da natureza no homem e a negar a justiça divina. Com Sêneca, Grotius vê na formação geográfica dos continentes e dos oceanos que os rodeiam um testemunho dessa vontade suprema: os oceanos são entendidos como pontos de passagem, vetores de contato entre comunidades, notadamente porque o vento que sopra sobre eles proporciona uma perspectiva ainda natural às empreitadas da troca. As técnicas de navegação aparecem como alicerces práticos de uma visão de mundo, assim como das conexões que aí devem se estabelecer: esse é um exemplo notável das *affordances* do território que o pensamento político atualiza sob uma forma normativa. A cultura marítima mediterrânea dos antigos, que afetou profundamente o direito, é assim estendida à escala dos oceanos.

O princípio da liberdade dos mares está subordinado, em Grotius, a um argumento anti-hegemônico: os oceanos garantem a coexistência, num mesmo espaço, de atores distintos, e seu caráter inapropriável diz respeito à natureza das coisas. É sobre essa base que se torna possível contestar, em Portugal e na Espanha, qualquer tentativa de estabelecer restrições de acesso aos oceanos, em geral, e aos pontos de passagem estratégicos, em particular. Aqui, o caráter comum do mar tem um valor defensivo, ele é estrategicamente mobilizado para dar voz aos direitos de um ator político e econômico em posição dominada. Mas, inversamente, quando se trata de coisas mobiliárias, é legítimo reivindicar um acesso restritivo. As terras agrícolas, em particular, têm uma função distributiva à qual convém bastante o estabelecimento de restrições ao uso de terceiros[16]. A terra produz frutos que podem ser separados, divididos e distribuídos igual ou desigualmente, sendo, portanto, mais conveniente organizar essa distribuição reservando espaços limitados para os indivíduos que serão responsáveis por ela e que dela se beneficiarão, já que são estes também que deixarão sua marca nesses solos: trata-se aqui, como veremos mais adiante, de um dos elementos mais estáveis das *affordances* políticas da terra.

A ocupação estabelece a propriedade, assim, quando o domínio exercido sobre a coisa é durável, quando se manifesta por signos externos ou quando

---

[16] Ibidem, p. 35.

Soberania e propriedade. A filosofia política e a terra • 55

pode resultar num controle efetivo sobre ela e suas capacidades produtivas. As coisas apropriadas, sejam públicas ou privadas, devem prestar-se ao estabelecimento de fronteiras, a única técnica material com base na qual o direito pode ser elaborado: a fronteira é capaz de organizar eficazmente a distribuição das coisas entre humanos, significando num plano simbólico a separação e a alocação dos territórios e contendo – no plano material, se necessário – as veleidades de transbordamento. Dessa definição de propriedade, à qual retornaremos, Grotius tira duas consequências. Em primeiro lugar, "que as coisas que não podem ser ou que nunca foram ocupadas não podem ser propriedade de ninguém, uma vez que toda propriedade começou com a ocupação", e, em segundo, "que todas as coisas que foram dispostas pela natureza, de tal forma que, ao servirem a um, não são menos suficientes para o uso comum de todos os outros, são hoje e devem permanecer perpetuamente nas mesmas condições em que a natureza as entregou a nós desde o início"[17].

O primeiro ponto serve simplesmente para negar a Portugal a propriedade dos mares e das terras asiáticas com base na ocupação, visto que esta última estava então incompleta, sem evidências tangíveis, sem durabilidade. O segundo, mais importante, define de maneira positiva um conjunto de coisas naturalmente resistentes à apropriação, ao menos antes que contratos estipulando o inverso, e em acordo mútuo, decidissem de outro modo. A tradição moral e jurídica, diz Grotius, concorda sobre o que são essas coisas: o ar, as águas correntes, mas também o sol e o vento[18]. Trata-se do que a teoria econômica contemporânea chama de "bens públicos"[19]. Vários casos contenciosos são mencionados no texto: e quanto às costas, aos diques, aos molhes, às pescarias parcialmente fechadas, aos ancoradouros e às enseadas? E quanto a todas aquelas coisas que têm um status intermediário entre aberto e fechado? Com efeito, é possível, em certa medida, aplicar às águas correntes técnicas de quase-fechamento, emprestadas do que é feito em lotes de terra, mas ainda assim permanece o fato de que o mar "deve ser regido pelo direito primitivo"[20], o que constitui o argumento mais sólido e mais definitivo contra as pretensões portuguesas.

---

[17] Ibidem, p. 37.

[18] Ibidem, p. 38.

[19] Paul Samuelson, "The Pure Theory of Public Expenditure", *The Review of Economics and Statistics*, v. 36, n. 4, p. 387-9, 1954.

[20] Ibidem, p. 44.

56 • Abundância e liberdade

É impressionante notar a que ponto a filosofia clássica do direito confere importância às propriedades ecológicas, geográficas e físicas. Estas não são mobilizadas sob o efeito de uma crise de equilíbrios ecológicos, nem mesmo para sinalizar uma perturbação das condições de subsistência, mas sim porque a abertura repentina de novos territórios provoca uma ruptura da evidência concernente às relações entre as sociedades imperiais mercantis e seus territórios. Finalmente, não é sem interesse, somos tentados a acrescentar, o fato de que a noção de "comum", que goza hoje de um interesse renovado nas teorias da partilha da riqueza, tenha desempenhado por muito tempo o papel de instrumento de negociação diplomática entre impérios rivais.

Pode-se constatar ainda uma estrutura similar de interrogação filosófica em *Direito da guerra e da paz*, publicado em 1625. Dessa vez, é menos a conquista de circuitos comerciais em espaços não administrados que a gestão dos conflitos locais, internos à esfera sociopolítica doméstica, que constitui o principal suporte da elaboração teórica. Enquanto o direito internacional representa uma tentativa de gestão do "vazio", de espaços suplementares em relação ao domínio familiar das disputas entre famílias reinantes e entre tendências ideológicas europeias, o território clivado pelos conflitos religiosos e civis é um espaço "pleno", saturado. As rivalidades se desenvolvem ali em um regime espacial em que nada está vago, ou ao menos é considerado como tal. Enquanto o direito internacional, tal como o pensa Grotius, se preocupa com a questão das restrições de acesso que podem ser impostas (ou não) aos espaços considerados disponíveis, desocupados, a teoria da soberania política interna visa, em uma escala mais restrita, estabilizar a alocação territorial dos povos e dos indivíduos.

Os instrumentos conceituais permanecem os mesmos de 1604, pois ainda é a noção de *dominium* que organiza a reflexão. Esse termo se refere tanto à soberania de um príncipe sobre seu povo quanto à autoridade de um indivíduo sobre seu domínio, sobre a terra em que trabalha e onde mora. Abrange, portanto, o que tenderíamos a separar em direito político, constitucional, e direito privado, direito econômico. Ora, se Grotius às vezes considera separadamente os casos referentes a esses dois domínios, ele os trata como um *continuum* problemático, cujo núcleo comum é o horizonte de conflito. É por isso que o livro, que visa explicitamente elaborar os fundamentos jurídicos da autoridade legítima, começa com o problema da guerra: o conflito, seja ele privado, público ou misto, é sempre o teste das capacidades humanas de regulação. É no e pelo conflito que se põe à prova a arte de atribuir a cada um o que lhe é devido, que a arbitragem pontual de um litígio assume a forma de um direito capaz de se tornar referência. Grotius rapidamente descarta, portanto, os argumentos que fazem da guerra uma atividade essencialmente ilegal[21]: na medida em que ela sempre tem como horizonte seu próprio fim, oferece a oportunidade de explicitar os princípios do justo e do injusto, do seu e do meu.

A origem da propriedade é reconduzida à narrativa bem conhecida e já explorada no tratado dos mares livres, a da doação indivisa do mundo por Deus ao homem, e à formação espontânea de uma comunidade de bens pelos indivíduos que desconhecem o motivo do interesse privado. Esse estado primitivo é rapidamente perturbado pelos desequilíbrios induzidos pelas artes e pela indústria, ou seja, pela capacidade de introduzir mediações técnicas entre os humanos e entre eles e seu mundo. Foram em particular a domesticação dos animais e o cultivo de plantas que acabaram com a possibilidade de partilha espontânea dos frutos da natureza: assim que os recursos deixam de ser uma dádiva oferecida ao coletivo para se tornarem produtos de um trabalho, eles são intuitivamente ligados a um indivíduo ou grupo de indivíduos, que podem facilmente reivindicar um direito exclusivo sobre eles. Em lugar do espectro moral do desinteresse, da incorruptibilidade e da simplicidade, que era associado ao regime de existência comunitária, o desenvolvimento das técnicas de domesticação e de intervenção direta no ambiente natural trouxe à tona valores mais centrados no indivíduo, na proteção dos bens, mas também no interesse e na ambição. Num primeiro momento, diz Grotius, com Virgílio, a disponibilidade de vastas extensões de terra possibilitou a coexistência de rebanhos apropriados, marcados com o nome de seu pastor, bem como o uso comum das pastagens. Mas isso só durou "até que o número de homens e rebanhos aumentasse, as terras começando a ser divididas não mais por nações, como antes, mas por famílias"[22]. O fim da economia das coisas encontradas, ou simplesmente colhidas, cujo símbolo é o "fruto silvestre", e a transição para uma economia regida pela gestão direta das coisas e de sua produtividade provocaram, portanto, a ruptura dos laços comunitários primitivos: trata-se de um "tipo de vida mais cômoda", concede Grotius, mas que exige o desenvolvimento de um regime jurídico capaz de regular os conflitos que ela torna possível.

---

[21] Grotius, *Le Droit de la guerre et de la paix*, Paris, PUF, 1999, livro I, cap. 2.

[22] Ibidem, p. 181.

58 • Abundância e liberdade

O que impediu que os frutos fossem postos em comum foi, em primeiro lugar, a distância dos lugares onde os homens iam se estabelecer; em seguida, a ausência de justiça e de amor, que fazia com que nem no trabalho, nem no consumo dos frutos, se observasse, como deveria ter acontecido, a igualdade.[23]

Essa passagem é característica do raciocínio de Grotius e, para além de seu caso particular, do pensamento político da primeira modernidade. A alocação de diferentes famílias em terras agora apropriadas e geograficamente separadas umas das outras torna necessárias formas de cooperação baseadas na troca econômica interessada. Estas, embora representem um ganho de eficiência em comparação ao estágio anterior, ocupam o lugar de uma forma de partilha ditada pela natureza que, como ele reconhece, constituiu a base material dos valores do amor, da justiça e da igualdade. As raízes da consciência infeliz das sociedades agrárias são assim identificadas: elas herdam um sistema de valores correspondente a um regime material obsoleto, mas que elas buscam manter vivo num contexto técnico e econômico radicalmente diferente, que promove padrões morais contrários a essas primeiras formas de vínculo. A ambivalência moral das sociedades de criadores-agricultores, divididas entre a motivação do ganho e o ideal de igualdade, se deve, então, à sedimentação histórica dos modos de relação com o mundo físico ou, mais precisamente, ao descompasso histórico entre as formas de divisão do trabalho e os valores sociais.

A domesticação das plantas e dos animais aparece como um gargalo evolutivo: é um ponto de passagem necessário na trajetória coletiva da humanidade, permitindo discriminar o antes e o depois, assim como uma transição irreversível. Mas se seu benefício aparentemente não é discutível, seu custo político é considerado elevado, uma vez que a gênese da propriedade e do sentimento do bem próprio tornou necessário o desenvolvimento de mecanismos de regulação de conflitos até então desconhecidos e que são de certa forma derivações indiretas da própria domesticação. "Da divisão das terras tinha surgido um novo direito"[24], escreve Grotius, tomando emprestado o mito das Tesmofórias e de Ceres legisladora: ele portanto faz das técnicas agrícolas e do manejo dos rebanhos em pastagens adequadas a base prática de uma revolução jurídica cujas consequências ainda não foram, muito tempo depois, totalmente absorvidas. Se o elemento líquido dos oceanos favorece a gestão compartilhada e o livre acesso, o elemento sólido, quando

---

[23] Ibidem.

[24] Ibidem, p. 182.

é objeto de técnicas de enquadramento produtivo e de registro fundiário, requer medidas específicas de distribuição dos homens e das coisas. Essa gênese material e prática do direito torna possível a reflexão sobre o modo como a disposição das terras e das propriedades do mundo vivo podem afetar a constituição e a aplicação das normas jurídicas. Ao contrário do que muitas vezes se pensa, a natureza egoísta ou generosa da espécie humana não é a questão central, ela se apaga detrás de uma reflexão sobre os esquemas práticos induzidos pelo uso do mundo material.

Se a divisão da terra, e com ela a propriedade fundada no cercamento da parcela cultivada, responde aos conflitos característicos engendrados pela economia agropastoril, a concepção do território político como subproduto das descontinuidades geográficas também responde a exigências ditadas pela prática. A divisão desse território deve, assim, se impor a todos como um fenômeno manifesto, capaz de duplicar seu valor simbólico, convencional, com uma função protetora efetiva. Em ambos os casos, a ordem jurídica não é composta nem de uma pura imposição de normas abstratas, nem pelo efeito de determinações naturais, mas sim por um arranjo otimizado entre modalidades de interações humanas e de características objetivas presentes e amplamente contingentes.

O *savoir-faire* teórico capaz de identificar e acompanhar esses arranjos, essas *affordances* da terra, é um dos traços mais marcantes da filosofia política de Grotius. Por meio das práticas e das técnicas de ocupação e de uso do território, o mundo deixa sua marca nas disposições jurídicas destinadas a resolver os conflitos endógenos à esfera social. A territorialidade moderna, como instrumento de pacificação em um contexto de conflitos religiosos, é assim construída com base na superposição de blocos antropológicos heterogêneos, reorganizados pela filosofia do direito sob uma forma racionalizada. A filosofia presumida do caçador-coletor, substituída pela do cultivador apegado ao solo, é a base para a reflexão sobre a articulação entre o comum e a apropriação; as ambições imperiais e mercantis, próprias dos séculos XVI e XVII, suscitam uma adaptação anacrônica desse dispositivo histórico-conceitual destinado a arbitrar entre diferentes pretendentes num espaço considerado livre e aberto; e a alocação espacial dos atores privados (o indivíduo cultivador) e atores públicos (o Estado soberano dentro de suas fronteiras) tende a prefigurar um sistema administrativo e econômico emancipado das querelas teológicas e voltado para o ordenamento eficaz e pacífico do solo. Como veremos agora, as etapas subsequentes da teoria política portarão a marca dessa geofilosofia,

60 • Abundância e liberdade

na medida em que manterão e reforçarão a centralidade do casal formado pela soberania e pela propriedade, mas sem apresentar uma porosidade tão marcante entre o mundo e os conceitos.

A quem venha a pensar que se trata, aqui, de argúcias barrocas e obsoletas, é preciso lembrar alguns exemplos simples. Assim, o fato de que a mudança climática, esse fenômeno ultracontemporâneo por excelência, reativa um debate sobre os bens comuns e sua posse: com o degelo gradual e a abertura de novos espaços à navegação e exploração, as regiões polares, e o Ártico em particular, deixam sua marginalidade jurídica e econômica para se transformarem em objeto de disputas de fronteira muito intensas[25]. O papel estratégico da passagem Norte-Oeste e as riquezas minerais dessas regiões dão origem a um novo espaço de contencioso perfeitamente alinhado com a racionalidade política inaugurada por Grotius – à qual, além disso, vem se juntar a questão do clima. O que a literatura jurídica atual chama de bens comuns globais, que são os polos, o fundo do mar, o espaço – esses antigos confins das jurisdições modernas –, traz de volta do passado a atenção para as *affordances* da terra. A teoria clássica do direito internacional, portanto, tem um eco ambiental evidente, simplesmente porque a gramática fundamental da soberania e da propriedade permanece viva nas formas contemporâneas de luta pelos recursos. O direito dos povos, que desempenhou papel estruturante no pensamento político ocidental pelo menos até meados do século XVIII e a obra de Emer de Vattel, antes de passar por um claro refluxo[26], enfrentava questões que não deixaram, posteriormente, de se recolocar – ainda que esse estilo teórico esteja fora de moda.

Locke: o cidadão melhorador

Sem necessariamente se atribuir a Grotius a paternidade exclusiva da formação de um pensamento político atento à territorialidade, deve-se notar que a linguagem do direito natural hospedará e estruturará de modo durável

---

[25] Hannes Gerhardt, Philip E. Steinberg, Jeremy Tasch, Sandra J. Fabiano e Rob Shields, "Contested Sovereignty in a Changing Arctic", *Annals of the Association of American Geographers*, v. 100, n. 4, 2010, p. 992-1002; ver também Philip Steinberg, Jeremy Tasch, Hannes Gerhardt, *Contesting the Arctic. Politics and Imaginaries in the Circumpolar North*, Londres, I. B. Tauris, 2015.

[26] Ver por exemplo *Les Fondateurs du droit international. Leurs œuvres, leurs doctrines*, Paris, Giard et Brière, 1904.

as reflexões filosóficas sobre o estabelecimento espacial dos homens. Estas, aliás, a ele sobreviverão, e a ideia de uma afinidade originária entre norma jurídica e territorialidade encontrará uma herança na filosofia do direito pelo menos até Kant[27]. Não é necessário para nosso propósito reconstruir todas as etapas dessa história, mas não é inútil apontar que Hobbes segue os passos de Grotius quando escreve no capítulo 24 do *Leviatã*:

> A alimentação de um Estado consiste na abundância e na distribuição de tudo o que é necessário para a vida: o direito e a propriedade são uma consequência dessa distribuição; os antigos sabiam-no bem: eles chamavam de *nomos*, que significa distribuição, o que chamamos de direito (*law*), e definiam a justiça como a distribuição a cada um do que lhe pertence.

Aqui, a distinção entre o seu e o meu aparece como inseparavelmente econômica e jurídica. O direito se impõe como uma instância normativa que falta à economia em si, esfera de apropriação não regulada. Ora, o objeto principal dessa norma é aquilo que produz os frutos necessários para a vida, ou seja, a terra. Estamos, portanto, em campo familiar, uma vez que a fórmula da divisão de terras como origem do direito permanece válida e ainda aparece como a consequência necessária de uma arbitragem entre pretensões rivais. É preciso aliás ver na abordagem de Hobbes uma forma de radicalização dessa lógica de partilha originária, à medida que o conflito não se baseia mais, como era o caso em Grotius, nas contingências práticas da organização social após a domesticação e a agricultura. A conflitualidade converteu-se, assim, para ele, em uma tendência antropológica geral, um padrão comportamental natural que precisa, por meio do pacto civil, ser exorcizado: a demanda de proteção que emana do indivíduo não resulta, portanto, de uma ameaça claramente identificada e localizada, ainda que sob a forma de uma reconstrução evolutiva duvidosa, mas sim de uma insegurança fundamental oriunda da própria forma das interações humanas que é a rivalidade.

Foi um pouco mais tarde, em Locke, que a questão reapareceu. Como David Armitage mostrou, o capítulo V do *Segundo tratado sobre o governo civil**, "Da Propriedade", integra vários aspectos do problema territorial

---

[27] Carl Schmitt, "Prendre/Partager/Paître (la question de l'ordre économique et social à partir du nomos)", em *La Guerre civile mondiale. Essais* (1943-1978), Paris, Ère, 2007.

* Ed. bras.: John Locke, *Segundo tratado sobre o governo civil*. Trad. Marsely de Marco Dantas. São Paulo, Edipro, 2014. (N. E.)

62 • Abundância e liberdade

e ecológico característico da Europa do século XVII. Esse capítulo possui de início um status singular na economia do tratado, à medida que um certo número de indícios sugere que foi escrito separadamente do resto, provavelmente alguns anos depois, como uma digressão relativamente autônoma[28]. Essa curiosidade filológica decorre das condições intelectuais e administrativas em que se formou o pensamento de Locke sobre a questão da propriedade, e, de maneira mais geral, sobre a relação entre o estado de natureza e a racionalidade industriosa das sociedades agrícolas. O filósofo inglês estava com efeito intimamente ligado aos interesses coloniais na América do Norte, no início da década de 1670, por meio de seu patrono, o conde de Shaftesbury, então envolvido no estabelecimento de uma colônia na Carolina. Locke participou assim, em proporções difíceis de estabelecer, da redação das *Fundamental Constitutions* [Constituições fundamentais] da Carolina, um texto essencial que deveria fixar as condições de estabelecimento dos colonos na costa americana, notadamente o modo como a terra seria distribuída entre famílias aristocráticas e simples camponeses. Já em sua época, Locke era considerado o principal legislador da Carolina, e sua correspondência indica que, mesmo depois de deixar o cargo de secretário do conde de Shaftesbury, ele manteve até o fim da vida um interesse pessoal pelos assuntos coloniais[29].

O texto das *Fundamental Constitutions* aparece a seus intérpretes como muito mais conservador que as ideias defendidas no Segundo Tratado, já que, nele, boa parte das terras é reservada aos grandes proprietários: as desigualdades sociais inglesas são reproduzidas, portanto, na América, e até se intensificam, na medida em que o trabalho forçado é reconhecido como legítimo. Um pouco mais tarde, em 1680, Locke escreverá, durante uma viagem à França, observações sobre o vinho, os azeites, as frutas e a seda, quer dizer, sobre as produções agrícolas mediterrâneas, com base na ideia de que elas poderiam ser adaptadas ao clima da Carolina[30]. Essas considerações perfeitamente prosaicas se inscrevem no quadro de um interesse prolongado de sua parte não apenas pelo estabelecimento e pela legislação da colônia, mas por sua prosperidade econômica, e isso apesar do fato de que as plan-

---

[28] David Armitage, "John Locke, Carolina, and the Two Treatises of Government", *Political Theory*, v. 32, n. 5, 2004, p. 617.

[29] Ibidem, p. 607-8.

[30] "Observations on Wine, Olives, Fruit and Silk", citado em ibidem, p. 611.

tações finalmente escolhidas para a América tenham sido diferentes. Em outras palavras, qualquer que seja a orientação ideológica das *Fundamental Constitutions* e de sua compatibilidade com a filosofia política lockiana, esse texto testemunha a experiência de Locke como legislador e nos permite entender como a questão da terra se tornou, para ele, de importância central.

Os vários aspectos do envolvimento do filósofo na Carolina, observados por Armitage, são particularmente evidentes no famoso capítulo V sobre a propriedade. O texto é regido por uma gradação conceitual que o conduz de uma justificação ontológica geral do direito de propriedade (e não de sua distribuição efetiva) para uma discussão sobre os diferentes status jurídicos das terras e dos cercamentos, e, enfim, para uma economia política da propriedade no contexto da monetarização do valor fundiário. Os primeiros parágrafos introduzem a ideia de que apenas o trabalho retira as coisas do status de dom natural indiviso conferido pelo Criador. A comunidade primitiva, ainda que definida por Locke em termos muito mais complexos que por seus predecessores, é caracterizada por uma relação imediata com os produtos da natureza, que são simplesmente recolhidos, encontrados. Esse estado selvagem personificado pelo "índio"[31] só chega ao fim quando da aplicação, pelo homem, de um esforço para transformar de forma duradoura as coisas, que, portando desde então sua marca, podem assim ser consideradas legitimamente apropriadas. O trabalho identifica as coisas com um indivíduo de modo prático, porque elas são agora visivelmente diferenciadas das coisas comuns, mas também de modo simbólico, ou ontológico, já que essas coisas participam da esfera individual: elas me pertencem da mesma forma que eu pertenço a mim mesmo, isto é, que eu disponho de mim mesmo livremente[32]. Essa gênese da propriedade implica um corolário de limitação em extensão, mas esse argumento é difícil de entender, uma vez que Locke em seguida dará legitimidade total à acumulação das terras por meio do entesouramento monetário. É preciso, portanto, compreender que o domínio apropriado se estende à medida das capacidades de trabalho do indivíduo, desde que o proprietário não seja impedido, em um segundo momento, de vender sua propriedade.

Locke especifica que o foco de toda essa discussão não está nas coisas em geral, e sim na terra, "o principal objeto de propriedade não sendo mais,

---

[31] John Locke, *Le Second Traité du gouvernement*, Paris, PUF, 1994, cap. V, § 26.

[32] Ibidem, § 28.

64 • Abundância e liberdade

hoje, os frutos da terra nem os animais que vivem em sua superfície, mas a própria terra, tendo em vista que ela inclui e condiciona todo o resto"[33]. Essa passagem e os parágrafos seguintes são baseados no significado então atribuído ao termo *improvement*. Com efeito, o que faz da terra o objeto prototípico da apropriação econômica e jurídica é o fato de seu estado primário consistir em um suporte virtual de produtividade, apenas atualizado pelo trabalho humano, pelo conhecimento científico e pela técnica nela investida. A gênese da propriedade, tal como a pensa Locke, é assim a conceitualização de uma técnica agronômica bem conhecida na época e que estava no centro de debates fundamentais ao menos desde o período dos Stuart[34], e que continuará a estar até a Revolução Industrial. No momento em que Locke escreve, aprimorar, tornar lucrativa uma terra por meio do cercamento e do cultivo é, portanto, a operação central que permite responder às *affordances* políticas da terra. E o cercamento se afirma como a tecnologia agrária central na formação do direito e da economia da primeira modernidade: é ele que materializa o domínio prático de uma parcela de terra, que dá significado a sua relação privilegiada com um proprietário-operador, e que, enfim, assinala o investimento de uma quantidade suficiente de conhecimento e de trabalho. Tendemos a esquecer esse fato de que a terra não produz sozinha, ou melhor, não sustenta em si mesma a subsistência de um grupo de produtores: eliminar as árvores desnecessárias, canalizar a água, preparar o terreno, construir estradas de acesso para as pessoas, animais e máquinas, selecionar as variedades cultivadas adaptadas a este ou àquele solo e, claro, cercar, todas essas atividades anteriores à exploração do solo requerem grande investimento de tempo e de capital. A ideia de que a própria terra é um "fator de produção" tende a obscurecer a importância desses trabalhos preparatórios, sem os quais ela não apenas não existe de fato, mas, sobretudo, sem os quais a própria ideia de propriedade fundiária perde todo o seu significado para a filosofia política clássica. Por meio do aprimoramento, as pessoas se estabelecem em um lugar que transmutam em local de habitação

---

[33] Ibidem, § 32.

[34] Karl Polanyi, *La Grande Transformation*, Paris, Gallimard, 1983 (1944), cap. 3, "Habitation contre amélioration". [Ed. bras.: Karl Polyani, *A grande transformação*. Trad. Vera Ribeiro. São Paulo, Contraponto, 2021.] Paul Warde, "The Idea of Improvement, c. 1520-1700", em Richard Hoyle (org.), *Custom, Improvement and the Landscape in Early Modern Britain*, Farnham-Burlington, Ashgate, 2011, p. 127-48.

durável, marcado com sua impressão, conhecido e percorrido: observa-se aqui, novamente, como a territorialidade articula direito, ciência, economia e política, e como o conceito de propriedade assume o lugar de espaço epistêmico em que esse debate se desdobra[35].

A definição de propriedade de Locke está, portanto, no cerne de um foco conceitual que serve para organizar e hierarquizar a atividade humana em dois planos simultaneamente. Em primeiro lugar, ela permite distinguir os homens "trabalhadores e racionais"[36] e os demais, os indígenas: é assim que as sociedades originárias são excluídas das relações jurídicas legítimas com a terra, uma vez que não são senão caçadoras-coletoras, ou ao menos vistas como tal. Mas os fundamentos práticos da apropriação pela melhoria do solo também permitem que o conceito de propriedade englobe a hierarquia social e econômica existente em uma sociedade aristocrática. Com efeito, sendo a benfeitoria da terra um investimento pesado, ela é conduzida por grandes proprietários fundiários que, assim, utilizam seu capital para cultivar terras em seguida colocadas sob a responsabilidade de um fazendeiro, ele próprio encarregado de recrutar cultivadores para a realização do trabalho agrícola diário[37]. Em seu texto, Locke estima uma proporção de um para dez para o aumento no rendimento do solo possibilitado pelo aprimoramento[38]. Em outras palavras: o capital utilizado para recrutar a mão de obra necessária

---

[35] Em *Nature's Government*, New Haven e Londres, Yale University Press, 2000, Richard Drayton restitui o contexto no qual o ideal de "improvement" se desenvolveu e, em particular, o papel da Royal Society. Ele enfatiza o papel de obras como *The English Improver Improved*, de Walter Blith, publicada em 1652, que tenta cumprir as promessas baconianas de, como indica o frontispício do livro, liberar uma "abundância providencial".

[36] Locke, *Le Second Traité du gouvernement*, cit., § 34.

[37] Para uma leitura de Locke em termos marxistas, ver Neal Wood, *John Locke and Agrarian Capitalism*, Berkeley, University of California Press, 1984, e Ellen Meiksins Wood, "The Agrarian Origins of capitalism", *Monthly Review*, v. 50, n. 3, 1998.

[38] "Pois a quantidade de bens úteis para a manutenção da vida humana produzida por um acre de terra cercada e cultivada é dez vezes maior (para falarmos com bastante cuidado) do que aquela produzida por um acre de terra de igual riqueza, mas que permanece sem cultivo e comum a todos. Portanto, se alguém cerca um pedaço de terra e retira de dez acres de terra uma abundância de bens úteis à vida maior do que aquela que ele poderia tirar de cem acres deixados em estado natural, pode-se dizer que ele dá noventa acres para a humanidade." Cf. Locke, *Le Second Traité du gouvernement*, § 37.

ao aprimoramento está na origem de nove décimos do valor, ou ainda: uma terra valorizada pela benfeitoria é, do ponto de vista econômico, dez vezes mais útil que uma terra deixada em seu estado primordial. Mas essa honra não pertence ao agricultor que faz a manutenção cotidiana da terra: ela é do investidor que operou a valorização inicial, obtendo, assim, o título de propriedade. É por isso que, quando define a propriedade, Locke fala do "trabalho" como função genérica, e não dos "trabalhadores" como operadores dessa função.

Esses elementos permitem compreender as passagens do mesmo capítulo em que Locke explica que a formação da propriedade pelo trabalho é "válida no mundo sem atrapalhar ninguém, pois ainda haveria terras suficientes no mundo para prover ao dobro de habitantes, se a invenção da moeda, bem como o acordo tácito dos homens em lhe conferir valor, não tivessem introduzido (por consentimento) possessões mais vastas, estabelecendo um direito sobre elas"[39]. São postuladas aqui a compatibilidade entre a troca mercantil das propriedades fundiárias e a disponibilidade de terras para quem desejar valorizá-la. De um lado, Locke recorda, portanto, a natureza contratual e consentida da troca permitida pela moeda, ao final da qual podem surgir desigualdades de propriedade[40], e, de outro, sustenta que a aquisição primária de terras continua a ser um mecanismo ilimitado. Evidentemente, é o horizonte americano que torna aceitável o acúmulo de renda fundiária por alguns, já que os outros sempre têm a possibilidade de obter a propriedade plena de novas terras. A abundância espacial da América, considerada inexplorada e, portanto, desperdiçada por seus primeiros ocupantes, torna-se assim a condição de possibilidade de um sistema cujo caráter desigual é apenas um efeito acidental dos contratos comerciais. "O aumento da população e dos recursos, bem como o uso da moeda, sem dúvida tornou a terra escassa e lhe conferiu algum valor em certas partes do mundo"[41], escreve Locke, mas essa escassez é apenas relativa se adotarmos como referencial, como ele o faz, o espaço transatlântico. A convertibilidade do valor territorial e orgânico da terra em um valor abstrato, corporificado pelos metais destituídos de valor de uso e incorruptíveis, em nada afeta o primado da apropriação original: ela é consequência da liberdade de dispor

---

[39] Ibidem.

[40] Ibidem, § 50.

[41] Ibidem, § 45.

de seus bens, mas não impede, por razões elas próprias geográficas, o acesso de terceiros à terra.

Modernos e não modernos, proprietários e exploradores são incorporados, assim, em uma filosofia da propriedade cujas articulações conceituais e cuja linguagem constitutiva expressam relações de poder, desigualdades estatutárias e econômicas a um só tempo domésticas e interculturais. O essencial aqui é que o compartilhamento da terra – a dinâmica que associa a ocupação, o trabalho, a valorização e a propriedade do solo – assume um sentido arquitetônico em um pensamento cujo objetivo é menos o de justificar a autoridade de tal ou qual grupo social (autoridade que, de todo modo, não precisava do reconhecimento de Locke) que o de explicar uma situação socio-histórica na qual coexistem europeus e indígenas, proprietários e trabalhadores em uma terra fundamentalmente concebida como comum a todos, incorporando, ao mesmo tempo, as práticas agrárias às normas jurídicas.

Naturalmente, a própria ideia de se apreender a coerência interna de um mundo material e social estruturado por desigualdades pode ser confundida com a justificativa dessas mesmas desigualdades. Mas essa é uma armadilha quase permanente na história das ideias, e cuja identificação não constitui um objetivo interpretativo suficiente. Assim, o caráter sintético que pode ser dado à consideração da terra, em Locke, se deve a um mecanismo simples: na Inglaterra do século XVII, um império que se concebia como indiscriminadamente colonial e comercial, cada um estabelece relações políticas contratuais com outro na medida em que precisa do Estado para proteger sua propriedade fundiária, isto é, a expressão fundamental de sua liberdade individual. A propriedade define o indivíduo racional moderno e planejador, ela lhe atribui um lugar e ao mesmo tempo o engaja nas relações civis sob a autoridade da República, manifestando, assim, para a construção da racionalidade política, a centralidade da inscrição no mundo material. Não se pode deixar de enfatizar a centralidade e a durabilidade desse dispositivo de alocação territorial e econômica que está na raiz do paradigma liberal: o conteúdo da liberdade, seus quadros institucionais e jurídicos, a natureza prosaica de seu vínculo com a subsistência e a identidade pessoal, tudo isso toma forma em um contexto geográfico e agronômico que não pode ser ignorado.

Se vários séculos de abundância material e espacial (real ou imaginária) contribuíram, em seguida, para tornar imperceptíveis esses agenciamentos ecológicos e políticos, para fazê-los passar sob o tapete do grande ímpeto progressista e industrial, eles não deixaram de se fazer presentes. E, claro, eles o são ainda mais quando ressurge, na era das mudanças climáticas, o enigma ecológico e territorial da liberdade, quando se torna evidente que a imaginação do aprimoramento e da conquista – da propriedade e da soberania – está em descompasso com as possibilidades materiais do presente.

***

A interpretação das teorias políticas clássicas de Grotius e Locke que propomos aqui é baseada na lembrança do horizonte material desses autores, dominado pela experiência da guerra civil, da descoberta e da exploração do mundo extraeuropeu, assim como da confrontação com o regime agrícola de subsistência, que funcionava também como substrato para as hierarquias sociais vigentes. Esses três elementos, que constituem as *affordances* políticas da terra, suscitam, em reação, pensamentos sobre a regulamentação jurídica do conflito, dispositivos para a partilha de terras excedentes, consideradas livres, e a incorporação do valor fundiário nos mecanismos sociais mais elementares, em particular na constituição de grupos identificados com a mesma lei. Com isso em mente, torna-se mais claro que o espaço vivido, longe de ser apenas um contexto externo e neutro do pensamento político, na realidade lhe oferece saídas sem as quais ele não poderia ter se desenvolvido na forma como o conhecemos. As sociedades políticas, na época, se definiam com base em sua maneira de ocupar o solo: os cercamentos e as diversas técnicas de inclusão e de exclusão territorial, o aprimoramento agrário, a identificação do indivíduo com seu lugar de vida e subsistência, mas também a definição de um interior e de um exterior no espaço de jurisdição do Estado, todas essas técnicas separam essas sociedades políticas das sociedades ditas primitivas – que, supostamente, ignorariam o direito, quer dizer, a possibilidade de uma solução pacífica do conflito – e fornecem o suporte material das hierarquias e assimetrias internas.

A resistência da terra à colonização humana e, claro, as habilidades geradas por essa resistência constituem um teste inevitável para a constituição de uma ordem social racionalizada. O engajamento dos sujeitos políticos uns com os outros e de todos para com o soberano foi, porém, na maioria das vezes, interpretado como formando uma totalidade ideal, que assumiria justamente o nome de política. Mas trata-se claramente de uma compreensão retrospectiva que traz a marca de um estado posterior das relações entre natureza e política, uma vez que precisamente a presença de um mundo ativamente participante da integração política era manifestada de maneira expressa pelos pensadores políticos clássicos. O conceito de propriedade desempenhou papel central na transformação das desigualdades econômicas e políticas, mas seu significado não pode ser reduzido ao problema do "individualismo possessivo"[42]. *Propriedade* nomeia a forma propriamente política de acesso ao solo pelo indivíduo, do bom uso da terra que lhe garante o ingresso no espaço da *soberania*, o qual exercerá um papel protetor. Em outras palavras, o conteúdo sociológico e econômico das relações de propriedade no Estado pode ser objeto de toda uma série de análises críticas, às quais voltaremos, é claro, mas é preciso primeiro identificar de modo inequívoco a definição do político que dá lastro a essa articulação entre propriedade e a soberania no século XVII. A fórmula canônica da primeira modernidade, que faz da partilha de terras a origem do direito, e da propriedade individual a instituição que melhor capta essa operação fundamental, confere à política uma terra. Mas ela não lhe dá qualquer terra, e não de qualquer maneira. Isso significa que não o faz necessariamente de maneira justa, muito menos de uma forma que possa responder à vulnerabilidade do mundo material que enfrentamos hoje. Isso significa apenas, mas não é pouco, que a razão pré-industrial admite como elemento constitutivo do problema político a espacialidade e a materialidade dos atores em busca da paz.

---

[42] No sentido dado por MacPherson em *La Théorie politique de l'individualisme possessif*, Paris, Gallimard, 1971.

3
O GRÃO E O MERCADO. ORDEM MERCANTIL E ECONOMIA ORGÂNICA NO SÉCULO XVIII

O bom uso da terra

Foi no século XVIII que começou realmente a se concretizar a aliança entre liberdade e crescimento, aliança que estruturou grande parte da modernidade política e da qual vivemos hoje os últimos dias. Essa aliança foi formada com base nas *affordances* políticas da terra, ou seja, como uma resposta ao problema da construção de uma sociedade justa em um mundo avaro com seus dons e dividido entre comunidades rivais. Com efeito, o século XVIII é a época em que uma das crenças coletivas mais poderosas e duradouras que a história já viu surgir decola e começa a orientar as simbolizações e as práticas políticas dominantes no Ocidente, estabelecendo um vínculo de reforço mútuo entre a conquista da prosperidade pela otimização dos dispositivos de produção e a proteção dos direitos individuais e coletivos pela limitação da arbitrariedade política. Destinados a se tornarem livres, iguais e prósperos, sob a garantia das entidades políticas que os representam, os seres humanos modernos se lançam na aventura do desenvolvimento, que não tardará a se precipitar quando, no fim do século, sua dimensão revolucionária se tornará evidente. Desenvolver-se, progredir e atualizar sua perfectibilidade se tornam, assim, um imperativo que deve orientar a história e presidir a elaboração de saberes e habilidades investidos de uma nova autoridade. Ora, nesse contexto em que o progressivismo emancipatório se conjuga com uma guerra contra a natureza, a economia emerge como uma das principais produções intelectuais com pretensão de viabilizar e organizar esse programa[1].

---

[1] Donald Winch, *Economics and Policy. A Historical Study*, Nova York, Walker & Co., 1969, e *Riches and Poverty. An Intellectual History of Political Economy in Britain (1750-1834)*, Cambridge, Cambridge University Press, 1996.

Essa antropologia do progresso, da qual os principais pensadores do século XVIII – Rousseau e Kant, por exemplo – foram os advogados, se manifesta de muitas maneiras nos saberes econômicos. A aparição de uma concepção econômica das comunidades foi frequentemente descrita como derivada de uma interpretação naturalista do comportamento humano e das leis que regem sua cooperação. A busca da utilidade individual, do motor que constitui a prevenção do sofrimento e da maximização do prazer estabelecem para a filosofia moral moderna um fundamento natural de práticas que, uma vez desnudado, constitui a principal justificativa teórica da nova economia política[2]. Essa naturalização dos mecanismos sociais inconscientes, que Mandeville popularizou em sua *Fábula das abelhas**, torna de fato possível o questionamento de um sistema no qual más leis impedem a satisfação dos interesses, sobrecarregando de servidões a exploração eficiente da terra e do trabalho. Os pensadores modernos da emancipação, então, desenvolvem coletivamente um esquema de evolução em que uma humanidade acorrentada por um sistema de obrigações tradicionais e hierárquicas, no qual a comunidade tem precedência sobre o indivíduo, acaba por fim obtendo o reconhecimento de um sujeito político e econômico autônomo que fornece sua norma última ao direito.

A ideia de uma composição livre de interesses individuais no jogo de troca mercantil desempenhou papel central na racionalização da conduta dos assuntos humanos. Essa estratégia teórica e prática possui também um lado mais sombrio, quando é utilizada para retratar como uma necessidade vital a submissão de todos, notadamente dos mais pobres, às leis de seleção e de adaptação a condições naturais austeras e precárias. A economia como *dismal science* [ciência sombria], para retomar as famosas palavras de Thomas Carlyle, aquela pensada por Malthus e Ricardo em particular, é um dispositivo no qual a alocação de riqueza de acordo com as leis do mercado detém um direito de vida e morte sobre as pessoas, e isso em nome de uma crítica ao caráter antieconômico da caridade e da assistência[3].

---

[2] Adam Smith, *Théorie des sentiments moraux*, Paris, PUF, 2010; Albert Hirschmann, *Les Passions et les intérêts. Justifications politiques du capitalisme avant son apogée*, Paris, PUF, 1980.

* Ed. bras.: Bernard Mandeville, *A fábrica das abelhas*. Trad. Bruno Costa Simões. São Paulo, Ed. Unesp, 2017. (N. E.)

[3] É a interpretação proposta por Karl Polanyi da campanha dos economistas pela revogação das *poor laws* na Inglaterra, é verdade que um pouco mais tarde, no início do século XIX. Ver *La Grande Transformation*, cit., caps. 7 a 10.

Essa história da economia política é bem conhecida, e ater-se a esse relato não esclarece os arranjos entre territórios, técnicas, aspirações sociais e autoridade política que impulsionaram a modernidade pré-industrial. É preciso, pois, dar um passo de lado e considerar a economia política do século XVIII como a forma específica então assumida pela resposta às *affordances* políticas da terra, como um processo de composição dos vínculos entre os seres humanos e o solo. A economia, em outras palavras, fala do bom uso do solo, e para isso desenvolve saberes práticos capazes de articular possibilidades e impossibilidades geoecológicas com ideais políticos – e, dentre essas possibilidades, o caráter intrinsecamente limitado do armazenamento de energia solar pelas plantas. "A economia orgânica"[4] constitui, assim, uma base material tão evidente que pode acabar sendo ignorada[5]: são os elos de dependência entre a fertilidade da terra, os humanos e os animais que nela trabalham e vivem, e as técnicas de enquadramento que consolidam esses vínculos na forma de instituições, de normas, de conhecimento e de *savoir-faire*. Em regime orgânico, o objetivo da competição econômica não é tanto a extensão indefinida do bem-estar material, como será o caso mais tarde, mas sim a organização otimizada contra a resistência que opõe, permanentemente, a natureza, ou a Providência, à subsistência e à multiplicação dos seres humanos[6].

Essa união das pessoas e das coisas que chamamos de economia é, assim, progressivamente subordinada a um esquema produtivo em que o solo, por meio de medidas jurídicas, técnicas, financeiras, é codificado como recurso[7]: ao investir o capital em um bem fundiário, o proprietário conta com uma renda regular, previsível, que é o efeito composto de uma determinada organização do trabalho e dos meios técnicos e que, portanto, tende a subordinar

---

[4] Retomamos essa expressão de E. A. Wrigley. *Poverty, Progress and Population*. Cambridge, Cambrigde University Press, 2004.

[5] Além disso, como observa Paul Warde, o fato de inscrever o pensamento econômico nas limitações do regime orgânico não necessariamente implica que o horizonte dos limites seja obsessivo. *The Invention of Sustainability*. Cambridge, Cambridge University Press, 2018, cap. 7.

[6] Vale recordar que a Europa, na época, estava saindo de um longo período de estagnação econômica e demográfica. Ver Jan de Vries, *The Economy of Europe in an Age of Crisis, 1600-1750*, Cambridge, University Press, 1976.

[7] John Weaver. *The Great Land Rush and the Modern World (1650-1900)*. Montreal, McGill-Queen's University Press, 2003.

os laços afetivos e sociais ligados a essa terra à acumulação abstrata de riqueza. Muito rara e contestada, a terra e os frutos que comporta, em particular o grão, encontram-se, então, no cerne do enigma político que o conjunto dos pensadores desse período procura resolver. Seu campo de atuação é o seu próprio território, o das nações que se lançam na competição econômica, mas também o planeta em sua quase totalidade, dada a projeção colonial de potência e de saberes na América, na Ásia e na Oceania.

O título que o filósofo e político Thomas Paine dá a seu ensaio de 1797 poderia convir a esse enigma: *Justiça agrária*, ou como o acesso ao solo gera paixões políticas e instrumentos de governo que estruturam a modernidade pré-industrial.

O reino agrário dos fisiocratas

No contexto do século XVIII, a rivalidade entre a França e a Inglaterra assumiu tal importância que trouxe consigo a formação de paradigmas teóricos concebidos para entrar em competição. Diante da economia clássica dos liberais ingleses, que por seu sucesso histórico tende a obscurecer a existência de outros espaços epistemopolíticos, a fórmula teórica promovida na França pelo grupo dos fisiocratas merece destaque.

No século XVII, Colbert desejava alinhar a economia francesa à estratégia adotada pela Inglaterra e pela Holanda. Esta passava pelo apoio ao setor do artesanato, da fábrica, ou seja, às atividades que requerem um significativo investimento técnico e cujo lucro decorre sobretudo do valor agregado pelo trabalho: frequentemente identificado com o processo de modernização da economia e de intensificação da interdependência comercial, esse movimento, estimulado pela rivalidade entre Estados, é um dos principais fatores que explicam a dinâmica colonial e imperial europeia, já que o valor aportado pelo trabalho é tanto maior quanto mais baratas forem as matérias-primas importadas – e isso graças ao trabalho forçado, à escravidão e a todos os dispositivos que asseguram o baixo preço da mão de obra nas regiões extraocidentais.

A Inglaterra segue essa via com sucesso, o que a coloca desde muito cedo no caminho do modo de desenvolvimento "industrioso", para retomar os termos do historiador Jan de Vries, isto é, um modo de desenvolvimento baseado na intensificação do trabalho e na orientação comercial das produções domésticas. Na França, porém, o balanço das medidas tomadas por

O grão e o mercado. Ordem mercantil e economia orgânica no século XVIII • 75

Colbert para acompanhar o ritmo imposto pelas demais grandes potências comerciais e políticas é controverso. A partir de meados do século XVIII, a escola fisiocrática reúne pensadores ligados ao movimento iluminista que, sublinhando suas deficiências, questionavam a herança colbertista. Esta última exporia o reino às oscilações dos mercados internacionais, ao acaso dos investimentos, mas, sobretudo, provocaria inevitavelmente um enfraquecimento dos campos locais, ou seja, das maiores porções do território nacional, povoadas pelo essencial da população e deixadas à margem de um modo de desenvolvimento considerado responsável por uma cisão entre as massas camponesas e algumas elites urbanas[8].

A dinâmica de polarização provocada pela nova economia mercantil e protoindustrial é com efeito identificada desde muito cedo por autores cientes de que, se a economia é um instrumento da política, ela deve servir aos interesses da maioria, e na maior parte do território. Em um contexto marcado por um fraco crescimento agrícola, pressionado por uma demografia comparativamente mais dinâmica e pelo avanço da Inglaterra em matéria comercial, os frutos da estratégia de Colbert demoravam a chegar, e as novas elites cultivadas não hesitavam em forjar novos planos.

A escola fisiocrática, porém, não direcionou sua crítica contra as medidas de inspiração liberal em geral, isto é, contra o *laissez-faire* econômico. Para Quesnay (1694-1774), principal representante da fisiocracia na economia e na filosofia, a liberação do mercado de grãos não aparece como um instrumento de limitação das prerrogativas econômicas do Estado, e sim como um objetivo a ser perseguido a fim de garantir preços elevados, uma boa remuneração para os agricultores e os proprietários de terras, bem como para estimular a concorrência saudável no setor agrícola. É evidente, então, que o desenvolvimento de um mercado fluido e eficiente deve ser realizado sob a responsabilidade do Estado, concebido como administrador direto do território.

Quesnay é antes de tudo um médico de cultura racionalista, próximo do meio dos enciclopedistas. Chegado dos círculos do poder, ele também

---

[8] François Quesnay, artigo "Grains" da *Encyclopédie, ou Dictionnaire raisonné des Sciences, des arts et des Métiers*, retomado em *Physiocrates. Quesnay, Dupont de Nemours, Mercier de la Rivière, L'Abbé Baudeau, Le Trosne*, Paris, Guillaumin, 1846, p. 252. Sobre essa questão, ver Catherine Larrère, "L'analyse physiocratique des rapports entre la ville et la campagne", *Études rurales*, v. 49, n. 1, 1973, p. 42-68.

está à frente de um domínio agrícola em contato com o qual se familiariza com questões econômicas. A reputação rapidamente adquirida lhe tornou possível a agregação de um círculo informal que assumirá o nome de fisiocratas e entre os quais encontramos, em particular, Mirabeau (o pai do revolucionário conhecido pelo mesmo nome), autor com Quesnay da *Filosofia rural* em 1763, e Mercier de la Rivière, administrador colonial e autor, em 1767, de um livro considerado a síntese e o legado da escola para as gerações posteriores, *A ordem natural e essencial das sociedades políticas*. Mas Quesnay continua a ser, do ponto de vista intelectual, o membro mais importante do que às vezes era chamado de "seita", a fim de sublinhar a influência política exercida pelo grupo. Com efeitos, em seu *Tableau économique* [Quadro econômico], de 1758, Quesnay deu sua expressão analítica mais completa à ordem econômica então considerada.

A experiência agrícola de Quesnay e sua formação como médico o levaram a se interessar pela administração dos negócios camponeses. Ele defende, por exemplo, um modelo baseado no que então se denominou "grande cultivo", ou seja, na construção de uma rede de modernas fazendas de grande porte geridas por um operador a serviço do proprietário, livre para empregar a força de trabalho para uma série de tarefas bem diferenciadas. A acumulação de pequenas propriedades agrícolas individuais ou familiares é considerada um freio ao desenvolvimento agrícola, na medida em que se caracterizam pela persistência de instituições assimiladas à era feudal, como as pastagens vazias (o uso de terras comunais para o pasto dos rebanhos) e a regulamentação "artificial" do preço do trigo e, portanto, do pão, pela polícia[9]. Para Quesnay, o fator agronômico da mudança de um modelo para outro reside no uso do cavalo de tração no lugar dos bois para a realização de trabalhos agrícolas pesados. Os primeiros são de fato mais rápidos, mais eficientes, mas também mais caros e mais frágeis. O custo adicional associado a seu uso, portanto, só pode ser amortizado com a expansão das áreas cultivadas e com o aprimoramento das técnicas de cuidado veterinário. No contexto de uma economia dependente da agricultura, o debate sobre as vantagens comparativas dos cavalos e dos bois era de suma importância, e o papel que desempenhou na formação do modernismo agrário típico da

---

[9] Sobre a crítica da polícia dos grãos, ver Jean-Daniel , "Fermiers et Grans, deux moments de confrontation de Quesnay à la science du commerce. Police contre polices au nom des libertés". *Cahiers d'économie politique*, n. 73, 2017, p. 31-65.

O grão e o mercado. Ordem mercantil e economia orgânica no século XVIII • 77

fisiocracia não pode ser subestimado[10]. Com efeito, o paradigma do cultivo em grande escala baseia-se na capacidade de libertar excedentes agrícolas em quantidades significativas, o que é possibilitado pela tração a cavalo desde que seja aportado um investimento inicial suficiente: em comparação com o boi, o cavalo é, portanto, um auxiliar de produção que necessita de certa intensificação de capital dos trabalhos agrícolas e a justifica.

A noção de "reino agrário", muitas vezes associada a essa corrente de pensamento, designa um projeto assentado nos sólidos fundamentos agrícolas de uma nação cuja riqueza dependerá sobretudo de uma base alimentar tornada perene por uma série de aprimoramentos agronômicos e de uma classe proprietária detentora do capital necessário à manutenção das funções produtivas elementares. Para os fisiocratas, o sistema manufatureiro, do qual a Inglaterra já era o modelo, não poderia substituir uma economia orgânica, cujo caráter natural decorre tanto do fato de derivar dos frutos da terra quanto também dessa afinidade específica entre um grupo social – a aristocracia – e o solo que constitui a primeira coordenada da convivência coletiva. A *phusis* – termo grego que traduziremos por "natureza" – que se ouve ressoar no nome de batismo dos fisiocratas é, assim, uma coisa que produz e distribui seus frutos na forma da dádiva gratuita, mas também a estrutura social reputada como a única capaz de fazer justiça à ordem imutável das coisas, atualizando-a entre os homens: a fisiocracia é uma fisiologia, segundo uma metáfora orgânica e médica da arte política que mais tarde conhecerá grande fortuna.

Os instrumentos do mercado livre e do aprimoramento do solo são, portanto, considerados os catalisadores da prosperidade comum, mas estão totalmente dissociados do que aparecerá mais tarde, em especial do outro lado do Canal da Mancha, como obra específica da burguesia manufatureira. Para os fisiocratas, a riqueza é contada em "produções", na forma de uma quantidade de materiais úteis dos quais o dinheiro é apenas o signo[11]: o valor não é, assim, uma abstração ligada à interdependência das necessidades humanas e à troca que dela decorre, como será o caso na ciência econômica

---

[10] Ver as elaborações sobre esse assunto no artigo "Fermiers", e no *Tableau économique*. Paris, GF-Flammarion, p. 95.

[11] "A verdadeira riqueza é apenas riqueza em produção. Uma riqueza em dinheiro é apenas o efeito da primeira e só é mantida pela primeira." Ver Mercier de la Rivière, *L'Ordre naturel et essentiel des sociétés politiques*. Paris, Geuthner, 1910 (1967), cap. 4.

posterior e, mais amplamente, na ideologia comercial, mas sim uma realidade tangível que provém da terra. Uma nação que lograsse acumular dinheiro exportando mercadorias transformadas, mas que não explorasse seu solo de maneira adequada e que não ocupasse sua população de forma útil, não seria verdadeiramente rica, sendo, antes, culpada por uma atração vulgar pelo luxo. Nesse contexto, a economia conserva parte do seu significado antigo, designando a boa gestão de um patrimônio inicial – o solo, a natureza – com base no modelo da família; a acumulação mercantil e a autonomização dos instrumentos financeiros, tanto quanto o consumo ostentoso, são vistos apenas como indícios de uma patologia institucional e moral[12].

Principal contribuição de Quesnay para a análise econômica, o *Tableau économique* foi saudado pelos economistas do século XIX, e notadamente por Marx, como um avanço fundamental na disciplina, uma vez que figurava pela primeira vez sob uma forma gráfica, cifrada e sintética, os fluxos econômicos em sua totalidade. O *Tableau* repousa também em uma metafísica e sociologia implícitas, sem as quais a formalização analítica não teria nenhum sentido. Essa metafísica, como já vimos, confere à natureza um poder produtivo inicial, acompanhado e atualizado pelo *savoir-faire* agronômico e pela aplicação do trabalho humano e animal. Antes que as teorias do valor centradas na troca e em sua autonomia se tornassem hegemônicas, o substancialismo fisiocrático aparece como uma tentativa final de dar à economia uma âncora heterogênea aos fluxos comerciais e ao valor-trabalho. Essa heterogeneidade, da qual tanto a escola liberal quanto o marxismo mais tarde tentaram se livrar, permite a Quesnay representar todo o organismo social como sendo atravessado por um fluxo de matéria que é sempre reconduzível a um princípio produtivo simples, primário e cuja extensão inicial circunscreve e limita as iniciativas artesanais, industriais e comerciais subsequentes. A imaginação produtiva e piramidal dos fisiocratas se expressa conscientemente, aliás, como uma concepção teológica, na qual o conceito de produção é remetido a um poder superior: "A agricultura é uma manufatura de instituição divina em que o fabricante tem como associado o Autor da natureza, o Produtor mesmo de todos os bens e de todas as riquezas"[13].

---

[12] Ver ainda Mercier de la Rivière, ibidem, p. 352.

[13] Mirabeau, *Philosophie rurale, ou économie générale et politique de l'agriculture, réduite à l'ordre immuable des lois physiques et morales qui assurent la prospérité des Empires*, Amsterdã, Les Libraires associés, 1763, p. 332.

A estrutura social que acompanha essa metafísica obedece a uma divisão ternária que separa "classes". A classe produtiva, em primeiro lugar, é composta dos agricultores, lavradores e trabalhadores agrícolas, ou seja, o conjunto dos grupos profissionalmente comprometidos com a formação inicial do valor na e pela terra. A contrapartida dessa classe é a chamada classe "estéril", materialmente dependente do produto agrícola e cujas atividades correspondem à dispersão desse produto em esferas que, no essencial, são funcionalmente anexadas ao mundo agrícola (fabricação de ferramentas, serviços diversos prestados à classe produtiva). Estéril não significa inútil, e ainda menos parasita: o termo expressa bem o fato de que, desde o início, essa classe está situada no interior de dado material sobre o qual não tem nenhum controle. Acima dessas duas classes está a dos proprietários: é nas suas mãos que se encontra o capital necessário ao aprimoramento e à manutenção da terra, e é ela quem, de acordo com a economia política das sociedades antigas, retira o lucro do trabalho agrícola, sob a forma de renda. Sua riqueza e sua capacidade de fazer crescer a produção agrícola por meio do investimento dependem do excedente gerado pela classe produtiva, ou seja, da diferença entre a soma de grão produzida e aquela que será subtraída do consumo sob forma de sementes para o ano seguinte. A análise do *Tableau* consiste em descrever e acompanhar o fluxo dos capitais e dos alimentos entre o momento extrativista inicial e as diferentes ramificações do circuito econômico, cada grupo identificado se beneficiando do trabalho dos outros (e, portanto, de uma parte do capital inicial) e, em troca, fornecendo serviços funcionais[14].

O projeto fisiocrático se revela indissociavelmente econômico e político, erudito e normativo: os saberes da economia são uma atualização da vitalidade dos solos e das pessoas que neles se distribuem, sob a garantia de um Estado identificado com o exercício de uma soberania agrária: sustentar uma elite fundiária, manter um cadastro para fins fiscais, estimular o investimento no "grande cultivo", a resposta às *affordances* políticas da terra é levada a efeito diretamente pelo poder público. A tensão central que permeia esse projeto – e, além disso, a orientação política e econômica da França do século XVIII – pode ser vista claramente no *Tableau*.

---

[14] Para uma explicação bastante clara da lógica quantitativa do *Tableau*, ver Jean-Yves Grenier, *Histoire de la pensée économique et politique de la France d'Ancien Régime*, Paris, Hachette, 2007, p. 195-9.

Com efeito, é nesse texto que vemos formulada de modo condensado a maneira como as contribuições racionalistas alimentaram um pensamento político que se pode chamar de conservador, ou em todo caso orientado para a conservação de um equilíbrio natural identificado com a ordem das coisas físicas e morais. A primazia da classe proprietária, justificada por sua afinidade simbólica e material com a terra, provém diretamente das estruturas feudais. A designação das classes agrárias como "produtivas" confere-lhes, sem dúvida, honra no plano ontológico ou antropológico, mas sustenta a ideia de uma vinculação desses grupos sociais ao espaço nas mãos da aristocracia. Já a classe estéril se encontra no limbo dessa metafísica, pois não está ligada à terra nem por sua função nem por sua posição. A contribuição do racionalismo e do Iluminismo no pensamento fisiocrático diz respeito essencialmente às modalidades de cultivo dessa terra, à forma de argumentação e da análise econômica, mas as hierarquias sociais que derivam da organização econômica do reino permanecem as mesmas de antes[15]. De um ponto de vista histórico, aliás, as recomendações de Quesnay foram consideradas pelas classes dominantes como suficientemente compatíveis com seus interesses para serem aplicadas no direito: o decreto sobre a liberdade do comércio de grãos de 1764 foi em geral visto como uma medida fisiocrática, e a subida dos preços, desfavorável aos mais pobres, que se seguiu a essa reforma impôs a ideia de que os economistas estavam de fato do lado dos proprietários.

Mas os fisiocratas não procuraram um meio-termo estratégico entre dois mundos incompatíveis: eles eram reticentes à própria ideia de que a modernização implicaria uma reformulação da estruturação social, como se a história só captasse, em sua orientação progressiva, uma parte dos fenômenos. O esquema prático que domina o pensamento dessa escola é o do excedente agrícola, o excedente anual que a um só tempo alimenta e legitima uma classe dirigente ociosa, mas benevolente, considerando as massas populares como apegadas à sua terra. Que a forma conceitual do direito natural e o progressivismo enciclopédico possam sustentar essa ideologia não é por si de forma alguma surpreendente, já que em meados do século XVIII a síntese liberal como a conhecemos hoje ainda não existia.

---

[15] Essa leitura do movimento fisiocrático como estando com "um pé no terreno das Luzes e outro no do Estado" é aquela de Koselleck em *Le Règne de la critique*, Paris, Minuit, 1979, p. 117-31.

O grão e o mercado. Ordem mercantil e economia orgânica no século XVIII • 81

Pode-se medir, pela leitura dos fisiocratas, quão profunda foi a refundação das sociedades ocidentais sob os novos motores econômicos e ideológicos no final do século XVIII: muito rapidamente, a base terrestre dessa escola de pensamento, assim como a forma como ela irriga o pensamento social, aparecerão como uma curiosa persistência do passado, como o vestígio de uma ordem coletiva ainda ligada às revoluções agrícolas do período neolítico. A economia manufatureira, o comércio internacional, a polarização do mundo entre fornecedores de matérias-primas e fornecedores de valor-trabalho, em outras palavras, a ecologia e as formas institucionais da modernidade industrial, são deixadas de lado pelo movimento fisiocrático.

O fato de, entre os fisiocratas, a reflexividade ecológica da economia assumir uma forma substancialista e politicamente conservadora, a despeito de seu modernismo, não é um mero acaso e deve receber atenção no que se segue. É uma fatalidade que o solo e as possibilidades sociais e econômicas que encerra orientem o pensamento político para a conservação de hierarquias por muito tempo solidárias a sociedades resultantes da domesticação e do excedente agrário? Em outras palavras, as montagens políticas construídas com base no substrato material da subsistência e do habitat levam inevitavelmente à consolidação da autoridade do grupo à frente desse excedente? Essas questões estão, por exemplo, presentes na literatura sobre os impérios hidráulicos da Ásia – nos quais o controle técnico da produção pela irrigação desempenha papel central na emergência de um poder centralizado –, reaparecendo mais tarde nas obras de James C. Scott: enxergar como um Estado, para usar sua fórmula, é construir técnicas de supervisão do espaço – em particular os mapas e cadastros – que permitem a convergência dos recursos ao mesmo tempo que distribuem normas[16].

O pacto liberal: Adam Smith

Do outro lado do Canal da Mancha, por volta da mesma época, ocorre uma acoplagem alternativa das coordenadas orgânicas e territoriais da convivência humana com a vontade de desenvolvimento. A influência intelectual que em breve ganhará, o prestígio do sistema de justificativas morais e de

---

[16] Konrad Wittfogel, *Le Despotisme oriental*, Paris, Minuit, 1964; James C. Scott, *Seeing Like a State. How Certain Schemes to Improve the Human Condition Have Failed*, New Haven, Yale University Press, 1998.

prescrições políticas que desenvolverá, assim como o poder de convicção desses desenvolvimentos sobre as elites sociais ocidentais, identificarão gradual e duravelmente a economia política britânica ao vasto conceito de liberalismo.

De nosso ponto de vista, essas construções desempenham papel central, pois são elas que desenvolvem em sua forma prototípica a fórmula da emancipação pela abundância. O que desde então será chamado de "pacto liberal" aparece explicitamente em meados do século XVIII em textos morais e estéticos, por exemplo, no ensaio de David Hume intitulado "Do refinamento nas artes". Esse breve texto, ligado à polêmica do luxo então travada na Inglaterra e na França, captura o argumento central do progressismo liberal da primeira geração do Iluminismo escocês:

> Outra vantagem da indústria e do refinamento nas Artes mecânicas é que as Artes liberais comumente sentem elas próprias seus efeitos: umas não podem ser levadas à perfeição sem que as outras também façam algum progresso notável. O mesmo século que produz grandes filósofos e grandes políticos, generais e poetas famosos também é abundante em trabalhadores habilidosos e bons construtores de navios. Não se deve esperar que, em uma nação onde a astronomia é ignorada e a moral negligenciada, existam trabalhadores capazes de fabricar uma peça de tecido no grau de perfeição do qual ela é suscetível. [...] Quanto mais essas artes educadas se aproximam de sua perfeição, mais os homens se tornam sociáveis, e não é possível que, ao se enriquecerem com as ciências e adquirirem um fundo de conversação, se contentem em permanecer na solidão, ou em viver com os habitantes do mesmo lugar, como o fazem as nações ignorantes e bárbaras.[17]

A divisão do trabalho, diz Hume, afeta simultaneamente as "artes mecânicas", o artesanato, as ciências e as artes políticas. A especialização de funções lhes permite se desenvolver e intensificar as relações de interdependência, desempenhando papel fundamental na emergência de uma sociedade civil destacada de suas raízes locais, orientada para o cosmopolitismo. A perfeição manufatureira é, portanto, se não a causa, ao menos o acompanhamento natural de uma perfeição moral dos indivíduos e de um estado social otimizado. O espírito industrial que se manifesta no operário ou no engenheiro os transforma na vanguarda de uma dinâmica civilizatória em que o bem físico e o bem moral se alimentam mutuamente. A troca, quer faça circular conhecimento, mercadorias ou modos de vida, é o foco de um processo no qual são atualizadas ao mesmo tempo as faculdades sensíveis

---

[17] David Hume, *Discours politiques*, v. 1, Amsterdã, 1759, p. 58-60.

O grão e o mercado. Ordem mercantil e economia orgânica no século XVIII • 83

e morais dos indivíduos e suas habilidades práticas – ou seja, econômicas. Poucos esquemas teóricos tiveram, na história da modernidade ocidental, consequências tão profundas e duradouras como esse. A economia política de Smith é herdeira desse pacto, que ela busca transpor para um nível epistemologicamente mais seguro. O crescimento das interdependências produtivas e seu caráter politicamente virtuoso é objeto de uma análise que pretende inscrevê-los nas leis de desenvolvimento históricas. Smith é frequentemente considerado um autor com pouco interesse na dimensão ecológica da riqueza, ou ao menos um autor que não deixa transparecer os debates agronômicos e fundiários nos quais, porém, está envolvido[18]. No entanto, *A riqueza das nações* contém um conjunto de prescrições que se pode chamar de ecológicas, notáveis no capítulo por ele dedicado à história da economia e, mais especificamente, à fisiocracia.

Em um primeiro momento, Smith reconhece uma comunhão de objetivos com os fisiocratas: o "sistema agrícola", como ele chamou a via francesa, também é orientado para a abundância, para a opulência, isto é, para o crescimento. Mas a apresentação da doutrina fisiocrática se revela, no limite, uma defesa – pelo contraexemplo – do modelo inglês. Com efeito, após ter descrito e discutido de modo abundante a construção, na Inglaterra, de um sistema legal que favorece a transformação da manufatura *in situ*, destinado a "estender o progresso de nossas manufaturas, não as aperfeiçoando em si mesmas, mas sim enfraquecendo as de todos os nossos vizinhos e, assim, aniquilando ao máximo a concorrência indesejável com rivais tão odiosos e incômodos"[19], Smith sustenta que a estratégia francesa visa impedir o investimento não agrícola.

De maneira geral, essa escolha só pode lhe aparecer como uma forma de subdesenvolvimento consentido, uma vez que viola a lei histórica descrita anteriormente na obra, segundo a qual o capital investe a si mesmo espontaneamente, de início na agricultura, depois na indústria e, finalmente, no comércio[20]. Cada etapa desse esquema evolutivo é seguramente mais incerta que a anterior, mas também apresenta maiores chances de lucro. A relativi-

---

[18] Fredrik Albritton Jonsson, *Enlightenment's Frontier. The Scottish Highlands and the Origins of Environmentalism*, New Haven, Yale University Press, 2013.

[19] Adam Smith, *Enquête sur la nature et les causes de la Richesse des Nations*, 4 vol., Paris, PUF, 1995, p. 752-3.

[20] Ibidem, livro III, cap. 1, "Du progrès naturel de l'opulence".

zação da agricultura no sistema econômico e político resulta, portanto, de uma lógica histórica no interior da qual o desenvolvimento de dispositivos de proteção do capital (pela polícia e pelo direito, em particular) cumpre um papel central. A agricultura é uma base econômica essencial, mas que tende a ser relegada ao segundo e, depois, ao terceiro plano, por duas ondas sucessivas de investimento não fundiário, ou seja, um investimento separado das determinações ecológicas mais diretas, de início pela inovação e, em seguida, por meio de estratégias comerciais e financeiras. Do ponto de vista de Smith, portanto, os economistas franceses dissociam os benefícios do mercado livre das oportunidades de lucro representadas pelos novos setores econômicos, que no entanto prometem taxas de lucro mais altas.

Mas o economista escocês é perfeitamente lúcido sobre as reais motivações – políticas e sociais – que animam Quesnay e sua escola. Nas últimas páginas do capítulo a elas dedicado, ele orienta a discussão do sistema agrícola para as estruturas ideológicas reunidas pelos diferentes sistemas agrários historicamente conhecidos. É pela comparação com a China, a Índia e o Egito que essa reflexão sobre a economia política se anuncia[21]: Smith faz desses grandes impérios as referências inconscientes da fisiocracia e considera que apenas sua análise fornece a chave do modelo francês. Ele descreve então a autolimitação dos mercados e do crescimento em sistemas políticos obstaculizados por várias superstições inibitórias[22], mas acima de tudo pela tendência a preferir o enquadramento direto de uma população de camponeses pagando uma renda aos dominantes, em vez da abertura de circuitos comerciais no mar e do desenvolvimento conjunto da divisão do trabalho e do lucro industrial. A segurança política garantida por esses sistemas intervém no raciocínio de Smith de maneira bastante discreta, mas constitui a única justificativa racional aparente de uma tal contradição econômica.

> Todo homem, desde que não viole as leis da justiça, é deixado perfeitamente livre para perseguir seus próprios interesses como quiser e para colocar sua indústria e seu capital em concorrência com os de qualquer outro homem ou ordem de homens. O soberano está completamente dispensado (*discharged*) de um dever cuja tentativa de execução sempre o exporá a incontáveis decepções, e para a execução conveniente do qual nenhuma sabedoria humana ou conhecimento humano será suficiente: a obrigação de super-

---

[21] Ibidem, a partir da p. 775.

[22] Ibidem, p. 778.

O grão e o mercado. Ordem mercantil e economia orgânica no século XVIII • 85

visionar (*superintending*) a indústria das pessoas privadas e de dirigi-la para os objetivos mais adaptados ao interesse da sociedade.[23]

Em outras palavras, os impérios agrários são movidos pela ambição de organizar e supervisionar diretamente as funções produtivas de sua população, colocando-as sob uma tutela que tende à opressão. Esse ideal é, portanto, economicamente ineficiente, uma vez que impede sem razão a circulação do capital em direção a novas oportunidades de lucro, intelectualmente impossível, porque supõe competências do Estado que o confinam à onisciência, e politicamente não moderno, dada a confusão entre liberdade econômica e liberdade civil. O alívio dos encargos do Estado a que conduz espontaneamente a política de livre comércio delega à indústria individual e ao *savoir-faire* o controle da intendência: o Estado deixa de ter a função de governar diretamente o enquadramento do território, e o exercício da soberania é dissociado da matriz territorial e substancial que possuía nos sistemas antigos. O bom uso da terra deixa de se confundir com o exercício da soberania, sendo delegado a atores privados. Com efeito, o bom senso econômico desses atores constitui uma mediação suficientemente confiável e autônoma para valorizar a terra e outros recursos no terreno, o Estado retendo apenas as funções regulatórias de ordem superior, *régaliennes*, concernentes à proteção do indivíduo contra a violência (a polícia e o exército), à organização da justiça e à manutenção das infraestruturas de equipamentos e de transporte[24].

Apresentar a França de Quesnay como um vestígio de antigos impérios agrários deixa de lado, sem dúvida, uma parte da originalidade do projeto modernizador fisiocrata. Mas, para o representante da grandeza econômica inglesa que era Smith, essa assimilação é uma forma de humilhação diplomática deliberada – que se redobra em uma operação epistemológica – em relação a seu principal rival. Com efeito, na perspectiva de uma história ambiental das ideias, o paradigma negativo que constitui o império agrário permite não só compreender como o Estado se viu desfeito das prerrogativas ecológicas e territoriais que possuía, mas também como a instituição do mercado livre concretizou a ambição de opulência e prosperidade nas condições ecológicas e tecnológicas do século XVIII. O conceito de divisão

---

[23] Ibidem, p. 784.

[24] Ibidem, p. 784-5. Essa última passagem constitui uma transição para o último livro, consagrado à renda do soberano, isto é, às finanças públicas.

do trabalho, pelo qual se abre *A riqueza das nações*, apenas encontra seu valor econômico e político se nos lembrarmos que, para Smith, como para seus contemporâneos e seus herdeiros próximos, como Ricardo e Malthus, a otimização do rendimento do trabalho se inscreve no âmbito de uma luta contra a limitação objetiva dos recursos disponíveis. Muito se insistiu na dimensão cooperativa da divisão do trabalho, interpretando-se a parábola da fábrica de alfinetes como ilustração dos benefícios obtidos com a otimização da distribuição de tarefas, base sob a qual a ideia de uma autonomia da esfera econômica encontrou seu mito fundador. No entanto, como lembraram alguns historiadores atentos à dimensão material do pensamento, e em particular do pensamento econômico, o caráter inaugural desse pequeno relato deve ser compreendido como a resposta a uma questão, a uma inquietude permanente nas economias "orgânicas", a saber, a da compatibilidade entre as perspectivas de melhoria da sorte dos homens e o horizonte de uma limitação de recursos, sobretudo de terras e de seus frutos.

Anthony Wrigley mostrou que a estagnação econômica devida à barreira dos limites intrínsecos da natureza constituía, para o pensamento econômico, um *a priori* conceitual que, se não é expresso com muita frequência, impõe um desafio constante à reflexão[25]. Uma vez que a totalidade do sistema econômico é sustentada pela biocapacidade do solo, como fonte de energia e insumos materiais, os aprimoramentos agronômicos, o desenvolvimento de áreas maiores e as inovações tecnológicas se apresentam como margem de manobra tão limitada quanto estratégica. Enquanto os fisiocratas respondem a esse problema dedicando seus esforços à manutenção de uma agricultura sólida, capaz de garantir um abastecimento alimentar seguro a longo prazo, Smith levanta a hipótese de que, dado que o aprimoramento agrícola cedo ou tarde atinge um limiar, são outros fatores de progresso que permitirão o acesso a uma melhor fortuna. Assim, em vez de buscar a abundância nas coisas diretamente úteis à vida, é melhor buscar otimizar o uso do tempo de trabalho disponível e valorizar ao máximo os dons raros que a natureza está disposta a conceder.

---

[25] Edward Anthony Wrigley, *Poverty, Progress and Population*, cit., cap. 3, "Two kinds of capitalism, two kinds of growth", p. 68-86. É também a razão pela qual Smith e seus contemporâneos olham suas periferias próximas, sobretudo a Escócia, como recursos fundiários estratégicos a explorar. Cf. F. Albritton Jonsson, *Enlightenment's Frontier*, cit.

O grão e o mercado. Ordem mercantil e economia orgânica no século XVIII • 87

Sendo baixa a elasticidade dos lucros agrários, em particular por causa do mecanismo que Ricardo batizará um pouco mais tarde de "renda diferencial", que alinha os lucros com os rendimentos das piores terras cultivadas, é do lado do aumento da divisão do trabalho que as perspectivas mais otimistas se apresentam, notadamente quando a delegação de certas tarefas à máquina eleva ainda mais a competitividade do setor industrial. É, portanto, o próprio conceito de divisão de trabalho que deve ser entendido como o efeito de uma integração consciente das coordenadas materiais na concepção das relações sociais, nesse caso as relações sociais constitutivas da base da subsistência.

As características das relações entre meio, capital e trabalho, no contexto da economia orgânica, exerceram, assim, uma influência determinante sobre a natureza do problema econômico. O ideal social de opulência e o ideal epistemológico da economia como ciência são frutos de uma tomada de consciência dos limites dos recursos naturais. A implacável lógica que articula o aumento da divisão do trabalho, a orientação da produção para o mercado, a expansão das redes comerciais e a acumulação de capital enraíza-se no que alguns historiadores e economistas hoje chamam de *malthusian trap* [armadilha malthusiana], isto é, esse teto ecológico que mantém sob limites estreitos o acesso aos recursos úteis e, portanto, ao conforto, à segurança e ao bem-estar. Se comumente associamos esse fenômeno a Malthus, que teorizou a dimensão demográfica do problema, comparando o ritmo de reprodução do corpo social com o aumento de suas capacidades produtivas, mas também a Ricardo, que formulou o problema de forma sintética por meio do conceito de rendimento decrescente (*law of diminishing returns* [lei dos rendimentos decrescentes]), o pensamento de Smith já está imerso nessa questão, a qual lhe assegura seu impulso inicial.

Dois tipos de crescimento

É necessário, portanto, esclarecer o significado atribuído ao conceito de crescimento no contexto pré-industrial ou protoindustrial. A ideologia do progresso constantemente exibida por Smith[26] é consistente com a filosofia

---

[26] Eis aqui uma das suas expressões mais diretas: "Talvez seja o caso de observar que é no estado progressivo, à medida que a sociedade avança para nova aquisições, e não quando atingiu o auge de suas riquezas, que a condição dos trabalhadores pobres, da grande maioria das pessoas, parece ser a mais feliz e a mais fácil. Ela é difícil no

evolucionista que se faz presente em seus escritos, e que ordena a dignidade dos diferentes grupos sociais de acordo com sua capacidade de se beneficiar de seu ambiente[27]. Mas se Smith e seus contemporâneos não consideram que a Inglaterra de seu tempo atualizou o potencial de desenvolvimento embutido em seu solo e em suas capacidades comerciais, o horizonte histórico que se desdobra diante deles é mais bem compreendido como uma resistência à escassez que como a conquista de recursos infinitos.

Deve-se, portanto, especificar e nomear *crescimento intensivo* (às vezes também chamado judiciosamente de "crescimento smithiano") o fenômeno sociológico que melhor define a estrutura em que a economia clássica é estabelecida[28]. A fé no potencial de aprimoramento contido na divisão do trabalho reside no fato de que ela deve tornar possível fazer mais e melhor com uma quantidade estável e limitada de bens iniciais. A progressiva melhoria da sorte dos homens, sob o efeito da divisão do trabalho e da ampliação dos mercados, deve-se essencialmente à intensificação do trabalho e da sua produtividade, ou seja, a fatores independentes, ou pouco dependentes, em relação ao *input* material ou energético. O crescimento intensivo, que maximiza a implementação do trabalho e a introdução de valor nas coisas por meio de dispositivos organizacionais e tecnológicos, representa tanto a principal perspectiva de melhoria concreta para os homens e as mulheres do século XVIII quanto o paradigma implícito do liberalismo clássico – ao mesmo tempo em sua dimensão econômica, promovendo o livre mercado, e em sua dimensão política, que enfatiza as virtudes do egoísmo econômico e da proteção dos direitos dos indivíduos implicados nessas interdependências.

---

estado estacionário, e miserável no estado em declínio. O estado progressivo é, na realidade, para todas as diferentes ordens da sociedade, o estado jovial e cordial. O estado estacionário é monótono; o estado em declínio, melancólico". Ibidem, p. 94-5. Nesse sentido, Smith é um dos introdutores do que foi chamado, mais tarde, de história "whig". Sobre essa expressão, ver Herbert Butterfield, *The Whig Interpretation of History*. Londres, Bell, 1931.

[27] Sobre a relação entre a questão do crescimento e a antropologia implícita de Smith, ver Christian Marouby, *L'Économie de la nature. Adam Smith et l'anthropologie de la croissance*, Paris, Seuil, 2004.

[28] As análises que se seguem devem bastante ao trabalho de Antonin Pottier, *L'Économie dans l'impasse climatique. Développement matériel, théorie immatérielle et utopie auto--stabilisatrice*. Tese de doutorado em economia, Paris, EHESS, 2014.

Pouco tempo depois, alguns comentaristas de Smith já perceberiam os limites de uma teoria da liberdade baseada nesses motores econômicos. Adolphe Blanqui, o tradutor francês de *A riqueza das nações*, escreve assim: "A divisão do trabalho e o aperfeiçoamento das máquinas, que para a grande família operária do gênero humano deveriam significar a conquista de algumas atividades de lazer, em benefício de sua dignidade, apenas engendraram, sob diferentes perspectivas, o embrutecimento e a miséria [...]. Quando Smith escrevia, a liberdade ainda não havia chegado a seus constrangimentos e abusos; o professor de Glasgow não enxergava senão o lado doce de tudo isso [...]"[29]. Já em 1842, quando esta tradução foi lançada ao público, a indústria manufatureira mudou de cara o suficiente para que a emancipação comercial aparecesse como uma falsa promessa dos fundadores. E se é assim, é porque o crescimento intensivo smithiano não foi por muito tempo o principal motor do crescimento econômico em geral. Com efeito, o *crescimento extensivo*, que se conjuga ao primeiro, podendo contar dessa vez com o aumento da quantidade bruta de matérias-primas e de energia disponibilizadas ao sistema produtivo e de mercado, mudou completamente a situação. Ora, é esse último que, na opinião da maioria das pessoas, no momento em que a indústria e o sistema das máquinas atingem seu pleno desenvolvimento, torna necessário um exame crítico das relações entre a modernização econômica e o projeto de autonomia.

A distinção entre essas duas formas de crescimento permite tratar a formação do pensamento econômico e político liberal clássico como um espaço epistemológico no âmbito do qual certas características materiais do ambiente desempenham um papel formativo, conscientemente ou não. O desafio é mostrar que, nesse contexto, o acesso à terra, aos grãos, à energia e às condições gerais de produção e reprodução da sociedade e do mundo é uma coordenada importante a ser levada em conta para que essa elaboração intelectual seja elucidada. Ora, aqui, a intensificação das relações civis por meio da divisão do trabalho é, de fato, uma forma bastante singular de pensar sobre a incorporação do natural ao social.

---

[29] Citado em Pierre-Joseph Proudhon, *Système des contradictions économiques, ou Philosophie de la misère*, Paris, Guillaumin, 1846, p. 201-2. [Ed. bras.: Pierre-Joseph Proudhon, *Sistema das contradições econômicas ou Filosofia da miséria*. São Paulo, Ícone, 2017. Coleção Fundamentos da Filosofia.]

90 • Abundância e liberdade

O crescimento intensivo, ou seja, a base material que Smith considera pertinente, remete igualmente ao conceito de "revolução industriosa", introduzido pelo historiador Jan de Vries nos debates sobre a decolagem econômica do Ocidente. Esse conceito organiza uma releitura da orientação progressista das economias do Noroeste da Europa durante o que ele chama de "longo século XVIII", que abrange, na realidade, os dois séculos que transcorrem entre 1650 e 1850. As pesquisas reunidas sob esse termo visam relativizar os fatores tecnológicos e industriais nessa mutação social, da qual o mercado de bens de consumo saiu-se como referência central para o comportamento econômico dos lares ocidentais. Em outras palavras, enquanto a doxa sobre o tema da Revolução Industrial atribuía ao *supplydriven growth*[30] (crescimento impulsionado pela oferta) um poder explicativo hegemônico, De Vries pretende mostrar que as transformações internas à dinâmica da demanda, ou seja, a modificação das atitudes coletivas em relação aos bens manufaturados produzidos no quadro de uma divisão do trabalho e de uma integração avançada das famílias ao mercado, permitem a compreensão dos primórdios de uma economia de crescimento desde o século XVIII. Segundo ele, o desenvolvimento econômico da Inglaterra pode ser explicado pela diversificação das escolhas de consumo possibilitada pela divisão do trabalho, ou seja, pela articulação cada vez mais ampla e ativamente buscada pelos indivíduos das atividades produtivas no mercado[31].

É impressionante notar a que ponto esse quadro interpretativo converge com a teoria smithiana da divisão do trabalho. A análise de De Vries sugere que a fase industrial do desenvolvimento, que ocorre posteriormente aos fenômenos que descreve, é apenas uma elaboração de ordem secundária em relação a estruturas econômicas (o mercado, a alocação do tempo de trabalho na unidade familiar, os circuitos comerciais) já amadurecidas no momento em que os fatores de crescimento extensivo são introduzidos. Se De Vries, tal como Smith, tende a restringir o papel dos fatores materiais e ecológicos na emergência da modernidade, não se trata de um puro e simples equívoco de foco: o crescimento intensivo foi de fato fonte de transformações sociais significativas, em particular do individualismo, mas a questão que se coloca é se esse processo constitui ou não uma "revolução". Isto é, se as formas

---

[30] Jan de Vries, *The Industrious Revolution. Consumer Behaviour and the Household Economy, 1650 to the Present*, Cambridge, Cambridge University Press, 2008, p. 6.

[31] Ibidem, p. 10.

O grão e o mercado. Ordem mercantil e economia orgânica no século XVIII • 91

institucionais, comerciais e domésticas que aparecem nessa época e nessas condições captam adequadamente a orientação histórica da modernidade.

A demonstração de Pomeranz levada a efeito em *A grande divergência** é em parte uma resposta ao modelo da revolução industriosa. Procura mostrar que o crescimento intensivo típico da fase liberal clássica não leva a uma diferença significativa nos padrões de vida entre a Europa ocidental e outros centros de desenvolvimento, como certas regiões da China ou do Japão. São apenas os aportes extensivos, representados pelos "hectares fantasmas" das colônias e a energia exossomática do carvão, que colocam a Inglaterra, depois o resto da Europa, nos trilhos de um desenvolvimento realmente divergente em relação aos constrangimentos da economia orgânica[32]. O restante de nossa reflexão consistirá em uma interpretação filosófica dessa transição, que de certa forma torna o custo ecológico da modernidade uma questão fundamental para o presente. O que ainda resiste ao nosso entendimento, com efeito, é a maneira como os valores políticos gerados em um contexto de busca pelo crescimento intensivo, em particular o individualismo proprietário e sua proteção legal, foram sobrepostos e confrontados à imposição de um novo tipo de desenvolvimento, um novo tipo de orientação ecológica e social, dessa vez indissociável dos aportes extensivos constituídos pelas energias fósseis e pela captura das terras coloniais.

A principal questão que permanece em suspenso ao final dessa análise do liberalismo inglês é, portanto, a das tensões capazes de perturbar o desenvolvimento gradual e contínuo da socialidade concebida como uma concretização teórica das possibilidades oferecidas pelo crescimento intensivo. O esquecimento mais ou menos deliberado de Smith das consequências do crescimento extensivo – em particular do fator colonial e, logo, do fator fóssil, que ele por certo não podia prever – é de tal natureza a ponto de confinar o credo liberal em suas próprias contradições, mesmo antes de se desenvolver totalmente? Todo o problema é, assim, o da coerência entre, de um lado, o projeto de autonomia individual e coletiva, ou seja, a racionalidade política que tende a se impor em um movimento que culmina no Iluminismo, e, de outro, a orientação aquisitiva das principais nações engajadas no jogo

---

* Ed. port.: Kenneth Pomeranz, *A China, a Europa e a construção da economia mundial moderna*. Coimbra, Almedina, 2013. Coleção História e Sociedade. (N. E.)

[32] Para uma exposição do debate entre De Vries e Pomeranz, ver Christopher Bayly, *La Naissance du monde moderne*, Ivry-sur-Seine, Les Éditions de L'Atelier, 2006, p. 91 e seg.

da concorrência comercial globalizada: como compreender um sistema em que o Estado se justifica por um rebaixamento do nível de coação, enquanto em sua estrutura material efetiva aumenta suas projeções territoriais por intermédio do comércio? Em outras palavras, já existiria, antes da própria Revolução Industrial, uma tensão entre a autonomia e, se não a abundância, ao menos a acentuação das dependências em relação à terra?

Fichte: a ubiquidade dos modernos

Elementos de resposta podem ser encontrados no pensamento do filósofo alemão Johann G. Fichte (1762-1814). Mais conhecido como o fundador do idealismo subjetivo e inspirador dos sentimentos nacionais alemães, eternamente à sombra dos dois monumentos de seu tempo, Kant e Hegel, Fichte vislumbrou, porém, a geoecologia impensada da economia política inglesa. *O Estado comercial fechado*, publicado em 1800, é um questionamento radical à ordem liberal levado a cabo em nome de seus próprios valores. Trata-se, sem dúvida pela primeira vez na história das ideias políticas, de uma reinterpretação da autonomia política conduzida com base em uma interrogação sobre a dimensão espacial e territorial do projeto aquisitivo[33].

O Estado comercial fechado é uma defesa das medidas econômicas associadas ao cameralismo alemão contra a abertura progressiva ao mercado livre: desenvolvido em particular por Von Justi em meados do século XVIII, o cameralismo designa uma política econômica no âmbito da qual a regulação das funções produtivas e do comércio é prerrogativa direta do poder político e da polícia, que garantem a administração do território sem distinção entre a ordem pública e a prosperidade. Muitas vezes considerado um primo próximo da fisiocracia, o cameralismo compartilha com ela a preocupação com a riqueza material, com o equilíbrio entre a cidade e o campo e a referência ao território produtivo como elemento central da economia[34]. Em 1800, a

---

[33] Sobre os debates a propósito da geografia política no século XVIII, ver Isaac Nakhi-movsky, *The Closed Commercial State. Perpetual Peace and Commercial Society from Rousseau to Fichte*, Princeton, Princeton University Press, 2011. Sobre o pensamento de Fichte em geral, ver David James, *Fichte's Social and Political Philosophy. Property and Virtue*, Cambridge, Cambridge University Press, 2011.

[34] Sobre o cameralismo, ver Keith Tribe, *Governing Economy. The Reformation of German Economic Discourse (1750-1840)*, Cambridge, Cambridge University Press, 1988, e

O grão e o mercado. Ordem mercantil e economia orgânica no século XVIII • 93

influência da economia política inglesa nos diferentes estados alemães tendia a relegar ao segundo plano essa tradição intelectual entretanto amplamente implantada no poder prussiano, e Fichte intervém no debate radicalizando certas preconizações típicas das ciências camerais contra o que considerava um risco de perda de soberania.

O tratado de 1800 pode, portanto, ser lido como uma defesa dos interesses alemães no jogo das rivalidades econômicas de seu tempo, mas se trata antes de tudo de uma reflexão sobre as consequências do Iluminismo e dos princípios da Revolução Francesa em matéria de política econômica. Como herdeiro de Kant, Fichte se propõe a atingir o "Estado de razão", ou seja, uma forma política integralmente ordenada pela lei, tanto no que se refere às relações interindividuais quanto às relações entre governados e governantes[35] – quer dizer, um Estado de direito. O que ele chama de "Estado real", por contraste, é o produto de contingências históricas (casamentos principescos, alianças dinásticas e diplomáticas de circunstâncias, aventuras militares) e de relações de poder, que devem ser tendencialmente incorporadas à ordem da lei. Uma vez que a única subordinação legítima é baseada em princípios oriundos da razão, os vestígios de contingência e de violência que subsistem na vida política devem ser neutralizados.

Essa transição, segundo Fichte, envolve a reconfiguração das relações de propriedade. Com efeito, ele reconhece que é a questão do seu e do meu, do direito de cada um às coisas, que faz com que seja necessário abandonar o livre jogo das vontades privadas, subordinando-as à lei. A propriedade é ao mesmo tempo o instrumento central da autonomia política e aquilo sobre o que se aplicam as leis que garantem o direito de cada um de dispor de seu "bem próprio"[36]. Fichte acrescenta que as formas de divisão do trabalho também devem se sujeitar a um contrato, uma vez que cada corpo profissional deve se certificar de que renuncia às atividades dos outros, cada qual comprometendo-se a fornecer aos demais uma quantidade suficiente de produtos de seu trabalho.

Guillaume Garner, *État, économie et territoire en Allemagne. L'espace dans le caméralisme et l'économie politique (1740-1820)*, Paris, Éditions de l'EHESS, 2005.

[35] Fichte, *L'État comercial fermé*. Lausanne, L'Âge d'Homme, 1980, p. 67.

[36] Ibidem, p. 73. A teoria fichtiana da propriedade é desenvolvida em *La Doctrine du droit de 1812*, Paris, Cerf, 2005.

94 • Abundância e liberdade

Em outras palavras, se o Estado realmente deseja ser o mediador do sistema de propriedade, e mais amplamente da conjunção harmoniosa das necessidades, cabe a ele considerar de onde vem essa propriedade e como se formam as trocas, e não simplesmente aceitar um *status quo* econômico. A arbitrariedade das posses não pode prevalecer, e por isso o Estado se impõe como administrador direto da propriedade, como um grande intendente que rege a atribuição das coisas às pessoas em bases iguais. Para Fichte, a proteção contratual dos direitos individuais não pode ser dissociada de um sistema bem elaborado de corporações e de regras comerciais, pois são as relações econômicas, produtivas e comerciais que dão seu conteúdo a essa proteção. Ao contrário do que se passa no pensamento político e econômico inglês, as relações econômicas nunca são, portanto, delegadas a um ator privado livre proprietário de seus bens por um Estado que se recusaria a agir como intendente – o contraponto em relação a Smith é total.

Fichte extrai então a consequência lógica dos princípios estabelecidos: para que o Estado possa cumprir sua tarefa de concretização da justiça econômica, ele deve exercer controle sobre todos os bens em circulação em seu âmbito. Em outras palavras, o Estado deve ser comercialmente fechado, e o comércio internacional tanto quanto possível desestimulado e, se necessário, até proibido. Na medida em que as relações jurídicas entre as pessoas são inseparáveis de seus engajamentos econômicos, as coisas produzidas e trocadas se encontram sob uma jurisdição imposta sem distinção às pessoas e aos bens: as fronteiras econômicas devem ser tão claras e distintas quanto as fronteiras político-jurídicas, ambas se sobrepondo mutuamente, sob pena de o frágil equilíbrio da igualdade econômica ser invariavelmente perturbado por aquisições estrangeiras impossíveis de regulamentar. Imaginemos uma indústria local passando para o controle de um investidor estrangeiro: nesse caso, uma parte da riqueza produzida passa de uma nação para outra, privando a primeira de uma parte dos lucros de seu trabalho e, portanto, do acesso aos seus próprios bens, e isso tanto mais porque essa indústria estará assentada sobre infraestruturas localmente financiadas. Reciprocamente, se mercadorias alemãs buscarem ser escoadas no exterior, elas sofrerão taxações que fatalmente vão aumentar seu valor, prejudicando uma vez mais a justa alocação das riquezas.

Fichte escreve resumidamente: "[...] o Estado de razão é então um Estado comercial fechado, tanto quanto um reino fechado em termos de suas leis e dos indivíduos que o constituem. Todo homem vivo é cidadão desse Estado,

O grão e o mercado. Ordem mercantil e economia orgânica no século XVIII • 95

ou então não é. Da mesma forma, cada produto da atividade humana pertence ao domínio de suas trocas, ou não, sem que haja um terceiro termo"[37].

Essa afirmação tem algo de desestabilizador na medida em que é deduzida dos princípios gerais da igualdade política garantida pelo contrato, ao mesmo tempo que constitui uma subversão evidente da ordem econômica tal como foi desenvolvida na Europa. Como as relações de direito e as relações de força são mutuamente exclusivas, apenas o Estado está habilitado a estabelecer e fazer cumprir as primeiras, mas o Estado só existe no interior de fronteiras que circunscrevem a legitimidade de sua ação. Portanto, para integrar a interdependência dos homens no que diz respeito à satisfação das necessidades no domínio da lei, é necessário eliminar as regras comerciais que se interpõem entre um Estado e outro, entre uma zona geográfica e outra, e que não procedem senão das relações de força[38]. Fichte pretende fazer convergir dois regimes de espacialidade cuja dissociação constitui a seus olhos uma incompletude dolosa da ordem da lei: o da lei e o da troca. Ao fazê-lo, revela que as nações europeias dispõem, por meio do comércio, de um acesso ilegítimo a espaços e recursos fora do seu território, que esse acesso é necessariamente extrajurídico e, portanto, que a realidade ecológica e a realidade jurídica dessas nações estão desconexas. É essa situação, da qual Fichte é o primeiro crítico, que nos propomos a chamar de a *ubiquidade dos modernos*, à medida que estes pretendem viver em dois espaços distintos ao mesmo tempo, aquele do direito mantido no interior das fronteiras de um Estado determinado, e aquele da economia e da ecologia, que transcende essas fronteiras e constitui um campo no qual os princípios da razão não podem se exprimir[39].

No breve prefácio que escreveu ao seu texto, Fichte evoca o problema colonial ao descrever as razões práticas que levam os Estados mais poderosos a aceitar essa ubiquidade. Ele reconhece com efeito que seu plano não tem chance de sucesso e permanecerá puramente especulativo, pois esbarra em interesses já bastante consolidados:

---

[37] Ibidem, p. 89.

[38] Fichte assimila o comércio mundial à guerra, p. 125.

[39] Para uma ilustração dessa ubiquidade, ver os dois artigos de Jason Moore, "'Amsterdam is Standing on Norway'. Part I: The Alchemy of Capital, Empire and Nature in the Diaspora of Silver, 1545-1648", *Journal of Agrarian Change*, v. 10, n. 1, 2010, e "'Amsterdam is Standing on Norway'. Part II: The Global North Atlantic in the Ecological Revolution of the Long Seventeenth Century", *Journal of Agrarian Change*, v. 10, n. 2, 2010.

96 • Abundância e liberdade

> A razão explícita ou implícita dessa recusa residirá no fato de que a Europa dispõe, em termos de comércio, de uma grande vantagem sobre outras partes do mundo, tendo em vista que monopoliza suas forças e seus produtos, sem nem de longe fornecer um equivalente suficiente de suas próprias forças e produtos, e que cada Estado europeu [...] extrai ainda assim certo benefício da pilhagem comum do resto do mundo [...]; é a tudo isso, sem dúvida, que ele deveria renunciar livremente por meio de sua retirada da comunidade de intercâmbios que abrange toda a Europa. Para superar essa causa de recusa, seria preciso demonstrar que uma relação como a que a Europa mantém com o resto do mundo não poderia persistir, não sendo fundada nem no direito nem na equidade: essa prova foge ao meu propósito presente.[40]

Essa última declaração corresponde a uma confissão do fracasso do idealismo alemão em face do pragmatismo inglês. Para Fichte, o império marítimo das plantações de algodão e de cana-de-açúcar constitui uma trivialidade factual que "foge a seu propósito presente", mas que definiu a época de maneira mais profunda que o protecionismo especulativo do qual é advogado. De um ponto de vista lógico, essa solução chega mesmo a ter um valor provocativo em relação ao sistema fichtiano. Com efeito, a Inglaterra imperial estava, então, provavelmente, à beira de impulsionar uma possibilidade teórica contida nesse sistema, a saber, um Estado global: se for necessário pertencer a um mesmo Estado para negociar, e, sob a liderança inglesa, se o mundo inteiro negocia, então o Estado único em escala planetária, o Estado universal, poderia tomar forma. Mas este seria inglês e não alemão; seria também um Estado militar e não um Estado de direito, a menos que todas as expropriações coloniais que faziam a economia funcionar fossem abandonadas.

É incrivelmente fascinante que, em 1800, um pensador favorável à Revolução Francesa e à afirmação de nações, como Fichte, propusesse ao Ocidente a renúncia a todas as pretensões imperiais para que pudesse emergir o seu próprio ideal político, o da soberania racional e justa. A dimensão mais propriamente ecológica do problema colocado aparece no final do livro, no momento em que a questão das "fronteiras naturais" é abordada. Ele descreve qual deveria ser a extensão espacial ideal de um Estado fechado para que sua situação fosse habitável, ou seja, para que se pudesse atingir a "independência produtiva"[41]. Para que o corpo social esteja harmoniosamen-

---

[40] Ibidem, p. 64.

[41] Ibidem, p. 149.

O grão e o mercado. Ordem mercantil e economia orgânica no século XVIII • 97

te contido dentro de suas fronteiras, é preciso, diz ele, uma certa harmonia interna do território. Fichte se inscreve aqui no debate provocado pela Revolução Francesa sobre as fronteiras naturais da nação, nesse caso sobre os territórios localizados a oeste do Reno. Ele reconhece que, antes de fechar o Estado sobre si mesmo, é necessário assegurar que esse fechamento não seja prejudicial à prosperidade nacional. É, portanto, um problema geopolítico que se coloca ao Estado comercial fechado, em especial no contexto do início do século XIX: a economia deve ser ajustada ao território político tal como se encontra constituído, ou deve ser conferido ao soberano o espaço necessário para seu bem-estar econômico? Fichte permanece evasivo a esse respeito, mas ambas as interpretações são possíveis: aquelas que, como as teorias posteriores do "espaço vital", associam a soberania territorial a uma "apropriação de terras" original e extensível, para retomar os termos de Carl Schmitt, e aquelas que admitem como princípio geopolítico fundamental a garantia dada por um Estado a seus vizinhos de que "não buscará de forma alguma se expandir"[42].

Fichte, pensador protossocialista e anticolonial, trouxe à luz o arranjo territorial implícito do pacto liberal: o extraordinário descompasso ecológico e geográfico que sustenta a tese do crescimento intensivo. Para aumentar a divisão do trabalho e a sociabilidade que a acompanha, é necessário obter a preços baixos as matérias-primas que entram no circuito da formação do valor, repudiando, assim, todas as promessas universalistas. Independentemente do valor normativo que se possa atribuir a ela, a proposição fichtiana comporta algo de radical na medida em que revela a ambiguidade territorial fundamental das sociedades modernas. Ao afirmar a necessidade de aproximar o território jurídico-político e o território econômico, o dos recursos, Fichte destaca uma característica da Europa que escapou à maioria dos pensadores políticos da época, mas que não escapará aos pensadores das margens coloniais, qual seja, a de que, de fato, ela vive em um espaço que não é o seu. A interdependência comercial das nações oculta, assim, um conjunto de estratégias que visam à vantagem ecológica, e a constituição de espaços imperiais ou coloniais em escala planetária revela em toda sua violência a desigualdade estrutural do comércio. Esta última é a manifestação mais nítida da incapacidade dos modernos de seguir seus próprios princípios, uma vez que essas desigualdades ecológicas são também políticas – as

---

[42] Ibidem, p. 151.

pessoas que vivem sob a tutela colonial ou imperial sendo, na maioria dos casos, excluídas da proteção jurídica considerada universal.

Esta elaboração teórica coloca assim os Estados europeus diante da sua constituição invisível, diante da sua incapacidade de respeitar o regime da lei, que, no entanto, sustentam alto e bom som: a questão espacial é apenas a manifestação tangível de um inacabamento do ideal jurídico, cujo necessário fechamento geográfico é imediatamente relativizado pela abertura comercial. A ubiquidade dos modernos resulta de um questionamento sobre as relações entre o arcabouço jurídico destinado a conferir à civilização europeia a sua orientação histórica propriamente moderna, a da autonomia individual e coletiva, e as forças econômicas que tendem a estilhaçar esse arcabouço da soberania territorial, absorvendo a energia e os recursos da terra segundo uma lógica absolutamente heterogênea à do direito. *O Estado comercial fechado* apenas nos leva a outra contradição da liberdade moderna: a realização do Estado de razão parece indissociável de uma supervisão integral da ordem econômica por um Estado todo-poderoso, que dificilmente não abusará dessa autoridade suprema. Redimensionar a economia em relação às suas projeções extraterritoriais e extrajurídicas poderia exigir uma administração quase onisciente, dotada de um direito de supervisão de toda transação e todo movimento. Essa autonomia é, portanto, muito frágil. Ela se enrosca em uma cápsula geoecológica que tende a fetichizar a nação como espaço homogêneo, ou mesmo a instrumentalizar o argumento econômico a fim de constituir um grupo político essencialmente identitário. Em uma palavra, Fichte interessa menos pela saída que dá ao seu raciocínio do que pela questão que dirige ao engate da abundância e da liberdade.

4
O NOVO REGIME ECOLÓGICO

De um liberalismo a outro

Num momento em que um novo regime ecológico e político se apressa em transformar o destino da Europa e do mundo, o espaço da reflexividade política pode ser entendido como a sobreposição de uma matriz territorial definida pelo Estado soberano e de uma matriz comercial e aquisitiva. O arcabouço político-legal decorrente do direito natural e a economia política clássica asseguram, cada um de seu lado, a legitimação intelectual de cada estrato nessa sobreposição que, como acabamos de ver, por meio de Fichte, apresenta mais problemas que soluções. No entanto, o conceito de propriedade, estrategicamente localizado na interseção dessas duas matrizes, desempenha um papel cada vez mais importante no século XIX, essa longa experimentação política em escala global baseada no pacto liberal e na ubiquidade que engendra.

Essa dinâmica encontra algumas de suas expressões mais significativas e violentas nas certezas condescendentes que estruturam a apreensão das sociedades consideradas ao mesmo tempo materialmente subdesenvolvidas, ideologicamente tirânicas e historicamente atrasadas, condenadas, assim, à tutela imperial e colonial. Como lembrado por vários trabalhos de história das ideias, o desenvolvimento do liberalismo é indissociável das estratégias de conquista dos séculos XVIII e XIX, de modo que se pode ver na heteronomia imposta ao resto do mundo pelo Ocidente, e em especial pelo Império Britânico, um dos problemas centrais que se colocam à matriz progressista[1]. O universalismo legal afirmado pelo Iluminismo liberal é, por

---

[1] Jennifer Pitts, *A Turn to Empire. The Rise of Imperial Liberalism in Britain and France*, Princeton, Princeton University Press, 2005. Uday Singh Mehta, *Liberalism and*

100 • Abundância e liberdade

exemplo, compatibilizado com um duplo padrão político segundo o qual os colonizados são vistos como súditos, e não como cidadãos[2].

Mas o universo material em que o pacto liberal foi constituído é rapidamente perturbado, e com ele o recém-estabelecido acoplamento entre a liberdade política, o direito de propriedade e o crescimento intensivo alcançado dentro das limitações da economia orgânica. No cerne dessa transformação, está a incorporação massiva de combustíveis fósseis – em particular do carvão – na economia inglesa e, em seguida, no resto da Europa e na América do Norte. O calor e a força motriz resultantes da combustão do carvão, convertidos por sucessivas gerações de motores a vapor, ensejam uma modificação radical do sistema produtivo. A evolução das relações entre a cidade e o campo, das formas do trabalho, da organização das famílias, mas também as concomitantes modificações da produção agrícola, todos esses fenômenos que fazem do longo século XIX um período de profundas transformações, se vinculam ao novo regime energético ecológico implementado[3]. Assiste-se, em diferentes momentos do século XIX segundo as regiões do mundo, a uma reconfiguração das bases ecológicas das sociedades modernas por meio da extração de uma energia que se apresenta na forma de estoques, sendo, portanto, parcialmente independente dos fluxos orgânicos da energia solar característicos do antigo sistema energético[4]. Um dos principais efeitos da extração e da combustão de carvão em grande escala consistiu na liberação da esfera econômica das limitações intrínsecas do

---

Empire. A Study in Nineteenth-Century British Liberal Thought, Chicago, University of Chicago Press, 1999. Anthony Pagden, "Fellow Citizens and Imperial Subjects: Conquest and Sovereignty in Europe's Overseas Empires", *History and Theory*, v. 44, n. 4, 2005, p. 28-46.

[2] Jennifer Pitts, "Empire and Legal Universalisms in the Eighteenth Century", *American Historical Review*, v. 117, n. 1, 2012, p. 92-121.

[3] Jean-Claude Debeir, Jean-Paul Deléage e Daniel Hémery, *Une histoire de l'énergie*, Paris, Flammarion, 2013, cap. 5; Anthony Wrigley, *Energy and the English Industrial Revolution*, Cambridge, Cambridge University Press, 2010; Rolf Peter Sieferle, *The Subterranean Forest. Energy Systems and the Industrial Revolution*, Cambridge, White Horse, 2001; Edward Barbier, *Scarcity and Frontiers. How Economies Have Developed Through Natural Resource Exploitation*, LaramieUniversity of Wyoming Press, 2010, caps. 5, 6 e 7.

[4] Ver Lewis Mumford, *Technique et Civilisation*, Paris, Seuil, 1950 (1934), assim como os trabalhos de Vaclav Smil, em particular *Energy in World History*, Boulder, Westview Press, 1994.

regime orgânico, da *malthusian trap* [armadilha malthusiana]: a concentração de energia contida no minério fóssil tornou possível um crescimento extensivo parcialmente independente das restrições espaciais, o que levantou uma série de questões fundamentais para as sociedades do século XIX. Quanto tempo durará o acesso a esse recurso-chave? Qual será o benefício social dessa bênção ecológica e econômica? Como ela transformará a vida dos trabalhadores? E como controlar o sistema técnico e produtivo que vai se conectar a essa energia a fim de torná-la emancipatória?

O desafio é menos o de redefinir a Revolução Industrial à luz da crise climática[5] e mais o de compreender como a estrutura ideológica liberal que se instalou na Europa ao longo do século XVIII responde à série de acontecimentos que reunimos sob o termo de revolução industrial. Nesse momento em que o projeto de modernização por meio do direito e do ideal de igualdade civil já tinha se constituído, que a Revolução Francesa já tinha permitido entrever como tal projeto podia se concretizar no quadro do antigo regime ecológico orgânico, a instalação progressiva de um novo regime material não podia deixar intactas as frágeis conquistas da primeira revolução, aquela dos direitos. Em outras palavras, somos levados a supor que *o que normalmente identificamos como modernidade não nasceu uma, mas duas vezes*: o longo processo de amadurecimento dos ideais antiabsolutistas, republicanos e igualitários, sua inscrição na evolução das trocas intelectuais e mercantis – cujas origens podem ser rastreadas ainda no Renascimento –, a lenta afirmação das elites secularizadas, tudo o que, segundo a historiografia dominante, teria se precipitado nas revoluções dos séculos XVIII e XIX, é apenas a primeira onda de um movimento rapidamente redefinido por uma segunda: a abertura das possibilidades materiais propiciada pelo acesso a novas energias e a novos espaços.

Na consciência coletiva, a emergência de valores igualitários e comerciais, da burguesia e da manufatura, aparece como um único movimento em direção ao "progresso". As mutações tecnocientíficas e energéticas próprias do século XIX são vistas como uma consequência da fase anterior, ou mesmo

---

[5] A expressão é de Arnold Toynbee, *Lectures on the Industrial Revolution of the 18th Century in England*, Londres, Longmans, 1884. Para uma visão geral desses debates, ver Julien Vincent, "Cycle ou catastrophe? L'invention de la 'révolution industrielle' en Grande-Bretagne, 1884-1914", em Jean-Philippe Genet e François-Joseph Ruggiu (orgs.), *Les idées passent-elles la Manche? Savoirs, représentations, pratiques (France-Angleterre, Xe-XXe siècles)*, Paris, Presses de la Sorbonne, 2007, p. 235-58.

como uma confirmação das suas visões de futuro. Mas assim que se destaca o caráter massivo – em parte devido à contingência histórica – da reconfiguração geoecológica induzida pela disponibilidade de novas terras e de novos recursos energéticos, essa visão unitária se estilhaça. Dizer que a modernidade nasceu duas vezes significa, portanto, duas coisas. Em primeiro lugar, que a busca de aprimoramento, que caracteriza o pensamento político moderno a partir do século XVII, não é senão a consequência do acesso a uma força motriz muito mais intensa e a perspectivas de crescimento extensivo até então nunca consideradas, a não ser sob a forma da fábula. Em seguida, que a evidência com a qual percebemos ainda hoje a associação entre os direitos e a indústria, entre a liberdade e o enriquecimento, entre democracia e abundância, é o produto de um processo de tecelagem intelectual e social *posterior* à gênese do pacto liberal.

Como Kenneth Pomeranz mostrou notavelmente em *A grande divergência*, a disponibilidade de carvão e as economias espaciais que ele torna possível (ou seja, as superfícies florestais equivalentes) formam a partir da década de 1830 uma enorme vantagem ecológica, da qual a Inglaterra soube tirar proveito. E essa vantagem se deve em parte a razões contingenciais, ligadas às possibilidades geográficas e geológicas, isto é, à morfologia da Inglaterra, não apenas como formação histórica e institucional, mas como realidade ecológica. A identificação das contingências materiais na historiografia não pode ser reduzida a uma tendência funcionalista: mais profundamente, trata-se de reconhecer que as sociedades nunca dominam totalmente os fatores que as impulsionam para uma direção ou para outra, e que a combinação entre um projeto explícito e essas determinações contingentes produz efeitos singulares. Não apenas, portanto, o bloco civilizacional denominado "modernidade" tem duas datas de nascimento – ou, mais precisamente, pode ser relacionado a dois tipos de marco histórico –, mas esses dois nascimentos não se referem, em absoluto, ao mesmo tipo de processo. O segundo, aquele durante o qual o novo regime ecológico é introduzido no quadro ainda frágil do projeto liberal e aquisitivo, torna necessária a tomada em conta de fatores quantitativos, ecológicos, ou simplesmente materiais, com os quais a história moderna se desconforta – como evidenciado pela identificação precipitada desse tipo de elemento com os temores malthusianos[6].

---

[6] Andreas Malm, *Fossil Capital,* Londres, Verso, 2016, e Michael Mann, "Review article: The Great Divergence", *Millenium. Journal of International Studies*, v. 46, n. 2, 2018, p. 241-8.

O novo regime ecológico • 103

Se considerarmos agora em conjunto as duas características da revolução industrial que são (1) a defasagem entre o projeto moderno e a aceleração material que permite materializá-lo e (2) o caráter contingente da irrupção da segunda onda, então um problema verdadeiramente filosófico se coloca diante de nós. Na verdade, as ideias dos filósofos do século XVIII foram feitas para funcionar, para serem aplicadas, em um mundo cujas características materiais, porém, tornaram-se bastante diferentes das da antiga economia orgânica e cíclica. Se essas ideias eram, como mostramos, solidárias a esse sistema, já que visavam resolver, em parte, os problemas específicos de um regime ecológico no qual dominam a carência e a precariedade da vida, o que lhes aconteceu quando mudaram as condições práticas em que se desenvolvem a livre propriedade, o aprimoramento das terras e o individualismo moral e econômico? Não há aqui a emergência inevitável de uma defasagem de um desajuste entre teoria e prática?

Como é que o século XIX se tornou o "século da propriedade"[7], do liberalismo econômico e político, como é que essas doutrinas se adaptaram tão bem a um mundo que já não era aquele que as viu nascer? A biologia conhece esse problema como exaptação[8]. Esse termo designa o processo ao longo do qual uma determinda forma, associada a uma primeira função (por exemplo, uma superfície útil à termorregulação do animal), assume, ao final de uma série de mutações e encontros ecológicos contingentes, uma nova função (essa superfície se torna uma asa) que completa ou substitui a outra. Esse tipo de processo pode ser adequadamente aplicado à história das técnicas, das artes[9], mas nesse caso também das ideias políticas, uma vez que o liberalismo literalmente percorreu uma trajetória exaptativa ao reorganizar sua argumentação para justificar um sistema econômico que não pertencia a seu meio de origem. Naturalmente, a aplicação dessa ferramenta analítica ao pensamento político revela um problema que os biólogos têm a sorte de ignorar, o da dimensão

---

[7] Donald Kelley e Bonnie Smith, "What was property? Legal dimensions of the social question in France (1789-1848)", *Proceedings of the American philosophical association*, v. 128, n. 3, 1984, p. 200-30.

[8] Stephen Jay Gould e Elisabeth S. Vrba, "Exaptation. A Missing Term in the Science of Form", *Paleobiology*, v. 8, n. 1, 1982, p. 4-15.

[9] Stephen Jay Gould e Richard Charles Lewontin, "The Spandrels of San Marco and the Panglossian Paradigm. A Critique of the Adaptationist Programme", Proceedings of the Royal Society of London. Series B, *Biological Sciences*, v. 205, n. 1161, 1979, p. 581-98.

Abundância e liberdade

normativa das questões: a exaptação do liberalismo não é necessariamente um sucesso, ou seja, não responde de forma necessariamente adequada aos problemas colocados pelo novo mundo da indústria e do carvão.

Por trás da multiplicação das forças produtivas graças ao acesso a novas energias se encontra, portanto, um questionamento político, que não pode ser reduzido a uma abordagem funcionalista da história. Como a revolução ecológica representada pela edificação da civilização industrial afetou o projeto de emancipação coletiva? E como os impactos dessa grande transformação nos levam, no século XXI, mais uma vez, a repensar a autonomia?

Os paradoxos da autonomia: Guizot

Gostaríamos de destacar o aprofundamento do qual foram objeto os dois ideais centrais da modernidade – autonomia e abundância – no século XIX, a fim de melhor explicitar o enigma de sua aliança. Para isso, tentemos colocar em paralelo mais uma vez duas contribuições intelectuais. De um lado, com Guizot, voltaremos ao projeto de construção de entidades políticas senhoras de suas leis e de seu destino, do qual o ideal democrático é a principal expressão; de outro, com Jevons, nos concentraremos no motor físico e energético que alimenta a civilização industrial e que representa um paradoxal aumento da servidão em sociedades que se querem livres.

Uma vez colocada nesses termos a polarização do pensamento político do século XIX, é bastante surpreendente observar que um conceito central parece expressar uma inquietude tipicamente moderna: o dos limites, e de seu contrário, a ilimitação. Com efeito, a exigência democrática levada a seu mais alto grau de radicalismo conceitual e político, tal como alcançada em particular durante a Revolução Francesa e na formulação dos direitos humanos, visa a uma soberania *ilimitada* do povo sobre si mesmo, cuja realização e cujos perigos se tornaram objeto de grande parte da filosofia política no século XIX. Marcel Gauchet, por exemplo, sublinhou claramente como os debates em torno da "Declaração dos Direitos do Homem e do Cidadão", e em seguida de suas subsequentes reformulações, centraram-se na ideia de uma reconstrução social de amplitude metafísica confiada a esse poder visto como sem limites do povo sobre si mesmo[10]. Paralelamente, mas em esferas epistemológicas e

---

[10] Marcel Gauchet, *La Révolution des droits de l'homme*, Paris, Gallimard, 1989.

políticas bastante diferentes, o acesso aos combustíveis fósseis e à sua força motriz também parece impulsionar as sociedades no caminho de um progresso aparentemente sem fim, ou ao menos em uma dimensão incomensurável em relação aos tempos antigos, identificados com limitações e a carência. Dessa vez, os recursos energéticos do reino britânico é que foram objeto de uma reflexividade sobre os limites ao mesmo tempo políticos e econômicos da modernidade. Essas duas figuras análogas retratam a sociedade quebrando seus grilhões, os do absolutismo de um lado e os da carência de outro: em ambos os casos, a humilhação da razão humana e do senso de justiça pela submissão a instâncias exógenas do poder, da coação (o rei e o clima, para dizê-lo claramente), suscita uma reação que define a consciência coletiva de forma bastante profunda. Mas, ao fazê-lo, essa consciência coletiva também encontra novos problemas, próprios do novo mundo que emerge.

***

É o historiador e homem de Estado francês François Guizot (1787-1874) que nos fornece a formulação prototípica do problema do poder ilimitado do povo. Eis aqui, apresentada em seu *Ensaio sobre história e o estado atual da instrução pública na França*:

> O espírito humano, nessa época, havia abraçado o conjunto da sociedade e das instituições sociais com uma força e uma extensão até então desconhecidas, mas também com um orgulho muito acima de seu poder. O homem acreditava, como o deus de Platão, ter concebido em sua mente o verdadeiro tipo do universo, e estava impaciente para dar forma ao mundo real – considerado apenas como matéria inerte e desordenada – de acordo com as formas ideais e as leis primitivas que tinha acabado, finalmente, de descobrir. Esses criadores mortais se apoderaram da sociedade como o Eterno tinha se apoderado do caos, e reivindicaram o poder da palavra divina. Instituições políticas, leis civis, religião, filosofia, moral, relações comerciais, diplomáticas e domésticas, as opiniões, os interesses, os hábitos, os costumes, o Estado, as famílias, os indivíduos, tudo tinha de ser reconstruído; até então tudo havia sido produto de uma força cega; tudo tinha de ser obra da razão. E assim se manifestarão ao mesmo tempo todo o progresso feito por essa razão tão soberba e todos os segredos de sua fraqueza; assim se vive tanto a fonte quanto a vaidade de seu orgulho: as consequências de tal estado do espírito humano não demorarão a se desenvolver.[11]

---

[11] François Guizot, *Essai sur l'histoire et sur l'état actuel de l'instruction publique en France*, Paris, Maradan, 1816, p. 37-8.

106 • Abundância e liberdade

A época a que se refere Guizot no início do trecho citado é a da Assembleia Constituinte de 1791, em particular medidas destinadas à fundação de um sistema de ensino público primário gratuito e comum a todos, e as "consequências" mencionadas ao final obviamente se referem ao Terror[12]. Guizot faz do movimento revolucionário o emblema de uma ambição de reconstrução integral do corpo social em torno de princípios racionais desenvolvidos pelo espírito, dos quais o legislador seria apenas o tradutor neste mundo. Ele exprime, nessas linhas, um sentimento amplamente compartilhado em sua época, notadamente por Auguste Comte: em retrospecto histórico, o voluntarismo revolucionário e o projeto de reconstrução radical da sociedade se apresentam como um momento essencialmente negativo, crítico. Na verdade, uma vez colocado de lado o legado do Antigo Regime, o novo homem e seu mundo produzido pela razão ainda demorariam a advir, como se o estado dos costumes e das instituições se visse condenado a estar em atraso em relação ao projeto ideal dos "criadores mortais" que eram os legisladores de 1789[13].

Essa apresentação do projeto revolucionário revela, no entanto, um aspecto fundamental, ao qual Guizot adere e que se aplica para além do caso francês. Trata-se de não se reconhecer nenhuma autoridade política exógena à razão pública, isto é, àquela que a comunidade de cidadãos é capaz, por seu próprio esclarecimento, de reconhecer como definidora de um governo bom e legítimo. A conjugação dos princípios de igualdade, que faz de cada sujeito razoável o portador de aspirações políticas a serem reconhecidas, e de liberdade, que atribui ao poder a tarefa de garantir a emancipação das faculdades individuais, conduz à afirmação de uma autonomia radical, que se torna o ponto de encontro de todos os herdeiros da Revolução Francesa. Não é difícil compreender como a questão da educação cristaliza o ideal de autonomia, uma vez que os cidadãos devem agora estar constantemente à altura das ambições enunciadas no momento da Revolução, e corporificar, com suas capacidades, a figura da razão pública definida, de início, filoso-

---

[12] Sobre as relações entre o direito natural, a ideia de uma Idade de Ouro sob a égide da razão, e o Terror, ver Dan Edelstein, *The Terror of Natural Right. Republicanism, the Cult of Nature, and the French Revolution*, Chicago, University of Chicago Press, 2009.

[13] A respeito desse problema, ver Frédéric Brahami, *La Raison du Peuple. Un héritage de la Révolution française (1789-1848)*, especialmente a temática da "ofensa feita ao tempo", cap. 2.

O novo regime ecológico • 107

ficamente. Durante a primeira metade do século XIX, a concretização do voluntarismo revolucionário teve de ultrapassar os abusos desse artificialismo radical. O horizonte de uma política racional e a recusa do Antigo Regime, do Terror e de Napoleão constituem de fato o programa dos liberais, dos quais Guizot é o principal representante na Monarquia de Julho[14], e são as ambivalências da ilimitação da soberania popular que dominam, então, o pensamento político.

Guizot formula, assim, uma preocupação que vai atravessar o século, e que ele compartilha com certos autores socialistas (como Pierre Leroux e Pierre-Joseph Proudhon). Com efeito, nenhum corpo social é capaz de tolerar sem danos uma reconstrução tão brutal, e a reorganização dos costumes exige muito mais energia que a simples afirmação da autonomia como princípio. Em outras palavras, é a própria sociedade que impõe obstáculos à vontade política, de onde a necessidade de encontrar mediações capazes de incorporar às condutas da maioria as disposições decorrentes do ideal revolucionário. A ilimitação da vontade colide violentamente com a natureza do social (da família, da religião, dos hábitos, para retomar a lista de Guizot), que evolui a um ritmo muito mais lento e gradual, e esse confronto leva a um paradoxo: para realizar o princípio de autonomia, é preciso retardar sua implementação, é preciso reconhecer os limites que lhes são impostos pela vida social.

Algumas décadas mais tarde, em 1859, John Stuart Mill ainda apresenta o laço conceitual do liberalismo como uma resposta ao problema da ilimitação da soberania popular:

> A ideia de que os povos não precisam limitar seu poder sobre si mesmos pode parecer axiomática quando um governo democrático ainda existia apenas em nossos sonhos ou em nossos livros de história. Mas essa ideia não se deixa comprometer pelas aberrações passageiras da Revolução Francesa, as mais graves das quais foram obra de uma minoria usurpadora e que, aliás, não encontraram legitimidade nas instituições democráticas, mas sim numa explosão de revolta súbita e convulsiva contra o despotismo aristocrático e monárquico.[15]

A impossibilidade de estabelecer tal qual o poder do povo sobre si mesmo não aparece a Mill como prova do caráter ilusório dos ideais revolucionários,

---

[14] Pierre Rosanvallon, *Le Moment Guizot*, Paris, Gallimard, 1985, p. 25.

[15] *De la liberté*, Paris, Folio-Gallimard, 1990, p. 64-5.

ou seja, igualitários e liberais, mas sim como incitação à busca pela concretização pacífica desses ideais. É por isso que a historiografia liberal da modernidade insiste tanto no aprendizado da democracia, da autonomia, isto é, da incorporação progressiva – pela sociedade – dos mecanismos democráticos e representativos. À diferença do que animava os filósofos do século XVIII, que procuravam situar o princípio da autonomia política no fundamento do contrato social, o século XIX atribui-se a tarefa de colocar em prática esse princípio e, portanto, de absorver os poderes exógenos residuais, a fim de que a sociedade pudesse erigir instituições conformes à sua natureza.

É assim que a busca pela autonomia impôs uma distinção entre o que é interior e o que é exterior à sociedade política. No interior, estão as forças que realmente determinam a orientação histórica do coletivo e das quais o conhecimento e a formalização jurídica prometem a obtenção de um novo status, mais bem personificados pelos conceitos de liberdade e de igualdade. Esse ambiente interno que é a sociedade tem suas próprias regras, que é preciso não confundir com as determinações externas: as autoridades teológicas, a pretensão de uma determinada classe a gozar de uma dignidade superior, e também as contingências materiais, que, embora de fato possam provocar a opulência ou a penúria, não devem nunca afetar a identidade propriamente política do coletivo associado. Evidentemente, coloca-se aqui a questão das relações entre o autocontrole ideal que o meio social deve alcançar e o controle igualmente integral e ideal que a sociedade pode exercer sobre a natureza, sobre a exterioridade.

Ora, sabe-se que a utopia tecnocientífica de um domínio perfeito do mundo material e de suas forças mantém afinidades muito profundas com o modernismo sociopolítico, um alimentando constantemente o outro durante o século XIX, em especial em contextos coloniais e imperiais, que oferecem as tomadas mais evidentes à ideologia civilizadora[16]. E se compreende como o ideal de soberania do corpo social sobre si mesmo pôde estimular o projeto de soberania sobre a natureza, que seria assim sua concretização exterior: em ambos os casos, trata-se de eliminar as limitações exógenas que pesavam sobre o corpo social, que humilhavam a razão e a exigência de justiça. De fato, o coletivo humano nunca se controla tão bem quanto quando coloca sob sua tutela a conduta das coisas que lhe são externas, visto que, assim,

---

[16] Richard Drayton, *Nature's government*, cit., e também Jennifer Pitts, *A Turn to Empire*, cit.

libera um espaço interno totalmente transparente, cuja implantação pode, enfim, ser efetivada apenas por determinações escolhidas, desejadas.

Pode-se encontrar um exemplo convincente dessa articulação entre autonomia política e exteriorização racional do meio no corpus jurídico pós-revolucionário francês. O momento revolucionário representou um ponto de inflexão na desinibição social em relação aos riscos e danos induzidos pela indústria, por meio do recuo massivo das regulamentações que antes organizavam as atividades produtivas e suas consequências sobre o meio. As arbitragens judiciais o demonstram bem, "o interesse da indústria nacional vale bem o sacrifício de alguns indivíduos"[17]. O princípio de "utilidade pública", definido pelo decreto de 1810 sobre os estabelecimentos insalubres, sustenta o compromisso necessário entre os riscos industriais e um projeto político que, apesar das contestações, visa à autonomia do corpo coletivo. A utilidade da indústria, portanto, não é privada, mas pública, na medida em que a elevação do nível de produção é considerada como estreitamente ligada à atualização dos ideais republicanos e, em particular, à autonomia em relação às forças exteriores. O controle que a sociedade exerce sobre si mesma por meio da razão pública e da lei se traduz, assim, no apoio à indústria libertadora. Aqui, o conceito de utilidade pública explicita a condição material necessária à realização da liberdade, a saber, a separação entre o corpo social e algumas das propriedades de seu mundo, o estabelecimento de uma descontinuidade de princípio entre a liberdade política e seu substrato ecológico.

A história ambiental descreve notavelmente essa aliança entre a subordinação dos meios e a conquista da autodeterminação política. Mas também nos deixa com uma interrogação filosófica: se o discurso neobaconiano do governo da natureza era então moeda comum, não se pode descrever as transições revolucionárias unilateralmente como a abertura da natureza à conquista. A continuidade entre a história da vontade de domínio e a desinibição diante do risco[18] entra em tensão com a emergência de novas justificativas políticas que, se acolhem favoravelmente a transformação do mundo, também lhe conferem um sentido emancipatório que não pode ser

---

[17] François Jarrige e Thomas Le Roux, *La Contamination du monde*, Paris, Seuil, 2017, p. 90, e, mais amplamente, todo o capítulo 3.

[18] Jean-Baptiste Fressoz, *L'Apocalypse joyeuse. Une histoire du risque technologique*, Paris, Seuil, 2012.

Os paradoxos da abundância: Jevons

Dessa vez, é um economista que vai nos fornecer a expressão prototípica do problema da abundância material e da heteronomia que ela revela. William Stanley Jevons (1853-1882) apresentou, em *The Coal Question* [O problema do carvão] (publicado em 1865[19]), a exploração mais notável e abrangente da situação de dependência radical em que havia se colocado a Inglaterra e, mais amplamente, a civilização industrial em geral, ao fazer dos combustíveis fósseis a chave de seu desenvolvimento econômico. Eis aqui o que o economista escreve na abertura de seu tratado:

> É cada dia mais evidente que o carvão, que temos em abundância e de boa qualidade, é a principal fonte da civilização material moderna. Fonte de fogo, é também a fonte do movimento mecânico e das mutações químicas. [...]. Sozinho, o carvão permite o acesso abundante ao ferro e ao vapor; o carvão, portanto, governa nossa época – a Era do Carvão. Na verdade, o carvão não é apenas uma mercadoria entre outras, ele as domina em importância. É a energia material do nosso país, a ajuda universal, o fator-chave de tudo o que fazemos. Com o carvão, quase tudo se torna possível e fácil; sem ele, voltaríamos aos tempos passados da pobreza e da labuta.[20]

E eis aqui agora as últimas linhas do mesmo livro, cujo tom é diametralmente oposto ao *incipit*:

> Quando nossa grande energia se exaurir, nossos fogos consumidos, seremos capazes de encontrar em outro lugar a chama da civilização? Na verdade, não somos os únicos a deter esses recursos. Mas a Grã-Bretanha corre o risco de se encolher ao seu estado inicial (*her former littleness*), e seu povo não será mais distinguido pela superioridade de seu poder, mas por suas duras virtudes domésticas, por seu intelecto e seu respeito à lei. Nosso nome e nossa raça, entretanto, nossa língua, nossa história, nossa literatura, nosso amor pela liberdade e nossos instintos de autogoverno conhecerão uma extensão global. [...] A alternativa que temos diante de nós é simples [...]. Se perseguirmos corajosamente a criação e a distribuição de riqueza, não

---

[19] Para um estudo das condições nas quais esse livro foi escrito, ver o excelente artigo de Antoine Missemer, "William Stanley Jevons' The Coal Question (1865), beyond the rebound effect", *Ecological Economics*, v. 82, 2012, p. 97-103

[20] *The Coal Question*, Londres, MacMillan, 1865, p. vii-viii.

O novo regime ecológico • 111

poderemos então superestimar a influência benéfica em nossas mãos. *Mas a manutenção de tal posição é fisicamente impossível. Então temos de escolher entre uma grandeza fugaz e uma mediocridade sustentada.*[21]

Como Jevons pode primeiro festejar a formidável oportunidade histórica e econômica constituída pelo fácil acesso a uma força motriz abundante, que vem se imiscuir em todas as nossas atividades para auxiliá-las ("a ajuda universal"), capaz de, aparentemente sozinha, definir uma época, para em seguida desenhar o futuro sombrio de um declínio inevitável, apenas variável em sua brutalidade? Por que, mais simplesmente, o fim dos limites ecológicos não é um sinal de autonomia material, mas sim de um aumento das dependências? Em todo caso, essas declarações servem desde o início para relativizar a ideia amplamente aceita de uma soberania ecológica moderna, de uma dominação total do meio pela indústria.

O enigma que Jevons quer resolver é, de início, o da contabilidade dos recursos de carvão do reino e, em especial, o tempo pelo qual a Inglaterra pode contar com eles para alimentar sua dominação econômica, militar e política sobre o mundo. O problema que se coloca assume a forma de uma equação com três incógnitas: em primeiro lugar, a estimativa das quantidades brutas de carvão contidas no subsolo, ou seja, um problema geológico, a estimativa da taxa de crescimento populacional e de consumo *per capita* do recurso, ou seja, a velocidade de esgotamento do estoque, e, por fim, o problema de engenharia constituído pela acessibilidade dos recursos, em particular a profundidade dos veios subterrâneos, que influencia o preço de custo do carvão, aumentando o investimento necessário. Essas questões, que a economia dos recursos naturais e de seu esgotamento só reencontrariam bem mais tarde, após um período de esquecimento[22], convergem em um trabalho de prospecção do qual Jevons conclui que a Inglaterra deve se preparar para o declínio de sua ascendência tecnoindustrial em cerca de um século[23]. Para além do fato de que essa previsão se revelou bastante realista,

---

[21] Ibidem, p. 459-60. Os grifos são do autor.

[22] Ver Harold Hotelling, "The economics of Exhaustible Resources", *Journal of Political Economy*, v. 39 n. 2, p. 137-75, 1931, e os trabalhos de King Hubbert sobre o "*peak oil*". No artigo citado mais acima, Antoine Missemer inscreve Jevons em uma história que começa com Malthus e Ricardo, que pensam o esgotamento dos recursos orgânicos da terra, e vai até as problemáticas contemporâneas da economia ecológica. (Missemer, "William Stanley Jevons' The Coal Question...", cit. p. 100-2).

[23] *The Coal Question*, cit., p. 17.

convém reter desses cálculos que o enquadramento político do carvão se impõe como uma questão crucial para o presente e o futuro da nação. De fato, Jevons recorda que seria impossível encontrar uma esfera de atividade econômica, já em 1865, que não dependesse direta ou indiretamente do carvão, a ajuda verdadeiramente universal, o mediador incontornável das operações mecânicas e químicas mais características da vida moderna[24]. O carvão é o ponto de partida de uma rede técnica extremamente vasta e plural que unifica os processos de produção industrial, o sistema de transporte, notadamente ferroviários e marítimos, mas igualmente das técnicas auxiliares, como as bombas necessárias às minas; ele induz também uma série de inovações secundárias tornadas necessárias à exploração dessas tecnologias de base, como o desenvolvimento de pontes ferroviárias[25].

Essa dependência factual, assunto de um capítulo inteiro do livro, é em seguida retomada de modo mais conceitual em uma de suas articulações mais importantes. Com efeito, Jevons afirma que, mais que o próprio carvão, é a economia de seu uso que constitui o elemento central de sua interrogação. Esse ponto depende diretamente do que os economistas chamam de teoria do "efeito rebote", ou o "paradoxo de Jevons": ele mostra que a economia de combustível alcançada por meio do aprimoramento da máquina a vapor, a partir de Savery e Newcomen até Watt e seus sucessores, não leva a uma redução líquida no consumo, mas sim a seu aumento. De fato, a máquina a vapor passou da fase de objeto experimental a instrumento funcional por meio de uma série de aperfeiçoamentos técnicos que a tornaram comercialmente viável, aumentando por um fator de 10 a 15, entre meados do século XVIII e do século XIX, sua eficiência energética. Assim, o carvão que alimenta a máquina se torna economicamente interessante apenas quando as máquinas são econômicas o suficiente para competir com outras forças motrizes, como a força humana ou animal, o vento ou a água. Mas, uma vez que as economias são assim realizadas, um capital equivalente é disponibilizado e direcionado para novos investimentos tecnológicos. É isso o que

---

[24] Se é evidente que o carvão condiciona o uso da máquina a vapor, que transforma calor em movimento, a força térmica simples também é necessária para um grande número de processos químicos, como a extração de carbonato de sódio para a fabricação de sabão, ou ainda a fabricação do vidro. Jevons também menciona a utilidade de uma energia abundante para o uso das máquinas de refrigeração recém-inventadas, e para as quais promete um grande futuro. Ibidem, p. 99.

[25] Ibidem, cap. 6.

O novo regime ecológico • 113

leva a essa afirmação contraintuitiva, que mais tarde assumirá, nas teorias econômicas, um valor mais geral: quanto mais carvão economizamos, mais o consumimos. Jevons escreve: "É um uso mais econômico do recurso que leva a seu emprego extensivo"[26]. A abundância dos estoques e a facilidade de seu aproveitamento estão, portanto, elas próprias subordinadas a uma utilização parcimoniosa, que por si só é sinônimo de vantagem comparativa em relação a outros sistemas de energia, a outras economias concorrentes e em relação à perspectiva temporal do esgotamento do recurso ou do aumento acentuado de seu preço. Mas essa parcimônia necessária, que torna o recurso competitivo e o sistema tecnológico funcional, libera ao mesmo tempo um processo de expansão do consumo. A civilização industrial está, assim, colocada sobre trilhos bastante singulares: os de uma servidão paradoxal no que se refere àquilo que libera a potência.

É por isso que Jevons também se interessa pela questão da substituição do carvão por energias alternativas. De início, ele relembra a vantagem, do ponto de vista da eficiência econômica, do carvão sobre a energia hidráulica[27], mas ressalta também, e sobretudo, que o acesso a um nível muito alto de desenvolvimento material constitui para a Inglaterra uma espécie de armadilha ecológica. É verdade que as limitações malthusianas da economia orgânica estão superadas, mas a trajetória de rápido desenvolvimento material doravante em vigor, bem como a necessidade de se manter e de se alimentar uma tecnoestrutura cada vez mais massiva, tornam ainda mais perigosa a possibilidade de uma avaria no sistema energético. Ora, estando este último desacoplado dos ciclos que associam a terra e os componentes vivos que captam a energia e a restauram (as plantas, os animais, os homens), ele pode perfeitamente falhar e, assim, arrastar consigo o edifício da civilização industrial. Jevons torna completamente manifesto esse fenômeno de *lock-in* quando escreve que a contribuição energética do carvão em 1865 é equivalente à exploração de uma floresta cuja superfície é duas vezes e meia

---

[26] Ibidem, p. 104. Pode-se ler na página seguinte: "A civilização, dizia o barão Liebig, é a economia de energia, e nossa energia é o carvão. É o uso econômico do carvão que torna nossa indústria o que é, e quanto mais eficiente for esse uso, mais nossa indústria se expandirá e mais nossa civilização crescerá".

[27] Em uma passagem muito interessante, Jevons prefigura a tese do livro recente de Andreas Malm, *Fossil Capital*, cit., ao escrever que o carvão pode inverter a lógica do sistema hidráulico anterior, que consistia em "canalizar trabalho para a energia e não energia para o trabalho". Ibidem, p. 129.

maior que a do Reino Unido[28]. Recordando as análises de Fichte sobre a ubiquidade moderna e prefigurando os cálculos atuais da pegada e da dívida ecológica, Jevons sem dúvida fornece pela primeira vez um equivalente espacial do estouro do orçamento energético pelo qual a Inglaterra é responsável, em função do novo ritmo metabólico que está adotando. Jevons mostra que a Inglaterra se encontra desajustada em relação à capacidade de carga de seu espaço interior, e que, se o novo regime de crescimento extensivo não é propriamente uma ilusão, seria ilusório pensar que não existe fatura ecológica para a abundância fóssil. Em suma, uma vez o carvão esgotado ou tornado comercialmente insustentável, a Inglaterra não será capaz de sustentar esse crescimento com seus próprios recursos. Um problema de escala se coloca à civilização industrial.

Jevons acrescenta a essa constatação dois fatores agravantes. Primeiro, observa que o crescimento extensivo possibilitado pelos combustíveis fósseis se traduz em uma explosão populacional. São então os homens, a população, que absorvem o aumento líquido dos recursos disponíveis (aos quais é preciso acrescentar aqui o aperfeiçoamento da medicina): a abundância, se existe, é antes de tudo uma abundância de homens e de mulheres, mais que a disponibilização de uma maior parte dos recursos para uma população igual. Esse problema, que obviamente ecoa as análises de Malthus, foi resolvido – na época em que ele escreve – por meio do processo migratório, ao longo do qual a população "excedentária" parte para se instalar nos confins do Império[29]. O segundo ponto diz respeito às relações entre comércio e energia. Jevons considera que a natureza estratégica do recurso, o fato de não se poder encontrar nenhum substituto para ele, o torna impróprio para o comércio internacional. Afinal, quem iria querer trocar o próprio motor da civilização por dinheiro? Jevons explica, por exemplo, o atraso da França em decorrência da falta de carvão de que padece, o que a condena a comprá-lo a alto preço de seus rivais, em detrimento de seu desenvolvimento geral. Mas a independência é apenas um alívio temporário: uma vez terminado o período de alta taxa de rendimento das minas, o capital acumulado no reino não poderá funcionar como um

---

[28] Ibidem, p. 140.

[29] Ibidem, p. 204. Sobre as migrações a partir do polo britânico, ver James Belich, *Replenishing the Earth. The Settler Revolution and the Rise of the Anglo-World, 1783--1939*, Oxford, Oxford University Press, 2009.

O novo regime ecológico • 115

substituto. Assim, na medida em que o carvão é o que permite à Inglaterra importar outras matérias-primas – em especial alimentos – em massa, ela não pode importar adicionalmente carvão, que torna possível essa assimetria ecológico-econômica[30]. Esses fatores demográficos e comerciais constituem as duas formas fundamentais do caráter irreversível da economia fóssil, da armadilha na qual fará cair a Inglaterra.

O estado de servidão que Jevons tenta descrever e teorizar contém uma reflexão absolutamente crucial sobre a civilização industrial moderna. O relaxamento da pressão malthusiana, possibilitada pelo acesso a novas energias, combinadas aos dispositivos de crescimento intensivo implantados anteriormente, representa uma ilimitação da economia, trazendo consigo a realização do imaginário cornucopiano construído pelo menos desde o século XVII[31]. Mas, sendo o próprio recurso finito, a soberania tecnológica e ecológica do império industrial aparece como tributária de uma fuga para a frente: a economia está condenada a crescer para repelir a pressão demográfica, e sendo os substitutos técnicos ou comerciais pouco confiáveis, o horizonte do esgotamento geológico dos veios de carvão deixa em suspenso a própria história moderna. "Não somos mais independentes", escreve Jevons: o poder econômico britânico depende de uma vantagem comparativa geológica temporária e, o mais importante, "como outras nações subsistem da renda anual e sustentável das safras, dependemos cada vez mais de um capital que não se reproduz de ano em ano, que, uma vez consumido na forma de calor e força motriz, se dissipa para sempre no espaço"[32]. Jevons revela a peculiaridade de uma situação até então desconhecida, na qual a quase totalidade da rede técnica operacional e produtiva depende de uma única fonte de energia, cujos estoques são mais que limitados. O que está em jogo, diz Jevons nas linhas finais do livro citado acima, é "nosso amor pela liberdade e nossos instintos de autogoverno". A ideia que emerge é a de uma tensão entre o ideal de liberdade e de autogoverno, ou seja, de autonomia, e os meios disponíveis para sua realização e difusão pelo mundo. Inevitavelmente privado desses meios em um futuro próximo, o ideal inglês de autonomia terá um futuro sombrio pela frente.

---

[30] Ibidem, p. 250-1.

[31] Fredrik Albritton Jonsson, "The Origins of Cornucopianism. A Preliminary Genealogy", *Critical Historical Studies*, v. 1, n. 1, 2014, p. 151-68.

[32] Ibidem, p. 306-7.

116 • Abundância e liberdade

Assim concebida, na esteira de uma vantagem geológica e econômica, a autonomia assume uma face muito diferente daquela conceituada pelos pensadores do século XVIII, e muito diferente também daquela que a Revolução Francesa gostaria de ter corporificado. E, no entanto, a via inglesa muito rapidamente se generalizaria na Europa, e, em matéria de autonomia política, logo não existiria senão essa variante perfeitamente estranha que, na realidade, decorre da heteronomia radical dos recursos energéticos massivos. Essa é a característica mais marcante da exaptação do liberalismo discutida acima: a autonomia política de uma comunidade dependente do carvão é a um só tempo maior e mais majestosa que a de uma comunidade presa às velhas limitações orgânicas, mas ela se depara também com outro tipo de teto, com outro tipo de dependência. Mais uma vez, é impossível separar total e idealmente a conquista política da liberdade, como um processo endógeno, e a conquista da abundância: ambas inevitavelmente se misturam.

Digamos simplesmente: se, com Guizot, arranharmos um pouco abaixo da superfície do ideal de autonomia, aí encontraremos um embaraço ligado à abundância; se, com Jevons, arranharmos um pouco abaixo da superfície do ideal de abundância, encontraremos reciprocamente um embaraço ligado à autonomia.

Extrações coloniais

Essa ambiguidade constitutiva dos ideais modernos pode ser explicada, como sugerido acima, pelo hiato histórico entre uma primeira onda, definida pela melhoria das condições de existência no quadro dos limites da economia orgânica, e uma segunda, viabilizada pela abertura da possibilidade de desenvolvimento com o carvão. É na lacuna entre o Iluminismo orgânico e o liberalismo fóssil que se poderia situar o enigma da política moderna. Mas ela também deve ser associada a uma defasagem espacial, geográfica, que tende a aumentar e a se sistematizar durante o século XIX, ainda que tenha suas raízes na era das "grandes descobertas"[33]. O desenvolvimento de uma divisão mundial do trabalho, conjugada às assimetrias tecnológicas, políticas e militares do sistema colonial, é com efeito um dos fenômenos mais marcantes da época, e é indissociável da revolução industrial e política

---

[33] Alfred Crosby, *The Columbian Exchange. Biological and Cultural Consequences of 1492*, Wesport, Greenwood Pub., 1972.

que acabamos de descrever. Evidentemente, a projeção massiva de meios econômicos, tecnológicos e humanos pelas grandes nações imperiais, para além das fronteiras da Europa, está intimamente relacionada à modernização das relações coletivas com a natureza.

Em uma importante obra, o historiador William Cronon mostrou que a construção da paisagem prototípica da modernidade ocorreu em contexto colonial: a eliminação dos grandes predadores, o desbravamento das florestas e a modificação do clima, o genocídio das populações nativas não proprietárias, todos esses processos foram implantados na Nova Inglaterra em algumas décadas[34]. Essa reconfiguração brutal da terra e dos seus ocupantes, que de certo modo reviveu vários milênios de história europeia, deixou o campo aberto aos dispositivos de exploração dos recursos coloniais, particularmente intensificados nas zonas tropicais. Desde os trabalhos de Eric Williams e de C. L. R. James[35], cuja influência foi decisiva, os vínculos entre a economia das *plantations* e o sistema escravista tornaram evidente a extraordinária lacuna que compromete o pacto liberal. Evidentemente, não é um acaso que a emergência de movimentos pela independência, pela justiça e pela igualdade tenha ocorrido em sociedades escravistas – no Caribe e em outros lugares – com base nessa constatação. A sobreposição, em espaços restritos da violência colonial e racial, de técnicas de valorização da terra e do trabalho e da disseminação do idioma revolucionário deram origem a situações explosivas, emblemáticas das contradições da modernidade. Mais uma vez, a dimensão territorial e ecológica foi bem mais tarde objeto de uma análise específica. O antropólogo Sidney Mintz, por exemplo, descreveu muito bem a afinidade entre a elaboração de uma produção destinada a mercados distantes (o açúcar), o estabelecimento de circuitos de financiamento resistentes aos riscos e a retornos sobre os investimentos distantes no tempo, a extrema racionalização da mão de obra na plantação e o modelo de monocultura industrial[36]. A apóstrofe do escravo do Suriname – "É a

---

[34] William Cronon, *Changes in the Land. Indians, Colonists and the Ecology of New England*, Nova York, Hill & Wang, 1983.

[35] Do primeiro, ver *Capitalism and Slavery*, Chapel Hill, University of North Carolina Press, 1944. Do segundo, *Les Jacobins noirs. Toussaint Louverture et la revolution de Saint-Domingue*, Paris, Éditions Amsterdã, 2008 (1938).

[36] Sidney Mintz, *Sweetness and Power. The Place of Sugar in Modern History*, Nova York, Penguin Books, 1986.

esse preço que vocês comem açúcar na Europa" – prefigurava, em Voltaire, a explosão revolucionária das periferias extrativas da modernidade.

Posteriormente, os importantes trabalhos na área da história ambiental global, ou colonial, reorientaram a análise. Com efeito, muitos cientistas e engenheiros embarcaram nas expedições de descoberta e, depois, de colonização, e seu papel foi frequentemente fundamental na construção da dominação dos territórios coloniais e de seus recursos[37]. Ao lado dos juristas e, claro, dos diversos administradores civis e militares, eles se colocaram na vanguarda do projeto de modernização do mundo. A diferença climática, zoológica e botânica das regiões visadas pela expansão colonial de fato forneceu a esses sábios naturalistas um material abundante, assim como oportunidades para a experimentação em "tamanho natural" dos ambientes e dos homens[38]. E mesmo que a ciência colonial não se reduzisse às suas aplicações econômicas imediatas, já que também tinha a função de construir o imaginário imperial popular, essa variedade biológica do mundo foi obviamente aproveitada pelo comércio em larga escala, quer para abastecer a Europa com novas mercadorias, notadamente o açúcar e o algodão, rapidamente tornados indispensáveis, quer para baixar o preço de certas necessidades diárias, como o grão ou a madeira. Considerada do ponto de vista de suas periferias, a grande história da autonomia política e material se apresenta com uma face inteiramente nova[39].

Todos esses trabalhos sobre a economia e as ciências coloniais levantam uma questão assustadora. Em que medida a autonomia política das nações ocidentais – como projeto, mas também tendo em vista que foi parcialmente alcançada – depende dessas assimetrias de poder e conhecimento? A auto-

---

[37] Richard Drayton, *Nature's Government*, cit. Alguns exemplos para os séculos XIX e XX: Helen Tilley, *Africa as a Living Laboratory. Empire, Development, and the Problem of Scientific Knowledge, 1870-1950*, University of Chicago Press; Pierre Singaravélou, *Professer l'Empire*, cit.; Alice Conklin, *A Mission to Civilize. The Republican Idea of Empire in France and West Africa*, 1895-1930, Stanford, Stanford University Press, 1997.

[38] Richard Grove, *Green Imperialism. Colonial Expansion, Tropical Island Eden and the Origins of Environmentalism, 1600-1860*, Cambridge, Cambridge University Press, 1996.

[39] O foco da história moderna no Ocidente já originou trabalhos importantes. Citemos, por exemplo, J. M. Blaut, *The Colonizer's Model of the World. Geographical Diffusionism and Eurocentric History*, Nova York, Londres, Guilford Press, 1993; Jack Goody, *Le Vol de l'histoire. Comment l'Europe a imposé le récit de son passé au reste du monde*, Paris, Gallimard, 2010.

O novo regime ecológico • 119

nomia é algo que se compra, um luxo que se pode permitir quando se se beneficia ilegitimamente da riqueza de outros? O cruzamento entre história da ciência, história ambiental e história colonial se baseia, na maioria das vezes, na identificação entre o projeto de racionalização das relações coletivas com a natureza e o projeto de dominação política e econômica das periferias. As constantes idas e vindas entre os "laboratórios" imperiais da botânica e da zoologia, mas também da disciplina do trabalho e da extração, de um lado, e, de outro, os polos modernizadores onde esses saberes e essas técnicas são usados para se obter lucro, permitem, com efeito não mais separar o Iluminismo emancipatório em sua dimensão doméstica e o seu lado sombrio, que assumiria a forma da dominação e da violência colonial. É o projeto moderno que, à luz crua de uma abordagem ambiental e descentralizada, aparece como um dispositivo estruturalmente assimétrico.

Ora, se assumirmos a hipótese segundo a qual uma certa prosperidade é necessária para pacificar o corpo social e operar uma distribuição mais justa dos direitos e das posses, temos o direito de assumir que essa prosperidade e, portanto, o ganho de autonomia política que dela resulta devem algo à captação violenta das riquezas periféricas, que teriam alimentado os centros assim aliviados de parte do fardo ecológico do desenvolvimento. O fato de as democracias industriais do século XX serem também os Estados coloniais do século XIX, ou seus herdeiros, dá crédito a essa hipótese, cujo significado conceitual é excepcionalmente importante. Isso significa, com efeito, que a ordem do direito, da igualdade política e da liberdade, que a Europa sustenta ter desenvolvido em suas fronteiras para, em seguida, em certos casos, presenteá-la ao resto do mundo, é ela própria o produto de uma apropriação inicial ilegítima. A suspeita é pesada, os elementos em seu favor são massivos: autonomia e abundância no Ocidente significam heteronomia e precariedade no resto do mundo.

Sabemos também que os povos colonizados muitas vezes exploraram a retórica modernista dos direitos e de sua universalidade para se libertarem de sua condição, introduzindo assim um nível mais alto de complexidade no problema proposto[40]. Esses processos exigem de fato que se reconheça um uso não ocidental dos conceitos políticos ditos "modernos", o que leva a pensar que o ideal de autonomia não pode ser reduzido à falsa consciência colonial ocupada em mascarar seus crimes. Na transposição estratégica realizada pelos

---

[40] Silyane Larcher, *L'Autre Citoyen*, cit.

movimentos periféricos de emancipação, dos quais Toussaint Louverture é um dos principais símbolos no século XIX, esse ideal entra em jogo contra as modalidades de construção da abundância, da relação produtiva e extrativista com a terra e o trabalho. Isso não limita, bem entendido, a suspeita expressa acima, mas pressupõe que se vislumbre uma crítica moderna – embora não necessariamente ocidental – do pacto liberal e do desenvolvimento.

A articulação entre autonomia e abundância apresenta, portanto, um problema particularmente agudo se a analisarmos do ponto de vista das assimetrias geográficas e políticas do século XIX. Que relação pode ser estabelecida entre o sucesso do paradigma liberal no século XIX e a estrutura geoecológica das trocas comerciais? Mais precisamente: como um sistema de valores e de representações políticas nascido no contexto de uma economia orgânica, ainda marginalmente integrada a um mercado e a uma divisão do trabalho globalizadas, pôde perdurar sem grandes modificações em um contexto material e político totalmente diferente? Com efeito, os liberais do século XIX, que teorizaram e promoveram a modernidade comercial e industrial, insistem em sua grande maioria no caráter endógeno e autossustentável da inventividade tecnocientífica, da qualidade das instituições, dos ganhos de produtividade por meio da divisão do trabalho e do espírito de economia e sacrifício. Os fatores de desenvolvimento seriam, portanto, os mesmos do século XVIII, e a emergência progressiva de uma economia-mundo, assim como de uma indústria de massa, não teria afetado as condições de realização da liberdade individual e coletiva, tampouco implicado uma dívida – moral e material – em relação às "periferias". A ética individualista dos primeiros liberais, que devia conter, em germe, tanto a melhoria da sorte material da população quanto a sua ascensão a um grau mais elevado de civilidade, foi assim transportada para um novo mundo diante do qual estava amplamente desajustada.

A hipótese que se deve perseguir, portanto, é a seguinte: se o significado liberal da liberdade pôde se manter como a forma dominante do projeto político moderno no século XIX, é porque as assimetrias geoecológicas globais, paralelamente às novas condições de produção, não foram levadas em consideração. De fato, existe uma lacuna entre as ideias e as práticas, lacuna ligada a um desajuste *temporal* e *espacial*: tudo o que se passa longe dos centros econômicos e intelectuais europeus está de certa forma fora do horizonte perceptivo dos teóricos da modernidade, preocupados com a remoção das barreiras institucionais à inovação e à circulação de mercadorias.

O novo regime ecológico • 121

A autonomia-extração: Tocqueville

Em vez de ver o projeto político moderno como uma formação ideológica intrinsecamente colonial, ou seja, como um instrumento velado de dominação e subjugação dos não modernos, apontaremos a defasagem entre dois elementos. De um lado, um liberalismo crítico, que foi capaz de, no século XVIII, identificar a racionalidade imanente do corpo social e de estimular a refundação do político na base da vontade de todos – inclusive, às vezes, dos povos não europeus; de outro, um liberalismo consolidado, no século XIX, que reduziu essa reflexividade social a uma marcha rumo a um progresso entendido pelo Ocidente como um processo endógeno e autossustentável, e que, não raro, tornou-se veículo do "racismo científico" destinado a justificar o duplo padrão colonial[41]. Ora, essa diferença entre duas gerações pode ser, em parte, atribuída à não integração das especificidades da produção industrial, mas também à ausência de reflexividade colonial. Entende-se por isso um aprofundamento e um deslocamento das categorias do pensamento moderno à luz das assimetrias geográficas em vias de constituição e de solidificação, seja em sua dimensão estritamente política ou mais amplamente socioecológica. A inibição dessa reflexividade pode ser compreendida: com efeito, como admitir, na época, que o movimento imprimido à sociedade por meio de medidas de aprimoramento e de inovação tecnocientífica só se realizava, como mostra Pomeranz, graças à intervenção de adjuvantes históricos amplamente contingentes e, em todo caso, exógenos? Seria retornar a uma forma inaceitável de heteronomia, de dependência. Como descartar a tendência narcísica de atribuir a si mesmo as causas de um sucesso que, quando vinculado a essa contingência e a essas dependências geoecológicas, aparece sob uma luz muito menos lisonjeira? De maneira irônica, é precisamente no momento em que as grandes nações europeias podem se considerar donas de sua história, acreditando na sua determinação integral do ritmo e da direção do progresso, que a história sofreu duas grandes mudanças. Como Jevons mostrou, o acesso às energias fósseis representa um compromisso decisivo com a autonomia classicamente definida, mas já antes a hipoteca dos espaços e das pessoas colonizadas constituía um arranjo com a ideologia liberal de controle sobre si mesmo e sobre sua história.

---

[41] Ver Hannah Arendt, *The Origins of Totalitarianism*, Nova York, Harcourt Brace & Company, 1973.

Foi nesse contexto que se implementou uma concepção de autonomia que, aqui, será chamada de *autonomia-extração*. O projeto de autonomia consiste, lembremo-nos, em formar uma comunidade política transparente a si mesma, que determina suas leis e suas orientações com base nesse conhecimento, nessa representação. Portanto, os interesses particulares, as autoridades teológicas e as contingências naturais não podem mais ditar sua lei a essa comunidade que mantém consigo mesma uma relação privilegiada de transparência e de constituição radical, da qual resultaria a libertação dos indivíduos. Mas isso é apenas um conceito, um ideal. O seu caráter "extrativo" se caracteriza por um fosso crescente entre esse projeto e as condições em que é levado a se concretizar: logo que o acesso a novos processos produtivos e a energias baratas e abundantes, conjugado à apropriação violenta das terras e dos trabalhos colocados sob a autoridade colonial, se torna um fator determinante na busca do projeto de autonomia, toda concepção que não leve a sério essas condições geoecológicas está fadada ao fracasso. A autonomia-extração, que será contrastada posteriormente com a *autonomia-integração*, encontra no pensamento de Tocqueville uma de suas expressões teóricas mais marcantes.

De sua viagem à América, Tocqueville relatou uma das narrativas fundadoras do segundo liberalismo, *A democracia na América**. A sociedade que descreve, segundo ele, integrou os valores republicanos e democráticos de liberdade e de igualdade como uma segunda natureza: nascidos da recusa da dominação exercida pela aristocracia inglesa, os Estados Unidos entram de partida na história como nação autônoma, à diferença das repúblicas continentais. A liberdade é sua razão de ser, a igualdade é, por princípio, a condição dos homens que a habitam, de onde quer que venham. *A democracia na América* não é conhecido por ser um ensaio sobre a dimensão econômica do liberalismo: Tocqueville se concentra sobretudo nos fatores institucionais e morais que explicam o sucesso americano e que o tornam um modelo tanto para a Europa quanto para a ciência política em geral. Ele reconhece, porém, como a maioria dos liberais, que um dos principais benefícios que um povo obtém com a remoção de tiranos é a abertura das possibilidades econômicas[42]. Um governo limitado,

---

* Ed. bras.: Alexis de Tocqueville, *A democracia na América*. Trad. Eduardo Brandão. São Paulo, Martins Fontes, 2005. (N. E.)

[42] "A democracia favorece o aumento dos recursos internos do Estado; ela espalha facilidade, desenvolve o espírito público; fortalece o respeito à lei nas diferentes classes da sociedade". Tocqueville, *De la démocratie en Amérique*, Paris, GF, p. 322.

O novo regime ecológico • 123

o respeito pelos direitos e a igualdade de oportunidades, tudo isso não tem melhor tradução que o desenvolvimento dos negócios e da indústria. Ondas sucessivas de migrantes se estabelecem então em um Estado-continente em que a liberdade e a abundância parecem indissociáveis. Uma nação rica e próspera, cidadãos capazes de projetar suas esperanças no gozo dos bens deste mundo e de não deixar a fome ditar suas paixões tumultuosas, tudo isso decorre de uma resolução saudável de aplicar os princípios liberais ao pé da letra, em particular do estabelecimento de instituições voltadas à proteção da propriedade.

Em um capítulo estranho, Tocqueville evoca, no entanto, uma hipótese radicalmente oposta. E se, ao contrário, fosse a riqueza natural do território americano que possibilitasse a emergência de uma sociedade democrática? Em outras palavras, existem condições ecológicas para a igualdade e a liberdade? Nosso autor chama isso de causas "acidentais ou providenciais"[43], designando, assim, a extensão quase ilimitada de terra disponível, fértil, a presença de minerais, de florestas etc.[44] Com os pormenores da eliminação das populações ameríndias – que, em todo caso, "não pensavam em aproveitar os recursos naturais do solo" – e da deportação de milhões de escravizados nas plantações do grande Sul, os americanos dispõem de um tesouro que só lhes resta explorar[45]. "Seus pais", diz Tocqueville, "lhes deram o amor pela igualdade e pela liberdade, mas foi o próprio Deus que, ao dar-lhes um continente sem limites, concedeu-lhes os meios para permanecerem por muito tempo iguais e livres". Então: "[...] nos Estados Unidos, não é só a legislação que é democrática, a própria natureza trabalha para o povo"[46]. Finalmente: "Tudo é extraordinário entre os americanos, tanto seu estado social quanto suas leis; mas o que é ainda mais extraordinário é o solo que os sustenta"[47]. Talvez seja, portanto, a geografia americana que revela o segredo da prosperidade e do espírito democrático de seus novos habitantes.

---

[43] Ibidem, p. 380.

[44] Deve-se precisar, entretanto, que Tocqueville dedica o primeiro capítulo de seu estudo à "configuração externa da América do Norte". À maneira de Jefferson, algumas décadas antes, ele se engaja em uma descrição, em um inventário das características geofísicas do continente, em particular de seus rios. Ver Thomas Jefferson, *Observations sur l'État de Virginie*, Paris, Éditions Rue d'Ulm, 2015.

[45] Tocqueville qualifica o território americano de "berço ainda vazio de uma grande nação", em Ibidem, p. 84.

[46] Ibidem, p. 382.

[47] Ibidem, p. 383.

124 • Abundância e liberdade

Para um liberal do século XIX como Tocqueville, essa confissão não é óbvia. As disposições democráticas seriam, assim, menos a causa da prosperidade que o efeito colateral de uma abundância natural, de uma Providência da qual bastaria colher os frutos. Em outras palavras, é legítimo ler como traição de um segredo bem guardado a outra causalidade, que vai da terra à autonomia. Esse segredo, sintetizemo-lo assim: o pacto forjado entre crescimento econômico e democratização da sociedade, do qual a economia política do século XVIII é sem dúvida a primeira formulação consistente, pressupõe o acesso a abundantes reservas de terras e de riquezas. A dinâmica virtuosa dos interesses individuais e das instituições igualitárias, orgulho dos liberais, outrora como hoje, não pode funcionar de forma sustentável se não for alimentada por um afluxo material suficiente. Nada de prosperidade sem propriedade e mercado, diz a doutrina oficial do liberalismo? Já a doutrina oficiosa sugere o inverso: é a exploração intensiva dos recursos naturais que torna possível a gênese de uma sociedade igualitária. Assim, a libertação dos homens é antes de tudo a desinibição dos instintos produtivos, que não pode ser alcançada sem certa margem de manobra ecológica.

As reflexões de Tocqueville sobre as relações entre democratização e abundância expressam de forma clara a concepção extrativa da liberdade. Embora plenamente consciente de que a autonomia coletiva se alimenta de fato de um acesso idealmente ilimitado a riquezas materiais, ele mantém uma teoria na qual o espírito democrático é *de jure* gerador de seu próprio movimento. Tocqueville não ignora o custo da extração dos frutos de um solo tão generoso – sobretudo em termos de destruição cultural –, não ignora o que essa abundância possibilita no nível econômico e moral, mas registra esses fenômenos apenas como uma série de acompanhamentos periféricos de um processo fundamentalmente institucional. A ambiguidade que reina em sua reflexão sobre a relação entre ambiente natural e democracia é indicativa da importância, para um liberal da época, de não explicitar a que ponto a autonomia política é ecologicamente limitada, ao mesmo tempo que se mostrava perfeitamente capaz de explicar esses processos. Nesse sentido, Tocqueville revela um dos pontos cegos mais marcantes do que outros chamaram de "republicanismo providencial"[48]: se é evidente para a consciência civil americana que a consolidação dos direitos políticos anda de

---

[48] Jedediah Purdy, "American Natures. The Shape of Conflict in Environmental Law", *Harvard Environmental Law Review*, v. 36, 2012, p. 173.

mãos dadas com o acesso expandido aos bens de consumo, a ideia de que os primeiros têm um poder causal sobre os últimos vacila assim que se presta atenção à sua própria formulação. A aliança entre o "bem físico" e o "bem moral", a que Mill também se refere nas últimas linhas dos seus *Princípios de economia política*[49], aparece em última análise como uma convicção tanto mais sustentada quanto mais contraria fatos conhecidos.

***

Mas deixemos aqui Tocqueville e seus contemporâneos para concluir este capítulo. O desenvolvimento de uma reflexividade social, que fez a razão do povo aparecer como um ator doravante inevitável e capaz de influenciar o curso da história, ocupa o essencial do esforço filosófico bem depois de 1776 e 1789[50]. De maneira massiva, a realização dessa razão política repousou em uma aliança entre o modernismo político e jurídico dos republicanos e a economia política da propriedade, do lucro: para muitos, a autonomia da comunidade e seu poder histórico se manifestam em sua forma mais notável no aumento da riqueza e do controle dos ambientes, no governo da natureza. Mas a associação entre a propriedade, o mercado e a representação seletiva dos indivíduos, que constitui o fundamento ideológico dominante da modernidade liberal e de sua interpretação, captura apenas uma pequena parte das interdependências que compõem este mundo. O aporte decisivo da história econômica, ambiental, da história das ciências e das técnicas, permite alargar o leque das relações sociais e das relações socioecológicas que intervêm em nossa compreensão dessa modernidade. A noção de autonomia-extração catalisa essas contribuições históricas críticas em uma fórmula conceitual que expressa o desajuste entre a liberdade e seu mundo.

O modelo liberal protoindustrial smithiano narrava uma versão estilizada da conquista da liberdade e da riqueza com base em uma seleção consciente dos determinantes morais, práticos e materiais que colocava em jogo. Mas o

---

[49] "O objetivo especial do governo é o de reduzir ao máximo esse deplorável desperdício de forças, tomando os meios para aplicar aquelas que os homens empregam hoje, seja para ferir uns aos outros, seja para se defender da injustiça, no uso legítimo das faculdades humanas, que é o de colocar cada vez mais as forças da natureza a serviço do bem físico e moral da humanidade." Ver *Principes d'économie politique*, Paris, Guillaumin, 1873, v. 2, p. 555. [Edição em português: John Stuart Mill, *Princípios de economia política*. São Paulo, Nova Cultural, 1986.]

[50] Frédéric Brahami, *La Raison du peuple*, cit.

caráter inevitavelmente parcial desse modelo e, sobretudo, a transformação radical da base material das sociedades modernas entre a década de 1770 e o final do século XIX provocaram uma ruptura entre o modelo experimental da emancipação liberal e o meio ao qual ele seria associado. A emergência da autonomia-extração é a consequência da incapacidade de se reconsiderar as relações entre a ação coletiva e os determinantes materiais em vigor: o sistema de direitos, desvinculado das transformações geoecológicas ocorridas com a indústria e o sistema colonial, não tinha mais, em absoluto, o mesmo significado em meados do século XIX que algumas décadas antes, uma vez que permanecera o mesmo em um mundo totalmente diferente.

A relação idealmente fechada consigo mesma que a sociedade teve de construir acabou, portanto, funcionando como um obstáculo à identificação dessa deriva ecológica. As angústias complementares de Guizot e de Jevons, e a incapacidade de absorver politicamente o dispositivo colonial, já percebida por Fichte, resultam dessas tensões internas ao ideal de autonomia. A ocultação da dimensão material da liberdade, que só seria compreendida pelo movimento socialista, não se deve, assim, à ideologia todo-poderosa da dominação e do controle da natureza, como afirma a maior parte da historiografia ambientalista. É, mais precisamente, a incapacidade de conferir um sentido político às interdependências entre a sociedade moderna e seu mundo, seus recursos, seus ambientes, seus espaços, que deixou o campo aberto à predação ecológica. A questão política da ecologia, portanto, deita suas raízes nas tensões e contradições do projeto moderno, e não apenas no equívoco inicial constituído pela atitude instrumental e dominadora.

5
A DEMOCRACIA INDUSTRIAL.
DE PROUDHON A DURKHEIM

Revoluções e indústria

Os próximos três capítulos são dedicados ao estudo do pensamento socialista do ponto de vista de uma história ambiental das ideias. Não se trata, portanto, de saber se o socialismo foi ou não precursor do pensamento ecológico, mas de compreender como se organizam – em autores como Saint--Simon, Proudhon, Marx, depois Durkheim, Veblen e Polanyi – as relações entre abundância e liberdade. Mais precisamente, como as características do novo regime ecológico industrial foram incorporadas a uma retomada do pensamento emancipatório. Assim, definiremos aqui como socialista *um esforço conceitual para o qual a realização da modernidade política depende de uma consideração dos efeitos sociais da abundância material, da orientação produtiva e industrial da civilização.* São socialistas os autores e atores que concebem a liberdade e a igualdade em referência direta à organização industrial específica de seu tempo e às patologias que ela induz no corpo coletivo e na sua forma de se relacionar com o mundo. Aqueles para quem a conquista da autonomia pelo corpo político não é indiferente à questão das relações coletivas com o mundo físico e vivo e ao estatuto das mediações que aí se interpõem. Enquanto para as diferentes variedades do pensamento liberal o ideal de liberdade é insensível à transformação das novas condições técnicas e econômicas próprias do século XIX, o socialismo toma para si, na forma de um problema político e sociológico, a tensão inerente ao novo mundo do mercado e da indústria.

Em 1846, Proudhon escreveu: "A revolução francesa foi feita para a liberdade industrial tanto quanto para a liberdade política: e embora a França, em 1789, não tenha percebido todas as consequências do princípio do qual exigia a realização, digamos bem alto, ela não se enganou nem nos seus desejos nem na sua expectativa"[1]. A "liberdade industrial" é de fato um novo desafio a ser assumido pela filosofia política, mas esta última, nos diz Proudhon, pode ser pensada na herança da grande Revolução, para além das evoluções econômicas e técnicas que distinguem o século XIX do XVIII. Isso porque, de uma revolução a outra, daquela dos direitos àquela da indústria, a aspiração à autonomia, transposta para um novo mundo, teve de ser redefinida em sua substância política – e não simplesmente como uma extensão do direito político para o direito social.

A linha de pensamento que reúne Proudhon (1809-1865) e Durkheim (1858-1917), o socialismo de primeira geração e a sociologia científica, encontra sua coerência na resposta ao desafio lançado à democracia pela indústria – ou seja, no problema do reequilíbrio social necessário para evitar que o crescimento das forças produtivas conduza à desintegração do corpo social e das formas de solidariedade em que se baseia. Para além de um parentesco doutrinal e ideológico que associa socialismo e sociologia, para além do traço de união histórica que faz da segunda uma reelaboração do primeiro[2], sua coerência deve ser procurada no enigma comum que buscam resolver: a domesticação política de uma marcha para a frente aparentemente irreversível, a da aquisição e da circulação das coisas. Se a sociologia pode afirmar a consistência de um objeto de estudo denominado "sociedade", é antes de mais nada porque esse objeto se revelou a si mesmo na experiência da ruptura revolucionária e das transformações do trabalho. Essa questão política de novo tipo, que encabeçará o nascimento de uma nova ciência, se apresenta como uma ruptura com a concepção liberal de liberdade, ou seja, a autonomia-extração. Em Proudhon e Durkheim, a liberdade industrial se apresenta como base e como horizonte de pensamento, e o novo paradigma do qual eles são os promotores é o da *autonomia-integração*: uma politização das relações coletivas com o mundo material que origina uma inversão essencial da gramática política moderna. Ora, ao identificar a afinidade entre a incompletude da Revolução e a emergência de um novo regime econômico, Proudhon foi quem mais claramente articulou essa questão, por volta da década de 1840. Esse autodidata da região do Franco-Condado, descrito por Marx como "sem

---

[1] *Système des contradictions économiques*, cit., v. 1, p. 191.
[2] Ver Émile Durkheim, *Le Socialisme*, Paris, PUF, 1992 (1928).

A democracia industrial. De Proudhon a Durkheim • 129

constrangimento" e um pouco "fanfarrão"[3], é, no entanto, um autor cuja importância na história do pensamento político merece ser reconsiderada.

Propriedade e trabalho

Os anos entre 1789 e 1848 foram considerados, por muitos, como a "idade da propriedade"[4]. Definida pelo código civil como o "direito de gozar e de dispor das coisas da maneira mais absoluta, desde que não seja proibida sua utilização por leis ou regulamentos"[5], a propriedade era, assim, concebida como a base jurídica da igualdade e da liberdade, quer dizer, como a condição prática para a equalização das condições e a emancipação de todos em relação às servidões – assimiladas ao Antigo Regime – que afetam a um só tempo os homens e a terra.

É nesse contexto que a defesa rigorosa da propriedade pode aparecer ao jovem movimento operário como a instrumentalização da gramática política revolucionária a serviço de uma nova ordem estabelecida. Os juristas adquiriram nessa época um imenso prestígio intelectual e altas posições no aparato administrativo dos diversos sistemas políticos que se sucediam. Personagens como Portalis, Troplong ou mesmo Jean-Baptiste-Victor Proudhon, um parente distante de Pierre-Joseph, exerceram uma autoridade sem rivais reais no espaço do pensamento político. Dizia-se, por exemplo, que "a propriedade e a lei nasceram e morrerão juntas"[6], equiparando-se, assim, a ordem pública à manutenção da propriedade. Com efeito, o advogado Belime pôde escrever: "Uma vez atacado o princípio da propriedade na sua legitimidade, é o próprio direito que é posto em causa, já que é na propriedade que repousam a sociedade, as leis, e até mesmo a moral"[7]. Adolphe Thiers dedicou em 1848 um estudo monumental à

---

[3] São essas as palavras de Marx em carta a Schweitzer de 24 de janeiro de 1985. *Misère de la philosophie*, Paris, Éditions Sociales, 1977, p. 183, 188.

[4] Sobre essa expressão, e mais amplamente sobre as controvérsias em torno da propriedade no primeiro século XIX, ver Donald Kelley e Bonnie Smith, "What was Property? Legal Dimensions of the Social Question in France (1789-1848)", *Proceedings of the American philosophical association*, v. 128, n. 3, 1984, p. 200-30.

[5] *Código Civil*, art. 544.

[6] Bernardi, citado em Donald Kelley e Bonnie Smith, "What was Property?", cit., p. 201.

[7] William Belime, *Traité du droit de possession*, Paris, Joubert, 1842, p. 3.

130 • Abundância e liberdade

defesa desse princípio, em resposta ao que também lhe parecia a mais séria ameaça à ordem social e republicana[8].

Mas os economistas não ficam de fora. Assim, Jean-Baptiste Say escreve: "O filósofo especulativo pode se ocupar em buscar os verdadeiros fundamentos do direito de propriedade; o jurisconsulto pode estabelecer as regras que presidem a transmissão das coisas possuídas; a ciência política pode mostrar quais são as garantias mais seguras desse direito; quanto à economia política, ela considera a propriedade apenas como o incentivo mais poderoso à multiplicação da riqueza"[9]. Essa assimilação da propriedade a uma alavanca econômica é consistente com a lei de expropriação por utilidade pública de 7 de julho de 1833, que define o que se pode chamar de direito de arbitragem industrial. Essa lei foi elaborada e aprovada para responder ao problema colocado pela instalação das ferrovias: as novas infraestruturas de transporte estão destinadas a invadir terrenos privados, campos de cultivo e habitações, e a realização do investimento só pode ser feita se uma base comum for encontrada entre os proprietários a serem indenizados e os promotores do projeto. Essas arbitragens são reveladoras das relações de força entre diferentes atores econômicos e sujeitos de direito no contexto da modernização tecnológica da França, uma vez que o critério de "utilidade pública", já consagrado no decreto de 1810 abordado acima, tende com o tempo a beneficiar o grande investimento (às vezes, como no caso da ferrovia, com estímulo do Estado), em detrimento da pequena propriedade, da pequena manufatura.

"Sob a pressão do 'industrialismo'", escrevem Kelley e Smith, "a ideia de propriedade privada assumiu uma importância até então inédita, tendo sido distorcida a ponto de não ser mais possível reconhecê-la."[10] A propriedade individual da terra havia sido proposta para garantir a autonomia econômica e política da classe camponesa majoritária, mas as condições da atividade industrial implicam uma transformação completa dessa estrutura jurídica e social. Assim, o capital nunca cresce tão bem como na forma de um investimento massivo, mas com a condição de que algumas garantias sejam atendidas, a fim de assegurar essa rentabilidade – a propriedade privada exclusiva e o critério de utilidade social, associados a dispositivos como a

---

[8] Adolphe Thiers, *De la propriété*, Paris, Paulin, Lheureux et Cie, 1848.

[9] Jean-Baptiste Say, *Traité d'économie politique*, 6. ed., Paris, Zeller, 1841, p. 133.

[10] Donald Kelley e Bonnie Smith, "What was Property?", cit., p. 211.

sociedade por ações, desempenham papel preponderante nessa mudança do princípio da propriedade de uma função protetora para uma função subordinada às tendências acumulativas. Entende-se melhor, agora, por que a afirmação proudhoniana de que "a propriedade é o roubo" teve o efeito de uma bomba no contexto dos debates sociais e políticos da época. Para além da provocação manifesta, que remete o burguês à ilegalidade das classes ditas "perigosas", essa declaração pretende chamar a atenção para a tensão crescente entre a promessa lançada pelo direito de propriedade na sua formulação clássica e a injustiça das relações sociais efetivas embutidas nesse sistema jurídico. Em suma, o caráter inclusivo do ideal da propriedade privada está em contradição com a realidade das exclusões que ele com frequência organiza.

O ensaio de 1840 sobre a propriedade expressa da maneira mais clara possível essa derrapagem econômica e política possibilitada pela propriedade[11]. A reconstrução histórica aí proposta passa primeiro pelo mito constitutivo do direito natural, já mencionado a propósito de Grotius: é preciso extrair os bens essenciais do comum primitivo a fim de garantir a segurança de cada um e de "assegurar ao trabalhador o fruto do seu trabalho"[12]. Mas o que aparecia como um princípio de proteção do trabalho contra as depredações mudou progressivamente de dimensão, assumindo a forma de um dogma defendido de modo fanático pela classe fundiária e por seus herdeiros. Após a substituição do trabalho pela terra como fator-chave do enriquecimento, o paradigma proprietário manteve sua força coercitiva e estruturante na esfera jurídica, negligenciando tanto as assimetrias sociais possibilitadas por esse conceito quanto a obsolescência manifesta de um princípio ideológico desalinhado com o regime econômico estabelecido.

A persistência da relação exclusiva com a terra como protótipo da relação adequada com as coisas, e, por consequência, da relação adequada entre os homens, obscurece outras relações possíveis. "A terra, como a água, o ar e a luz, é um objeto de primeira necessidade de que todos devem dispor livremente, sem prejudicar o gozo dos outros", essas coisas são, portanto, "*comuns*, não porque sejam *inesgotáveis*, mas porque são *indispensáveis*"[13]. Ele especifica: "Assim, a lei, ao constituir a propriedade, não era a expres-

---

[11] Proudhon, *Qu'est-ce que la propriété?*, Paris, Le Livre de Poche, 2009.

[12] Ibidem, p. 204.

[13] Ibidem, p. 220-1.

132 • Abundância e liberdade

são de um fato psicológico, o desenvolvimento de uma lei da natureza, a aplicação de um princípio moral: com toda a força da palavra, ela *criou* um direito fora de suas atribuições; ela realizou uma abstração, uma metáfora, uma ficção; e isso sem se dignar a prever as consequências, sem se preocupar com os inconvenientes, sem considerar se produzia o bem ou o mal"[14]. A obsessão proprietária traduz, portanto, a manutenção estratégica, pela classe dominante, de uma ordem espacial e econômica fantasiada, em descompasso manifesto com as condições materiais das sociedades industriais, e as contradições internas desse dispositivo transformado em ideal apenas prefiguram a abertura de uma reconstituição e de uma reatualização das relações sociais com as coisas.

Paralelamente à da propriedade, a questão do trabalho se impõe como uma frente de problematização dominante do presente, e é quando elas são tomadas em conjunto que compõem a "questão social". Se a propriedade deve regular a forma das relações econômicas e sociais, é o trabalho que lhes dá conteúdo. Assim, tanto para a economia política dominante quanto para seus críticos, a relação produtiva aparece como a instância prática que realiza a vocação específica do homem de explorar e de transformar o mundo. Antes de Proudhon, foi principalmente Louis Blanc quem, em *Organisation du travail*, desenvolveu da maneira mais profunda a questão do trabalho como um teste das capacidades da economia política liberal de, efetivamente, conferir sua estrutura à sociedade democrática. O objetivo deste livro é mostrar que a abertura das possibilidades econômicas pelo mercado e o investimento tecnológico tiveram então consequências inversas às apresentadas por seus defensores. O caso das ferrovias fornece um exemplo notável: constituindo, em uma sociedade organizada, "um imenso progresso, na nossa elas são apenas uma nova calamidade. Elas tendem a tornar solitários lugares onde faltam os braços, bem como a aglomerar os homens lá onde muitos pedem em vão que lhes seja dado um pequeno lugar ao sol; elas tendem a complicar a terrível desordem que se introduziu na classificação dos trabalhadores, na distribuição dos trabalhos, na repartição dos produtos"[15].

A ferrovia encarna idealmente a associação entre autonomia política (já que as perturbações externas ligadas ao meio são afastadas) e busca pela

---

[14] Ibidem, p. 203.

[15] Louis Blanc, *Organisation du travail*, 5. ed., Paris, Société de l'industrie fraternelle, 1847 (1839), p. 37.

A democracia industrial. De Proudhon a Durkheim • 133

prosperidade, mas, em sua aplicação concreta, essa inovação leva, segundo Louis Blanc, à ruptura da coordenação antiga entre as diferentes atividades no espaço, uma vez que elimina tanto quanto cria as oportunidades de trabalho – todas as atividades de transporte e de cuidado dos cavalos, articuladas ao antigo sistema, estavam, assim, condenadas a desaparecer sem compensação financeira ou estatutária. A ferrovia redesenha de modo profundo a paisagem econômica da França do século XIX e redistribui as oportunidades e os obstáculos, concentrando a atividade em pontos nodais e criando, em conjunto, áreas desvitalizadas. Os interesses ligados à ferrovia, que pretendem encarnar a utilidade pública, entram então em tensão com a esfera pública, pois os meios que empregam possuem propriedades irredutíveis ao status fetichizado de "motor do progresso". Seus efeitos sobre o espaço, sobre a estruturação das profissões, sobre a relação entre infraestruturas e trabalho são heterogêneos à vontade que ali se quer corporificar – é essa *agency* da ferrovia que é disruptiva em uma sociedade industrial, da qual ela é, porém, o símbolo.

A constatação de que o trabalho, elemento central da sociedade pós-revolucionária, se encontra em estado de total desorganização remete ao fracasso do que Schumpeter mais tarde descreverá como o processo de "destruição criativa"[16]: de fato, a evolução tecnológica e a mutação das estruturas de capital provocam a emergência de novas oportunidades econômicas, mas a destruição de antigas profissões e dinâmicas sociais é ainda bastante visível. "É preciso que haja vítimas", conclui Proudhon[17] de uma análise semelhante, porque se todos os perdedores de um período de transição econômica e tecnológica fossem compensados pelo investidor, então este nunca poderia obter lucro. No período transitório constituído pelo primeiro século XIX, quando a forma industrial da sociedade ainda não havia se traduzido em instituições reguladoras sólidas, a destruição ainda supera a criação, e é a ordem social em sua generalidade que sofre as consequências disso.

Louis Blanc vê perfeitamente que o advento do sujeito político moderno depende de uma organização do trabalho inexistente: "Onde a certeza de viver trabalhando não resulta da própria essência das instituições sociais, reina a iniquidade"[18]. Com ele e depois dele, o conjunto do movimento

---

[16] *Capitalism, Socialism and Democracy*, Londres, Routledge, 2003 (1943), p. 83.

[17] *Système des contradictions économiques*, cit., v. 1, p. 19.

[18] Louis Blanc, *Organisation du travail*, cit., p. 4.

socialista refletirá sobre essa contradição entre duas formas de se conceber o trabalho e a propriedade. De um lado, ambos são considerados como dados antropológicos universais que se desdobram sem que haja necessidade de intervenção de uma vontade coletiva, e é a forma de mercado que se impõe como instituição estruturante. De outro, propriedade e trabalho são concebidos como os elementos centrais de uma dinâmica a um só tempo social e material, de uma articulação consciente dos indivíduos entre si e de sua integração coletiva no mundo exterior por meio da relação produtiva. Nessas condições, o desenvolvimento técnico e os ciclos econômicos provocados pelo jogo da concorrência e das tendências monopolistas são incapazes de realizar por suas próprias forças o tipo de associação que convém ao corpo social: "Qualquer um", diz Proudhon, "que, para organizar o trabalho, apela ao poder e ao capital, mentiu"[19]. O trabalho e o capital não são questionados como forças produtivas ou como motores de um domínio crescente do mundo, mas como símbolos de uma auto-organização da sociedade pela economia.

Proudhon, crítico do pacto liberal

Proudhon levou esse questionamento dos conceitos fundamentais da economia política moderna – propriedade e trabalho – a um nível muito elevado, notadamente no díptico constituído por *O que é a propriedade?**, publicado em 1840, e *Sistema das contradições econômicas*, subintitulado *Filosofia da miséria*, publicado em 1846[20].

Proudhon não apenas se propõe como objetivo pensar as condições de uma "solidariedade industrial"[21], mas coloca no centro de seu esforço o paradoxo do pacto liberal: "As máquinas nos prometiam um acréscimo de riquezas; eles mantiveram a palavra, mas ao mesmo tempo nos dotaram de um acréscimo de miséria. – Elas nos prometiam a liberdade; vou provar que

---

[19] *Système des contradictions économiques*, cit., v. 2, p. 396.

* Edição em português: J. P. Proudhon, *Que é a propriedade? Estudos sobre o princípio do direito e do estado*. Cultura Brasileira. Trad. Raul Vieira. Sem dados adicionais. (N. E.)

[20] Em um pequeno texto publicado durante o período revolucionário de 1848, a associação entre propriedade e trabalho foi explicitamente formulada: *Le Droit au travail et le droit de propriété*, Paris, Vasbenter, 1848.

[21] *Système des contradictions économiques*, cit., v. 1, p. 4 e 40.

A democracia industrial. De Proudhon a Durkheim • 135

nos trouxeram a escravidão"[22]. Assim, não somente a pobreza e a riqueza se desenvolvem ao mesmo tempo e com base nas mesmas causas, mas a distribuição desigual dos benefícios do progresso compromete o acesso a esse bem não material, a esse bem social que é a autonomia. O que está em causa, portanto, para além do estado físico das classes mais baixas, é a associação entre liberdade e riqueza que havia sido forjada pelo pensamento liberal do século XVIII, é a simbiose entre duas tendências que apareceram agora, para todos, como uma só: o progresso sob a lei de propriedade.

Essa ideia tem dois corolários. Por um lado, Proudhon faz da rejeição da cláusula malthusiana um critério conceitual incontornável para o pensamento social. Por cláusula malthusiana se entende a subordinação do projeto moderno à limitação da população, ou seja, a eliminação física ou o banimento de indivíduos excedentes: para que a abundância material não seja absorvida por uma superabundância de humanos, a reprodução do corpo social deve ser mantida dentro de limites estritos, garantidos pela redução da população incapaz de assegurar sua subsistência. Proudhon, que claramente tinha apenas um conhecimento limitado de Malthus[23], lhe confere, porém, um significado central: o socialismo proclama "Todos devem viver!"[24], e a tensão entre abundância e liberdade não pode ser superada recorrendo-se à morte. Tendo a classe patrícia perdido, na era moderna, todo direito de vida e de morte sobre o proletariado, tarefa delegada ao mecanismo do mercado, essa regulação pela mortalidade do social é pura e simplesmente contraditória. Em reação, ao proletariado é concedido um direito à vida que impõe uma organização solidária integral, uma organização na qual a melhoria das condições materiais tem como objetivo final a preservação de todas as vidas.

O segundo corolário da ruptura do pacto liberal é que a acepção tecnológica e científica do progresso precisa ser mantida, nem que seja apenas

---

[22] Ibidem, p. 160.

[23] Com efeito, ele cita sempre a mesma passagem, que ajudou a tornar famosa, por exemplo, em *Sistema das contradições econômicas*, cit., p. 24: "O homem que nasce num mundo já ocupado, se a sua família não tem meios para o alimentar, ou se a sociedade não precisa do seu trabalho, esse homem, digo eu, não tem o mínimo direito de reivindicar uma porção qualquer de comida: ele é realmente excedente na terra. No grande banquete da natureza, não há cobertura para ele. A natureza ordena que ele vá embora e não tardará muito para cumprir essa ordem".

[24] "Les Malthusiens", texto publicado no jornal *Le Peuple* no dia 10 de agosto de 1848.

para garantir o equilíbrio entre população e produção. Encontram-se em Proudhon afirmações em acordo com o progressismo liberal: "Com a introdução das máquinas na economia, dá-se um salto à liberdade. A máquina é o símbolo da liberdade humana, a insígnia de nosso domínio sobre a natureza, o atributo de nosso poder, a expressão de nossos direitos, o emblema de nossa personalidade"[25]. A ciência e a arte produtiva já estão incorporadas às demandas legítimas que um sujeito educado pode ter em face da existência em um contexto de progresso material. Se uma saída deve ser oferecida às contradições modernas, ela não passa pelo abandono da relação produtiva, mas antes pela intensificação do seu significado político. Abundância e autonomia são colocadas em tensão, mas nenhuma contradição lógica, nenhuma oposição simples se apresenta para substituir a má simbiose liberal. A abundância deve ser socializada, quer dizer, reorientada no quadro de uma integração da totalidade do corpo social ao objetivo de emancipação. Proudhon não nega que haja um vínculo entre riqueza e liberdade, mas não aceita a ideia de que esse vínculo se impõe por si mesmo por meio do jogo direto das forças econômicas. O conflito de orientação da modernidade entre a abundância e a autonomia é, assim, concebido por Proudhon como um atraso das forças organizadoras em relação ao estado das forças produtivas.

Proudhon dedica, por exemplo, um capítulo da *Filosofia da miséria* à tensão que se forma entre valor de uso e valor de troca, identificando os mecanismos pelos quais uma lógica dos preços, ou seja, da raridade, substitui uma lógica da utilidade. É assim que ele toca no princípio básico das economias complexas, a um só tempo absurdo e, diz ele, "insolúvel"[26]: as interdependências comerciais, que se desenvolvem simultaneamente ao aumento bruto da produtividade do trabalho, criam uma distorção extremamente profunda nas modalidades de acesso aos recursos úteis. Em outras palavras, o jogo da troca comercial e a concorrência universal entre vendedores e compradores em um mercado no qual cada um busca seus interesses anulam os benefícios da melhoria material obtida em outros lugares. Proudhon descreve muito bem as consequências desse sistema de preços, ao qual teremos a oportunidade de voltar, com Veblen: dependendo das circunstâncias, a colheita massiva de um bem útil pode provocar o empobrecimento de seus produtores pelo efeito da queda dos preços, e, simetricamente, a escassez criada de forma

---

[25] Ibidem, p. 139.

[26] Ibidem, p. 39.

A democracia industrial. De Proudhon a Durkheim • 137

artificial por um monopólio ou simplesmente pelo armazenamento e de-saceleração da distribuição pode elevar os preços e, assim, gerar carência de alimentos para os consumidores[27]. Proudhon sustenta que a escassez não é o oposto da abundância material, mas seu correlato[28]: é verdade que a economia moderna produz mais bens, mas ao mesmo tempo organiza uma rivalidade crescente pelo acesso a esses bens, colocando sob tensão as relações sociais. A gênese da pobreza na abundância depende, portanto, da prioridade conferida ao valor de troca, que pode variar independentemente da disponibilidade objetiva dos bens de subsistência.

Mais adiante no livro, as antinomias do valor ressurgem durante uma reflexão sobre a diferença entre ciclo das necessidades e ciclo econômico. Uma das manifestações mais nítidas da passagem de um ao outro é proporcionada pela implantação da ferrovia. As infraestruturas de transporte constituem uma condição de possibilidade material para o desenvolvimento de uma atividade livre dos riscos geográficos, e agora capaz de se enquadrar em uma espacialidade e em uma temporalidade que lhe são próprias, sobre as quais exerce um controle ideal:

> A ferrovia, eliminando os intervalos, torna os homens, por toda parte, pre-sentes nas casas uns dos outros [...]. Assim, do mesmo modo que a ferrovia se esquiva da periodicidade das estações, observada no comércio, bem como nas indústrias extrativas e agrícolas, ela apaga e nivela todas as desigualdades de posição e clima, e não faz nenhuma distinção entre o povoado perdido na planície e o centro manufatureiro majestosamente assentado sobre os rios.[29]

Enquanto os canais congelam, as estradas terrestres são atoladas, conges-tionadas, os animais e os homens são falíveis, o trem deve sua força motriz apenas a uma energia independente do clima, do esforço e da doença. A mercadoria é, assim, de certa forma, libertada das "fricções do solo"[30], ela circula sem passar pelo entreposto e confere a primazia geográfica aos pontos

---

[27] *Système des contradictions économiques*, cit., p. 41-2.

[28] Prefigurando assim uma das teses centrais da antropologia econômica contemporânea: Marshall Sahlins, *Âge de pierre, âge d'abondance. L'économie des sociétés primitives*, Paris, Gallimard, 1976.

[29] *De la concurrence entre le chemin de fer et les voies navigables*, Paris, Guillaumin, 1845, p. 43.

[30] A expressão é de James C. Scott, *Zomia ou l'art de ne pas être gouverné*, Paris, Seuil, 2013.

138 • Abundância e liberdade

de passagem em relação aos pontos de estocagem, característicos das velhas economias. A ferrovia é o meio pelo qual a ordem do carvão fóssil entra nos debates socialistas da forma mais espetacular, pois há uma estreita afinidade entre a flexibilidade do transporte ferroviário e a emergência de um ciclo econômico autônomo. Suas características materiais a tornam um símbolo da liberdade que busca se libertar do meio e de suas restrições.

O conceito de "ciclo econômico" é, assim, o produto de um modo de administração da natureza que, ao afrouxar as barreiras físicas à mobilidade, permite à esfera econômica se desvincular parcialmente das coordenadas territoriais, morfológicas e climáticas. A liberdade agora se desdobra no espaço definido e restringido pelas leis econômicas, por uma marcha do tempo na qual as oscilações da prosperidade não são, é verdade, totalmente sufocadas, mas obedecem a disposições estabelecidas, idealmente sob o controle de atores autônomos. A coerção não é abolida como tal, mas – e aqui está toda a diferença em relação ao antigo regime econômico e ecológico – é endógena ao mundo social, é reintegrada ao núcleo da existência coletiva e, desde então, não aparece mais como uma sanção divina ou como um efeito do acaso. Esse ciclo econômico, expressão da autodeterminação da história humana, pode ser considerado benéfico ou injusto, mas, na opinião comum, é reconhecido por sua heterogeneidade em relação aos antigos ciclos "naturais" dos quais a economia lutava para se destacar.

O próprio Proudhon estabelece a ligação entre a concepção moderna de emancipação, que se corporifica no ciclo econômico, e as possibilidades materiais da indústria, quando discute a definição de liberdade do jurista liberal Charles Dunoyer: "Chamo de liberdade esse poder, adquirido pelo homem, de utilizar suas forças mais facilmente, *à medida que se liberta* dos obstáculos que originalmente dificultavam seu exercício. Digo que ele é tanto mais *livre* quanto mais *liberto* estiver das causas que o impediam de se servir delas; quanto mais afastou de si mesmo essas causas; quanto mais ampliou e desobstruiu a esfera de sua ação"[31]. Eis aí uma expressão prototípica do que acima se denominou de autonomia-extração. E Proudhon a considera uma concepção negativa – portanto, pobre – da liberdade:

---

[31] Charles Dunoyer, *De la liberté du travail*, Paris, Guillaumin, 1845, citado em *Système des contradictions économiques*, cit., v. 1, p. 141-2. Charles Dunoyer é um jurista e economista liberal amplamente discutido por Proudhon, que o considera um dos teóricos mais consequentes da economia política.

A democracia industrial. De Proudhon a Durkheim • 139

"sinônimo de liberação de obstáculos"[32], a liberdade apenas reflete certas propriedades do sistema econômico moderno que lhe permitem manter a distância os fardos exógenos.

O idioma da fraternidade

Em meados do século XIX, o terremoto ideológico e ecológico que colocou no centro da sociedade a relação produtiva com o mundo físico ainda não penetrara suficientemente nos instrumentos jurídicos da jovem República, demasiadamente apegados ao regime da propriedade fundiária. A linguagem política que Proudhon tenta forjar, e que terá seu ápice no episódio revolucionário de 1848, visa – contra os economistas – a obter o reconhecimento das interdependências funcionais que se desenvolvem na indústria, centro de gravidade de solidariedade social. Essas interdependências funcionais constituem a base da solidariedade social e da reformulação socialista do princípio da autonomia, uma vez que os indivíduos encontram o ambiente de sua emancipação não contra grupos profissionais diferenciados, eles próprios autônomos em relação ao poder central, mas sim neles.

Esse último desenvolvimento do pensamento político socialista é fundamental em nossa perspectiva porque parece voltar o olhar ao mesmo tempo para duas direções históricas opostas, o passado e o futuro. Por algumas de suas características, a organização fraterna ou mutualista que Proudhon preconiza é uma reativação das solidariedades profissionais anteriores à constituição de uma economia baseada na acumulação de riquezas e no investimento no progresso tecnocientífico; mas, de outro ângulo, ela é também uma atualização do progressismo liberal voltado para o futuro e para o abandono das coerções estatutárias arcaicas. O socialismo promove, portanto, formas de associação historicamente vinculadas ao que se chamou acima de crescimento intensivo, ligadas a uma economia agrária e artesanal, mas é, ao mesmo tempo, uma resposta ao choque metabólico da indústria, ao crescimento extensivo. O interesse de Proudhon e de outros socialistas pela máquina, pela ferrovia e pelo carvão assim o atesta. Esse estrabismo divergente do socialismo remete a um debate historiográfico e político

---

[32] *Système des contradictions économiques*, cit., p. 142.

140 • Abundância e liberdade

mais geral, que encontrou, com a questão ecológica, uma nova acuidade: em que medida o contramovimento de proteção do corpo social contra as patologias do mercado e da indústria é um "passo para trás"? Como se pode fazer uma crítica radical do que a modernização tem de mais espetacular, a saber, o emprego das técnicas e das formas de organização aquisitivas e concorrenciais, e, ao mesmo tempo, defender os valores do progresso? Essas questões, que só encontram solução na obra de Polanyi, já constituem o pano de fundo do pensamento de Proudhon.

A hipótese da perpetuação do "idioma corporativo" foi desenvolvida pelo historiador William Sewell em uma obra que descreve com muita precisão como os trabalhadores reativaram a linguagem da irmandade, do companheirismo e das formas de solidariedade fundadas na regulação interna do artesanato no contexto de sociedades predominantemente agrárias e artesanais. Esse repertório conceitual funcionou como um suporte para as mobilizações em oposição à concorrência e ao individualismo progressivamente associados ao liberalismo. Nessas condições, o pensamento socialista foi impregnado por essa reativação paradoxal do passado que, saltando por sobre a Revolução Francesa, buscaria mais ou menos conscientemente no Antigo Regime instrumentos para a superação do liberalismo. Sewell tematiza essa aliança entre socialismo e idioma corporativo por meio de uma leitura de Louis Blanc[33], mas essa hipótese se aplica também, se não ainda mais, a Proudhon e ao paradigma mutualista da proteção contratual das solidariedades profissionais. Assim, a fim de conjurar a atomização social, o socialismo procede lançando mão de empréstimos do passado[34]. De um ângulo diferente, essa persistência do velho mundo no novo também foi interrogada em relação às formas de propriedade. Em toda a Europa, e particularmente na Itália, o caráter natural e civilizador da propriedade individual exclusiva foi posto em questão. A alternativa constituída pelas formas de propriedade coletiva, explicitada nos corpos jurídicos mais ou menos "primitivos", funcionou igualmente como um desafio à flecha do tempo promovida pelo Iluminismo liberal. As pesquisas realizadas na Itália sobre os sistemas consuetudinários de gestão fundiária e sobre a possibilidade de integrá-los ao direito positivo representam, assim, outra

---

[33] William H. Sewell, *Gens de métier et révolutions. Le langage du travail de l'Ancien Régime à 1848*, Paris, Aubier, 1983, p. 313 e seg.

[34] Ibidem, p. 374.

A democracia industrial. De Proudhon a Durkheim • 141

modalidade do duplo foco histórico da crítica da modernidade[35]: para se proteger dos efeitos patológicos do progressismo mercantil, seria necessário reativar as solidariedades funcionais tradicionais, freando as tendências modernizadoras por meio do recurso ao passado.

Os curtidores, sapateiros, alfaiates e tipógrafos que encheram as fileiras da contestação operária de 1848 investiram, com efeito, em saberes práticos ligados à profissão e à regulação imanente do trabalho no artesanato e na manufatura de médio porte. Entre os fatores que demarcam a especificidade desses saberes, a ligação a um estágio intermediário da divisão do trabalho é central: esses artesãos em geral supervisionam uma parte significativa do processo de produção, cultivando uma consciência límpida das interdependências com as esferas extrativas (é preciso estocar couro, papel, pedra de cantaria) e comerciais. É assim que o trabalho pode ser concebido tanto como uma atividade produtiva na qual o mundo físico e vivo intervém essencialmente como uma força externa a ser controlada, a ser dominada, quanto como uma alavanca de socialização que não pode ser reduzida à obtenção de um lucro. A componente modernista, que promove a emancipação pela guerra travada contra a parcimônia da natureza, ou seja, pela abundância, se articula assim a uma componente que problematiza esse pertencimento moderno, mantendo um modelo de integração comunitária centrado no trabalho. Este último, entretanto, não é um espectro neofeudal residual, mas uma verdadeira reinvenção da tradição. Em outros termos: a proteção da autonomia no contexto da industrialização parece envolver a retomada de esquemas políticos pré-revolucionários, como a corporação e a propriedade coletiva, ou os comuns.

Durkheim: "carbon sociology"

Para compreender a questão da democracia industrial até suas últimas consequências teóricas e políticas, é preciso dar um ligeiro salto na história das ideias e seguir o fio condutor do pensamento social francês até o advento da sociologia. Algo que pode surpreender, já que Durkheim é frequentemente visto como uma das expressões mais espetaculares da ocultação modernista

---

[35] A referência sobre essa questão é Paolo Grossi, *An Alternative to Private Property. Collective Property in the Juridical Consciousness of the Nineteenth Century*, Chicago, University of Chicago Press, 1981.

da natureza como questão social. A consagração da sociedade como uma entidade coletiva no interior da qual reina a troca simbólica representa, para muitos autores da galáxia ambientalista, a mais completa cegueira em relação aos problemas ambientais. O conceito de "sociocentrismo", muitas vezes usado para designar o pensamento durkheimiano, fixaria um preconceito antropocêntrico erigido em ciência. A transcendência do social em relação ao indivíduo seria então apenas a repetição de uma transcendência mais profunda do homem em relação ao mundo. Na virada para o século XX, porém, os riscos e danos ecológicos já haviam sido abundantemente apontados, às vezes no âmbito do próprio socialismo[36], o que exigiria a reconsideração desse esquema da emancipação como separação.

No entanto, o pensamento de Durkheim é muito mal descrito por esse pretenso modelo da consagração do social em sua separação em relação ao mundo, às coisas. O sociólogo escreve em um momento em que a república se estabilizou, quando os direitos sociais conheceram seus primeiros avanços, juntamente com o crescimento contínuo da indústria. Ele também é contemporâneo da fixação no léxico político do sintagma "democracia industrial", em particular sob a influência de Beatrice e Sydney Webb[37]. Para Durkheim, a integração social em torno de princípios instituídos e reconhecidos pelo direito, em uma sociedade definida pela divisão do trabalho e orientada para a regulação dos efeitos do mercado, constitui desde então a referência objetiva para uma investigação sobre as formas bem-sucedidas e as formas patológicas desse regime de existência coletiva[38]. Em outras palavras, *o social, tal como Durkheim o pensa e o objetiva, não pode nem mesmo entrar no campo do pensável sem que o conflito entre abundância e liberdade esteja presente.* Sendo as formas orgânicas de solidariedade um subproduto da orientação produtiva do social, sua regulação democrática só pode ser concebida como a manutenção, nesse contexto, da autonomia dos indivíduos e dos grupos. São as forças aquisitivas e produtivas que

---

[36] Ver os exemplos fornecidos em Serge Audier, *La Société écologique et ses ennemis*, Paris, La Découverte, 2017, e François Jarrige, *Technocritiques. Du refus des machines à la contestation des technosciences*, Paris, La Découverte, 2014.

[37] Beatrice e Sydney Webb, *Industrial Democracy*, Londres, Nova York, Mumbai, Longmans, Green & Co., 1897.

[38] Sobre essa articulação, ver Bruno Karsenti e Cyril Lemieux, *Sociologie et socialisme*, Paris, Éditions de l'EHESS, 2017.

controlam e condicionam o equilíbrio do todo – aquele equilíbrio em torno do qual a sociologia faz ciência.

Uma vez mais, não se trata de ver na sociologia um bom ou um mau instrumento de pensamento à luz dos ideais ecológicos contemporâneos, mas apenas um objeto teórico profundamente ligado à configuração material e política de seu tempo. A importância absolutamente central conferida durante o século XX à ideia de que os processos coletivos são acessíveis do ponto de vista de uma ciência nos incita a sublinhar ainda mais o papel desempenhado pela sociologia em nossa narrativa. Com efeito, não se deve apenas ao acaso o fato de que a ideia de uma verdade própria ao mundo social emerja no exato momento em que o dispositivo do crescimento libertador começa a produzir seus efeitos mais notáveis, em especial na forma da aparição de uma classe média e da elevação significativa da maioria dos indicadores do padrão de vida, também entre as classes trabalhadoras[39].

A ambição científica encampada pelo movimento socialista encontra, em Durkheim, sua realização. A trama empírica das instituições, das representações coletivas e dos fatos morais e cognitivos, que estruturam a existência coletiva, pode então ser separada dos fatos da consciência privada, mas também dos mecanismos biofísicos, a fim de formar o substrato de um novo tipo de verdade e de verificação[40]. A totalidade social que o sociólogo tem em vista, mesmo que diga respeito a uma ordem de realidade que lhe é própria, inclui relações complexas com processos que a simples vontade coletiva custa a dominar. É o caso de certas inércias específicas da vida moral e religiosa, mas também de tendências profundas da economia e da técnica, cujas formas patológicas indicam que a constituição de um meio social idealmente controlado está sempre comprometida. No espírito das análises de Timothy Mitchell sobre as relações entre as infraestruturas energéticas e as formas de conhecimento, propõe-se, aqui, a leitura da obra de Durkheim, e, mais amplamente, do regime de conhecimento sociológico, como um dispositivo tributário da economia industrial. Pode-se falar assim de uma

---

[39] Sobre a significação histórica da ideia de "classe média", ver Christophe Charle, "Les 'classes moyennes' en France: discours pluriel et histoire singulière, 1870-2000", *Revue d'histoire moderne et contemporaine*, v. 50, n. 4, 2003, p. 108-34.

[40] Para uma apresentação de Durkheim irredutível à doxa do holismo, ver Bruno Karsenti, *La Société en personnes. Études durkheimiennes*, Paris, Economica, 2006, e Francesco Callegaro, *La Science politique des modernes. Durkheim, la sociologie et le projet d'autonomie*, Paris, Economica, 2015.

carbon sociology [sociologia do carbono], para retomar e deslocar a *carbon democracy* [democracia do carbono].

Em uma notável passagem de *O suicídio*, o próprio Durkheim, aliás, tece os laços entre as características da indústria moderna e a própria possibilidade do conhecimento sociológico:

> E, em primeiro lugar, não é verdade que a sociedade seja constituída apenas por indivíduos; ela compreende também coisas materiais, que desempenham papel essencial na vida comum. O fato social às vezes se materializa até se tornar um elemento do mundo exterior [...]. É o caso dos meios de comunicação e de transporte, dos instrumentos e das máquinas empregados na indústria ou na vida privada e que expressam o estado da técnica em cada momento da história, da linguagem escrita etc. A vida social, como que cristalizada e fixada em suportes materiais, é por isso mesmo exteriorizada, e é de fora que ela age sobre nós. As linhas de comunicação que foram construídas antes de nós dão ao curso de nossos negócios uma direção determinada, a depender do contato com tal ou qual país.[41]

Durkheim sugere aqui um espírito objetivo materializado na forma de dispositivos técnicos que, por sua vez, fornecem ao pensamento político recursos muito potentes. A inscrição do projeto sociológico no contexto da industrialização é, portanto, evidente: a divisão do trabalho "aumenta tanto a força produtiva quanto a habilidade do trabalhador, é a condição necessária para o desenvolvimento intelectual e material das sociedades; é a fonte da civilização"[42]. A língua e, mais ainda, o direito constituem, em Durkheim, os elementos centrais da exteriorização da consciência coletiva, mas o mesmo pode ser dito a respeito das máquinas e das infraestruturas. É por isso que o ideal epistemológico da sociologia deve ser compreendido como uma consequência das formas sociais associadas ao sistema produtivo e ao modo de organização do trabalho vigentes na Europa ocidental da virada para o século XX. A estabilização no tempo e no espaço de um aparato produtivo alimentado por uma energia que se apresenta como uma mercadoria – que é possível transportar de um ponto a outro sem grandes restrições ambientais, por meio do *empowerment* [empoderamento] de uma

---

[41] *Le suicide*, Paris, PUF, 13. ed., 2007, p. 354. [Ed. bras.: Émile Durkheim, *O suicídio*. Trad. Andréa Stahel M. da Silva. São Paulo, Edipro, 2013.]

[42] *De la division du travail social*, Paris, PUF, 8. ed., 2013, p. 12. [Ed. bras.: Émile Durkheim, *Da divisão do trabalho social*. Trad. Eduardo Brandão. São Paulo, Martins Fontes, 2016.]

A democracia industrial. De Proudhon a Durkheim • 145

classe trabalhadora em demanda por democracia –, o amplo poder desse sistema em assegurar os lucros industriais e, finalmente, o rápido adensamento das redes de transporte são as coordenadas materiais fundamentais às quais a sociologia clássica faz eco.

Em *Da divisão do trabalho social*, a distinção entre solidariedade mecânica e solidariedade orgânica permite questionar a promessa do pacto liberal entre emancipação e crescimento do ponto de vista de uma reflexão sobre as consequências psicossociais do enriquecimento. A crescente complexidade interna do ambiente social moderno estimula o senso das interdependências, a gênese de uma concepção social de liberdade, mas também apresenta o risco de uma desafeição do espírito social em função do desenvolvimento de uma cultura individualista, da qual o consumismo aparece como uma manifestação central já no final do século XIX. Durkheim dedica um capítulo inteiro (Livro II, capítulo 1) a esse problema, no qual expõe suas reflexões sobre a abundância. A equação liberal, nesse caso utilitarista, primordial, faz com que o aumento dos recursos disponíveis por pessoa se transforme na meta da divisão do trabalho e com que o hedonismo seja o motor dessa divisão[43].

É Herbert Spencer o alvo dessa crítica, uma vez que ele era, naquele momento, o responsável pela mais recente atualização dessa equação entre felicidade e razão econômica. Mas, para além de Spencer, é toda a tradição utilitarista, de Bentham e de Mill, e, portanto, a concepção extrativa da autonomia, que está sob o fogo da crítica. Spencer, por exemplo, é creditado com uma formulação concisa da autonomia-extração, para a qual "a felicidade aumenta com a potência produtiva do trabalho"[44]. O crescimento intensivo, conjugado ao crescimento extensivo, é sempre bem-vindo, e não só porque dá conteúdo à cooperação coletiva, mas também e sobretudo porque é seu único motivo. Para Durkheim, a adoção, pela economia política moderna, da racionalidade dos prazeres e das dores, tal como desenvolvida por Bentham no final do século XVIII, não possui outro significado senão essa legitimação de uma civilização aquisitiva, uma vez que não reconhece propósitos intrinsecamente sociais da ação ou do julgamento.

Mais de um século depois que essa aliança foi forjada, e meio século após o contramovimento socialista ter colocado no terreno político a questão das condições materiais do exercício da liberdade, Durkheim elevou assim

---

[43] *De la division du travail social*, cit., p. 212.

[44] Ibidem, p. 248.

à categoria de problema sociológico a tensão entre a abundância e o ideal de emancipação coletiva. A superação dos limites naturais pelo processo aquisitivo aparece, aliás, nesse quadro, como o principal testemunho de uma ruptura histórica, identificada com a modernidade. Sobre a questão específica da ilimitação da economia, Durkheim assume a posição modernista dominante:

> Não se pode atribuir nenhum limite racional à potência produtiva do trabalho. Sem dúvida, ela depende do estado da técnica, dos capitais etc. Mas esses obstáculos nunca são mais que provisórios, como mostra a experiência, e cada geração faz recuar o limite com que a geração anterior havia se deparado. Mesmo que um dia ela chegue a um máximo que já não poderia ultrapassar – o que é uma conjectura totalmente gratuita –, ao menos é certo que, a partir de agora, ela tem atrás de si um imenso campo de desenvolvimento.[45]

Está claro para ele, como para todos os seus contemporâneos, que a emergência de um ciclo econômico autônomo sinaliza o afastamento das restrições naturais, dos riscos climáticos e ecológicos. Mas os economistas liberais se enganam quando presumem que o aumento da felicidade pode alimentar indefinidamente no tempo o consentimento à cooperação ou, mais ainda, a busca ativa das interações sociais. Durkheim invoca a pesquisa do psicofísico Wundt, bem como a lei de Weber e Fechner[46], a fim de sugerir que abundância material e felicidade subjetiva não são diretamente proporcionais uma à outra, da mesma maneira que a intensidade de uma resposta comportamental não é proporcional à do estímulo. Durkheim se compraz em encontrar uma validação experimental do que é, antes de tudo, uma hipótese moral e social: os prazeres do consumo de mercadorias têm um teto, e a "produção de prazer"[47] por intermédio somente dos meios da economia esbarra em limites, em um limiar. Durkheim acrescenta, aliás, que esse limite já tinha sido alcançado no momento em que escreve, em 1893. Ele pode então concluir: "Se, portanto, a divisão do trabalho tivesse realmente progredido apenas para aumentar nossa felicidade, já se passou muito tempo desde que teria atingido seu limite extremo, assim como

---

[45] Ibidem, p. 213.

[46] Sobre essa tradição intelectual, ver Isabelle Dupéron, *G. T. Fechner. Le parallélisme psychophysiologique*, Paris, PUF, 2000.

[47] *Le Suicide*, cit., p. 214.

A democracia industrial. De Proudhon a Durkheim • 147

a civilização dela resultante, e ambos teriam chegado a um impasse"[48].

O acúmulo indefinido de "excitantes", para retomar o termo usado por Durkheim, muda de função ao longo do tempo, e sua perpetuação para além da satisfação das necessidades elementares do corpo não pode mais ser interpretada como uma tendência para a felicidade.

A força civilizadora da divisão do trabalho, se a entendemos em um sentido hedonista e utilitário, teria, portanto, chegado ao fim a partir do fim do século XIX. Do ponto de vista lógico, chegaríamos assim a alguma forma de estado estacionário, mas não é isso o que se observa. A continuação desse processo para além de sua razão funcional prova que a divisão do trabalho pode continuar além de um limite estritamente necessário, implicando consequências nefastas. Para Durkheim, a necessidade de compor relações sociais mais enriquecidas, mais diferenciadas, que proporcionem mais oportunidades para a conquista da liberdade individual e social, é uma força política e moral, e não um instrumento de desenvolvimento funcional. Se ela se traduz em ganhos de eficiência nos modos de relação com os recursos, trata-se de uma vantagem contingente. A gênese da solidariedade orgânica obedece a motores morais e sociais, e esta é, aliás, a razão pela qual podemos observar suas manifestações em esferas que não têm relação direta com a satisfação de necessidades: as transformações na estrutura familiar, a nova relação com a herança e a transmissão, a dissolução das formas segmentares de organização social, a construção de um edifício jurídico contratual e a eliminação do paradigma repressivo, todos esses processos definem o essencial da passagem do mecânico ao orgânico. A eficiência e a racionalidade econômica são acompanhamentos que aparecem como secundários.

Se, porém, o processo de divisão do trabalho for identificado com suas consequências econômicas, e se for concebido como uma dinâmica ilimitada, suas formas patológicas não tardarão a se revelar. Durkheim sugere, assim, que o reinado do consumo provoca o que se poderia chamar de fenômeno de *overshoot*: a esfera econômica é progressivamente desconectada de sua função de subsistência, alimentando desejos separados das necessidades e, com isso, provocando um aumento anormal no nível de excitação necessário para a obtenção da satisfação. Esse "rebaixamento dos prazeres"[49], que fornece à economia aquisitiva seus escoadouros comerciais, é, para Durkheim,

---

[48] Ibidem, p. 215.

[49] Ibidem, p. 258.

tanto uma perda de sensibilidade moral por parte dos indivíduos quanto o início de um processo de autorreprodução das finalidades produtivas fora de qualquer controle social. Outro sinal de um estado patológico da divisão do trabalho é o surgimento de um mal-estar social mais profundo, que se reflete na elevação das taxas de criminalidade e de suicídio[50]. Alguns anos depois, Durkheim destacará entre as causas do suicídio anômico a própria riqueza, entendida como eliminação tendencial dos constrangimentos que pesam sobre o indivíduo, sem os quais, porém, este já não consegue mais se firmar no grupo e no mundo: "Se a pobreza protege contra o suicídio", escreve ele, "é porque, por si só, ela é um freio. [...] quanto menos a pessoa tem, menos ela se inclina a estender sem limites o círculo de suas necessidades. [...] A riqueza, ao contrário, pelos poderes que confere, nos dá a ilusão de que não pertencemos senão a nós mesmos"[51].

Essas linhas são de extrema importância. É possível observar aí um resumo da moral sociológica clássica, para a qual a autonomia radical do indivíduo (daquele que "pertence apenas a si mesmo") se identifica com a imoralidade. Mas não é menos possível enxergar, nessas palavras, um passo essencial na evolução do problema cuja história estamos tentando captar. O perfil psicopatológico vinculado à abundância material emerge a partir do final do século XIX, refletindo um importante problema sociopolítico: habituados pelas estruturas ideológicas já bem estabelecidas a encontrar o motor de sua emancipação no acoplamento entre o desejo e a economia, os indivíduos modernos experimentam uma forma de depressão ligada à *overshoot* [ultrapassagem] econômica. Isso porque, assim que as condições materiais de autonomia perdem sua força socializadora, sua capacidade de integrar as pessoas às propriedades do mundo e do grupo social, a incorporação das disposições aquisitivas funciona como fonte de mal-estar. Sem dúvida, Durkheim subestimou a capacidade das pessoas de usufruir do prazer – e até mesmo de uma satisfação existencial – no consumo de mercadorias, mas identificou de modo notável o impasse social e político que constitui a longo prazo a concepção extrativista da autonomia.

Se a obra coletiva e individual do homem se resume à remoção das restrições naturais pela economia, então ela se encaminha para sua perda moral,

---

[50] Ibidem, p. 13. "É nos grandes centros industriais que as taxas de criminalidade e de suicídio são mais altas."

[51] Ibidem, p. 282.

A democracia industrial. De Proudhon a Durkheim • 149

social e política. Somente a *autonomia integradora* tem um futuro, e isso não pode deixar de passar pela reintegração da economia na sociedade. O tópico dos efeitos nocivos do luxo é indiscutivelmente o que há de mais arcaico no pensamento social, e o próprio Durkheim assim o aponta referindo-se à celebração da pobreza pelas religiões antigas, mas ele assume um significado radicalmente novo em um contexto histórico no qual a possibilidade de se conceber a ausência de qualquer limite externo à vontade se concretiza para uma parte significativa da população. Assim que deixamos de sentir o efeito dos outros e do mundo sobre nós, a liberdade perde sua substância e se reverte. Isso mostra que a integração social e a integração material ou ecológica andam de mãos dadas, e o vínculo entre crescimento e autonomia se desfaz ainda mais claramente que em Proudhon.

Compreende-se, assim, o significado assumido pela autonomia social em Durkheim: ela não significa, de forma alguma, uma separação em relação ao mundo exterior, mas sim o resultado da interiorização relativa das coerções, graças ao progresso, interiorização que libera um espaço no qual se alojará o projeto de autotransformação da sociedade. O ideal moderno de autonomia, portanto, está ligado à transformação das condições materiais de existência, à possibilidade de se reduzir o impacto dos riscos naturais na formação da identidade coletiva. O que se abre, com essa limitação tendencial das causas externas na formação da sociedade, é uma zona de indeterminação do destino coletivo, na qual a sociedade investirá de imediato forjando ideais que não podem ser reduzidos às necessidades funcionais. A emergência do social como "ambiente próprio" não tem a função de tornar a sociedade impermeável ao mundo, mas antes a de fazer frente (com um sucesso que se pode considerar insuficiente) à ecologia política liberal e à perseguição mortal dos incentivos aquisitivos e adaptativos em um contexto material em que se tornaram obsoletos. Contra isso, o pensamento sociológico vislumbra um modelo de autonomia-integração para o qual, uma vez que as mais severas determinações ambientais são postas de lado, a sociedade deve encontrar outros fundamentos para a coexistência.

Sem o saber, Durkheim escreve uma *história ambiental da autonomia*. Os ideais que emergem entre as pessoas derivam em boa parte do modo como se organizam para acessar as coisas, do modo como respondem às *affordances* materiais. O conhecimento científico, o controle técnico e a regulação jurídica e política do meio externo desempenham papel decisivo no surgimento da zona de indeterminação ecológica necessária à constituição da sociedade como ambiente próprio. Durkheim jamais o diz, e veremos mais a seguir as consequências dessa postura, mas as condições ecológicas da autonomia não são satisfeitas o tempo todo e em todo lugar. Enquanto a incerteza ambiental prevalecer sobre a atividade econômica, enquanto a perspectiva de escassez se fizer sentir, o social não pode tomar consciência de si mesmo como realidade *sui generis*, e, assim, os ideais modernos não podem se concretizar. Um certo nível de prosperidade é, desse ponto de vista, uma condição da autonomia. Por outro lado, se a superabundância aparece no horizonte, ou seja, se os motivos puramente econômicos da ação continuam a ocupar o núcleo dos ideais coletivos, então o delicado equilíbrio do corpo coletivo estará comprometido. *Por defeito ou por excesso, a mobilização dos recursos do mundo pode afetar os ajustes finos da autonomia política*, e esta só pode ser implementada se for associada a uma dosagem bem precisa. Historicamente, somos levados a pensar, portanto, que a autonomia-integração, a única válida, não era possível antes da grande revolução agroindustrial do século XIX (ou talvez das cidades-estados da Antiguidade e do Renascimento mediterrâneos) e que, apenas algumas décadas depois, ela já atingira seu limite superior.

Mas se Durkheim conceitua muito bem as consequências de uma divisão do trabalho não controlada, identificando as patologias do individualismo e do gosto pelo consumo, ele não dá atenção específica às patologias induzidas pela dimensão extensiva do crescimento. Ou seja, às perturbações sociais criadas não pela especialização, mas pela amplificação do metabolismo social. Com efeito, o processo de democratização da sociedade moderna é ainda mais dependente em 1893 do que em 1848 do desenvolvimento da indústria, já que somente o envolvimento de uma massa crítica da população na atividade produtiva garantiria uma relação de forças políticas a seu favor. Não se quer dizer com isso que o proletariado está no poder, mas sim que está em posição de obter concessões políticas significativas. A democracia exige a indústria, não apenas como motivo crítico, mas como força de estabilização da ordem social. Durkheim vê claramente, assim, o impasse representado pela adoção irrestrita de uma concepção puramente econômica, ou adaptativa, da liberdade, mas ele também precisou reconhecer que a realização do desejo de autonomia não pode ocorrer fora do quadro da orientação produtiva, industrial. Na crítica sociológica da economia política, a tensão entre abundância e liberdade assume, portanto, uma forma ainda mais complexa que no caso dos socialistas de meados do século: embora Durkheim entreveja a necessidade de sair do paradigma da abundância, a democratização é cada vez mais tributária dos dispositivos técnicos induzidos pelo carvão, pois é esse operador energético que garante a estabilização – ou a organicidade – da sociedade. Em outras palavras, em Durkheim, *a preempção do ideal democrático pela indústria* dá um passo à frente em relação à tradição socialista *stricto sensu*.

As *affordances* políticas do carvão

O grande mérito do sociólogo é o de ter transformado em ciência uma tendência profunda de sua época: cada um reclama sua cota da potência material que a sociedade desenvolve. É dessa forma que se manifestam as energias políticas do povo, com o crescimento constituindo a principal oportunidade histórica para uma equalização das condições e dos poderes. Como acabamos de ver, Durkheim mostra que a consciência coletiva é objetivada em diversas instituições, que por sua vez desempenham papel de liderança na formulação dos ideais sociais. É o caso do direito, notadamente. Mas o direito não tem a potência emancipatória das instituições materiais, pois permanece uma tecnologia especializada, uma linguagem cujas voltas e mais voltas estão além do alcance da maioria. Essa é a razão pela qual se pode atribuir ao sistema tecnoeconômico associado ao carvão e, secundariamente, aos demais processos de massificação da produção uma afinidade específica com a epistemologia sociológica. Esse sistema material permite que a exterioridade do social não assuma exclusivamente a forma de uma coação arbitrária: a homogeneidade e a regulação interna do coletivo devem parte de suas características a esse conjunto de máquinas, de recursos e de capacidades produtivas que enlaçam os indivíduos sob formas até então desconhecidas. Enquanto parte significativa da população estiver diretamente envolvida na extração, no transporte e na transformação das energias e das coisas que se entrelaçam com a ordem social, cada um pode se sentir parte de um todo que deve ser regulado. Esse sistema material é então um catalisador que facilita a incorporação da vontade do povo na normatividade política. O ponto cego dessa reflexão sociológica sobre as *affordances* políticas do carvão é o problema do desperdício, dos riscos e das patologias associadas a esse regime produtivo extensivo, e é nítido que, para Durkheim, todas essas consequências negativas da indústria são anedóticas se comparadas a seu benefício social: socializar o progresso ainda não significa a necessidade de

152 • Abundância e liberdade

limitar suas consequências ecológicas, mas sim a necessidade de neutralizar os motivos puramente econômicos da cooperação social.

***

Inúmeros comentadores de Durkheim ficaram impressionados com a saída política por ele conferida a suas pesquisas, a saber, um projeto de reforma corporativa destinado à reintegração dos trabalhadores em um sistema de profissões e à compensação dos efeitos da atomização dos indivíduos[52]. Esse projeto é notavelmente apresentado no segundo prefácio de *Da divisão do trabalho social*, escrito em 1902. A despeito do efeito de interferência criado pela valorização das corporações sob regimes políticos conservadores subsequentes, e particularmente durante o episódio de Vichy na França, a reforma proposta por Durkheim constitui sua contribuição mais direta para o ideal de democracia industrial. No entanto, o renascimento das corporações "não consiste em uma restauração do passado: ao contrário, ele se conforma aos requisitos modernos de organicidade que institucionaliza ao organizar as funções especializadas em órgãos públicos, nacionais e mistos", e Durkheim chega a considerar uma "organização interna democrática que conduz, segundo princípios eletivos e deliberativos, a uma partilha do poder decisório entre empregados e empregadores"[53]. A organização corporativa é apresentada como o principal instrumento de contenção das tendências desiguais e individualistas da economia moderna. Ela encorajaria os trabalhadores a se identificar com seus camaradas por meio da semelhança de suas práticas, fazendo dessa semelhança o substrato de uma solidariedade renovada. A necessária limitação da divisão do trabalho, embora não seja voltada para o passado, assume ainda assim a forma de um restabelecimento de traços considerados por Durkheim como "elementares", isto é, pré-modernos.

Esse aspecto do pensamento político de Durkheim não deixa de lembrar seus trabalhos de antropólogo. Assim, as corporações podem ser entendidas como castas esvaziadas de sua dimensão religiosa e ritual, às quais não pertenceríamos por herança e que, claro, não seriam hierarquizadas. A vontade de fazer com que as características da comunidade persistam na

---

[52] Mélanie Plouviez, "Le projet durkheimien de réforme corporative: droit professionnel et protection des travailleurs", *Les Études sociales*, n. 157-158, 2013, p. 57-103.

[53] Ibidem, p. 101.

A democracia industrial. De Proudhon a Durkheim • 153

organização social moderna vai assombrar o conjunto das ideologias políticas modernas e, como se viu, esse já era o caso em Proudhon. Na verdade, a ideia de que uma organização puramente individualista é insustentável e, portanto, impossível, suscitou inúmeros contramovimentos que, na maioria das vezes, foram concebidos como reativações tradicionalistas. As afiliações religiosas frequentemente desempenham um papel central nesse movimento de preservação da solidariedade anti-individualista, em especial em regiões onde predominam os vários ramos do protestantismo. Mas outros ressurgimentos ou persistências comunitárias são possíveis em sociedades de tendência individualista, assumindo até mesmo formas radicalmente violentas: o vínculo a um lugar, a uma região e os pertencimentos etnoculturais ou mesmo raciais apareceram como atrativos pertinentes para preservar o arcaico no moderno[54]. Mas essas fórmulas são obviamente afetadas por um pensamento não igualitário que, ao naturalizar as formas históricas de dominação e ao funcionar como dispositivos de exclusão, preserva apenas o conteúdo repressivo da ordem segmental a fim de melhor santificar a ordem produtiva. A organização corporativa, desse ponto de vista, é um dispositivo neossegmental não repressivo, não substancialista, e é nisso que é verdadeiramente socialista: ela visa extrair da organização produtiva os vetores de solidariedade capazes de evitar a atomização social.

Assim, enquanto a restauração de uma ordem política no âmbito de sociedades eminentemente reguladas pela economia assume frequentemente a forma da violência nacionalista, quando não da guerra, como em 1914 e em 1939, Durkheim defende a prevenção das tendências patológicas da sociedade de mercado antes que se chegue à catástrofe. Independentemente do conteúdo dessa proposição, ela nos impõe, portanto, um horizonte de expectativa conceitual. A tensão entre autonomia e abundância, que está no cerne da modernidade, atingiu desde o final do século XIX tal intensidade que os mecanismos facilitadores do desenvolvimento produtivo foram percebidos como obstáculos a uma autonomia bem concebida. O que está em questão é a capacidade do paradigma modernizador de sair incólume dessa contradição. No início do século XX, ela ainda não assume uma forma "ecológica", uma vez que o desenvolvimento material aparece ainda como condição de possibilidade da autonomia, mas uma brecha começava a se abrir

---

[54] Para o exemplo mais trágico de tais ressurgências, ver Johann Chapoutot, *La Révolution culturelle nazie*, Paris, Gallimard, 2017.

entre os autores que percebem o potencial desagregador de uma abundância ilimitada e que, assim, começam a pensar em dispositivos de emergência.

***

A linhagem conceitual que vai de Proudhon a Durkheim, do socialismo à sociologia, constitui etapa fundamental na história da contradição motriz das sociedades produtivas modernas, na medida em que torna visível o pacto selado entre abundância e autonomia como uma escolha sociopolítica contingente, ligada a uma época bem particular, a interesses bem específicos, e que, muito rapidamente, se defrontaria com becos sem saída. Essa tensão, que hoje percebemos como um problema ecológico, assume no século XIX uma forma diferente, a da questão social. Ora, a continuidade entre questão social e questão ecológica, para além da mudança do vocabulário político ocorrido no entretempo, só pode ser visualizada sob a condição de se suspender o projeto de uma história da preferência pela "natureza". A aparente descontinuidade entre o problema social e o problema ecológico esconde, de fato, uma continuidade mais essencial, a de uma tensão que se apodera das sociedades que se pretendem livres e prósperas, a saber, a tensão entre a vontade de autonomia e a vontade de liberação em relação aos ciclos geoclimáticos e suas restrições. Sob a ecologia política, nas camadas inferiores da história das ideias que só são vistas pelo prisma de suas transformações atuais, se coloca, portanto, a questão da resistência da sociedade à sua subordinação a uma ordem econômica. Esta última, explicitamente instituída para realizar a emancipação por meio de uma aliança com o esforço produtivo, vê suas fragilidades desveladas pela voz de uma nova geração de pensadores que articulam a liberdade e a igualdade às condições técnicas nas quais foram levadas a se desenvolver.

Uma das características mais marcantes dessa tradição intelectual é, aliás, a ambivalência constante de suas relações com o mundo técnico. Uma de suas afirmações centrais consiste em rejeitar a concepção extrativa de liberdade: o indivíduo e o coletivo não podem nutrir a pretensão de chegar a uma separação pura e simples em relação às coações deste mundo, a liberdade não pode ser entendida como afastamento definitivo dos fardos físicos e materiais, na medida em que o esforço produtivo está no cerne da vida coletiva. Ancorado na definição de sua própria norma, assim como na ideia de que a história é o produto dessa autonomia, o projeto moderno passa, ao contrário, pela integração das relações efetivas com o mundo. A

A democracia industrial. De Proudhon a Durkheim • 155

energia do fogo, a máquina, a divisão do trabalho, a exploração da terra e do trabalho em todas as direções e em todos os lugares formam o quadro de referência necessário para um pensamento da igualdade e da liberdade. Em outras palavras, e ao contrário do que acontece na tradição liberal, as relações coletivas com o mundo assumem um significado político. Mas, ao mesmo tempo, essa politização das relações com o mundo toma a forma de uma dependência do projeto de autonomia diante da relação produtiva. O sistema industrial é, assim, a um só tempo um teste das promessas de emancipação e a condição para uma resposta a essa provação: sem classe operária, isto é, sem a aparição de um grupo social diretamente envolvido na relação produtiva, e que pensa sua condição com base em sua prática, a crítica do liberalismo nem sequer é possível. Mais além do problema do "produtivismo" do pensamento socialista, é preciso, portanto, compreender que o paradigma da autonomia-integração depende de uma parceria com as coisas na qual estas se apresentam essencialmente como recursos, no quadro de uma meta de subsistência sustentada pelo conhecimento científico.

A politização das relações coletivas com a matéria é, então, uma via de mão dupla. A primeira consequência dessa ambiguidade é a identificação da "natureza" como um parceiro produtivo concebido como um recurso explorável, ontologicamente homogêneo e insensível, incapaz de opor qualquer resistência fundamental (além da inércia) ao seu uso e controle, e, enfim, suscetível de ser implicado em projetos de grande escala e de longa duração. Como lembramos, essa face do mundo natural já não convém a todas as aspirações filosóficas e estéticas. Mas se também é veiculada pelas críticas mais sólidas e eficazes ao pacto liberal, é porque corresponde a uma concepção dominante, comum a liberais e socialistas. A questão que então se coloca é simples: o que dizer do pensamento social libertado dessa ontologia implícita? A segunda consequência está ligada à dependência da democracia da indústria. Se as relações sociais construídas na era do carvão e da grande indústria desaparecerem – seja porque a atividade produtiva é estabelecida em outras partes do mundo, seja porque o sistema de energia é transformado, ou ainda porque é feita a escolha deliberada pela desaceleração do ritmo de produção –, o que será então da exigência democrática? De que forma é possível pensar a igualdade dos direitos na ausência de seu substrato técnico e econômico?

6
A HIPÓTESE TECNOCRÁTICA.
SAINT-SIMON E VEBLEN

Fluxos de matéria e arranjos de mercado

Definimos o socialismo como aquela tradição de pensamento para a qual o novo regime ecológico deve ser sentido no nível político por meio de uma mutação de magnitude ao menos equivalente. Em outras palavras, a realização da razão do povo depende da construção de uma sociedade em que a posição de uns e de outros no jogo das rivalidades industriais não pressagie seu acesso a direitos e a condições de vida satisfatórias. Mas essa estratégia, que consiste em vincular uma filosofia política à tomada de consciência das determinações que as novas condições tecnocientíficas impõem ao desenvolvimento da liberdade, conhece diversas variantes. Em particular, além da que acabamos de estudar, é preciso atribuir toda a sua importância ao que proponho chamar de a "hipótese tecnocrática". Esta mantém uma relação complexa com o socialismo majoritário, tal como é estruturado notadamente nas lutas políticas das quais somos herdeiros, mas constitui uma abordagem original das relações entre abundância e liberdade e, como tal, não pode ser negligenciada.

Os representantes mais eloquentes dessa hipótese são o filósofo francês Saint-Simon (1760-1825) e o economista e sociólogo americano Thorstein Veblen (1857-1929). Com um século de diferença, eles souberam colocar no centro de suas considerações a questão da emergência de um povo de produtores. Essas duas figuras intelectuais muitas vezes esquecidas – ou reduzidas a slogans e atalhos – compartilham uma ideia que pode ser resumida de forma simples.

A nova ordem social inaugurada pelas revoluções políticas e econômicas da virada do século XIX é caracterizada por uma confusão entre dois tipos de

158 • Abundância e liberdade

motivo dados à ação. Por um lado, estão as virtudes conferidas ao comércio, ligadas à gênese dos proprietários individuais autônomos uns em relação aos outros e em relação a uma autoridade soberana que interviria em suas iniciativas econômicas. A economia seria assim, antes de mais nada, um conjunto de relações, enfim libertadas, entre vendedores e compradores, no quadro de uma competição que se pretende sã e pacífica, porquanto despolitizada. Por outro lado, encontra-se o projeto de uma conduta racionalizada, eficiente, em larga escala e abundantemente equipada, dos negócios comuns. Em princípio, esse projeto destaca as habilidades práticas empregadas no uso racional das coisas, dos ambientes, dos recursos, no acesso coletivo a melhores condições de existência, assim como nas formas de associação induzidas por esse modo de relacionamento com o mundo. A construção de um amplo sistema industrial, a serviço dos homens, e capaz de acolher suas aspirações materiais e sociais, pode e deve, portanto, ser distinguida do espírito de empresa, da motivação do lucro. *Ora, toda a obra de Saint-Simon, tal como a de Veblen, decorre da vontade de separar essas duas faces da modernidade que a história infelizmente confundiu, o espírito de comércio e o espírito de indústria, e da vontade de acabar com a subordinação do segundo em relação ao primeiro.*

A confusão entre essas duas dimensões do capitalismo industrial foi precisamente uma consequência do pensamento liberal. Como aponta o economista americano John R. Commons, a trajetória do pensamento econômico progressivamente autonomizou e valorizou os motivos psicológicos do agir econômico: enquanto no século XVIII e na primeira metade do século XIX as técnicas de aprimoramento da relação com os recursos proporcionavam a possibilidade de uma análise aprofundada da riqueza, a economia raciocinava principalmente com base na vontade subjetiva e de suas expectativas em relação ao futuro. Tornando-se essencialmente comportamental, a racionalidade econômica mantém uma afinidade com os dispositivos de gestão do capital, na qualidade de abstração, mais do que com os processos de condução das coisas[1]. A esfera da produção e do consumo, dos recursos, a questão de seus limites e de seu valor, tudo isso sai gradativamente do âmbito da análise econômica, e as especificidades do mundo industrial deixam de ser integradas a sua epistemologia. A transação de um sujeito humano com outro torna-se o átomo fundamental da economia,

---

[1] John R. Commons, *Legal Foundations of Capitalism*, Nova York, Macmillan, 1924, p. 3-4.

enquanto as trocas metabólicas entre eles e seu ambiente, as energias, os espaços, são projetados para as margens da análise e das preocupações.

Para Saint-Simon e Veblen, o desafio é identificar a divergência entre esses dois registros de análise e mostrar que uma racionalidade apoiada na interdependência material e produtiva pode perfeitamente funcionar de maneira autônoma. Lidar com a transformação industrial da sociedade exige, para ambos, em outras palavras, "encontrar uma forma legal de o grande poder político passar para as mãos da indústria"[2]. Esta última não é mais o movimento cego e mal coordenado que empurra as sociedades para a multiplicação de processos de produção alienantes, ineficientes e geradores de desperdícios, mas sim uma forma de governo na qual os instrumentos tecnocientíficos se encontram integrados à regulação social geral.

Essa hipótese tecnocrática pode ser dividida em dois aspectos. Primeiro, trata-se de uma hipótese interpretativa sobre a coerência interna do capitalismo. Como acabamos de ver, Saint-Simon e Veblen se propõem a conceber como heterogêneas duas dimensões desse sistema que, no discurso oficial que as economias modernas sustentam a seu próprio respeito, aparecem como indissociáveis. Os defensores do socialismo tecnocrático se opõem à ideia comumente aceita de que o estímulo às trocas privadas, a liberação da propriedade privada e sua identificação com o exercício da liberdade andam de mãos dadas com o desdobramento dos meios que permitem o conhecimento e a exploração sistemática do mundo. Segundo eles, a elevação das condições materiais de existência e a conquista da prosperidade estariam, de fato, ligadas a uma marcha rumo à igualdade e à liberdade, mas, para ser assim, elas devem permanecer totalmente independentes dos dispositivos que visam à livre manipulação do capital e ao investimento em empresas a fim de realizar o lucro. Pode-se demonstrar, com efeito, que a condução dos assuntos econômicos sob a responsabilidade dos contadores e financistas, isto é, dos grupos profissionais dedicados à maximização do lucro pecuniário, frequentemente entra em conflito com a gestão racional dos recursos materiais e humanos. Certas forças produtivas podem, então, ser subutilizadas ou sobreutilizadas conforme as perspectivas ditadas por um mercado, um recurso pode ser dilapidado para um ganho imediato, em detrimento da segurança e do bem-estar, estoques de alimentos podem ser

---

[2] Saint-Simon, *Œuvres complètes*, Paris, PUF, 2012, v. II, p. 1638. No que se segue, nos referiremos a essa edição.

160 • Abundância e liberdade

perdidos no jogo da especulação e nos gargalos do abastecimento, tecnologias ineficientes e perigosas podem ser mantidas em nome de interesses econômicos, em detrimento de outras mais eficientes ou mais sóbrias.

A primeira componente da hipótese tecnocrática consiste, portanto, na sugestão de que, na implantação da economia moderna tal como a observamos, as ciências e técnicas não têm poder próprio: ao contrário do que afirma uma parte das críticas à modernidade, e o essencial da historiografia ambientalista, a modernidade não é a era do poder técnico, mas sim a da sua impotência. Na maioria das vezes, as tecnociências não têm capacidade de impor à ordem econômica normas decorrentes diretamente do contato entre as classes produtivas e os engenheiros e as características materiais das coisas. Esses saberes, pelo contrário, são subordinados a razões externas ao projeto industrial *stricto sensu*, tal como as da componente financeira do sistema econômico. Esta renova um regime de dominação que, para Saint-Simon como para Veblen, nada tem de especificamente moderno: na modernidade aparentemente tida como a mais liberal, a mais racionalista, o interesse das classes ociosas – desvinculadas das tarefas produtivas – tende a se sobrepor. Enquanto Saint-Simon se apoia no espírito de 1789 a fim de fazer da emancipação das classes produtivas o ponto final da remoção do clero e da nobreza, Veblen, um século depois, reconhece a reconstituição de uma elite rentista (os acionistas) que compromete o projeto de um governo industrialista[3].

A especificidade da escola tecnocrática reside na forma como investe o povo da capacidade de encontrar as normas de sua ação na tomada em conta das coisas, no seu uso, na sua partilha. O segundo aspecto da hipótese tecnocrática consiste então na aposta na capacidade da autonomia da normatividade industrial para regular as relações sociais induzidas pelo progresso tecnocientífico e pela emergência de uma vontade de emancipação. A proposição analítica é estendida, assim, por meio da edificação de um plano de ação destinado a acabar com as formas de dominação que se beneficiam da subordinação das artes produtivas a interesses não industriais. Esse plano de organização social passa pela identificação de um ator-chave, repositório das competências práticas e morais a um só tempo emblemáticas do espí-

---

[3]   Sobre uma eventual influência de Saint-Simon sobre Veblen, ver William E. Akin, *Technocracy and the American Dream. The Technocrat Movement, 1900-1941*, Berkeley, University of California Press, p. 122, que menciona o interesse do influente engenheiro Harold Loeb por Saint-Simon em seu livro *Life in a Technocracy*.

rito moderno e capazes de conduzir a marcha do progresso de forma justa e igualitária: o engenheiro. Ele é o projetista e o supervisor das principais estruturas técnicas que atualizam as promessas de controle das condições materiais de existência. Ele reina, assim, na fábrica, na planificação das redes de transporte, mas integra também os órgãos de regulação estatal, já que se encontra na interseção dos dispositivos jurídicos, executivos e econômicos da nação. Nem estritamente empreendedor nem somente especialista técnico convocado pelo poder público, o engenheiro tecnocrata é uma figura conceitual cujos equivalentes históricos são difíceis de encontrar. Chaptal, no círculo saint-simoniano, e Frederick Taylor (introdutor do "taylorismo"), próximo a Veblen, poderão, no entanto, constituir exemplos instrutivos para se refletir sobre o que *não são* essas novas elites tecnocráticas.

Saint Simon: uma nova arte social

Nascido em 1760, Saint-Simon começou apenas tardiamente a estudar filosofia: toda a primeira parte de sua vida, até 1800, foi dedicada a uma série de aventuras militares e industriais, primeiro na América, depois na Espanha. Oriundo de uma família aristocrática, enriquecido pela venda de bens nacionais, Saint-Simon terminou esse período, entretanto, arruinado e com a sensação de não ter realizado a obra notável que seu destino lhe demandava[4]. Voltou-se, então, sob a influência de Cabanis, para as ciências biológicas e médicas, que lhe pareciam portadoras de uma utopia racionalista em que governantes e governados se submetem juntos e naturalmente a um poder organizador do qual os cientistas são os mediadores, localizados no cruzamento do conjunto de interdependências funcionais que asseguram a coesão do todo[5]. A arte de governar, então concebida por Sieyès e Condorcet como o coração da razão política moderna, toma seu modelo emprestado da fisiologia, e nessa perspectiva os depositários da nova autoridade social "não mais considerarão os problemas que terão de enfrentar senão como questões de higiene"[6]. Essas palavras de *Mémoire sur la science de l'Homme* [Memórias sobre a ciência humana] sintetizam perfeitamente o primeiro

---

4   Olivier Pétré-Grenouilleau, *Saint-Simon. L'utopie ou la raison en actes*, Paris, Payot, 2001, fornece dados biográficos importantes sobre esse período.

5   *Œuvres complètes*, cit., p. 107.

6   *Œuvres complètes*, cit., p. 1081.

Saint-Simon. A medicina social que projeta é a arte de criar um ambiente favorável à expressão das tendências comportamentais ativas do povo. Ela concebe o homem como uma realidade material associada a um meio e a política como a organização adequada de suas relações mútuas, da mesma forma que a saúde depende do bom ordenamento das funções internas.

A autoridade dos médicos representa então o flanco científico do espírito revolucionário, mas Saint-Simon em seguida abandonará o idioma da medicina social para capturar a racionalidade interna do corpo social com base no povo, concebido como um conjunto de *produtores*. A produção, a indústria, constituem, assim, a função cardinal do coletivo buscando se estabelecer após o momento revolucionário, quando ainda não se sabia com suficiente clareza no que deveria repousar a nova legitimidade. A capacidade de ancorar os princípios da política positiva nos costumes não pode, assim, ser inteiramente delegada a uma elite instruída, e, agora, será a atividade industrial que constituirá a referência principal para um pensamento político moderno. É isso o que Sieyès já indicava em 1789, em *O que é o Terceiro Estado?* A recusa do sistema de privilégios do Antigo Regime se baseava, para ele, na ideia de uma contribuição desigual dos grupos sociais ao trabalho coletivo, associada a um acúmulo de poder e de proteção jurídica e econômica por aqueles que menos contribuem. O Terceiro Estado, no qual Sieyès reúne trabalhadores dedicados à produção de bens, a seu comércio e ao conjunto das funções de manutenção do meio social, constitui o que ele chama de "nação verdadeira".

O desafio consiste, então, em encontrar as bases sociológicas de um regime legal e moral que represente esse corpo de associados dedicados à atividade industriosa. Essa ruptura com a tradição feudal dá a Saint-Simon seu arcabouço, mas ele reformula o princípio do Terceiro Estado acentuando a referência ao trabalho material. O termo "indústria" se torna central em Saint Simon a partir de 1814-1815, quando ele passa a ver nas operações de transformação deliberada e instruída do mundo natural uma fonte de socialização e de produção normativa decisiva, capaz de erradicar do corpo social seus elementos considerados como parasitários. Libertada de seus antigos senhores, a sociedade não perde, portanto, todas as suas referências, ao contrário do que afirmavam pensadores contrarrevolucionários como Bonald ou De Maistre, uma vez que se volta para o que sempre fez, sem que essas práticas possuíssem, outrora, valor legislativo.

É a partir daí que a divisão entre ociosos e ativos terá papel estruturante no pensamento de Saint-Simon. Uma de suas formulações mais conhecidas é a parábola encontrada no início de *O organizador*. Ela nos incita a imaginar o declínio repentino, na França, das elites industriais, comerciais, artísticas e científicas, e a comparar seus efeitos com a queda igualmente súbita das grandes famílias aristocráticas, do clero e dos administradores públicos, tais como prefeitos, ministros, conselheiros. Se o segundo acontecimento não teria nenhum efeito significativo sobre o Estado e a prosperidade social, pois afetaria as classes ociosas, o primeiro, por sua vez, comprometeria radicalmente a condução dos assuntos coletivos e a busca do progresso econômico e social. Perdido o fundo comum dos *savoir-faire* necessários a uma república industrializada, é a própria sociedade que se vê amputada dos seus membros mais emblemáticos e úteis. Essa experiência de pensamento visa tornar sensível o parasitismo das elites ociosas, que custam caro à nação sem, porém, assegurar nenhuma função diretiva verdadeira[7]. Saint-Simon conclui que é necessário dar oficialmente o poder àqueles que o exercem de fato, senão de direito, sob pena de se perpetuar a subordinação das funções industriais – adequadas ao estado social moderno – às funções simbólicas parasitas.

A vocação emancipatória do saint-simonismo decorre, se não da eliminação efetiva das classes ociosas, ao menos da aposta segundo a qual é possível compor uma associação política estável e justa com base exclusivamente das competências práticas e de seus fundamentos científicos. O ocioso não deve ser eliminado, mas sim reintegrado na associação industrial, em especial se for detentor de capital: sua riqueza deve ser investida em projetos que tenham por perspectiva o bem comum, e os mecanismos de crédito podem e devem encontrar uma utilidade social. A prevalência da atividade industrial sobre a ociosidade e a captação ilegítima de riqueza inclui, portanto, um componente que se pode, de fato, chamar de liberal: se os ociosos desviam uma parte das forças sociais, eles devem ser trazidos de volta ao jogo das interdependências práticas, e não pura e simplesmente excluídos, e isso em nome da unidade fundamental do corpo social. Nos manuscritos de *A indústria*, Saint-Simon segue longe por esse caminho, deduzindo de seus próprios princípios que a indústria não deve receber regras exógenas: a doutrina do menor governo, então defendida na França por Say, encontra assim em Saint-Simon, temporariamente, um eco favorável[8].

---

[7] *Œuvres complètes,* cit., p. 2119-24.

[8] "Todas as ambições da indústria se limitam a desejar que não nos envolvamos com seus negócios, e que a protejamos sem liderá-la", *Œuvres complètes,* cit., p. 1450. "A

164 • Abundância e liberdade

A indústria é autorreguladora porque as atividades que reúne proporcionam benefícios econômicos (satisfação das necessidades) e morais (produção de ideias comuns, valores unificadores). É a introdução no corpo social de novos processos de produção e de novas capacidades de ordenamento do território que constitui a oportunidade para dar aos produtores as rédeas políticas. A indústria esclarecida pela ciência, desenvolvida na virada do século XIX, é mais completa que a dos séculos passados, porque é capaz de se encarregar das relações coletivas com o meio de forma metódica, voltada para o futuro, e porque pode dar sentido à ação de todos os homens e mulheres: para Saint-Simon, a intensificação dos meios técnicos corresponde a um aumento das virtudes sociais da indústria, uma vez que um número cada vez maior de indivíduos alcança a realização de seus conhecimentos e de seu *savoir-faire*, e, assim fazendo, acumula ocasiões de interação com o outro. Mas a condição para essa realização da razão do povo na indústria é a de garantir a aliança e a participação ativa das novas categorias sociais: inovadores e investidores – ou seja, os engenheiros e a grande burguesia financeira. Ora, essa aliança jamais se concretizará.

Nessa época, Saint-Simon fez esforços consideráveis para se aliar aos banqueiros e industriais, a essas novas elites que, entre os Cem Dias e a Monarquia de Julho, assumiram uma importância política até então desconhecida[9]. Laffitte e Hottinguer, os banqueiros, mas também Chaptal e Perregaux, os industriais, estão entre os subscritores regulares das iniciativas encampadas por Saint-Simon. Mas, ao mesmo tempo, Saint-Simon pretende submeter esses atores a um plano político que não pode ser reduzido ao *laissez-faire*. A fina integração das diferentes partes do mundo industrial – as funções estruturantes (em particular os transportes) e produtivas deixadas à apreciação e à iniciativa dos engenheiros civis – fornece, em princípio, um panorama da integração igualmente ideal das vontades e das aspirações humanas. A técnica e a ciência aparecem como mediações universais, pois são elas que garantem o controle efetivo do mundo, são elas que nos instruem sobre o que é possível fazer com o mundo. A identificação da

---

indústria precisa ser governada o menos possível e, para isso, só existe uma maneira, que é passar a ser governada da forma mais barata possível", ibidem, p. 1470.

[9] Nas eleições de maio de 1815, 23 representantes dos bancos e da indústria foram eleitos para a Assembleia, uma novidade na história política francesa.

sociedade com a indústria[10] resulta na vontade de limitar a extensão do poder político: a famosa máxima de que é preciso passar "do governo dos homens à administração das coisas", isto é, à eliminação tendencial do Estado, se inscreve nesse contexto.

Em outras palavras, se Saint-Simon desenvolve em *A indústria* uma primeira versão do ideal tecnocrático que ainda podemos caracterizar como liberal, a autolimitação da política da qual faz seu credo não é suficiente para mobilizar as elites econômicas no projeto democrático e tecnocrático. As grandes figuras da inovação e da banca mencionadas acima deixarão gradualmente de apoiar os planos de Saint-Simon, o que mudará a coloração política de seu projeto.

A normatividade técnica dos modernos

Se para a economia liberal o capital deve poder investir em qualquer empreendimento promissor, a identificação das perspectivas de lucro com as perspectivas de prosperidade geral nem sempre encontra sua validação. A dissociação entre, de um lado, a indústria, no sentido da condução eficiente das coisas, e, de outro, o governo pela economia, que se baseia na lógica da maximização do lucro a fim de realizar o ordenamento material do mundo, tornar-se-á, portanto, central nos textos posteriores. Se o pacto liberal almeja associar liberdade e prosperidade, assim o pretende por meio dos mecanismos de mercado, que garantiriam de modo espontâneo a convertibilidade da liberdade em aperfeiçoamento material, e vice-versa. Mas assim que esses mecanismos se revelam materialmente ineficazes, criando desordem e destruição, privações no trabalho e pobreza, então o pacto é rompido. A proposição tecnocrática consiste em acrescentar uma cláusula a esse pacto: retirar a autoridade das elites econômicas e confiá-la às elites propriamente industriais, que têm em vista o ordenamento do mundo e a organização dos homens.

A mudança de tom do pensamento saint-simoniano e sua reaproximação com os ideais socialistas podem ser compreendidas com base no problema

---

[10] Por exemplo, *Œuvres complètes*, cit., p. 144: "Toda a sociedade repousa na indústria. A indústria é a única garantia de sua existência, a única fonte de todas as riquezas e prosperidades. A situação mais favorável à indústria é, portanto, por si só, a mais favorável à sociedade". É nesse momento que Saint-Simon assume o lema: "Tudo pela indústria, tudo por ela".

166 • Abundância e liberdade

da exploração. Os saint-simonianos buscaram posteriormente resumir as coisas afirmando que à exploração do homem pelo homem deveria suceder a exploração da natureza pelo homem[11]. Com efeito, o que acontece quando os humanos exploram a natureza de maneira mais extensiva? De um lado, eles devem aprimorar as formas de cooperação que possibilitam essa extensão da exploração, mas, ao mesmo tempo, devem inventar meios políticos capazes de manter a integração social contra as tendências individualistas. Ora, se o trabalho é objeto de uma divisão cada vez mais avançada, Saint-Simon nos recorda que todas as artes e ofícios, todas as funções que os enquadram e os facilitam, dialogam com o mesmo mundo. Portanto, se são divididas, algo unifica todas essas tarefas diferentes para além de sua especialização: é o fato de que elas têm o mundo como objeto e a sociedade como sujeito. O mundo natural assume, assim, duas funções intimamente associadas na dinâmica social e histórica: ele constitui, antes de qualquer coisa, o interlocutor privilegiado das faculdades ativas do homem e, portanto, a base das relações que estabelece com os outros, representando, simultaneamente, a única instância capaz de conferir uma finalidade material, tangível, a uma sociedade determinada a se livrar das justificativas sobrenaturais ou individualistas atribuídas à convivência coletiva.

No enquadramento liberal-individualista, as técnicas produtivas existem essencialmente para aumentar a quantidade de mercadorias disponíveis, para baixar seus preços e, portanto, para tornar acessíveis os bens de consumo manufaturados. No enquadramento tecnocrático, a relação produtiva é, obviamente, importante, mas tende a ser subordinada a uma relação construtiva. Pode-se supor, sem grande risco de erro, que o objeto técnico prototípico, para Saint-Simon, é menos a máquina na fábrica que as infraestruturas de rede, os canais, as ferrovias, os sistemas de abastecimento de água ou de comunicação. Aliás, até o momento de sua morte, em 1825, a máquina térmica, responsável por impulsionar a produção em massa de bens de consumo, ainda não havia irrompido de forma massiva na França: Saint-Simon é contemporâneo dos projetos de infraestrutura de transportes e de higiene pública, da pequena manufatura baseada em técnicas mais

---

[11] Ver *Doctrine de Saint-Simon, Exposition, Première année, 1829*, Paris, Rivière, 1924, p. 94. Sobre essa questão, ver Vincent Bourdeau, "Les mutations de l'expression 'exploitation de l'homme par l'homme' chez les saint-simoniens" (1829-1851), *Cahiers d'économie politique*, n. 75, 2018, p. 13-41.

química que mecânicas, e, portanto, de um estágio intermediário do desenvolvimento industrial, ainda bastante diferente daquele que fascinaria Marx, na Inglaterra, alguns anos depois.

O que é central para uma nação industrializada é o que hoje chamaríamos de "equipamento", aquilo que, uma vez instalado, fornece um serviço estrutural para o conjunto da população: a capacidade de se projetar em um futuro a longo prazo, típico da vontade modernizadora, decorre em grande medida da edificação dessas infraestruturas materiais que recolhem e canalizam as vontades, aproximando-as. O território, tanto como realidade geográfica quanto como conjunto de recursos, deve ser administrado, enquadrado, e sua exploração é apenas uma das facetas de uma operação mais ampla de condução racional dos fenômenos materiais pertinentes à ação social. A visão modernista do engenheiro planificador está vocacionada, portanto, a ser realizada de forma socialmente acessível, e não apenas nos bens de consumo privados. Essa é a razão pela qual a técnica carrega um poder organizador, ligado a seu potencial de melhoria das condições efetivas de vida: ela intervém na rede de interdependências e interações, contribuindo positivamente para estruturá-las. Na introdução que escrevem à *Doutrina de Saint Simon*, Célestin Bouglé e Élie Halévy relatam assim que, sob a ação do governo industrialista, o mundo inteiro se tornará "viajável e habitável como uma Europa"[12]: o grau de integração territorial e cultural da Europa, implicitamente considerado o local privilegiado da emergência dos ideais modernos, pode ser generalizado para o mundo, dessa vez como um pré-requisito para o desenvolvimento social.

Saint-Simon considera essa estruturação consciente das relações produtivas como uma herança das repúblicas italianas do final da Idade Média e do Renascimento, nas quais o governo se ocupava "unicamente da ação sobre a natureza, a fim de modificá-la tanto quanto possível da maneira mais vantajosa para a espécie humana; exercendo ação sobre os homens apenas para determiná-los a contribuir para essa ação geral sobre as coisas"[13]. Enquanto o antigo poder político e religioso buscava respeitar uma providência divina, que determinava tanto a existência humana quanto as oportunidades econômicas, o bom governo se justifica, ao contrário, pela ação positiva que impõe ao curso das coisas. Agir sobre a natureza para modificá-la se

---

[12] Ibidem, p. 17.

[13] *Œuvres complètes*, cit., p. 2172.

168 • Abundância e liberdade

torna, assim, o instrumento e o critério da política moderna e de seu poder determinante sobre a história.

A autonomia político-histórica dessas Repúblicas e a conquista da prosperidade estão estreitamente associadas:

No antigo sistema, o povo era arregimentado pelos seus chefes. No novo, se combina com eles. Da parte dos chefes militares, havia comando. Da parte dos líderes industriais, não há mais que direção. No primeiro caso, o povo era súdito. No segundo, é sócio. Tamanho é o admirável caráter das combinações industriais que todos aqueles que com elas contribuem são, na realidade, colaboradores, associados, do mais simples trabalhador ao mais opulento manufatureiro, incluindo o engenheiro mais esclarecido. [...] Enfim, observemos que o progresso da indústria, da ciência e das belas-artes, ao multiplicar os meios de subsistência, ao reduzir o número de desocupados, ao esclarecer os espíritos e ao refinar os costumes, tende cada vez mais a superar as três maiores causas de desordem: a miséria, a ociosidade e a ignorância.[14]

Saint-Simon emite uma hipótese particularmente potente sobre as condições de formação de regimes em que prevalece a verticalidade autoritária: o recurso à força, isto é, à coerção arbitrária, é o único meio disponível para uma autoridade não testada na provação do mundo natural para ser reconhecida e obedecida. A desigualdade estatutária que caracteriza as sociedades do tipo antigo se baseia na necessidade de naturalizar a autoridade, na ausência de um princípio normativo tangível, ou ao menos desenvolvido na própria prática. A igualdade dos sócios, ao contrário, se assenta no reconhecimento comum da contribuição de cada um para o trabalho coletivo, contribuição essencialmente material, ligada a capacidades práticas. Uma autoridade que escuta as possibilidades econômicas e organizacionais contidas no curso dos acontecimentos proporciona a si mesma uma norma tangível e reconhecida por todos: sem dissolver qualquer relação de autoridade ou qualquer desigualdade, essa norma constitui um princípio de integração social no qual a combinação das práticas se impõe diante do comando único. Em outros termos, a insuficiência das mediações técnicas e científicas com a natureza expunha outrora os homens a um poder que não tinha outro critério ou justificativa a não ser puras construções ideológicas. Inversamente, a intensificação das mediações tecnocientíficas e a confiança nelas depositada dão acesso a uma autoridade legítima, a uma coação que é a *boa coação*.

---

[14] Ibidem, p. 2187-8.

O desnudamento do esquema produtivo

Antes de dar seguimento à história da hipótese tecnocrática em seus desenvolvimentos posteriores, é preciso considerar uma possível objeção. Com efeito, uma das características fundamentais do desenvolvimento industrial na Europa ocidental se deve às contestações com as quais, desde muito cedo, ele teve de se deparar, contestações baseadas na constatação da nocividade dos procedimentos químicos empregados e dos possíveis danos físicos que a máquina pode causar no corpo dos trabalhadores. Por meio do conceito de desinibição, Jean-Baptiste Fressoz explora, por exemplo, os mecanismos que permitiram "contornar" as objeções à orientação produtiva centrada nas tecnociências, desde o século XVIII: se colocarmos no cerne da análise essa insensibilidade em relação aos alertas sanitários e ambientais, então a indústria se configura sob uma faceta totalmente diferente da que Saint-Simon e seus herdeiros imaginam. Os corpos e os meios são, nessa perspectiva, as vítimas de um processo que tende a marginalizar suas próprias consequências e que, na realidade, só funciona procedendo ao que em termos contemporâneos se pode chamar de externalização dos riscos[15].

No limite, o que está em jogo é a ideia de uma responsabilidade social da indústria. Em Saint-Simon, essa responsabilidade é evidente, uma vez que permite a integração justa dos ideais de abundância e de liberdade. A centralidade sociológica e histórica do trabalho produtivo se prolonga na forma de um governo tecnocrático que impede a nefasta dissociação entre a economia e a política. Trabalhos históricos recentes, porém, indicam não apenas que a indústria jamais assumiu, de fato, essa responsabilidade, mas que, acima de tudo, ela precisa ser considerada de um ângulo totalmente diferente. A verdadeira responsabilidade industrial consistiria na consideração dos alertas sanitários e ambientais e na condução de uma modernização econômica capaz de se autolimitar e de levar em conta as contestações. Justo em si mesmo, esse argumento passa ao largo, entretanto, de dois aspectos do pensamento industrialista.

Em primeiro lugar, deve-se lembrar que as estruturas industriais afetaram profundamente a relação social com o tempo. Ainda que o universo mecânico e produtivo causasse sofrimento físico e moral a seus operadores,

---

[15] Jean-Baptiste Fressoz, *L'Apocalypse joyeuse*, cit., e, em par, a síntese de Thomas Leroux e François Jarrige, *La Contamination du monde*, cit.

a ideia de uma marcha universal do progresso tornava possível justificar – mesmo aos olhos de suas vítimas mais evidentes – os sacrifícios realizados. Ou seja, a indústria se declarava responsável pelo presente *e pelo devir*, desenhando um mundo futuro em que as *garantias* de aumento do bem--estar e das liberdades valiam mais que as *incertezas* e os *prejuízos* presentes. Se perdermos de vista esse aspecto em favor de uma crítica feita do ponto de vista contemporâneo, para a qual a relação entre essas garantias e essas incertezas se encontra invertida, não estaremos mais em condições de apreender a configuração da relação entre natureza e sociedade no século XIX, inclusive nas ideologias politicamente progressistas. A força de tração do par autonomia-abundância era tamanha, naquele momento, que acabava por impor ao pensamento crítico que se desenvolvesse, no essencial, no interior do seu enquadramento. Se alguns sonhos utópicos, já naquela época, às vezes quebraram o bloqueio dessa configuração a fim de indexar a felicidade pública e privada à preservação a todo custo de um *status quo* ambiental, a maioria veiculava, na verdade, uma renúncia mais ou menos explícita ao princípio de autonomia[16]. A crítica ecológica do progressivismo industrialista pertence a uma configuração epistêmica tardia, que pode ser útil projetar retrospectivamente sobre o século XIX, mas que não apreende totalmente a forma como, naquele momento, natureza e política se entrelaçaram, já que não podemos subestimar a que ponto o projeto de autonomia se encontrava então capturado pela adesão ao progresso por meio das tecnociências.

O outro ponto é que o socialismo tecnocrático visava, de início, desfazer o domínio ideológico e prático da concepção extrativa da autonomia moderna. É por isso que a hipótese tecnocrática pertence à família socialista: o ideal de extração, de ruptura total com a força coativa das coisas físicas e vivas, somente pode ser encontrado, verdadeiramente, na tradição liberal, para a qual a questão da emancipação se coloca apenas no nível dos órgãos governamentais e representativos. Desse ponto de vista, pode-se dizer que uma política da representação, validando no plano ontológico a diferença entre o que deve ser representado (as pessoas) e o que não pode sê-lo (as coisas), se encontra em desacordo com as exigências próprias de uma so-

---

[16] O vínculo entre a crítica antimoderna e a preservação da natureza, até mesmo em sua dimensão estética, pode ser observado, na Inglaterra, particularmente em John Ruskin e Thomas Carlyle, com consequências políticas que vão do socialismo romântico, no primeiro, ao conservadorismo, no segundo.

ciedade industrial, na qual as condições da liberdade são essencialmente tecnológicas[17]. Para Saint-Simon, o valor da liberdade não é incomensurável com o do mundo, e a emancipação só pode ser promovida na medida em que for acompanhada de uma regulação ativa e consciente das relações coletivas com a natureza, com os recursos. A autonomia-integração é um paradigma crítico cujo escopo deve ser medido para além de sua conformidade com as expectativas ecológicas próprias do regime contemporâneo da crítica.

De fato, o processo de industrialização é indissociável da marginalização de suas vítimas (humanas e não humanas) e da apropriação do futuro pelo presente, o que em geral denominamos risco ou catástrofe. Em outras palavras, a elaboração da autonomia-integração, em sua versão tecnocrática, conferiu à indústria uma forma de responsabilidade e de reflexividade que ela jamais teve. Trata-se de uma imperdoável ingenuidade de Saint-Simon sobre o que se passava no mundo industrial, ou seria preciso enxergar aí, ao contrário, a demonstração *a posteriori* daquilo que ele defendia, a saber, que a implantação da indústria sem a aplicação de um filtro tecnocrático conduz à catástrofe? O caráter totalizador atribuído por Saint-Simon à experiência industrial é acompanhado por um não dito sobre essa mesma experiência: *identificar a prática socializadora fundamental dos povos modernos com a produção e o desenvolvimento de um espaço de mobilidades e de conexões torna invisível o corolário dessas ações: o acúmulo de resíduos, de poluição, de riscos e de doenças.* Em outros termos, a centralidade da indústria é a um só tempo positiva e negativa. Não há dúvida de que Saint-Simon não deu a esse problema a importância que merece, e que já merecia em sua época. Mas a lição mais importante da hipótese tecnocrática é o *desnudamento* desse esquema produtivo e ordenador. Saint-Simon fez uma análise de sua época que permitiu isolar o núcleo das práticas com base no qual a história se reorientava: a força emancipatória do progresso, do crescimento, do desenvolvimento, constitui a seus olhos apenas a manifestação visível de um princípio mais fundamental que é esse esquema de relações produtivas doravante inscrito no coração da sociedade. Além do mais, é esse núcleo de práticas que ganha sentido hoje quando tentamos desenvolver um pensamento político ecológico: o questionamento das atuais estruturas agronômicas,

---

[17] Bruno Latour, *Politiques de la nature*, Paris, La Découverte, 1999. [Ed. bras.: Bruno Latour, *Políticas da natureza; Como associar as ciências à democracia.* Trad. Carlos Aurélio Mota de Souza. São Paulo, Ed. Unesp, 2019.]

energéticas e comerciais passa por uma elevação da reflexividade técnica e por uma interrogação do sentido das operações produtivas[18]. A atualidade de Saint-Simon não se deve, portanto, ao fato de que tenha investido todas as suas esperanças na indústria. Ela se deve, antes, ao fato de ele ter fornecido instrumentos para compreender a trajetória moderna com base no novo tipo de socialização da natureza que ela impulsiona, assim como à ideia segundo a qual esse tipo de socialização da natureza só pode ser um vetor de democratização se for governado pelo que é, com base em suas próprias normas, e não mais através do véu que distorce as velhas políticas simbólicas.

Veblen e o culto da eficiência

E a tecnocracia no século XX? O pensamento de Thorstein Veblen se inscreve no que a historiografia dos Estados Unidos batizou de *progressive era*: esse período, que vai dos últimos anos do século XIX à década de 1920, é marcado pelo acoplamento entre um otimismo econômico alimentado por medidas de controle sobre os monopólios e a consolidação democrática da nação em torno de medidas sociais, morais e educacionais[19]. Mas, por mais progressista que fosse o espírito do tempo, o economista se afirma como um dos críticos mais incisivos do modo de desenvolvimento e das estruturas políticas em vigor. Ao longo de sua carreira, ele descreverá as formas e as consequências de uma tensão em marcha na sociedade americana. Desde seu primeiro livro, *Theory of the leisure class** (lançado em 1899), até os ensaios publicados na década de 1920, *The Vested Interests* [Interesses investidos] e *The Engineers and the Price System* [Os engenheiros e o sistema de preços], que fornecerão as principais referências para nossa análise, a clivagem entre

---

[18] Quanto a isso, pode-se notar uma importante herança saint-simoniana em iniciativas de transição energética radical, tal como a proposta no manifesto NégaWatt. Elaborado por um coletivo de engenheiros, esse texto visa reintegrar no planejamento energético um conjunto dos critérios ambientais e econômicos que permitam projetar infraestruturas energéticas adequadas a um ideal social sustentável. Association NégaWatt, Manifeste NégaWatt. *En route pour la transition énergétique*, Arles, Actes Sud, 2012.

[19] Sobre esse período, ver o livro clássico de Richard Hofstadter, *The Age of Reform*, Nova York, Vintage Books, 1955.

* Ed. port.: Thorstein Veblen, *A teoria da classe do lazer*. Trad. Patrícia Xavier. Lisboa, Almedina, 2018. (N. E.)

A hipótese tecnocrática. Saint-Simon e Veblen • 173

o espírito da indústria e o espírito do comércio é a obsessão de uma obra inclassificável, cujo potencial analítico e crítico permanece ainda hoje insuficientemente explorado.

Em *Theory of the leisure class*, ele se dedica a uma arqueologia da competição simbólica praticada pelas classes dominantes a fim de justificar a apropriação dos excedentes agrários e, no mesmo passo, a manutenção de uma posição a um só tempo economicamente marginal (porque destituída das responsabilidades ligadas à subsistência) e socialmente central. O trabalho joga luz, assim, sobre o mecanismo pelo qual os fundamentos substanciais da reprodução social são derrubados, e no final do qual uma elite cultiva sua distinção, sua honra, por meio de gastos excessivos – o que ele chama de consumo ostentatório. Enquanto o instinto artesão, ainda dominante nas classes subalternas, visa otimizar o uso de recursos (humanos e naturais) escassos e agregar as vontades individuais em um destino comum, as elites ociosas legitimam seu prestígio acumulando e dilapidando riquezas. Observa-se, então, a emergência de um tema que permanecerá predominante em sua obra até seus últimos desdobramentos: o do desperdício *(waste)*[20]. Pode-se resumir a divisão operada por Veblen em sua obra na forma de uma série de oposições simples: entre instituições pecuniárias e industriais, entre instintos egoístas e altruístas, entre valores cerimoniais e instrumentais[21]. Veblen inscreve, de início, a distinção simbólica das classes dominantes em uma história natural da espécie humana, mas no resto de sua obra esse enquadramento naturalista se torna muito mais discreto. A contradição entre o *business* e a indústria mudará de face, e essas coordenadas naturalistas serão traduzidas em um verdadeiro problema sociológico e histórico.

O primeiro fator que sugere a Veblen um novo quadro de reflexão é o amplo debate sobre a eficiência da economia ocorrido nos Estados Unidos no início do século XX[22]. Desde a época de Saint-Simon, a história basicamente confirmou as previsões de Stanley Jevons: a América do Norte se tornou uma potência econômica de primeiro plano e, desde então, é lá, mais que em qualquer outro lugar, que a fórmula do crescimento libertador se desdobra

---

[20] Ver notadamente *Théorie de la classe de loisir*, Paris, Gallimard, 1970, p. 58-67.

[21] Cyril Hédoin, *L'Institutionnalisme historique et la relation entre théorie et histoire en économie*, Paris, Garnier, 2014, p. 352.

[22] Sobre esse período, ver Jeff Crane, *The Environment in American History. Nature and the Formation of the United States*, Londres, Routledge, 2015, cap. 8.

174 • Abundância e liberdade

em toda a sua amplitude. Mais precisamente, o desafio representado pela "economia de energia" é crucial: depois de um longo período durante o qual o mito da fronteira funcionou como símbolo dos inesgotáveis dons naturais com que o continente teria sido agraciado, a questão dos limites e do uso racional dos recursos veio à tona na consciência política e econômica americana. Essa inquietação aparece no contexto progressista mencionado acima: cabe ao bom governo não apenas promover o interesse comum, mas garantir um bem-estar equivalente para as gerações vindouras. Certa prudência econômica se impõe, portanto, como necessária para que a opulência natural seja convertida em felicidade pública, para que ela escape das predações e do desperdício, bem como das visões de curto prazo. O espírito de Jevons paira novamente sobre o pensamento econômico, já que a ameaça entrevista é a de um efeito rebote reverso que afetaria os recursos estratégicos da nação: percebidos como abundantes, eles não seriam administrados de modo eficaz.

Sob o mandato presidencial de Theodore Roosevelt, essa questão foi elevada ao nível de prioridade nacional, e a corrente chamada "conservacionista", que reunia notadamente os engenheiros florestais, se estabeleceu como um ator-chave das políticas públicas[23]. Gifford Pinchot em particular, seu líder, impulsionou uma política de conservação de sítios naturais, mas também uma série de medidas que promoviam a utilização racional dos recursos florestais e hidráulicos. Foi nessa época que os conservacionistas suplantaram a escola dita "preservacionista", representada principalmente por John Muir, em uma vasta controvérsia sobre a questão do valor da natureza[24]. Enquanto a segunda pleiteia um valor da natureza selvagem, a *wilderness*, que não pode ser reduzida a seu uso utilitário, os primeiros prevalecem jogando em ambos os lados: a natureza selvagem pode ser protegida como tal, mas sem que isso implique uma oposição pura e simples aos projetos de aprimoramento e de valorização econômica fundados em sua exploração racional[25].

---

[23] Samuel P. Hays, *Conservation and the Gospel of Efficiency. The Progressive Conservation Movement, 1890-1920*, Pittsburgh, University of Pittsburgh Press, 1959.

[24] Pode-se encontrar um bom resumo de suas posições em Gifford Pinchot, "The foundations of prosperity", *The North American Review*, v. 188, n. 636, 1908, p. 740-52.

[25] Em 1909, a Comissão para a Conservação Nacional foi encarregada pelo presidente Roosevelt de fazer um inventário o mais completo possível dos recursos naturais disponíveis.

Veblen participa da elaboração de políticas públicas realizadas em nome desses princípios. No rescaldo da guerra, sem poder contar com um emprego universitário estável, ele trabalhou no departamento de estatística da Food Administration, onde teve sua atenção despertada – num contexto de recuperação econômica – para o problema das cadeias de abastecimento alimentar[26]. A falta de fluidez nas relações entre produção, transporte e distribuição, o efeito desastroso das estratégias de manutenção de preços elevados, tudo o que, mais em geral, entrava a integração harmoniosa do ciclo econômico nas infraestruturas técnicas, lhe aparecem como uma traição, por parte das elites industriais, da promessa de prosperidade da qual, no entanto, constituem as portadoras. Enquanto o conflito entre *business* [negócio] e *workmanship* [mão de obra] se produzia, outrora, no nível dos instintos humanos, Veblen aprofunda sua compreensão dos mecanismos institucionais que levam à persistência de traços arcaicos em uma sociedade que se pretendia regida pela consideração empírica e cientificamente informada dos fatos e pela integração na conduta dos homens de certas restrições próprias às coisas.

Na mesma época, a questão da eficiência encontrará resultados teóricos e práticos de um tipo completamente diferente, em particular quando se trata de integrar o trabalho humano ao esquema geral da racionalização. Publicado em 1911, o ensaio de Frederick Taylor que estabelece os princípios do *management* [gestão] científico[27] toma de empréstimo, de modo abundante, a retórica conservacionista, posicionando-se no quadro fixado por Roosevelt alguns anos antes. Mas, em ao menos dois aspectos, ele entra em contradição com o significado conferido por Veblen ao projeto de eficiência. Taylor parte da constatação de que os trabalhadores buscam sabotar o processo de produção e, portanto, o capital, não cumprindo suas tarefas senão de maneira indolente. A antiquíssima questão da disciplina no trabalho é então reformulada, e sua justificativa reside agora no fato de que, em princípio, ela beneficia tanto o empresário como o empregado. Com efeito, a racionalização das tarefas, ou seja, a economia de tempo, permite aumentar a uma só vez os lucros e os salários, garantindo assim, em tese, uma melhor qualidade das condições de trabalho. Mas, segundo Veblen, a busca

---

[26] Ver "A memorandum on a schedule of prices for the staple foodstuffs", em *Essays in our Changing Order, Collected Works*, cit., v. X, p. 347-54.

[27] Frederick Taylor, *The Principles of Scientific Management*, Nova York/Londres, Harper and Brothers, 1911.

176 • Abundância e liberdade

pela eficiência exige uma confrontação entre os ganhos pecuniários obtidos pelo jogo do mercado e o uso racional das forças humanas e físicas, em um processo que leve à prosperidade de todos. O trabalho não é, portanto, o alvo principal da racionalização, e é principalmente do lado das máquinas e dos recursos que se observam espaços para aprimoramentos.

O segundo ponto diz respeito à estrutura econômica e social implicitamente defendida por Taylor. A figura emergente do gerente, tal como ele a descreve, desempenha papel intermediário entre o empresário e o trabalhador. Ao possibilitar uma economia de tempo, esse recurso precioso, ele permite fornecer uma nova justificativa para os rendimentos gerados pelo capital: estes não seriam mais uma simples renda ociosa, mas o efeito de um *savoir-faire* logístico central, que deve, portanto, ser remunerado. Se o trabalhador se beneficia indiretamente da vantagem comparativa de sua empresa no mercado concorrencial, Taylor se dirige, em primeiro lugar, ao *businessman* [homem de negócios] à procura de novas formas de legitimidade no conflito latente que o opõe aos trabalhadores e à sua capacidade de entravar o processo produtivo. A gestão científica do trabalho é concebida, assim, como um instrumento para limitar a alavancagem política dos trabalhadores. Para Veblen, ao contrário, nem é preciso dizer que qualquer economia de recursos deve beneficiar exclusivamente as categorias sociais diretamente envolvidas no processo produtivo, e, portanto, a aliança entre gestores e proprietários de capital mais uma vez trai o significado sociopolítico da eficiência, restabelecendo a distinção simbólica na organização social.

Essas ambiguidades inerentes à busca pela eficiência seriam explicitadas quando, na década de 1920, Veblen ministrou uma série de palestras na New School for Social Research, em Nova York, sobre as relações entre técnica e economia. Ele reuniu ao seu redor alguns membros da American Society of Mechanical Engineers, que logo formariam a Technical Alliance, notadamente Howard Scott[28]. Muito embora tenha sido apenas após sua morte, em 1929, que um movimento tecnocrático se estruturou nos Estados Unidos, a fim de fazer frente aos desafios da Grande

---

[28] Sobre esse período, ver William Akin, *Technocracy and the American Dream. The Technocrat Movement, 1900-1941*, Berkeley, University of California Press, e *David Adair, The Technocrats, 1919-1967. A case study of conflict and change in a social movement*, Tese, Vancouver, Simon Fraser University, 1970.

Depressão[29], Veblen é desde essa época considerado uma figura tutelar da emancipação dos engenheiros. Foi justamente na sua esteira que surgiu o slogan segundo o qual "a tecnocracia é a ciência aplicada à ordem social", deixando em aberto, porém, a questão de saber qual forma essa aplicação assumiria. O pensamento tecnocrático americano pode, assim, ser considerado cientificista, autoritário, e até mesmo milenarista, mas também utópico[30] ou reformista: a flexibilidade dos significados que podem ser atribuídos ao controle da sociedade pela ciência autoriza interpretações que aproximam esse projeto da democracia industrial então pensada entre os socialistas, na Europa, mas também das interpretações militaristas, se não protofascistas, nas quais a autonomia dos indivíduos aparece como o principal fator de perturbação de uma ordem ideal[31]. Para além dessas incertezas ideológicas, um traço conceitual permanece: a organização tecnocrática da sociedade visa substituir o sistema de preços (ou seja, o mercado concorrencial) por uma métrica substancial, indexada à realidade objetiva dos fluxos materiais produzidos e intercambiados. Nesse ponto, o caráter revolucionário da tecnocracia está fora de dúvida, assim como a afinidade com o projeto soviético implementado naquele mesmo momento, no outro lado do mundo.

O engenheiro e a propriedade

Os esforços intelectuais que Veblen viria a desenvolver estão, desde então, ligados à ambição de responder aos obstáculos que a gestão financeira da economia opõe à realização de uma democracia técnica. Esses esforços culminaram, em 1919, em *The Vested Interests and the Common Man* [Os interesses investidos e o homem comum], e, em 1921, em *The Engineers and the Price System* [Os engenheiros e o sistema de preços][32].

---

[29] Um dos primeiros trabalhos nesse contexto é Stuart Chase, *The Economy of Abundance*, Nova York, Macmillan, 1934.

[30] É preciso notar também que o movimento tecnocrático deve grande parte de seu público ao sucesso de uma obra antecipatória que retrata o futuro brilhante de uma sociedade industrial eficiente e igualitária. Edward Bellamy, *Looking Backward, 2000--1887*, Boston, Ticknor and Co., 1888.

[31] Quase na mesma época, Wilhelm Ostwald desenvolveu uma teoria da ordem social que subordina toda razão política à busca do ótimo energético. Ver *Les Fondements énergétiques de la science et de la civilisation*, Paris, Giard et Brière, 1910.

[32] Esses dois textos compõem, em conjunto, o volume VII dos *Collected Works*.

O ensaio sobre os engenheiros levanta de imediato a questão das origens históricas da subordinação da norma técnica à dos fluxos financeiros, ou do ciclo metabólico ao ciclo econômico. É por meio de uma releitura do conceito de sabotagem que a análise se abre. Veblen primeiro descreve o uso comum desse conceito, ligado às técnicas por meio das quais os sindicatos visam desacelerar ou mesmo paralisar o processo de produção, a fim de estabelecer uma relação de força que lhes seja favorável. Está claro para ele que essas estratégias, mesmo se ilegais, são ao mesmo tempo legítimas na medida em que constituem o único meio para as classes operárias de fazer valer seus direitos. Mas ele simetriza imediatamente a análise do recurso à sabotagem para descrever, dessa vez, a atividade mais ou menos consciente dos empresários industriais. Assim, estes últimos não hesitam, com o objetivo de otimizar o lucro, em diminuir a velocidade e obstruir o uso eficaz das forças humanas e materiais. E se esses procedimentos em geral não são concebidos como sabotagem, é não apenas porque são legais, mas sobretudo porque derivam do direito de dispor de sua propriedade de forma absolutamente livre. A "sabotagem capitalista"[33], ao contrário da dos trabalhadores, é, portanto, legal, mas ilegítima – do ponto de vista da norma de eficiência industrial proposta por Veblen. E ele confere a esse fenômeno um valor estrutural: na medida em que a busca do lucro pecuniário depende de oportunidades fixadas pelo mercado, não se constata mais nenhuma correlação entre o ritmo material das trocas das quais tomam parte diferentes atores em uma cadeia produtiva, de transporte e de consumo, e a valorização de um bem ou de um serviço na métrica monetária.

A subeficiência industrial, portanto, não é buscada pelos investidores e capitais da indústria como um fim em si mesma; ela é a consequência inevitável de uma organização econômica que responde principalmente aos *stimuli* fornecidos pelos preços. No contexto do renascimento econômico que se seguiu à guerra, e como seria ainda o caso mais tarde, na época da Grande Depressão, o antagonismo entre a racionalidade do mercado e a racionalidade industrial se torna evidente, e a subordinação da segunda à primeira assume uma importância capital. Não obstante, Veblen não atribui esse tipo de sabotagem às elites econômicas privadas autônomas, já que, para esses fins, elas contam com o respaldo de um grande número de dispositivos legais promovidos ao nível do Estado. As tarifas aduaneiras,

---

[33] *The Engineers*, em *Collected Works*, cit., p. 4.

A hipótese tecnocrática. Saint-Simon e Veblen • 179

por exemplo, podem proteger os interesses econômicos nacionais em detrimento da complementaridade geográfica dos saberes; restrições, ou mesmo proibições, podem atrasar o desenvolvimento de um setor produtivo a fim de garantir a rentabilidade de um concorrente influente, ainda que este último se encontre atrasado em termos da qualidade e da eficiência dos procedimentos produtivos[34].

Veblen demonstra em seguida a pertinência histórica de sua análise, propondo uma genealogia da dominação dos negócios sobre a indústria. Em *The Vested Interests*, ele mostra como os dispositivos éticos e jurídicos específicos da cultura liberal fundada no século XVIII foram progressivamente se tornando obsoletos pela industrialização, ainda que mantendo seu poder de legitimação da ordem econômica. Em Locke, Montesquieu, Smith, para mencionar as figuras iluministas liberais que ele mesmo lista, a articulação da civilidade com a propriedade está ancorada no contexto da proteção necessária dos direitos naturais diante dos abusos de poder. A autonomia individual, consagrada no direito, aparece, portanto, como uma força progressista, uma vez que a relação entre o indivíduo privado e seu capital ainda expressa algo do direito inalienável que ele tem de proteger sua vida e sua liberdade. Mas a sabedoria e o corpus jurídico do liberalismo padeceram, ao longo do tempo, de um fenômeno de deriva tectônica: quanto mais complexas se tornavam as forças produtivas e os arranjos do capital, menos a estrutura de proteção legal estabelecida anteriormente permanecia pertinente, e menos ciente estava dos arranjos concretos entre as pessoas e as coisas. As virtudes atribuídas à propriedade funcionaram, portanto, em um mundo bem diferente daquele que havia impulsionado sua assimilação com a liberdade, sobretudo porque a propriedade, no sistema capitalista maduro do século XIX e do início do século XX, assume com frequência a forma do investimento de capitais privados sem responsabilidade industrial direta[35].

Veblen prefigura aqui as reflexões de Wrigley sobre Smith e sobre a exaptação do liberalismo: a montagem dos capitais e o processo produtivo

---

[34] Ibidem, p. 20-1.

[35] The Vested Interests, em *Collected Works*, cit., p. 44: "A propriedade foi 'desnaturada' pelo curso dos acontecimentos históricos, de modo que não cumpre mais as responsabilidades que lhe foram originalmente atribuídas. Era verdade outrora que a propriedade conferia ao indivíduo responsabilidade pessoal pelas coisas, mas, quando aplicada à indústria e às organizações em grande escala exigidas pelas máquinas, a propriedade tende a perder o essencial das funções que endossava".

180 • Abundância e liberdade

típicos do século XIX tornam impossível a afinidade supostamente natural entre propriedade e responsabilidade técnica. Pelo contrário, a rentabilidade do capital se assenta na capacidade de delegar tarefas de gestão material a operadores especializados, de forma que possa se voltar para estratégias de investimento cada vez mais autônomas. Os direitos pessoais, que de início tinham um sentido eminentemente político, evoluem gradativamente para uma acepção econômica: eles se tornam os direitos de conduzir seus negócios livremente, por meio dos mecanismos da herança, do livre contrato. Uma vez fixados em estruturas jurídicas estáveis, os ideais de racionalidade, de igualdade e de autonomia, inicialmente veiculados pelo pensamento liberal, perdem, assim, seu controle sobre as formas concretas de organização social e econômica e se traem. "O venerável princípio de autonomia (*self-help*) nada perdeu de seu valor, mas é a ordem das coisas a que se aplica que foi irreparavelmente transformada."[36] Os fatos, aqui, remetem à evolução das ciências e das técnicas, das modalidades de domínio do mundo, aquilo mesmo que a organização mercantil pretendia explorar para gerar a emancipação. Ora, para Veblen, as condições materiais de existência podem mudar a ponto de deixar em descompasso os princípios do direito e, em particular, a articulação entre propriedade e autonomia[37].

A constatação de uma autoridade triunfante do capital anônimo sobre a organização econômica também permite a Veblen radicalizar a clivagem – identificada desde seu primeiro livro – entre os negócios e a indústria. Ele observa que, nas primeiras fases da modernização econômica, eram os inovadores, os técnicos, os que mais frequentemente tomavam a iniciativa da criação de empresas, e era de acordo com uma racionalidade técnica que desenvolviam sua atividade[38]. Em seguida, gradativamente, as funções técnicas e as funções contábeis, financeiras e comerciais passaram por um processo de especialização durante o qual se separaram e se tornaram autônomas umas em relação às outras. Foi nesse momento que a finança corporativa (*corporation finance*) interveio na esfera produtiva a fim de regular o ritmo e as modalidades de desenvolvimento. Se, comumente, os "fatores de produção" eram reduzidos à trilogia do trabalho, da terra e

---

[36] Ibidem, p. 121.

[37] Ibidem, p. 12: "O ponto de vista moderno em matéria de direito parece estar atrasado em relação ao avanço das ciências e das tecnologias".

[38] *The Engineers*, cit., p. 29 e seg.

do capital, um quarto fator então emergiu: o empreendedor, responsável pelos aspectos financeiros da economia, se impôs como um ator central na criação de valor, pois era capaz, com base em um *savoir-faire* totalmente desvinculado do processo produtivo, de valorizar o capital sem aumentar a quantidade de produtos brutos produzidos e escoados. O altíssimo grau de especialização das atividades financeiras, inversamente proporcional a seu envolvimento na condução efetiva das coisas, é, portanto, assimilável à emergência de um novo regime de produção, no qual a indústria é, como tal, apenas um substrato desprovido de poder normativo. Assim, o capitalismo mudou completamente de significado quando seu acoplamento com as aptidões técnicas foi colocado em segundo plano e a valorização do capital por instrumentos especificamente ligados aos mecanismos de mercado e crédito se tornou uma ocupação não apenas predominante, mas acima de tudo capaz de erodir a valorização do trabalho e das interações propriamente industriais que caracterizam as sociedades desenvolvidas.

No plano sociológico, Veblen descreve a valorização cultural – bastante nítida nos Estados Unidos – das classes ligadas ao mercado: a banca, a finança, mas também os servidores do capital que, por meio do marketing, da publicidade, das técnicas de vendas, conferem ao quarto fator de produção toda a sua amplitude. Ironicamente, Veblen erige essas categorias sociais em um novo clero, um "clero burocrático"[39]: sob o exterior cinza e anônimo do "gerente de escritório", assiste-se à recomposição de uma dominação dos ociosos, que logram legitimar sua autoridade por meio da conquista de ganhos marginais bastante procurados em uma época em que as taxas de lucro já estão muito baixas. Veblen associa igualmente o surgimento do controle financeiro ao enfraquecimento das perspectivas de crescimento e ao espectro da sobreprodução. A autonomia dos ciclos econômicos já não era novidade à época, e a contração temporária da economia, que regularmente provoca a eliminação de uma parte "inútil" do trabalho e do equipamento industrial, é admitida como um componente inerente da ordem moderna. Mas Veblen mostra que uma parte da legitimidade social dos administradores reside em sua capacidade de adiar, mais que de evitar, as crises de sobreprodução. Entre as funções decorrentes da crescente especialização das tarefas administrativas, encontra-se, assim, a criação artificial de mercados, apoiada na publicidade e no marketing.

---

[39] Ibidem, p. 41.

182 • Abundância e liberdade

Veblen nos permite esclarecer a hipótese levantada acima sobre a perda de reflexividade material entre a fase agrária do liberalismo e sua retomada e reelaboração em contexto industrial. Se admitirmos, com ele, que as estruturas morais e jurídicas desenvolvidas no século XVIII foram levadas a subsistir em um mundo cujas coordenadas materiais mudaram, sob o efeito da industrialização, e em que essas coordenadas não foram integradas, depois, sob a forma de uma correção do paradigma do *laissez-faire* e da propriedade, podemos compreender o período da virada para o século XX como um mundo de cabeça para baixo. Os interesses associados ao investimento privado (os *vested interests*), doravante liberados das responsabilidades materiais que recaem então sobre os engenheiros industriais escondidos no fundo das fábricas, provocam, assim, a formação de entidades fictícias, se não mitológicas, mas não menos eficazes. A principal instituição que expressa esse caráter fictício do sistema econômico dominante é o que então se denominava propriedade ausente (*absentee ownership*), quer dizer, o fato de que, agora, o empreendedor se encontra sob as ordens de investidores afastados do processo produtivo e de seus constrangimentos.

A principal consequência é que grande parte do lucro, ou seja, o que resulta da "eficiência técnica da comunidade"[40], é desviada pelos círculos empresariais que administram carteiras de ações. A ideia que se impõe culturalmente é a de que a atividade econômica é estruturada em partes iguais pela valorização de ativos tangíveis e intangíveis. A formação de um rendimento assegurado com base na detenção de ativos financeiros trocados em um mercado é vista como tão legítima quanto a extração de um lucro industrial por meio dos saberes mecânicos e produtivos[41]. Tendencialmente, ela chega mesmo a se tornar a norma do enriquecimento e da criação de valor, em parte porque as contabilidades nacionais implementadas na época não faziam distinção entre esse tipo de lucro e o outro. Veblen chama de *free income* o ganho obtido nessas operações financeiras que contribuem para a desrealização da economia e para erodir tanto a cultura industrial das sociedades modernas quanto a reflexividade material de que elas são capazes de se dotar.

Evidentemente, nenhum rendimento é em si mesmo independente do processo produtivo industrial, isto é, de um intercâmbio instrumental com

---

[40] *The Vested Interests*, cit., p. 60.

[41] Ibidem, p. 68-70.

os recursos, mas, sob certas condições institucionais e jurídicas, segundo um certo tipo de divisão do trabalho, alguns tipos de rendimento aparecem como se remetessem à magia[42]. Veblen utiliza com frequência a expressão *getting something for nothing*, lucrar do nada, para expressar esse feitiço das finanças, que culmina na ambiguidade fundamental do direito de propriedade moderno: na origem voltado à consagração das virtudes do aprimoramento e da valorização prudente de um fundo produtivo (em particular a terra), ele foi progressivamente reelaborado a fim de garantir lucros pecuniários[43]. Essa é a razão pela qual uma crise da bolsa como a de 1929 pôde levar a uma destruição avassaladora de capital, colocando em risco, assim, o modo de vida de uma nação, sem que se possa atribui-la a causas físicas ou ecológicas. A regulação das necessidades e, mais amplamente, a manutenção das funções de subsistência e de seu substrato territorial (recursos, infraestruturas de transportes etc.) estão à mercê da regulação dos fluxos de capitais, cuja fragilidade já era bem conhecida na época. Se Veblen não viveu a Grande Depressão, pode-se dizer então que suas análises prenunciaram o cenário dos anos 1930, e seria por isso, aliás, que ele conheceria uma glória póstuma no momento do New Deal.

A centralidade do engenheiro na reprodução da sociedade industrial é assim formulada:

> O sistema industrial opera com base na eficiência mecânica, e não com referência aos preços. Por isso, seu controle deve ser colocado nas mãos daqueles que têm alguma qualificação em matéria de tecnologia, daqueles que, por sua formação e por seus hábitos, percebem esse sistema do ponto de vista do engenheiro. O bem-estar material da comunidade depende do bom funcionamento do sistema industrial, que, por sua vez, depende do conhecimento especializado e do julgamento desinteressado daqueles que o administram. Os engenheiros industriais estão, portanto, muito mais bem posicionados que os capitães financeiros para controlar as rédeas.[44]

---

[42] Ibidem, p. 70.

[43] Essa reelaboração é o assunto de John R. Commons, *Legal foundations of Capitalism*, cit. Veblen se inscreve nesse debate quando discute o estatuto jurídico da empresa, definido pela noção de *"going concern"*: a razão de ser de uma empresa reside no seu direito à solvência, ou seja, à continuidade do fluxo de capital capaz de assegurar sua saúde contábil. Os fatores propriamente industriais (gestão dos homens e dos recursos) são, assim, eliminados dessa definição. Ver *Vested Interests*, cit., p. 38.

[44] *The Vested Interests*, cit., p. 89.

184 • Abundância e liberdade

A conquista da abundância pela extensão *a priori* indefinida das forças produtivas é acompanhada aqui por uma concepção bastante forte da responsabilidade política induzida por essa orientação. Se Veblen esclarece muito bem como é constituída uma elite social liberada de toda implicação industrial, e como ela passa a incorporar uma pseudoemancipação, ele indica também a crescente divergência entre essa autorrepresentação ilusória da sociedade e a norma que, apesar de tudo, a sustenta. Afinal, nunca nos socializamos com base no nada, sem que se estabeleça uma relação ternária entre um sujeito, o grupo a que pertence e com o qual troca conhecimentos e bens, e uma exterioridade natural e espacial. Para Veblen, o centro de gravidade da reorganização social futura reside, portanto, na aliança entre engenheiros e trabalhadores, pois, mais além da clivagem sociológica que pode separá-los, ambos se opõem ao mercado soberano. Responsáveis por organizar de forma eficaz os pontos de contato entre o meio, a tecnosfera e a sociedade, os engenheiros se encontram em condições de apreciar de modo holístico a rede de interdependências industriais. A posição estratégica da sua ação e o fato de ela exigir grande conhecimento e habilidade os habilitam assim a assumir responsabilidades dominantes. Secundariamente, segundo Veblen, a responsabilização dos engenheiros do Estado – emancipados dos interesses pecuniários – pelas funções industriais libera o debate sobre as liberdades civis e sobre a justiça social em geral da interferência das classes proprietárias, desempenhando, assim, ao limitar a corrupção do poder, um papel de preservação do espírito democrático.

Em outras palavras, o processo de democratização transcende, nesse quadro, a separação tradicionalmente operada entre proletariado e burguesia, na medida em que no âmbito da segunda encontram-se agentes que, conhecendo as exigências específicas da gestão de uma floresta do Estado, de uma fábrica de automóveis, ou do aproveitamento de terras agrícolas, se tornam servidores do interesse comum, à diferença do bancário ou do publicitário, cúmplices na reversão dos valores industriais pelo dinheiro. Considerando que a conquista da autonomia pela abundância provocou um deslocamento entre os interesses comuns e os de uma nova classe ociosa, Veblen se propõe então a imaginar as formas de se restabelecer uma conformidade entre a substância da sociedade e o modo como ela representa a si mesma.

***

Um dos problemas dessa elaboração crítica é o significado atribuído à noção de eficiência. Porque se a realização de uma modernidade justa e igualitária depende do livre desdobramento das capacidades produtivas, pode-se questionar as consequências de um sistema político que confundirá a promessa da emancipação com a abundância – uma abundância agora sem obstáculos. Certas afirmações de Veblen não deixam dúvidas sobre a ambição de uma liberação total das forças produtivas: "O bem comum, na medida em que depende do bem-estar material, é idealmente servido pelo desenvolvimento de um sistema industrial sem nenhuma interrupção ou entrave, capaz de atingir sua capacidade máxima"[45]. E é preciso se recolocar aqui no contexto de uma economia de reconstrução, na qual a miséria material era moeda comum, tendo sido agravada pela grande crise de 1929. O desafio de satisfazer as necessidades básicas permanece central, e a ideia de uma patologia do sobreconsumo, como Durkheim a imagina, por exemplo, parece estranha ao horizonte empírico de Veblen.

Entretanto, não é possível autonomizar essa busca pela intensidade produtiva, tornando-a um fim em si, pois a justificativa de uma socialização pela técnica oscila sempre entre três vetores. Em primeiro lugar, o da manutenção de um equilíbrio frágil entre os diferentes componentes, humanos e técnicos, da infraestrutura industrial; em seguida, aquele encarnado no fundo comum do conhecimento e dos saberes produtivos; e, enfim, o da eficiência pura e simples, ou seja, do uso racional e sustentável dos recursos. A eficiência, concebida como uma das três pontas de um triângulo, não é, portanto, uma submissão inequívoca da sociedade à razão do crescimento, mas sim a integração tão harmoniosa quanto possível do objetivo do crescimento com as expectativas de integração social e de justiça, e com as necessidades específicas das infraestruturas modernas e do bom uso dos recursos e do território, ou seja, da articulação das múltiplas partes, espaços, funções, em um todo coerente.

A performance do sistema produtivo é, portanto, temperada por uma concepção aprofundada das expectativas coletivas e da sensibilidade específica ao meio natural e técnico. Por exemplo, a eficiência assim definida não exige o aproveitamento imediato e máximo das florestas ou da fertilidade do solo, mas sim o escalonamento no tempo e no espaço dos dispositivos de exploração, com o intuito de tornar possível a reconstituição gradual dos estoques e a regeneração da fertilidade. Nesse aspecto, Veblen é, de fato, um autor conservacionista, uma vez que se orienta pela utilização prudente dos recursos em

---

[45] *The Vested Interests*, cit., p. 93. Ver também a temática da "performance tangível", em *The Engineers*, cit., p. 75.

186 • Abundância e liberdade

uma temporalidade longa, ciente da necessidade de conhecer os princípios de regulação específicos dos ambientes a fim de respeitá-los. Eficiência e adaptação são os dois aspectos, os dois momentos de uma dinâmica na qual as normas técnicas, ecológicas e sociológicas encontram sua integração mais harmoniosa. Por isso, não é preciso ver contradição entre o princípio de performance, ou de intensificação e extensão das bases produtivas da sociedade, e a prevenção do desperdício: boa parte dos ganhos produtivos esperados pelo pensamento tecnocrático se deve, com efeito, ao uso econômico dos recursos, à possibilidade de integrar grandes quantidades de materiais ao ciclo de produção e do consumo, sem que sejam acumulados na periferia desse processo os rejeitos deixados de lado. Se Veblen não desenvolve esse aspecto das coisas, sem dúvida porque o perigo econômico e de saúde constituído pela poluição ainda não era evidente, trata-se de uma das perspectivas mais importantes que ele abre.

Os desperdícios, *waste*, constituem, segundo ele, o testemunho tangível da subeficiência de um sistema industrial subordinado à lógica dos preços e da propriedade privada: já que os subprodutos da atividade são considerados como fora da cadeia de valor – na medida em que o custo de sua gestão não se reflete no balanço contábil de uma empresa –, sua acumulação pode se prolongar no tempo, passando despercebida. Se, como alguns economistas mostraram mais tarde, é *in fine* a comunidade que arca com esses custos de manutenção e de reparação, e se uma parte essencial do lucro industrial deriva desse adiamento, Veblen prefigura os desafios da economia das externalidades exigindo que a ordem econômica seja integrada na esfera das transações materiais entre a sociedade e seu meio. Esta ideia, segundo a qual o sistema de preços é estruturalmente incapaz de explicitar a dependência do sistema produtivo em relação às restrições que lhe são impostas pelo meio e pelas máquinas – e para a qual essa incapacidade se traduz em injustiça e ineficiência –, foi objeto de desenvolvimentos a um só tempo numerosos e influentes na formação do pensamento ecológico, do qual Veblen é o instigador desconhecido.

De um lado, há a economia ecológica, ou seja, a análise da riqueza com base na ideia de que a economia é um subsistema de interdependências ecológicas planetárias[46]. Mobilizada pela primeira vez pelo economista romeno Nicholas Georgescu-Roegen no quadro da termodinâmica e da

---

[46] Sobre a relação entre Veblen e essa disciplina, ver Ernst Berndt, "From Technocracy to Net Energy Analysis. Engineers, Economists, and Recurring Energy Theories of Value", MIT, *Studies in Energy and the American Economy*, Paper n. 11, 1982.

teoria dos sistemas[47], essa abordagem foi em seguida retomada na forma de uma convergência metodológica entre a análise econômica e a ecologia funcional[48]. A eliminação das métricas monetárias torna-se então radical, deixando o campo aberto para uma reintegração das relações metabólicas na reflexividade econômica, que mais tarde dará origem à elaboração do conceito de "serviço ecossistêmico"[49], ao qual voltaremos. De outro lado, a crítica ambiental às instituições financeiras globais e à racionalidade econômica dominante também radicalizou, ainda que de outras formas, a relação estabelecida por Veblen entre a concepção de valor como preço e a degradação da atenção às consequências sociais da indústria[50]. Pode-se encontrar hoje, portanto, dispersas em universos epistemológicos bastante diversos, operações conceituais e empíricas que são herdeiras da tradição tecnocrática, mesmo que nem sempre de modo consciente, e que reativam sob formas atualizadas a veia tecnocrática na esteira de uma economia da sustentabilidade e da justiça ambiental.

---

[47] *The Entropy Law and the Economic Process*, Cambridge, Harvard University Press, 1971.

[48] Robert Costanza, *Frontiers in Ecological Economics*, Cheltenham, Elgar, 1997.

[49] *Millennium Ecosystem Assessment. Ecosystems and Human Well-Being*, Washington, Island Press, 2005.

[50] Ver, por exemplo, na França, Antonin Pottier, *Comment les économistes réchauffent le climat*, Paris, Seuil, 2016, e Lucas Chancel, *Insoutenables inégalités. Pour une justice sociale et environnementale*, Paris, Les Petits Matins, 2017.

7
A NATUREZA EM UMA SOCIEDADE DE MERCADO

Marx, pensador da autonomia

Para os socialistas, o novo regime ecológico da indústria exige novos princípios políticos. O desenvolvimento de uma paisagem marcada por minas, por agrossistemas racionalmente administrados, por ferrovias e por vastas entidades urbanas dedicadas à produção mercantil só seria completo se fosse colocado sob a autoridade de princípios de justiça capazes de garantir que a conquista da abundância não acontecesse à custa do povo e de suas aspirações.

Mas é preciso reconhecer que, nesse quadro, a operação que faz com que a sociedade subordine a natureza foi percebida como uma oportunidade histórica ímpar de alcançar a desalienação definitiva, a consagração de uma humanidade finalmente autônoma. Se o mercado puro não pode assegurar essa conquista, a organização direta das forças produtivas pretende atingir esse mesmo fim por outros meios. É esse aspecto do problema que nos resta examinar. Pode o socialismo apresentar-se como uma superação do liberalismo em seu próprio terreno, como a realização de uma promessa até então assumida por uma articulação entre economia e governo representativo, mas que agora requer outra forma de organização das relações com as riquezas?

Foi sem dúvida Karl Marx (1818-1883) quem, em meados do século XIX, levou mais longe a elaboração dessa hipótese. Pode-se encontrar no *Manifesto do Partido Comunista*, de 1848, um esboço geral do papel que o materialismo histórico confere às relações coletivas com a natureza. Entre as características que fazem da burguesia uma classe revolucionária está, com efeito, sua capacidade de transformar de modo profundo a face do mundo físico:

A burguesia, em seu domínio de classe de apenas um século, desenvolveu forças produtivas mais numerosas e mais colossais que todas as gerações anteriores. A dominação das forças da natureza, a maquinaria, a aplicação da química na indústria e na agricultura, a navegação a vapor, as estradas de ferro, o telégrafo elétrico, o desbravamento de regiões inteiras, a canalização dos rios para a navegação, populações inteiras vindas não se sabe bem de onde – que século anterior poderia suspeitar que semelhantes forças produtivas estivessem adormecidas no seio do trabalho social?[1]

Enquanto a dominação feudal repousava em forças produtivas deliberadamente limitadas por um poder que pretendia respeitar uma ordem imutável, a burguesia alimentou seu poder na fonte da transformação permanente das formas de subsistência. A multiplicação das forças produtivas e dos meios de comunicação simboliza o advento de um novo mundo, uma vez que esse cortejo de máquinas e processos industriais evidencia a destruição da ordem terrena, fixada e ignorante do extraordinário potencial contido na injunção de produzir ao mesmo tempo meios de subsistência e condições históricas de existência. Essa é a razão pela qual a abertura de um mercado mundial, mesmo que temporariamente coloque os trabalhadores em concorrência, funcionando, portanto, em seu desfavor, é vista por Marx como uma aliada estratégica contra os remanescentes vivos do regime feudal. No famoso "Discurso sobre a questão do livre comércio", também datado de 1848, Marx sustenta que o "sistema de proteção" – ainda não chamado de protecionismo – é conservador[2]: a reafirmação das fronteiras econômicas como meio de conter a importação de capital estrangeiro e, portanto, de favorecer o desenvolvimento de uma burguesia nacional, é apenas uma sobrevivência inútil do Antigo Regime e, como tal, retarda a virada revolucionária.

A Marx e Engels não resta então senão sublinhar a ironia histórica de tal situação, pois se a "subjugação das forças da natureza" garantiu o sucesso da classe proprietária por algumas décadas, é por isso mesmo que está condenada a desaparecer. Com efeito, ao atribuir um papel central às crises

---

[1] Karl Marx e Friedrich Engels, *Manifeste du parti communiste*, Paris, Ère nouvelle, 1895, p. 7. [Ed. bras.: Karl Marx e Friedrich Engels, *Manifesto do Partido Comunista*. Trad. Álvaro Pina. São Paulo, Boitempo Editorial, 1998.]

[2] "Discours sur la question du libre-échange", em *Misère de la philosophie*, Paris, Giard et Brière, 1908, p. 299-300. [Ed. bras.: Karl Marx, *Miséria da filosofia*. Trad. José Paulo Netto. São Paulo, Boitempo, 2017.]

de superprodução que intervêm no ciclo econômico capitalista, os autores do *Manifesto* descrevem o colapso da sociedade industrial sobre si mesma. Incapaz de absorver a própria produção, o sistema é vítima de uma corrida desenfreada que revela sua impossibilidade constitutiva: a acumulação indefinida de riqueza é incompatível com a monopolização do capital por uma minoria de proprietários. "A frequência cada vez maior de crises de superprodução", escreve Gareth Stedman Jones, "mostrava que, para além do limiar da abundância, o capitalismo não tinha mais utilidade."[3] Em outras palavras, "o sistema burguês se tornou demasiadamente estreito para conter as riquezas criadas em seu seio"[4]. Assim, a abolição da propriedade privada acaba por garantir *in fine* que os direitos da classe trabalhadora sejam respeitados, ao mesmo tempo que permite o desenrolar sem contradições da dinâmica industrial, agora livre das restrições ligadas à propriedade.

Esse resumo da dramaturgia comunista coloca em evidência duas questões. A primeira decorre da coexistência, no pensamento de Marx, de dois motores históricos heterogêneos: de um lado, a luta de classes, de outro, as determinações impostas pelo estado das forças produtivas. A história pode ser definida de forma coerente por ambos os processos ou há uma escolha a ser feita[5]? Em Marx, tal questão remete a sua capacidade de sintetizar as tradições socialistas anteriores, uma vez que, se a luta de classes corresponde à herança de Proudhon, Saint-Simon é de certa forma absorvido por meio da problemática de um governo apoiado nas capacidades da técnica e das ciências. Nesse quadro, o fatalismo tecnológico que poderia transparecer, por exemplo, na famosa declaração da *Miséria da filosofia* ("O moinho manual vos dará a sociedade com o suserano; o moinho a vapor, a sociedade com o capitalista industrial"[6]) constitui um enigma. Se é possível entrever com certa facilidade como as relações de dominação podem se inscrever nas possibilidades abertas por tal ou qual estado das forças produtivas, é mais difícil perceber como a subversão dessa dominação pode ocorrer na ausência de uma nova transição

---

[3] "L'impossible anthropologie communiste de Karl Marx", em Vincent Bourdeau e Arnaud Macé (orgs.), *La Nature du socialisme. Pensée sociale et conceptions de la nature au XIXe siècle*, Besançon, Presses Universitaires de Franche-Comté, 2018, p. 345.

[4] *Manifeste du Parti communiste*, cit., p. 8.

[5] Cornelius Castoriadis coloca frontalmente essa questão em *L'Institution imaginaire de la société*, Paris, Seuil, 1999 (1975), p. 45.

[6] *Misère de la philosophie*, cit., p. 414.

tecnológica (hipótese levantada na época pelos luditas, por exemplo). Ora, o horizonte revolucionário descrito por Marx exclui tal transição: a conquista da emancipação se produz contra as forças políticas geradas pela indústria, mas nas mesmas bases técnicas e materiais que outrora as alimentaram.

A segunda questão é a da autonomia. Embora Marx seja frequentemente apresentado como um pensador indiferente ao ideal de autonomia, visto como de essência jurídica e, portanto, liberal, é possível encontrar em sua reflexão uma concepção bastante radical desse ideal, baseada na eliminação das forças externas à sociedade. A terceira tese sobre Feuerbach expressa bem essa concepção de autonomia: "A coincidência da modificação das circunstâncias e da atividade humana só pode ser apreendida e racionalmente compreendida como práxis revolucionária"[7]. Aqui, a autonomia já não envolve apenas o corpo social, isto é, a forma assumida pela associação dos homens entre si: a construção das normas sociais, a educação da humanidade por si mesma e sua autodeterminação como sujeito histórico andam juntas com a reconstrução tecnocientífica do mundo. É por isso, aliás, que a conquista da autonomia é revolucionária: a transformação do mundo é o fermento da autotransformação social, e uma implica a outra até o momento da ruptura, quando o arcabouço jurídico que havia acompanhado o desenvolvimento das forças produtivas entra em colapso. Uma vez realizada a revolução, a tensão entre a determinação sociológica (luta de classes) e a tecnológica (pelas forças produtivas) da história é resolvida, e as condições sob as quais a sociedade adere ao mundo são finalmente adequadas à sua estruturação interna. O horizonte de uma sociedade industrial desembaraçada das formas jurídicas liberais e das desigualdades que acarreta confere à concepção da parceria produtiva entre os homens e seu meio uma responsabilidade bastante elevada, cujo eco no plano teórico não deixará de ser sentido.

Para que todas essas questões emerjam com clareza, é preciso percorrer o pensamento de Marx à luz do problema da institucionalização dos meios naturais pelo direito, pela técnica e pela ciência. Ao longo da vida, Marx se mostrou extremamente atento aos problemas políticos colocados pelas características físicas e vivas do mundo no qual a ideologia de mercado se desenvolve e concebeu parcialmente a resposta comunista na forma de uma mutação das relações entre essas características e a organização social.

---

[7] Karl Marx, "Thèses sur Feuerbach", em Pierre Macherey, *Marx 1845. Les "thèses" sur Feuerbach (traduction et commentaire)*, Paris, Éditions Amsterdam, 2008.

Isso não o torna um protoecologista, não mais que o eram Proudhon ou Saint-Simon, mas é o suficiente para lhe conferir um lugar importante na história da reflexividade material.

O bom uso da floresta

Já em 1842, Marx reagiu à iniciativa da "Dieta renana" de endurecer as disposições legais que enquadravam o uso das florestas e de seus recursos. Até então, a coleta de madeiras mortas, de certas frutas e até mesmo de pequenos animais era tolerada pelos proprietários. Os costumes camponeses estabeleceram uma distinção não formalizada entre os recursos fixados no solo e legitimamente explorados por seu proprietário e um conjunto de coisas que pertencia, a princípio, ao "comum". A coleta de madeira morta desempenhava um papel não desprezível na subsistência das comunidades camponesas, que assim escapavam parcialmente das flutuações dos preços dos grãos. Em 1842, o legislador pretendia acabar com essas práticas, apoiando--se, para tanto, em uma acepção literal da propriedade fundiária individual e exclusiva[8]. Uma polícia florestal foi então instituída para fazer valer essas disposições e, com ela, a requalificação da respiga em voo foi executada[9]. Essa reforma imediatamente gerou protestos populares, relatados por Marx no *Reinische Zeitung*. Ele escreve, por exemplo: "O coletor de madeira morta está simplesmente executando o julgamento proferido pela própria natureza da propriedade. Com efeito, você é proprietário apenas da árvore, mas a árvore não tem mais os galhos em questão"[10]. É, portanto, a estrutura física e o ciclo de vida da árvore, deixando cair ao solo coisas que não podem ser apropriadas, que legitimam as práticas camponesas, e, desse ponto de vista, a aplicação estrita do direito de propriedade como cercamento de um espaço cadastrado aparece como um artifício.

---

[8] Sobre os vínculos entre essa reforma, as posições de Marx e o pensamento jurídico alemão, em particular o *Tratado de direito romano*, de Savigny, ver os esclarecimentos de Mikhaïl Xifaras, "Marx, justice et jurisprudence, une lecture du 'vol de bois'", *Revue Française d'Histoire des Idées Politiques*, n. 15, 2002.

[9] Para um estudo mais completo sobre um caso similar, embora muito mais antigo, ocorrido em 1723, ver E. P. Thompson, *Whigs and Hunters. The Origins of the Black Act*, Londres, Allen Lane, 1975.

[10] Karl Marx, *La Loi sur les vols de bois*, Paris, Éditions des Équateurs, 2013, p. 17.

194 • Abundância e liberdade

Sob a controvérsia em relação à definição de propriedade, emerge um debate a respeito da modernização das relações com a natureza, com os recursos e com o espaço. Com efeito, a formalização jurídica acarreta como consequência o reenvio das práticas camponesas a uma forma de arcaísmo: ao mobilizar o argumento da antiguidade dos costumes, elas parecem incapazes de se reformar, dependentes de valores tradicionalistas comumente defendidos pelas forças conservadoras. Pior ainda, por não buscar a otimização do uso dos recursos sob responsabilidade de um proprietário cujo interesse residirá no escoamento da madeira no mercado, as populações apegadas ao princípio dos bens comuns são forçadas a se apresentarem como pré-modernas. Quando Marx defende a regulação não mercantil da riqueza da floresta e dos produtos da coleta, adentra em um conflito social no qual se chocam os interesses de classe, mas também em um debate sobre a orientação histórica de cada um dos dois campos.

A propriedade encarnando o progresso, o comum e as formas de vida nele articuladas são de alguma forma indigenizados [*indigénisés*] – remetidos ao passado e à luta diária desajeitada contra a miséria de grupos sociais que desconhecem seus interesses e a lógica da história. Em seus artigos, Marx mostra claramente como a natureza se tornou um espaço de polêmica de pleno direito, um campo de batalha, e como assumiu essa dimensão em um contexto de rápida transformação das formas sociais de enquadramento do poder produtivo da terra. Ele acusa assim o legislador de "se preocupar apenas, no roubo de madeira, com a madeira e com a floresta, e não dar a cada questão material uma solução política, isto é, uma solução segundo a razão e a moralidade políticas"[11]. Marx vê essas disposições como uma forma de escamotear os princípios de justiça distributiva implicitamente contidos no manejo comunitário das florestas. No entanto, uma vez que não opõe ao cálculo racional dos proprietários a defesa do que hoje chamaríamos de *community-based management* [gestão baseada na comunidade], ou seja, um conjunto de técnicas igualmente modernas, mas não alinhadas com a racionalidade proprietária no curto prazo, Marx aceita de maneira implícita a qualificação das práticas do comum como corporificações de uma resistência à modernização[12].

---

[11] Ibidem, p. 94.

[12] Observa-se, assim, que a temática do comum, tal como revisitada pelo pensamento crítico atual (ver, por exemplo, Pierre Dardot e Christian Laval, *Commun. Essai sur*

A natureza em uma sociedade de mercado • 195

Diante das posições sustentadas no *Manifesto*, a defesa de Marx dos *commoners* renanos revela certas ambiguidades. De um lado, ele viu a incorporação das desigualdades sociais nas instituições que estabelecem as condições de acesso aos recursos. Desse ponto de vista, não há dúvida de que ter controle sobre o direito equivale a ter controle sobre os recursos, e a dimensão de classe da autoridade jurídica, da qual Marx sempre estará convencido, emerge com clareza. De outro lado, se a superação revolucionária da estruturação capitalista da sociedade procede de uma dinâmica em que a acumulação desempenha papel positivo, então será forçoso concluir que o modelo do comum está irreparavelmente do lado errado da história e que, em nome da teleologia histórica, é preciso deixar o campo aberto à otimização dos recursos florestais. A defesa das classes subalternas e a ideia de uma totalização da experiência histórica pela organização capitalista da produção seriam, assim, temporariamente colocadas em tensão. E não se trata apenas de um problema de coerência doutrinária: o que está em jogo é a possibilidade de envolver as massas camponesas em um movimento revolucionário concebido como produto do motor histórico do progresso.

Se o pertencimento à cidadania moderna era pensado na época, no campo republicano e social, como um "afastamento de todas as determinações naturais e psicossociais", como uma integração plena e completa na ordem da razão e da história – ordem que se distingue da esfera doméstica e da reprodução das necessidades cotidianas –, então o camponês pode facilmente ser rejeitado como estando do lado das dependências imediatas e imemoriais em relação às estações, ao clima, ao cuidado dos animais e aos caprichos da natureza[13]. Após 1848, a adesão massiva do campo ao bonapartismo e depois ao Império, na França, serve como uma confirmação dessa desqualificação política dos camponeses pelos próprios defensores da igualdade. E Marx participa desse movimento, como evidenciado por uma famosa passagem do *18 de brumário de Luís Bonaparte*, na qual retrata o campesinato como um agregado de indivíduos incapazes de se constituir em classe, ferozmente apegados à sua pequena propriedade e prontos a se submeter a qualquer

---

la révolution au XXIe siècle, Paris, La Découverte, 2014), retoma a questão deixada por Marx em 1842.

[13] Chloé Gaboriaux, "Nature versus Citoyenneté dans le discours républicain", em Vincent Bourdeau e Arnaud Macé, *La Nature du socialisme*, cit., p. 191.

196 • Abundância e liberdade

personalidade providencial[14]. A autonomização das famílias camponesas por meio do acesso ao que ele chama de "propriedade parcelária", após a Revolução Francesa, produziu uma classe social paradoxal, ou híbrida, a um só tempo economicamente burguesa e politicamente conservadora, à procura de uma proteção pura e simples promovida pelas autoridades tradicionais. Refratário à racionalização econômica e alheio aos ideais sociais, o campesinato cai no limbo da história: nem efetivamente apegado à aristocracia latifundiária nem embarcado no movimento de emancipação.

Os grupos sociais que devem à terra a maior parte de suas coordenadas econômicas e sociais parecem, assim, relegados à margem de um processo histórico considerado universal. Quer incorporem uma resistência das formas pré-modernas de comunidade, anteriores à separação entre o homem e a natureza, quer um triste compromisso entre o direito burguês e o atraso ideológico, esses grupos sociais são muito difíceis de assimilar à lógica de superação do capitalismo. Ainda que Marx tenha aceitado no final da vida a hipótese de um salto histórico a ser dado pelos camponeses russos, do apego à terra ao comunismo, sem passar pelo capitalismo, essa ideia permanece em contradição com a lógica do materialismo histórico: nem o princípio da luta de classes nem o das determinações infraestruturais parecem sustentá-la[15].

Tecnologia e agronomia

Se nos voltarmos para *O capital* (publicado em 1864), veremos que a análise da exploração do trabalho também levanta dificuldades quando se trata de conferir um sentido político às relações coletivas com a natureza.

Nessa fase de sua reflexão, essas mediações são menos de ordem jurídica que técnicas e organizacionais (o controle do tempo de trabalho). Em um primeiro momento, Marx primeiro define o trabalho como "um processo que ocorre entre o homem e a natureza, um processo no qual o homem regula e controla seu metabolismo com a natureza por meio de sua própria

---

[14] Karl Marx, *Le 18 Brumaire de Louis Bonaparte*, Paris, GF-Flammarion, 2007, cap. VII. [Edição em português: Karl Marx. *O 18 de brumário de Luís Bonaparte*. Trad. Nélio Schneider. São Paulo, Boitempo, 2011.]

[15] Carta a Vera Zassoulitch, 8 mar. 1881, reproduzida por Maurice Godelier em *Sur les sociétés précapitalistes*, Paris, Éditions Sociales, 1978, p. 340-2.

ação"[16]. A mediação mínima do equipamento corporal é, em seguida, retransmitida por uma série de inovações tecnológicas que isolam uma mediação exossomática. Por meio da técnica, os humanos aumentam seu domínio sobre o mundo e expressam sua condição específica de artesãos de seu próprio desenvolvimento histórico. Esse processo culmina em técnicas de segundo grau que não mais contribuem apenas para o aperfeiçoamento da aquisição ou da extração dos recursos naturais, mas que permitem produzir até mesmo os meios de produção: a indústria química, pela decomposição e recomposição da constituição da matéria, mas igualmente as infraestruturas industriais (canais, estradas etc.), pela transformação da morfologia do território, tornam quase imperceptível a diferença entre as condições externas de produção e o produto da ação humana[17]. É particularmente notável que a própria terra, como fator de produção e *locus standi* do trabalhador, esteja também integrada nessa dialética da socialização do meio.

Paralelamente, a complexidade crescente das mediações técnicas intensifica a divisão do trabalho e torna a espécie ainda mais dependente da cooperação. Mas é nessas novas formas de cooperação que reside também a possibilidade da dominação econômica. Uma vez que os meios de produção podem ser objeto de controle exclusivo por uma parte da população, uma parcela da contribuição para o esforço de subsistência fica sob a responsabilidade direta de determinada classe. Assim, o próprio trabalho passa a ser uma mediação técnica entre outras no processo de produção, pois está subordinado ao controle exercido sobre a técnica. E em um contexto em que a própria terra, o habitat dos humanos, é o produto de tal processo, essa alienação se torna sistemática: a substância humana da atividade pela qual a natureza é socializada se converte no objeto de transações econômicas[18].

Ao integrar a força humana ao processo de produção que controla, o capitalista pode se apropriar dos frutos dos esforços alheios da mesma forma que se beneficia dos ganhos de produtividade de uma máquina ou de um investimento infraestrutural. Nessa fase do desenvolvimento da organização produtiva, o lucro obtido aparece como ganho natural. A distribuição desigual dos instrumentos técnicos na sociedade é, claro, a verdadeira explicação da gênese da mais-valia, mas Marx lembra que a economia política

---

[16] *Le Capital*, Livre I, Paris, PUF, 2014, p. 199.

[17] Ibidem, p. 203.

[18] Ibidem, p. 209.

198 • Abundância e liberdade

clássica sempre naturalizou o lucro, vendo nele o resultado da fermentação "natural" do capital investido. Na síntese dos capítulos sobre a mais-valia, Marx atribui a Ricardo e a James Mill o equívoco fundamental da economia política: "Ricardo", diz ele, "nunca trata da origem da mais-valia. Ele a trata como algo inerente ao modo de produção capitalista, à forma de produção social que considera *natural*", ao passo que Mill sustenta que "a causa do lucro é que o trabalho produz mais que o necessário para reproduzi-lo"[19].

A naturalização da mais-valia por meio da economia política abre o terreno para a análise crítica que reconstrói o processo pelo qual a riqueza é concentrada e sugada pelos proprietários dos meios de produção. Ora, esse mecanismo se deve em grande parte às propriedades da técnica e, em particular, das técnicas chamadas de "segundo grau". Ao produzir as condições de produção (terra aprimorada, infraestruturas), os detentores de capital inscrevem seu poder no meio de vida dos trabalhadores, transformando o espaço do campo e da cidade em fontes de lucro. A técnica é, portanto, imediatamente política, uma vez que, ao autorizar ganhos de produtividade, ao permitir a delegação de um certo número de funções a operadores secundários e ao promover a concentração espaçotemporal do processo de produção, ela proporciona à exploração capitalista seu substrato essencial. A técnica moderna torna possível canalizar o fluxo de capital para os investidores e, ao mesmo tempo, conceber erroneamente esse fluxo como uma fermentação espontânea do capital. Da mesma forma que a estrutura econômica, social e política pré-industrial se aproveitava das *affordances* da terra, aquela associada ao novo regime ecológico induzido pela indústria se aproveita das *affordances* da máquina: seu caráter automático confere, de alguma forma, licitude à confusão intelectual na qual o lucro aparece como uma virtude quase metafísica do capital, simplesmente porque uma realidade impessoal o torna possível.

Esquece-se, com frequência, que a leitura de Marx sobre os técnicos e engenheiros, em particular Babbage e Ure, desempenhou papel essencial na construção dessa crítica[20]. Babbage insiste na eficácia motora do sistema técnico moderno, nas consequências da economia de força possibilitada pela máquina. A contração e a delegação de esforços, a aceleração permiti-

---

[19] Ibidem, p. 575. Itálicos nossos.

[20] Charles Babbage, *Traité sur l'économie des machines et des manufactures*. Paris, Bachelier, 1833; Andrew Ure, *Philosophie des manufactures ou économie industrielle de la fabrication du coton et de la laine, du lin et de la soie*. Paris, L. Mathias, 1836.

A natureza em uma sociedade de mercado • 199

da, mas também a marginalização da ação humana na cadeia técnica, são todas características do novo sistema produtivo que se resumem na ideia de uma economia de meios, naturalmente convertidos em lucros. Como o próprio Babbage indica, essas reflexões pretendem prolongar a parábola de Smith sobre a fábrica de alfinetes: o que inicialmente aparece como uma tese filosófica sobre os ganhos de produtividade gerados pela divisão do trabalho é retomado na forma de especificações destinadas ao empresário interessado em racionalizar seus custos de produção. A contribuição de Andrew Ure diz respeito, antes, à dimensão disciplinar do trabalho fabril, à aplicação de métodos para otimizar a coordenação e a hierarquização das tarefas, ao ajuste fino das ações e forças mecânicas em um todo harmonioso e, aqui ainda, econômico[21]. Retomando as categorias apresentadas acima, poderíamos dizer que, se Babbage estuda as consequências do crescimento extensivo, Ure o faz com as do crescimento intensivo.

Mas Marx se interessa também pelas revoluções tecnocientíficas aplicadas ao mundo agrícola. Para que ocorra a incorporação da terra ao capital, o desenvolvimento da química agrícola alemã desempenha papel análogo ao que Babbage e Ure atribuem à fábrica mecânica. Se a organização consciente das forças produtivas industriais se tornou possível pela aplicação dos procedimentos de economização do trabalho, a organização consciente da produção agrícola (e, portanto, sua integração na lógica capitalista) também repousa sobre uma autoridade científica, a ser fornecida, no caso, um pouco mais tarde, pelo trabalho de Liebig. Embora as contribuições de Liebig tenham apenas um lugar bastante limitado na economia de *O capital*, elas devem ser mencionadas na medida em que essa referência à química agrícola fornece a base para uma parte importante da interpretação ecológica contemporânea de Marx[22].

Marx descobre Liebig nos anos de 1860, em um diálogo com Engels[23]. O conhecimento dos mecanismos que governam a fertilidade do solo e, portan-

---

[21] Sobre as contribuições de Babbage e de Ure ao pensamento de Marx, ver Keith Tribe, "De l'atelier au procès de travail. Marx, les machines et la technologie", em François Jarrige (org.), *Dompter Prométhée. Technologies et socialismes à l'âge romantique (1820--1870)*, Besançon, Presses Universitaires de Franche-Comté, 2016.

[22] Ver John B. Foster, *Marx's Ecology. Materialism and Nature*, Nova York, Monthly Review Press, 2000.

[23] Ver, por exemplo, a carta a Engels de 13 de fevereiro de 1866, na qual Marx escreve que Liebig e Schönbein (pesquisador suíço, fundador da geoquímica) "são mais im-

to, o domínio parcial dos processos que fazem com que essa produtividade "natural" seja artificialmente reconstituída, se inscrevem, logicamente, no quadro do materialismo histórico: Engels e Marx veem aí um componente bem-vindo das ciências modernas que, ao mesmo tempo que desempenha um papel no processo de intensificação da produção, permite revelar suas tensões e contradições. A breve seção sobre a industrialização da agricultura descreve uma transformação ao longo da qual "o modo de exploração mais rotineiro e irracional é substituído pela aplicação tecnológica consciente da ciência". Marx especifica em seguida, em uma passagem-chave:

> Com a preponderância cada vez maior da população urbana, que ela amontoa nos grandes centros, a produção capitalista de um lado acumula a força motriz histórica da sociedade e, de outro, perturba o metabolismo entre o homem e a terra, ou seja, o retorno ao solo dos componentes dele utilizados pelo homem na forma de alimentos e roupas, a eterna condição natural de uma fertilidade sustentável do solo.[24]

A transferência massiva de materiais do campo para as cidades, mas também das periferias coloniais para os centros industriais e comerciais (em particular o guano, um importante fertilizante), conduz, de um lado, à acumulação de dejetos, de resíduos materiais da atividade humana que não retornam ao solo, e, de outro, à esterilização de porções inteiras do território doméstico ou externo. O fornecimento de nitratos e fosfatos das periferias coloniais, necessários em função da pressão exercida sobre os solos europeus, em particular na Inglaterra, para compensar a erosão de sua fertilidade, desempenha nesse sentido um papel importante na tomada de consciência das interdependências químicas e orgânicas. Todos esses processos, como escreveu Marx, perturbam o metabolismo (*Stoffwechsel*) que, de longa data, estruturava a incorporação das atividades humanas em ciclos bioquímicos relativamente localizados e autocontidos, e, portanto, autorreproduzíveis.

A economia da acumulação revela então uma de suas dimensões até então pouco estudadas, que Marx resume ao escrever que "todo progresso na agricultura capitalista não é apenas progresso na arte de saquear o trabalhador, mas também na arte de saquear o solo; todo progresso no aumento da fertilidade por um determinado período de tempo é, ao mesmo tempo,

---

portantes do que todos os economistas juntos". Marx e Engels, *Lettres sur les sciences de la nature*, Paris, Éditions Sociales, 1973, p. 44.

[24] *Le Capital*, cit., p. 565.

um progresso na destruição das fontes sustentáveis dessa fertilidade"[25].
A atribuição de equivalência entre duas formas de pilhagem repousa na afinidade entre o processo de extração de mais-valia do trabalho humano por meio da extorsão do tempo de trabalho não remunerado e o processo de extração da mais-valia fundiária por meio da exploração da química do solo e do acúmulo de poluição.

Mas se voltarmos à passagem sobre a ruptura metabólica e, de maneira mais geral, sobre a industrialização da agricultura, devemos notar que Marx não aponta apenas para o risco de uma desestabilização dos processos fundamentais da ecologia agrária: o que está em jogo é também a modernização das práticas sociais do campo, a eliminação da "rotina" e da "irracionalidade" que domina o modo de vida camponês. Ao mesmo tempo que impede a reconstituição harmoniosa do solo e, portanto, corre para sua própria ruína, o desenvolvimento capitalista acumula na cidade o que Marx chama sem ambiguidades de "a força histórica da sociedade". Sua obra civilizadora, mesmo que comprometa a sustentabilidade da história, não é descartada: a conversão à racionalidade produtiva do camponês, que representa o elemento do corpo social mais relutante em relação à revolução, permanece um objetivo prioritário qualquer que seja seu custo ecológico, e, nesse sentido, o emprego de procedimentos científicos desempenha papel positivo. A ruptura metabólica é, portanto, uma contradição emergente do modo de produção capitalista, mas podemos dizer que é inerente à constituição de uma classe urbana mais massiva, assim como à integração dos camponeses residuais a práticas de divisão racional do trabalho – a uma experiência de alienação que os fará entrar, eles também, na história.

***

Se considerarmos agora em conjunto as reflexões de Marx sobre a tecnologia e sobre a química agrícola, fica claro que o aumento da mais-valia passa por uma reorganização planificada, coordenada e informada pelo conhecimento aprofundado das relações coletivas com as forças naturais e com o espaço. Antes de ser um escândalo político, a exploração capitalista é um complexo arranjo de recursos, de máquinas e de procedimentos organizacionais que consegue obter mais das forças humanas e não humanas já disponíveis. Esse excedente, identificado com o lucro e ocultado como

---

[25] Ibidem, p. 566.

202 • Abundância e liberdade

tal pela racionalidade econômica naturalizante do liberalismo, é o que constitui a *diferença* do capitalismo na história humana. Se estamos de fato tratando de um modo de produção específico, é em primeiro lugar porque a parceria entre o homem e as coisas é regida por novos saberes sobre os quais são inscritas as assimetrias sociais. Para a maioria dos herdeiros ecológicos de Marx, há aqui material para se encontrar no materialismo histórico um tema marginalizado pelo marxismo oficial: a associação entre exploração do homem e exploração da natureza. Essa articulação é não apenas fundamentada nos textos, mas também perfeitamente produtiva para uma empreitada crítica. Ela tende, porém, a negligenciar uma tensão interna ao dispositivo marxista, na medida em que pretende integrar o rearranjo espacial e ecológico das atividades humanas em uma reflexão sobre o pós-capitalismo.

Observou-se, com efeito, que, dos textos políticos de juventude aos escritos econômicos das décadas de 1850 e 1860, as condições em que ocorre a socialização da natureza estão frequentemente em tensão com as condições gerais da emancipação, com o modo como Marx retrata o acesso à autonomia real. O camponês subalterno a quem é recusada a coleta de madeira morta nas florestas do Reno é ao mesmo tempo um símbolo da resistência popular à apropriação exclusiva de recursos e uma figura da socialidade pré-moderna e comunitária; o camponês proprietário, tornado possível pela Revolução Francesa e pela reforma agrária, corporifica o compromisso entre as formas burguesas do direito e o conservadorismo político mais evidente; e, mais tarde, a aplicação de procedimentos tecnocientíficos à agricultura acelerará a integração do campo à racionalidade industrial, mas também ameaçará arruinar o suporte natural da produção e, portanto, da história. Qualquer que seja o nível que se coloque, a reorganização territorial e econômica que condiciona o movimento histórico é travada. Se se proteger as relações socioeconômicas pré-industriais, a operação dialética pela qual o capital é responsável é entravada; se se incorporar o capital efetivamente à terra, as classes camponesas se aliam porém estrategicamente às forças dominantes, sem contar que o custo ecológico desse processo é tal que compromete o futuro social em sua totalidade.

O valor socializante absolutamente central que Marx confere à transformação da natureza é, assim, suspendido por uma série de contradições bastante marcantes, que constantemente ameaçam perturbar a lógica dialética da história.

A conquista do globo

Outro aspecto do pensamento de Marx revela essas tensões internas à crítica da economia política. Trata-se de suas reflexões sobre o devir global do modo de produção capitalista, registradas nos *Grundrisse* de 1857-1858. Dentre os saberes e as representações acadêmicas do mundo veiculadas pelo liberalismo, Marx não se interessa apenas pela economia política e pela tecnologia. A antropologia histórica, essa grande narrativa que inscreve a natureza humana em uma trajetória evolutiva que culmina na sociedade livre, é também objeto de uma reapropriação subversiva que pode ser assim resumida: enquanto Smith e seus herdeiros contam a história de uma humanidade que se desfaz progressivamente de seus entraves comunitários a fim de proporcionar rédea solta ao individualismo e ao intercâmbio comercial pacífico, bem como às artes industriais, Marx considera essa finalidade aparente como uma etapa transitória e negativa. Ela apenas prepara a abolição da propriedade privada e da captação do capital por uma elite minoritária, superação que condiciona o acesso à verdadeira emancipação. O socialismo, portanto, gera uma contra-história da humanidade, tão conjectural quanto a que ataca, mas que conduz a uma redefinição dos mecanismos de acesso à autonomia.

Essa contra-história se apoia numa concepção muito bem elaborada das condições sociais originárias, "anteriores à produção capitalista", em que prevalece a unidade primordial entre o humano e as condições naturais[26]. Ao apresentar esse quadro antropológico e histórico, Marx não se contenta em descrever um modo de produção primitivo: ele dá uma visão geral do que pode ser a reflexividade social nesse contexto. Segundo ele, esta é dominada pela ideia de uma "sociedade natural"[27], de uma pertença imediata a uma comunidade "de sangue, de língua, de costumes" que se baseia em "pressupostos naturais ou *divinos*"[28]. A ideologia espontânea de comunidades autossustentáveis é, portanto, um naturalismo terrestre dominado pela consciência de uma copertença, de uma indistinção, do grupo e de seu *grund und boden*[29] [razão e terra].

---

[26] Karl Marx, *Manuscrits de 1857-1858 dits "Grundrisse"*, Paris, Éditions Sociales, 2011, p. 448. [Ed. bras.: Karl Marx, *Grundrisse: manuscritos econômicos de 1857-1858: esboços da crítica da economia política*. Trad. Mario Duayer. São Paulo, Boitempo, 2011.]

[27] Ibidem, p. 451.

[28] Ibidem, p. 434.

[29] Essa expressão aparece em ibidem, p. 451.

204 • Abundância e liberdade

Mesmo quando ocorre a "dissolução da relação com a terra – *terroir* – considerada como condição natural de produção"[30], isto é, quando mediações técnicas e políticas se interpõem entre os produtores associados e a exterioridade, a lembrança dessa unidade primordial ainda persiste. A experiência da alienação moderna em relação à natureza não elimina completamente o espectro das comunidades substanciais, do apego religioso à terra, despertando até mesmo, com sua violência, a esperança de um retorno à unidade primordial. Marx coloca, então, implicitamente, questões que não aparecerão mais em *O capital*: como transfigurar a alienação econômica e jurídica de homens e mulheres em um ambiente natural e técnico que não tem mais nada a ver com o das comunidades primitivas? Como fazer justiça à necessidade de unidade e, assim, exorcizar a despossessão provocada pelos arranjos tecnopolíticos identificados com a "civilização", sem comprometer as conquistas do progresso?

Essas interrogações encontram de maneira surpreendente sua resposta em uma reflexão de Marx a propósito da economia como vetor de conquista, de extensão ilimitada das forças produtivas, até o ponto em que a lógica do capital se confunde com a própria ordem mundial. Marx afirma, por exemplo, que "a tendência de criar o mercado mundial é imediatamente dada no conceito de capital. Cada limite aparece como um obstáculo a ser superado"[31]. Nada pode, portanto, resistir à lógica totalizante do capital, e seríamos tentados a acrescentar: de nada adianta tentar resistir a ela. É nesse momento que Marx apresenta a lógica capitalista como uma lógica territorial, geográfica. Ele descreve, com efeito, "a exploração da Terra em todas as direções, tanto para descobrir novos objetos utilizáveis quanto para dar novas propriedades de utilização aos antigos", "a descoberta, a criação, a satisfação de novas necessidades decorrentes da própria sociedade; o cultivo de todas as qualidades do homem social para a produção de um homem social com o máximo de necessidades, porquanto rico em qualidades e aberto a tudo – o produto social mais total e universal possível". Como raramente em sua obra, Marx analisa o capital como "um sistema de exploração universal das propriedades naturais e humanas, um sistema que se assenta na utilidade e que parece se basear tanto na ciência quanto em todas as qualidades físicas e intelectuais". Esse é o signo da "grande influência civilizadora do capital":

---

[30] Ibidem, p. 456.

[31] Ibidem, 369.

ele produz "um nível de sociedade em relação ao qual todos os outros níveis anteriores aparecem apenas como *desenvolvimentos locais* da humanidade e como uma *idolatria natural*"[32].

Marx descreve aqui o aparecimento de um segundo envoltório chamado a ser adicionado ao envoltório terrestre natural: uma esfera artificial que engloba todas as coisas e atividades, agora apanhadas em uma rede de produção e troca que não se refere mais senão a si mesma. A variedade de climas e de espaços oferece um domínio decisivo a essa conquista integral do globo, multiplicando as oportunidades de se produzir e de se desfrutar e tornando necessária a interligação entre os lugares e os humanos. A formação de novas necessidades representa, nesse novo contexto, a resposta cultural às exigências da tecnoestrutura na medida em que intensifica a si mesma: o humano do capital é aquele que confia sua realização pessoal à ordem do mercado mundial e que garante a associação implícita entre o aprofundamento da cultura e a realização universal do intercâmbio. É difícil imaginar uma negação mais radical das aspirações localistas, da ancoragem na terra, tal qual identificada por Marx na consciência social europeia. Sob a orientação da conquista produtiva, os humanos devem ser honrados com uma universalidade que se sobrepõe ao pertencimento à comunidade e à terra, chegando mesmo a humilhá-las: onde a "influência civilizadora do capital" não passou e onde ainda reinam os preconceitos teológicos e tradicionalistas, o atraso é sancionado pela incapacidade de se juntar ao movimento universal do homem e da natureza. Ao mesmo tempo, porém, a busca por uma unidade fundamental entre eles é satisfeita. Não mais na forma de comunidades de sangue e raciais imediatas, mas sim por meio da ampla participação em uma socialidade produtiva de escala planetária.

Evidentemente, tudo isso contrasta com a identificação de uma contradição ecológica inscrita no projeto de incorporação do capital à terra. Se o solo produtivo e o território habitado não podem suportar a longo prazo e sem patologias graves as forças tecnocientíficas a que são entregues, e se essas disposições dissimulam o segredo de um novo universal, então o acesso à autonomia parece comprometido. Ao pensar nas consequências da "ruptura metabólica", Marx parece perceber tardiamente a que ponto esta depende de um modo de relação com o mundo dominado pelo esquema de produção: a irreversibilidade dos processos que essa relação acarreta, tanto

---

[32] Todas essas citações encontram-se em ibidem, p. 370-1.

no nível sociopolítico (produzir é fazer história) quanto no nível material e ecológico (produzir é acumular resíduos), não deixa mais margem de manobra a outras relações que *não sejam produtivas*, ou mesmo *improdutivas*. Quer seja necessário estimular essa relação produtiva a realizar todo o seu potencial, quer se faça preciso freá-la a fim de preservar a base ecológica da reprodução social, é sempre essa relação de produção que determina a concepção de um horizonte pós-capitalista.

A apresentação dessa narrativa espetacular de uma civilização inteiramente capitalista que é, ao mesmo tempo, uma civilização que se outorga um status de exceção em relação à natureza primeira e em relação às sociedades mergulhadas em relações não produtivas, tem como objetivo principal trazer à luz as tensões internas ao sistema marxista. Ela torna visível o esforço que deve ser feito pela sociedade humana para se adaptar às condições de existência que se encontram em processo de constituição – ou seja, o Antropoceno –, esforço que deve culminar na abolição das *formas* capitalistas, única maneira de preservar suas *forças*, vale dizer, a abundância finalmente reconciliada com a autonomia. Desde seus primeiros escritos, Marx buscou pensar em conjunto a forma como uma sociedade organiza suas relações com as coisas das quais vive (a produção) e a forma como vê a si mesma como um corpo coletivo voltado para o futuro (a reprodução). Ora, existem apenas dois estados estáveis dessa relação: a forma primitiva, em que domina a unidade dos humanos e suas condições de existência, e a forma pós-capitalista, na qual essa unidade é encontrada na realização da socialização da natureza – qualquer que seja seu custo ecológico.

O segundo envoltório terrestre, produzido pelo pleno desenvolvimento das relações produtivas, é uma conveniente ficção ecológica destinada a acolher a nova humanidade, mas uma ficção acima de tudo: nela, o espaço, a diferenciação cultural, as restrições ecológicas (e especialmente o esgotamento de recursos para o qual Jevons chamou atenção na mesma época) – isto é, tudo o que marca a condição terrena da humanidade – são abolidos. Nem a territorialidade, nem a variação cultural, nem o meio constituem obstáculos ao trabalho do universal: segundo Marx, o único obstáculo real que o capitalismo encontra em sua marcha é a sua própria forma política e jurídica, a propriedade privada. No entanto, como seus herdeiros logo perceberão, a história não confirmará essas previsões, e a tarefa intelectual que consiste em vincular a luta pela autonomia e a economia da abundância terá de ser retomada em bases diferentes.

A natureza em uma sociedade de mercado • 207

Karl Polanyi: proteger a sociedade, proteger a natureza

Em meados do século XX, a crítica da economia política se desenvolveu em um contexto em que as grandes aspirações progressistas e utópicas tinham sido bastante impactadas pelas explosões militares globais. O trabalho de Karl Polanyi é característico desse novo contexto sociopolítico e, de muitas maneiras, retoma o problema da socialização da natureza pela economia capitalista de onde Marx parou.

No ensaio filosófico que conclui *A grande transformação*, "A liberdade em uma sociedade complexa", Polanyi discute uma série de medidas que as nações industrializadas deveriam tomar para proteger a natureza dos efeitos de sua mercantilização. Evoca, assim, a renovação das explorações rurais e das cooperativas, mas também, e mais radicalmente, a exclusão dos recursos básicos da lógica do mercado, a criação de parques e reservas naturais e, enfim, a ideia de uma gestão coletiva dos espaços e das riquezas[33]. Todos esses elementos indicam que o enquadramento da natureza deve, segundo ele, ser colocado sob a tutela de instituições verdadeiramente políticas, isto é, de instituições capazes de refletir o fato de que a ligação coletiva ao mundo exterior é irredutível ao motivo de ganho[34].

Polanyi formula uma concepção bastante precoce do movimento de proteção ecológica, que ecoa a maneira como problematiza a história do século XIX: o reinado do mercado nunca anulou a tendência da sociedade à autoproteção, e o contramovimento pelo qual o coletivo pretende resistir à concorrência generalizada está profundamente ligado à forma como compreende suas relações com o mundo material e com o território. Em outros termos, o valor da natureza não pode ser reduzido ao problema de sua superexploração, pois também toca nos vínculos coletivos com o espaço que definem as relações sociais. A ordem produtiva do capitalismo perturba também a ordem espacial, aquela de que falávamos – por meio da questão da soberania – no início de nossa jornada, e é essa desestabilização que trouxe à tona a questão, tão vital quanto tóxica, desses vínculos com o território, com a identidade.

O que é mais surpreendente, se voltarmos à enumeração das medidas de proteção do ambiente apresentadas acima, é que elas aparecem no mesmo

---

[33] *La Grande Transformation*, cit., p. 340.

[34] Sobre essa expressão, ver ibidem, p. 70.

nível que as disposições tomadas pelos Estados democráticos para garantir um direito do trabalho sólido, assim como moedas estáveis. A proteção das relações coletivas com a natureza e com a terra, é, assim, no pensamento de Polanyi, da mesma ordem que aquela que deve ser aplicada às duas outras "mercadorias fictícias", nomeadamente o trabalho e o dinheiro: ela envolve as sociedades modernas no que elas têm de mais singular, mas também de mais frágil, isto é, sua capacidade de subordinar seus próprios fundamentos a uma *ratio* econômica. Essa afirmação nos remete a um questionamento radical sobre o que está em jogo quando falamos em "proteção" e, sobretudo, sobre a própria natureza do agente que protege a si próprio. O que é esse *si* que está sendo agredido pela ordem econômica? Por que essa entidade deve ser apreendida no nível do vínculo coletivo com a natureza? Esse vínculo existe antes dessa agressão ou é realizado nessa provação?

No limite, se *A grande transformação* torna possível ligar estreitamente natureza e política, é porque Polanyi nos convida a conceber essa ligação não como uma resposta à irrupção dos riscos ambientais na civilização industrial tardia, mas como um elemento inscrito desde o início nas especificações de uma política democrática. O socialismo, que, segundo ele, é o que melhor assume esse programa, é definido pela ambição de "transcender o mercado autorregulador, subordinando-o conscientemente a uma sociedade democrática"[35], subordinação que expressa uma tendência espontânea do corpo social de se proteger contra o que o agride. O ideal socialista é, assim, uma norma imanente ao social, que, porém, se encontra sujeita a determinações históricas contingentes, na medida em que a autoproteção da sociedade é catalisada por condições históricas e econômicas bem específicas, mas também porque esse movimento, como veremos, pode assumir formas catastrofistas e ainda mais perigosas que a própria estruturação do mercado.

Entre os autores da tradição socialista, e entre os pensadores das transformações do capitalismo no contexto das duas guerras mundiais do século XX, Polanyi é o único a ter vinculado explicitamente a superação do mercado autorregulado e o questionamento das relações coletivas com a natureza. Para ele, *a identidade filosófica e política da tradição socialista reside no fato de ter deixado em aberto a questão das relações com a natureza, entendida no sentido das condições externas da sociabilidade humana, numa época em que esta última tendia a ser irremediavelmente fechada.* Com efeito, os herdeiros liberais de

---

[35] Ibidem, p. 318.

A natureza em uma sociedade de mercado • 209

Hobbes e Locke concebem a apropriação de uma porção de terra idealmente livre pelo trabalhador como o motor da socialização, mais radicalmente ainda que as tendências intercambistas. Essa relação fundamental se realiza em seguida na economia política, responsável por assegurar a impermeabilidade da fronteira entre, de um lado, o ideal político de autonomia, ao qual os homens só acederiam depois de resolvido o problema das suas relações com o mundo exterior, e, de outro, as necessidades básicas da subsistência material. Se o paradigma liberal não esvaziou a questão da natureza, limitou drasticamente seu alcance. Em contraste, *a reflexão socialista procurou se estabelecer em um lugar conceitual que retém o caráter problemático das formas de subsistência e, mais geralmente, dos modos de relação coletiva com o mundo, em oposição à tendência de considerar como políticas apenas as questões decorrentes de uma resolução prévia do problema da subsistência.*

Pode-se, assim, ter uma ideia mais precisa da diferença que o socialismo pretende introduzir na filosofia: trata-se de um pensamento em que a conquista da autonomia pelo corpo político não presume que a questão das relações coletivas com a natureza tenha sido resolvida (e é, portanto, externa). É essa ideia, que mais ou menos explicitamente estrutura os esforços teóricos de Saint-Simon a Durkheim, de Proudhon a Veblen, que é retomada, dessa vez sem a menor ambiguidade, em *A grande transformação*. Quando Polanyi define a terra como uma "mercadoria fictícia", ou seja, quando vê a consciência política das sociedades modernas como uma reação protetora contra os efeitos induzidos pelo mercado nesse nível de realidade, consagra o movimento socialista não apenas como pensamento material, mas como o principal veículo da reflexividade ambiental moderna. O livro constrói uma reflexão sobre as grandes crises econômicas e políticas que conduzirão aos dois conflitos mundiais, incluindo de modo permanente em seu enquadramento os atritos induzidos pela regulação mercantil das relações coletivas com a natureza e, em particular, com a terra. Quando Polanyi escreve, em um impressionante resumo de sua tese geral, que, "para entender o fascismo alemão, devemos voltar à Inglaterra de Ricardo"[36], isso significa duas coisas: primeiro, que é preciso considerar a gênese da economia de mercado com base nos dispositivos econômicos e jurídicos que constituíram a terra como mercadoria (da qual Ricardo, por meio da teoria da renda diferencial, é a seus olhos a personificação mais exemplar), e, segundo, que a genealogia

---

[36] Ibidem, p. 71.

210 • Abundância e liberdade

da terra do pacto liberal nos permite compreender melhor quanto sua degeneração histórica assume novamente a forma de uma desestabilização das relações coletivas com o espaço produtivo e vivido. O arranjo específico entre o corpo social, as mediações técnicas e as instituições econômicas, que a tradição socialista colocou no centro de suas considerações desde o início do século XIX, é retomado por Polanyi sob uma forma purgada da teleologia histórica anteriormente imposta por Marx, que tendia a superestimar o destino produtivo da civilização global.

A revolução industrial, escreve Polanyi, "foi simplesmente o resultado de uma única mudança fundamental, a criação de uma economia de mercado", e "não se pode compreender plenamente a natureza dessa instituição sem uma concepção clara do efeito da máquina sobre uma sociedade comercial. Nossa intenção não é afirmar que a máquina foi a causa do que aconteceu, mas insistir que, uma vez que máquinas e instalações complexas foram utilizadas para a produção em uma empresa comercial, a ideia de um mercado autorregulado não poderia deixar de tomar forma"[37]. A intervenção da maquinaria é assim integrada a uma transformação mais geral das condições de acesso à subsistência, das quais o mercado, como forma institucional impessoal e especificamente econômica, é o principal analisador. Na remodelação integral das condições geoecológicas de existência que caracterizam a modernidade, a terra e a máquina aparecem como os pontos focais do governo liberal, porquanto constituem sólidos suportes materiais para desencadear a lógica de exclusão e de intensificação sobre a qual se assenta.

Polanyi propõe, em essência, uma análise histórica da mutação sofrida pelo liberalismo agrário na época da revolução industrial. Com isso, fornece uma das contribuições mais importantes para uma história política da natureza – ou uma história material da liberdade – nos tempos modernos. Oferece também, no mesmo gesto, uma resposta à reconstituição do paradigma liberal, que estava então, em meados do século XX, já em vias de ser elaborado. Seus principais representantes são bem conhecidos: Friedrich Hayek, em *O caminho da servidão**, e Karl Popper, em *The Open Society and its Enemies*, publicados em 1944 e 1945 respectivamente, tinham tentado

---

[37] Ibidem, p. 84.

* Ed. bras.: Friedrich A. Hayek. *O caminho da servidão*. Trad. Anna Maria Capovilla, José Ítalo Stelle e Liane de Morais Ribeiro. 6. ed. São Paulo, LVM Editora, 2010. (N. E.)

mostrar que o projeto de emancipação liberal continuava sendo a melhor garantia contra a constituição de poderes coercitivos, resultantes de um desejo de controle social característico do esforço de guerra. O planejamento e a arregimentação social, que, segundo eles, constituem características comuns ao socialismo e ao totalitarismo, são descritos nesses trabalhos como os efeitos de uma autonomia da tecnoestrutura que tende a ditar, por meio da autoridade de especialistas tecnocráticos, sua lei a uma sociedade civil reduzida ao padrão da mobilização industrial integral[38].

Esse argumento, na verdade desenvolvido anteriormente pelo jornalista americano Walter Lippmann[39], é astuto na medida em que permite que o pacto liberal seja usado como um instrumento de proteção contra as tendências industriais, contra o mito da abundância. Hayek, em particular, interpreta o dogma socialista e totalitário como uma forma forçada e não espontânea de se alcançar uma prosperidade material que acaba por se dissociar do projeto de autonomia. Embriagados com o potencial de melhoria apontado inicialmente pela economia política liberal e impacientes por cumprir todas as suas promessas, os povos ocidentais teriam se acomodado a um sistema capaz de garantir a conquista ilimitada da riqueza em detrimento das liberdades públicas e pessoais – sistema desenvolvido pela primeira vez durante a guerra. Diante dessa deriva culpável da ganância humana, os liberais podem reconstituir então o clássico argumento tocquevilliano: a promessa de liberdade, diz Hayek, "foi frequentemente acompanhada de promessas imprudentes em torno de um grande aumento da riqueza material na sociedade socialista. Mas não era com essa conquista absoluta dos bens da natureza que a liberdade econômica deveria ser realizada"[40]. Simplificando: o liberalismo nunca prometeu abundância absoluta, uma vez que é, antes

---

[38] Antes de Polanyi, o sociólogo Karl Mannheim tentou, em 1940, uma resposta a esse argumento em *Man and Society in an Age of Reconstruction, Collected Works*, v. 2, Londres, Routledge, 1997.

[39] Ver, por exemplo, *The Good Society*, Boston, Little, Brown & Co., 1937. Hayek reconhece essa dívida em *La Route de la servitude*, Paris, PUF, 2013, p. 31, o que não impede uma série de mal-entendidos entre eles, uma vez que Lippmann defende um liberalismo progressista tipicamente americano, acompanhado por medidas de enquadramento da propriedade privada que Hayek sempre recusou.

[40] Ibidem, p. 29. Nessa passagem, Hayek contrasta explicitamente Tocqueville com Saint-Simon, confirmando em retrospecto que é de fato em torno do pensamento desses autores que se enlaça o debate sobre a materialidade da autonomia.

212 • Abundância e liberdade

de tudo, uma doutrina da limitação do poder, tanto político como econômico. As denegações de Tocqueville sobre os custos fundiários e ecológicos da emancipação americana ainda funcionam, em meados do século XX: só o livre mercado é capaz de colocar os interesses espirituais do indivíduo à frente de seus interesses materiais, porque tem seu ritmo próprio, que pode ser desacelerado, moderado. Será necessária a paciente análise de Polanyi para mostrar, ao contrário, quanto a sociedade de mercado estabelecida na época de Ricardo e intensificada pela Revolução Industrial é inseparável de uma mutação geoecológica decisiva.

O desengate

Entre os desenvolvimentos políticos da primeira modernidade, o movimento dos cercamentos na Inglaterra nos séculos XVII e XVIII desempenha, segundo Polanyi, um papel decisivo, pois criou as condições jurídicas e demográficas para a separação entre o trabalho e a terra. A conversão das terras comuns dos vilarejos em pastagens para ovelhas, a construção de uma economia do arrendamento fundiário e do comércio de terras, assim como a subordinação das economias de subsistência à razão mercantil constituem os diferentes aspectos de um movimento de reforma que define a primeira modernidade. De acordo com Polanyi, e é nesse ponto que ele se diferencia da análise da acumulação primitiva em Marx, foi uma sucessão de decisões deliberadas por parte do Estado que deu origem à formação da sociedade de mercado, a qual não é, portanto, redutível à acumulação de capital pelos meios próprios da economia. Foi essa reflexão sobre as relações entre Estado e economia que levou Polanyi à pista de uma ideia central: o poder público aparece ao mesmo tempo como impulsão decisiva para a mercantilização e como instância que será em seguida chamada a instituir medidas protetivas contra suas consequências.

Mas o desengate da economia só foi verdadeiramente concluído, segundo Polanyi, em 1834. Foi nessa data que, na esteira de uma campanha ideológica que mobilizou os principais representantes da economia política, em particular Townsend, Malthus, Ricardo e James Mill, as *poor laws* foram definitivamente abolidas[41]. Essas leis antiquíssimas garantiam um rendimen-

---

[41] *La Grande Transformation*, cit., capítulos 7 e 8.

A natureza em uma sociedade de mercado • 213

to mínimo – financiado principalmente pelas paróquias – aos trabalhadores então excluídos tanto da economia camponesa quanto das oportunidades oferecidas pelo trabalho assalariado protoindustrial. Os economistas, baseando grande parte de sua argumentação no incentivo negativo constituído por essas redes de seguridade social e nas perdas de produtividade que causavam em nome da caridade, pretendiam demonstrar que a aplicação estrita das "leis naturais" deduzidas da busca individual do lucro garantiria um ótimo social. Ao serem abandonados os princípios assistenciais que dificultavam o surgimento de um verdadeiro mercado de trabalho e levavam o poder público a intervir na economia, a justa articulação entre abundância e liberdade poderia emergir.

Essas leis naturais de intercâmbio, que constituem o pano de fundo da luta contra os sistemas destinados à proteção contra a pobreza extrema, são, ao mesmo tempo, como já mencionamos, leis da vida e da morte. O calvário da pobreza não exige uma compensação baseada no valor incondicional das pessoas e da vida, mas sim a submissão às regras impessoais da natureza, que não por acaso também são aquelas da renda fundiária.

> A pobreza era a natureza sobrevivendo na sociedade; que a questão da quantidade limitada de alimentos e do número ilimitado de homens tenha sido colocada no momento em que a promessa de um aumento ilimitado de nossa riqueza caiu sobre as cabeças, apenas tornou a ironia mais amarga. Foi assim que a descoberta da sociedade passou a fazer parte do universo espiritual do homem [...].[42]

A "descoberta da sociedade" designa aqui o esforço feito pelos economistas para dar consistência intelectual à lei do mercado, isto é, para colocar sob a autoridade da ciência os princípios de justiça e os processos de verificação que ela rege. Como mostra em particular a análise de Townsend[43], a regulação espontânea da população pelo acesso (ou não) aos recursos constitui a trama biológica insuperável que a economia não deve tentar descartar, sob pena de introduzir patologias ainda maiores.

Mas para que essa lei supostamente natural se materialize, o Estado deve primeiro garantir ao capital o acesso otimizado à natureza e a seus recursos. As leis do arrendamento devem ser aplicáveis sem exceção, sem pressão tributária excessiva. Ou seja, a concepção da natureza como recurso

---

[42] Ibidem, p. 137.

[43] Ibidem, p. 172 e seg.

214 • Abundância e liberdade

é contemporânea do estabelecimento da sociedade de mercado e constitui uma de suas condições de possibilidade. É isso o que explica a centralidade dos cercamentos nessa história: de um ponto de vista estritamente empírico, trata-se apenas, é verdade, de uma das facetas da modernização social, mas é uma das que melhor destacam o enfoque de atores e instituições sociais bem diferentes em torno de uma realidade específica: a terra. Se o meio ambiente passou a ser a aposta central para os modernizadores foi porque a libertação das riquezas da terra era considerada como a principal margem de manobra dos governantes em relação a um modelo feudal carregado de servidões e constrangimentos[44]. Em uma natureza finita, a economia política deve aproveitar ao máximo a terra a fim de compensar na forma de rendas generosas sua ganância intrínseca. O aprimoramento da terra, já teorizado por Locke e apresentado por Polanyi como o objetivo central das políticas econômicas modernas[45], atesta bem o fato de que a formação de uma nova atitude em relação ao solo e a suas propriedades produtivas desempenhou papel fundamental na Europa dos séculos XVII e XVIII.

Em um texto de 1947, "Our obsolete market mentality"[46], Polanyi faz da escassez a noção-chave para a compreensão desse fenômeno. Com efeito, o mercado estabelece uma forma de relação social específica na qual a mercadoria é uma mediação primordial entre pessoas definidas por seus interesses e por sua capacidade de os satisfazer. Nessas condições, a escassez é, como André Orléan recentemente apontou, "a forma genérica da dependência dos objetos tal como instituída pela separação mercantil"[47]. Se adotarmos a interpretação de Polanyi, isso significa que a escassez instituída torna possível operar o motivo da carência mesmo quando a subsistência não está em jogo – por exemplo, armazenando os estoques. Ainda que a economia moderna seja formulada como uma libertação, por meios políticos, jurídicos e técnicos, das capacidades produtivas da terra, ela faz da carência a mola

---

[44] Sobre tais questões, ver os trabalhos de Fredrik Albritton Jonsson e Paul Warde.

[45] Ver *La Grande Transformation*, cit., cap. 3, "Habitation contre amélioration", notadamente o extrato de um documento apresentado à Câmara dos Lordes em 1607: "O pobre ficará satisfeito com seu objetivo: Habitação; e o cavalheiro não será impedido em seu desejo: Melhoria". Ver ibidem, p. 77. Evidentemente, notaremos o eco posterior da noção de melhoria no pensamento de Locke.

[46] Ver *Essais*, cit., p. 505-20.

[47] André Orléan, *L'Empire de la valeur*, Paris, Seuil, 2011, p. 133.

A natureza em uma sociedade de mercado • 215

mestra central da ação econômica, até mesmo quando a sobrevivência não está em questão[48]. A abundância material relativa possibilitada pela otimização do uso da terra não é, portanto, uma abundância socialmente realizada, uma vez que o acesso aos bens vitais é condicionado por um mercado em que as necessidades competem entre si.

O dispositivo ambiental, técnico e jurídico constituído pela escassez só se desenvolveu em maiores proporções com a transição para a economia do carvão a partir de meados do século XIX. A energia térmica extraída da combustão do carvão não apenas coloca as máquinas em movimento, como, por meio delas, é o desenvolvimento econômico geral que se liga ao carvão. Pela primeira vez na história das sociedades humanas, a energia se torna uma mercadoria, uma realidade reificada manipulável como tal, independentemente dos suportes orgânicos ou técnicos aos quais estava anteriormente vinculada. O carvão permite, assim, subordinar a própria energia à lógica do mercado e da escassez, ou seja, condicionar o desenvolvimento material da economia à lógica anteriormente descrita, o que outrora não era possível[49]. Essa configuração, no entanto, confirma de forma ampla a análise de Polanyi: a valorização econômica da natureza parece ser a questão central das políticas modernas, tanto mais porque os meios técnicos logo farão explodir a quantidade bruta de energia socialmente disponível e, portanto, das amostras retiradas do meio ambiente. As transformações agrícolas e industriais são separadas por um período de latência de várias décadas, ou mesmo de vários séculos, mas, para além dessas diferenças técnicas e cronológicas, é a mesma lógica que se amplifica.

Mesmo que o socialismo do século XIX tenha feito da indústria sua principal referência, o fato de se aferrar, na análise histórica, ao problema da terra, traz à tona um problema que Marx, não mais que os liberais, não poderia ter entrevisto: a captura da proteção da terra pelo movimento conservador.

Socialismo, liberalismo, conservadorismo

É preciso retornar agora a esta afirmação enigmática: "Para compreender o fascismo alemão, temos de voltar à Inglaterra de Ricardo".

---

[48] Sobre esse ponto, ver Marshall Sahlins, *Âge de pierre, âge d'abondance: L'Économie des sociétés primitives*. Paris, Gallimard, 1976.

[49] Ver Andreas Malm, *Fossil Capital*, cit.

A naturalização da sociedade pelo credo liberal, que organizou grande parte das relações entre Estados e mercados durante os "cem anos de paz", e que definiu a elaboração do moderno direito de propriedade, mas também, não esqueçamos, boa parte das aventuras coloniais do Império Britânico[50], induz o que Polanyi chama de contramovimento. Por esse termo, ele designa o conjunto dos mecanismos acionados para proteger o coletivo social contra as patologias do mercado. Esse contramovimento é simultaneamente o tema e o suporte sociológico de toda a literatura socialista, que, no limite, capta o desejo coletivo de instituir direitos humanos, econômicos e sociais contra a submissão à ordem econômica. Para além da emergência de uma cultura operária de resistência, as reivindicações por justiça que se fazem ouvir no contexto do sofrimento dos trabalhadores conduzem a uma redescoberta da sociedade, dessa vez afirmada como a necessidade de transcender as leis do mercado. Trazida à luz pela primeira vez pelos economistas na forma de uma entidade coletiva naturalizada, a sociedade é reconceitualizada pelo movimento social, a fim de que apareça sob características inteiramente novas. A entidade coletiva posteriormente manipulada pelos sociólogos, em referência à qual devem ser pensadas as solidariedades morais e intelectuais que asseguram a coesão de um grupo, encontra sua raiz no tensionamento desses vínculos de cooperação pela ordem econômica.

Polanyi concebe o nascimento das próprias ciências sociais, portanto, como um dos efeitos secundários desse processo histórico um tanto clivado. O "nascimento das ciências sociais" significa, aqui, a emergência de um novo lugar epistêmico, cujo centro de gravidade é a ideia de uma ordem humana sustentada por regularidades imanentes, quer dizer, que não podem ser reduzidas ao exercício de um poder repressivo externo, ou ao desdobramento de uma providência natural. O questionamento das condições de existência sob o princípio da mercantilização do trabalho e da terra, por vezes levada a seu limite quando reduzida à mera sobrevivência, revelou, por contraste, o caráter implacável de uma lei social negligenciada pelos economistas: a sociedade busca se defender contra o que a agride. Agora disponível como uma categoria de pensamento e de ação, a ideia de sociedade surgiu da observação de que as variações às vezes dramáticas que se imprimem no corpo coletivo

---

[50] O principal teórico da colonização, Wakefield, é, por exemplo, um herdeiro fiel da escola ricardo-malthusiana. Cf. Edward Gibbon Wakefield, *A View of the Art of Colonization*, Cambridge, Cambridge University Press, 2014 (1849).

A natureza em uma sociedade de mercado • 217

apenas trazem à tona um plano de realidade específico. Se alguma coisa pode e deve reagir às mudanças que ocorrem, ajustando-se a elas, é porque essa coisa existe e estabelece padrões a partir de si mesma. Esse *cogito* sociológico foi reformulado por Polanyi no final de sua vida, em um texto em que designa a técnica, mais precisamente, como operadora da provação: "O tecido da sociedade era invisível antes de ser revelado pelo contato com as máquinas"[51]. Por outras palavras, apenas as rápidas evoluções técnicas e geoecológicas vividas no século XIX foram capazes de colocar o mundo social à prova da verdade, e de evidenciar o fato de que este "não [é] um mero agregado de pessoas", mas uma realidade que pode ser considerada "na sua permanência"[52].

A crítica socialista pretende vincular uma determinada verdade sobre o coletivo a uma experiência histórica concreta de despossessão. Ao fazê-lo, revela a incapacidade do paradigma liberal em dar conta das formas de socialização do mundo que prevalecem sob um regime produtivo mercantil. É o que se chamou acima de a exaptação do liberalismo que está aqui em questão, o desajuste entre a base material sobre a qual se constituiu a concepção clássica de autonomia, adotada pelo Iluminismo e pelos economistas, e a nova base material surgida no século XIX. É por isso que a tese da descoberta do social por ocasião da convulsão de sua relação com o mundo adquire um significado ainda mais profundo. Pois se um elo for estabelecido entre o sistema de pensamento sociológico-socialista e a reconfiguração brutal das relações coletivas com a natureza, a organização política do contramovimento – a forma efetiva assumida pela redescoberta e autoproteção da sociedade – só se realiza de modo imperfeito.

Polanyi escreve: "A oposição à mobilização da terra constitui a base sociológica dessa luta entre o liberalismo e a reação que definiu a história política da Europa continental no século XIX"[53]. O termo "reação" denota, em princípio, tanto o socialismo quanto o conservadorismo, as duas encarnações políticas da oposição ao credo liberal, mas todo o problema é que a variante conservadora e reacionária superou sistematicamente o socialismo quando se tratou de colocar a terra no jogo político.

Com efeito, a pressão que a economia exerce sobre a terra afeta não só sua capacidade intrínseca de reconstituição, ou seja, sua fecundidade a longo

---

[51] "La machine et la découverte de la société", em Karl Polanyi, *Essais*, cit., p. 547.

[52] Ibidem.

[53] *La Grande Transformation*, cit., p. 261.

prazo, mas também a capacidade dos seres humanos de pensar sua organização social em termos de uma relação coletiva com um espaço comum. Seguindo a ideia de que a sociedade só descobre a si mesma por meio das mudanças em sua relação com o mundo, Polanyi afirma que "a terra é um elemento da natureza que está inextricavelmente entrelaçado com as instituições humanas": como fator de produção, a natureza é "indistinguível dos elementos que constituem as instituições humanas"[54]. Se "o homem e a natureza são praticamente um só na esfera cultural"[55], é essa unidade que é suspendida pelas transformações econômicas modernas, as quais impõem ao ambiente constrangimentos incompatíveis com a busca de relações equilibradas e, para dizer claramente, sustentáveis. Mas Polanyi de imediato complementa suas palavras sustentando que "a função econômica é apenas uma das muitas funções vitais da terra" para o trabalhador. Acrescenta-se a isso o fato de que ela é também "o lugar onde se vive", assim como "uma condição de sua segurança material". Em outras palavras, uma concepção social da natureza se encontra dividida em dois significados diferentes: por um lado, um esquema econômico faz da natureza uma instância produtiva, algo da qual os frutos podem ser extraídos; por outro, a natureza é concebida de acordo com um esquema espacial, territorial, sob o qual se declinam as dimensões do habitat e do ordenamento. São essas duas dimensões que a generalização contemporânea do termo "meio ambiente" tornou indistintas, e, se parece necessário pensá-las em conjunto, como Polanyi busca fazer, é igualmente importante notar os efeitos que sua longa dissociação pôde produzir.

Pois, na realidade, é a interpolação entre uma natureza produtiva e uma natureza espacial que está na raiz das dificuldades experimentadas na tradução política da vontade de proteger as relações coletivas com o mundo exterior. Com efeito, colocar a terra em regime de mercado implica minar os modos de produção tradicionais que desempenhavam papel central na coesão social, muito simplesmente porque, por meio deles, as massas populares pensavam simultaneamente sua condição econômica e sua condição social. A dissolução desse regime histórico na época dos cercamentos afetou, assim, de maneira lateral, o fato de os indivíduos se sentirem ligados a um solo, a um lugar – ou seja, a dimensão que se poderia chamar, de forma bem problemática, de "identitária" da natureza-espaço. Assim que a terra

---

[54] Ibidem, p. 253.

[55] Ibidem, p. 233.

A natureza em uma sociedade de mercado • 219

é incorporada ao mundo social apenas por meio de contratos e, portanto, pela via da propriedade capitalista, o vínculo tradicional entre o local de produção e o apego simbólico a um "país" é rompido, a fim de dar lugar a um universo no qual a relação política com a natureza deve ser vivida de maneira radicalmente nova. Aquilo que se poderia chamar de a geografia cultural das sociedades europeias do século XVIII, que não deixa de ter relação com o sistema de solidariedade e de obrigações comunitárias que E. P. Thompson chamará de "economia moral"[56], é um elemento central do modo como concebem a si próprias, assim como sua vulnerabilidade frente às transformações econômicas. É com base nessa constatação que Polanyi faz seu diagnóstico: *a classe fundiária, aristocrática, estava em condições de encarnar a proteção da terra, não porque desenvolvera um discurso sobre a vulnerabilidade do meio ambiente ou sobre sua superexploração, mas porque reativou os temas tradicionalistas da identidade local e do direito costumeiro de se usufruir do solo nativo numa época em que o vínculo arcaico entre as condições de subsistência e o lugar com o qual se identifica tinha sido atingido.*

O movimento histórico detectado por Polanyi é de uma ironia totalmente trágica. Ainda que as classes fundiárias tenham estado na vanguarda do movimento de cercamento no século XVII, e, portanto, da mercantilização da terra, elas conseguiram, dois séculos depois, tornar-se a voz da resistência à economia capitalista em nome do apego coletivo à terra. Polanyi interpreta essa reversão ideológica como a capacidade da aristocracia de encontrar para si mesma uma nova função em um mundo profundamente transformado pela modernização – isto é, de se reinventar uma vocação política em um momento em que sua autoridade tinha sido mais que minada. Assim, do ponto de vista das classes industriais, isto é, da burguesia, mas também dos movimentos operários, o campesinato mundial se apresentava "como uma massa indistinta de reacionários"[57]. É isso, de resto, o que as afirmações de

---

[56] Edward P. Thompson, "The moral economy of the English crowd in the eighteenth century", *Past & Present*, 50, 1971, p. 76-136.

[57] *La Grande Transformation*, cit., p. 259. Naturalmente, a generalização operada por Polanyi do caso inglês para a Europa exigiria algumas nuances. A história política do campo europeu entre os séculos XVI e XIX não se ajusta de maneira uniforme ao modelo aqui proposto, e a especificidade do caso francês demandaria, por exemplo, alguns esclarecimentos. Ver, por exemplo, M. Agulhon, *La République au village*, Paris, Plon, 1970, que desenvolve um caso de adoção da democracia republicana em uma região rural.

220 • Abundância e liberdade

Marx sobre o campo ilustram bem. Nas configurações políticas do século XIX europeu, a proteção do solo como base produtiva e fundamento das identidades estava associada à defesa dos interesses aristocráticos, mas também, de forma mais ampla, às forças reacionárias do clero e do exército – duas funções sociais salvaguardadas pelas antigas elites privadas de suas funções políticas. Em outras palavras, um jogo de alianças de interesses e associações conceituais jogou a terra nos braços das forças conservadoras, ainda que as relações sociais com a natureza constituam uma dimensão fundamental da experiência coletiva, que façam parte das especificações da instituição democrática da sociedade.

Mais simplesmente, o potencial democrático contido na crítica do nexo natureza-mercado foi desviado por forças que representam apenas interesses bem compreendidos, e a vulnerabilidade da terra como função econômica e lugar de vida foi retraduzida em um medo em torno da integridade da nação, mitologicamente definida como a unidade de um solo e de um povo. Compreende-se melhor agora como a busca por uma socialidade baseada na terra diante das derivas do globalismo financeiro pode ter tido o efeito de empastelamento das referências políticas e intelectuais: o "retorno à terra" sempre foi suscetível, como Georges Canguilhem também havia visto, à recaída na retórica conservadora: "A honra do campesinato reside no sentimento que tem de assegurar a junção entre natureza e sociedade"[58], e se essa honra vier a ser humilhada pela subordinação (real ou sentida) dessa população às elites urbanas movidas pelo lucro, então a virada do campo para as ideologias reacionárias será iminente.

Observou-se com frequência o caráter contraditório do "duplo movimento" que caracteriza a relação entre Estado e mercado: o primeiro estabelece as condições jurídicas para que o segundo se torne autônomo (em outras palavras, como escreve Polanyi: o *laissez-faire* foi planificado), mas, em seguida, impõe limites a essa autonomia a fim de resguardar o tecido social enfraquecido, fixando certa disciplina ao capital e protegendo o trabalho e a saúde. Ora, no que diz respeito à terra, essas contradições são elevadas ao quadrado: não só o movimento de "retorno à terra" é historicamente comprometido com o que se apresenta como seu inimigo (a aristocracia, pelo menos na Inglaterra, é responsável pelos cercamentos, dos quais muito

---

[58] Georges Canguilhem, "Les paysans et le fascisme", em *Œuvres complètes*, t. 1, *Écrits philosophiques et politiques, 1926-1939*, Paris, Vrin, 2011, p. 558.

se beneficiou), mas oferece como força crítica um grupo social que recruta seus principais representantes entre a pequena minoria de proprietários fundiários. Além disso, o movimento de proteção da terra deslocou gradualmente seu foco dos efeitos específicos do mercado para a emergência de um novo ator político potencialmente perigoso para seus interesses, a saber, o movimento operário. É assim que, segundo Polanyi, a partir da Primeira Guerra Mundial, a proteção da terra passou a ser identificada com o protecionismo agrário, cujo principal objetivo era a libertação das dependências econômicas externas. Depois de 1917, o espectro do inimigo bolchevique radicalizou ainda mais esses temores, assim como as medidas tomadas para deles se precaver: enquanto a autarquia "assombrava a economia de mercado desde o início"[59], uma vez que o ideal de abundância e de progresso tinha como contrapartida a união do destino das diferentes nações, para o bem ou para o mal, esse horizonte tornou-se então a ambição explícita de muitos governos europeus.

A emergência do fascismo, isto é, da aliança sem precedentes entre os interesses capitalistas dos grandes latifundiários, a afirmação da nação como espaço insuperável de soberania e o antiparlamentarismo, é, portanto, o produto mais desastroso dos movimentos de proteção contra os efeitos desagregadores do mercado, não só porque levou à catástrofe da Segunda Guerra Mundial, mas também porque corresponde ao abandono da terra, da natureza, como dimensão legítima da autoproteção da sociedade, ou seja, como suporte de uma cultura política democrática. O fracasso do projeto socialista, tal como o entende Polanyi, e, mais amplamente, da resistência à tentação fascista, deve-se, assim, a sua incapacidade de incorporar a sua *ratio* política, de modo duradouro, o fato de que "a terra é um elemento da natureza que está inextricavelmente entrelaçado com as instituições humanas". Na realidade, foi impedido de fazê-lo em função da apropriação e do desvio dessa problemática por parte de uma classe socialmente oposta àquelas que carregavam as exigências de limitação do mercado, e em função da convicção, dominante em suas fileiras, segundo a qual a terra é em si e eternamente uma preocupação reacionária. O abandono, pelos movimentos democráticos, e em particular pelo socialismo, da questão política constituída pela natureza, deixou assim o campo aberto para sua recuperação pelos movimentos antidemocráticos.

---

[59] *La Grande Transformation*, cit., p. 266.

222 • Abundância e liberdade

Mas o que torna a reflexão de Polanyi tão potente é que ela consegue manter em conjunto a ideia de uma aliança fundamental entre a sociedade e a natureza, entre os homens como atores econômicos e políticos e seu ambiente, e a oposição sociológica de circunstância entre os portadores do conservadorismo agrário e os movimentos socialistas. Essa oposição traduz assim a alternativa nefasta entre, de um lado, um movimento de proteção da sociedade contra os efeitos do mercado, que sacrifica o que a sociedade deve à terra, e, de outro, um movimento de proteção da sociedade elaborado como um retorno ilusório às estruturas sociais anteriores à modernidade, mas estranhamente tornadas compatíveis com o capitalismo[60]. O que está implicitamente em questão aqui é também a ligação entre o socialismo na sua forma mais ampla e ambiciosa e a questão operária *stricto sensu* ou, mais precisamente, a conveniência de se definir o socialismo com base apenas nas funções industriais da sociedade – como Marx o tinha feito.

É preciso reconhecer que a formação de uma classe voltada exclusivamente para a produção industrial significou, no seu tempo, algo absolutamente espetacular, o que explica em grande parte o foco das críticas da economia política no problema da produção e no destino reservado a seus operadores: desde Saint-Simon, é por meio da produção e para ela que a emancipação dos grupos subalternos deve ser alcançada. Para além do simples interesse estratégico em designar uma categoria da população como motor das transformações por vir, o poder de iluminação conceitual proporcionado por esse dispositivo é evidente: para Marx, o conceito de produção permite apreender num único gesto a trajetória histórica da humanidade, a divisão do trabalho tal como emerge no século XIX e a razão econômica que a ela se ajusta. Consequentemente, o fosso dramático entre o papel histórico (e filosófico) atribuído ao proletariado e a suas reais condições de existência justifica, por si só, o empreendimento crítico. Mas essa relação entre filosofia e política é objeto de uma tensão importante em Marx, que se reflete no status reservado às classes camponesas. Se o mundo agrícola foi o primeiro a sofrer os efeitos do capitalismo, em sua fase de acumulação primitiva, a

---

[60] Essa expulsão da relação política com a terra do domínio da teorização do pensamento progressista corresponde ao que Bruno Latour diagnosticou recentemente em *Où atterrir? Comment s'orienter en politique*, Paris, La Découverte, 2017. [Ed. bras.: Bruno Latour, *Onde aterrar? Como se orientar politicamente no Antropoceno*. Trad. Marcela Vieira. Rio de Janeiro, Bazar do Tempo, 2020.]

A natureza em uma sociedade de mercado • 223

ausência de consciência coletiva atribuída ao campesinato relativiza seu envolvimento no processo reflexivo e crítico e, de forma performativa, essa negligência intelectual teve efeitos bem reais. Em outras palavras, a relação com a terra como corpo indiscriminadamente produtivo e espacial, como realidade econômica e territorial, se desvanece em Marx em favor de uma síntese conceitual operada por meio do trabalho assalariado industrial, cujo alcance histórico encontrou drásticas limitações desde o início do século XX. Poderíamos também generalizar essa observação mostrando que, no materialismo histórico, as modalidades científicas, técnicas, jurídicas e mesmo religiosas das relações com a natureza também são subestimadas, conquanto fossem centrais na abordagem do socialismo francês anterior e em sua herança sociológica.

***

Ao final dessas análises, três lições principais podem ser extraídas. Em primeiro lugar, qualquer leitor, mesmo que apenas um pouco sensibilizado pelas atuais preocupações ambientais, terá a sensação legítima de que a oportunidade de um encontro entre o pensamento socialista e a questão da natureza foi perdida. A proteção da sociedade contra os efeitos destrutivos do livre mercado e da produção em massa nem sempre foi capaz de se estender à proteção específica dos arranjos entre as pessoas e as coisas que asseguram um equilíbrio democrático. Isso pode ser explicado, como acabamos de sugerir, pelo fato de a parceria produtiva ter sido investida de um valor eminente, quase metafísico, no século XIX: foi do interior da relação regulada de exploração que os socialistas pensaram em ultrapassar o pacto liberal, e esse quadro não foi capaz de integrar satisfatoriamente as demandas de justiça decorrentes da convulsão das relações com a terra. O risco aqui não é apenas a antagonização entre as classes operárias e camponesas – que aliás não foi tão inequívoca como afirma Polanyi –, mas o campo livre deixado ao discurso reacionário, que prosperou na assimilação da terra como solo produtivo e como espaço de integração coletiva, memorial e identitária. O que chamamos de *affordances* políticas da terra, portanto, revelou-se explosivo em um contexto industrial no qual a autonomia do ciclo produtivo e a relativa abundância material pareciam nos poupar de nossas arcaicas necessidades de ancoragem: a economia moral das comunidades camponesas, essa rede de obrigações e solidariedades não mercantis que fornecia a base para o senso de justiça antes da grande transformação e que não encontrou retransmissores suficientes no movimento social, acabou cedendo à atração conservadora no entreguerras. E esta era tanto mais poderosa porque se baseava em uma razão política muito antiga, no âmbito da qual soberania e territorialidade estão ligadas uma à outra. Nessa mudança, encontra-se em jogo um dos fenômenos mais importantes da modernidade, que pode ser resumido da seguinte maneira: *a ecologia política perdeu um século – ou seja, aproximadamente o tempo necessário para que um senso de justiça, articulado ao senso das relações ambientais, fosse recomposto fora da zona de atração do conservadorismo.*

A segunda lição diz respeito à própria natureza do problema ecológico. Com efeito, torna-se evidente, com Polanyi, que a história política da natureza nas sociedades modernas confere um novo significado à polarização entre liberalismo, socialismo e conservadorismo. Os defensores do mercado, da justiça social e da nação de fato apresentam concepções divergentes sobre as relações coletivas com o mundo físico e natural. De um ponto de vista mais radical, é possível dizer que é justamente sobre essa questão que divergem: *o pacto liberal, sua reorientação socialista e a captura conservadora das affordances políticas da terra podem ser lidos como estratégias distintas voltadas para a edificação de um sistema normativo com base nas relações de subsistência, de habitação e de conhecimento do mundo.* Os desafios da ecologia política aparecem, assim, sob uma luz totalmente diferente daquela propalada pela historiografia dominante. Esta, como vimos no primeiro capítulo, enfoca o movimento ético nascido da constatação de que a ordem industrial exige uma mutilação dos ambientes nos quais uma vida digna desse nome deve ser desenvolvida. A ética ambiental, a crítica às tecnoestruturas invasoras, todos esses movimentos cuja história foi fartamente escrita compartilham, portanto, um dos fundamentos da indignação do movimento social, a saber, as promessas não cumpridas do projeto de emancipação liberal. O culto à natureza selvagem, nascido no contexto da fronteira colonial americana, e que, a partir da obra de Aldo Leopold, foi alimentado por um conhecimento sofisticado das frágeis relações ecológicas que definem uma paisagem[61], deu origem à busca de uma nova aliança com a natureza viva entre cujos objetivos estava a revogação da hegemonia mercantil. Mas, nesse universo intelectual, a exigência ambiental foi paradoxalmente formulada como uma vontade de não mais jogar no mesmo campo que os participantes do debate político estruturado antes da descoberta da ecologia em sentido estrito – isto

---

[61] Aldo Leopold, *Almanach d'un Comté des sables*, Paris, GF-Flammarion, 2000.

é, uma vontade de revogar o ideal de autonomia como tal. Trata-se de um paradoxo porque, como acabamos de lembrar, a emergência e o desenvolvimento dos grandes paradigmas filosóficos e políticos da era moderna não são indiferentes, em absoluto, ao problema das relações coletivas com os não humanos. Não se deve concluir, portanto, que o movimento de proteção ou de preservação da natureza seria desqualificado por uma leitura em termos mais políticos, mas sim que seria requalificado como uma das manifestações da tensão entre autonomia e abundância.

A terceira lição, enfim, consiste simplesmente em retomar e resumir as principais ameaças que emergem na zona de atrito entre autonomia e abundância. A primeira, identificada pelos pensadores da democracia industrial, decorre da dificuldade de se conferir às sociedades uma organização adequada a seu novo regime geoecológico. Se o benefício político da decolagem energética e material foi considerado insatisfatório pelas classes baixa e média, é porque a hipótese liberal segundo a qual a limitação do poder político e a delegação da regulação social à economia teriam efeitos emancipatórios não se tornou realidade. A emergência de conflitos relacionados à justiça econômica (Proudhon) e o horizonte da anomia individualista (Durkheim) podem ser concebidos como consequências de um descompasso entre, de um lado, o ritmo do crescimento econômico e a intensidade dos sacrifícios que exige, e de outro, a extensão das convulsões que o tecido social e moral pode tolerar sem se desintegrar. A segunda ameaça, identificada pelos introdutores da hipótese tecnocrática, decorre da recomposição de uma elite desconectada das exigências específicas à organização de uma sociedade técnica. Por meio de instituições como o direito de propriedade, assim como da subordinação da reflexividade técnica dos engenheiros à racionalidade do lucro imediato, um fosso crescente emergiu entre a complexidade da tecnoestrutura e a capacidade coletiva de torná-la social e materialmente eficaz. A persistência da carência, as crises de superprodução e a irracionalidade do mercado de ações são, portanto, heterogêneas apenas em aparência, porque cada uma revela à sua maneira a derrota das solidariedades industriais. A terceira e última ameaça, enfim, é a que acabamos de identificar por meio da leitura de Polanyi: a captura conservadora da proteção da terra.

Cada uma dessas tensões constitui um horizonte de expectativa ao qual o resto dessa história deve se esforçar para responder.

8
A GRANDE ACELERAÇÃO E O ECLIPSE DA NATUREZA

Freedom from want

O período que se entende entre a formação do pacto liberal, seu questionamento pelo socialismo e seu colapso temporário durante a Segunda Guerra Mundial é marcado pela presença muito forte no pensamento político do novo universo material imposto pela industrialização. Ao longo desse período, a ordem social e sua evolução podem ser facilmente interpretadas por meio das rápidas transformações tecnocientíficas que afetaram as relações com a terra, com os recursos e com o território, e todas as ideologias políticas se basearam em um conhecimento e em uma narrativa dessas relações a fim de identificar as condições de um progresso linear e compartilhado. Após o trauma político e moral de 1945, abre-se um novo período que, do ponto de vista de uma história ambiental das ideias políticas, pode ser caracterizado por um paradoxo. Enquanto nas regiões da primeira industrialização a reconstrução material e política dá lugar a um fenômeno de aceleração sem paralelo do esforço extrativo e produtivo, os saberes sociais e críticos desenvolvidos durante esse período testemunham o que se poderia chamar de eclipse da consciência material. Em uma fase de transição, que corresponde ao que se costuma chamar na França de Trinta Anos Gloriosos, o conhecimento sociológico e o histórico, assim como as construções críticas dominantes que sustentam o projeto de emancipação, não suscitaram um paradigma capaz de registrar epistêmica e politicamente a forma específica do regime geoecológico que lhes era contemporâneo.

Por razões que gostaríamos de esclarecer brevemente, a consciência social majoritária permaneceu então dominada pelo horizonte do "capitalismo democrático"[1]. Onde quer que se tenha sentido o choque da guerra, a conjunção entre o estabelecimento de proteções sociais mínimas nos campos da saúde, do trabalho e da educação, de um lado, e a esperança de uma liquidação definitiva do espectro totalitário, de outro, impôs a democracia liberal como um destino histórico dificilmente contornável – em benefício, aliás, dos milhões de pessoas que compunham a classe média. O famoso discurso proferido por F. D. Roosevelt em 6 de janeiro de 1941 sobre as quatro liberdades fundamentais que regeriam as democracias uma vez derrotado o inimigo fascista conferia ao princípio de *freedom from want* [liberdade de querer] (juntamente com a liberdade de expressão, de culto e com a proteção contra a violência política) um valor absoluto: estar livre de carências significava que as funções vitais dos cidadãos, o aparelho produtivo industrial e a regulação política estavam associados em uma dinâmica comum que santificava a negação das rudezas da natureza. No ano seguinte, o documento redigido por Beveridge, que forneceria o enquadramento para o sistema de segurança social inglês, empregou a mesma retórica: "O objetivo do Plano de seguridade social é abolir a carência, assegurando que todo cidadão disposto a servir na medida de suas capacidades tenha uma renda suficiente para cumprir suas responsabilidades"[2]. Um pouco mais tarde, em 1963, Kennedy reformularia a mística do crescimento democrático afirmando *a rising tide lifts all boats*[3] [uma maré crescente ergue todos os barcos].

O poder exercido pelos ideais de progresso sobre a consciência coletiva do pós-guerra caminhou com o eclipse das preocupações materiais, com o rebaixamento da sensibilidade coletiva aos constrangimentos impostos pela técnica ao exercício da liberdade. Isso não significa, porém, que devamos fazer um julgamento unilateral dos Trinta Anos Gloriosos de um ponto de

---

[1] Emprego esse termo no sentido dado por Wolfgang Streeck em *Du temps acheté. La crise sans cesse ajournée du capitalisme démocratique*, Paris, Gallimard, 2014.

[2] William Beveridge, "Social insurance and allied services", *H. M. Stationery Office*, 1943, § 444. Publicado em francês com o título *Le rapport Beveridge*, Paris, Perrin, 2012.

[3] Sobre o envolvimento dos intelectuais no *welfare* americano, ver Nils Gilman, *Mandarins of the Future. Modernization Theory in Cold War America*, Baltimore, Johns Hopkins University Press, 2007; sobre a guerra contra a pobreza, ver Romain Huret, *La Fin de la pauvreté? Les experts sociaux en guerre contre la pauvreté aux États-Unis (1945-1974)*, Paris, Éditions de l'EHESS, 2008.

vista ambientalista[4]. A ideia de uma geração, a dos "baby boomers", obcecada pela prosperidade e pelo consumo, que teria sacrificado todos os equilíbrios ecológicos planetários em nome de um benefício imediato e temporário, é obviamente atraente – e a encontramos com frequência expressa na literatura ecológica. De nossa parte, vamos nos contentar em tomar nota do enigma constituído por esse eclipse. Pode-se entender intuitivamente que as massas populares tenham sido conquistadas pela evidente melhoria das condições de existência, em geral simbolizada pela acessibilidade dos equipamentos domésticos e pela manutenção de certa mobilidade social, sinônimo de oportunidades de ascensão. O alívio sentido após o fim do terror totalitário tornou a proteção dos direitos humanos e sociais uma prioridade máxima – e o acesso a um alto padrão de vida talvez fosse uma boa maneira de extinguir as perigosas paixões políticas dos anos 1930. Nesse contexto, a emancipação político-jurídica e a aceleração do projeto tecnocientífico estiveram associadas como nunca antes na história, e as primeiras formas de contestação do progresso expressas na linguagem ambiental foram empurradas para as margens da crítica social[5]. A armadilha do "progressismo", que tende a equiparar a garantia de direitos à abundância material, estava se impondo à vida política ocidental.

Na França, uma das expressões intelectuais mais marcantes dessa era de confiança no progresso econômico e social é fornecida por Jean Fourastié. Ele é não apenas o criador da expressão "Trinta Gloriosos", mas sobretudo um dos arquitetos do renascimento da economia francesa, graças a sua participação, a partir de 1944, no *Commissariat au plan* [Comissão de planejamento], e de sua obra publicada. *Machinisme et bien-être* [Maquinismo e bem-estar], lançado em 1951, enumera meticulosamente os argumentos suscetíveis de alimentar o otimismo das classes médias e populares. Ele descreve aí as melhorias materiais nas quais é legítimo investir as próprias esperanças. Seu argumento se baseia na ideia de um aumento da produtividade do trabalho, possibilitado pela tecnologia, e de uma subsequente queda nos preços dos bens de consumo básicos. Segundo Fourastié, uma

---

[4] Para uma contra-história escrita desse ângulo, ver Céline Pessis, Sezin Topçu, Christophe Bonneuil (orgs.), *Une autre histoire des Trente Glorieuses. Modernisation, contestations et pollutions dans la France d'après-guerre*, Paris, La Découverte, 2013.

[5] Pensamos, por exemplo, em Rachel Carson, *Silent Spring*, Boston, Houghton Mifflin Harcourt, 1962.

230 • Abundância e liberdade

série de consequências acompanha esse aumento do padrão de vida e é realmente nesse nível que se produz o esforço ideológico. O autor insiste nas tecnologias que possibilitam a conquista do conforto privado, ou seja, a formação de entes familiares protegidos tanto contra as ameaças externas decorrentes da exposição à natureza (Fourastié enfatiza que a urbanização liberta o homem da terra[6]) quanto contra as ameaças internas provenientes da promiscuidade: a arquitetura, a qualidade dos materiais, a organização espacial do ambiente construído, o aquecimento, as artes domésticas, todas essas inovações aparentemente triviais escondem o segredo da "vida moderna" tal como experimentado nas casas da classe média. Fourastié descreve o que se poderia chamar de as "infraestruturas de privacidade": o conjunto de instrumentos e de redes técnicas que garantem o fechamento do universo privado e doméstico sobre si mesmo[7].

No entanto, o que chamamos agora de "grande aceleração"[8] aparece em retrospecto como um momento histórico que não pode ser reduzido a essa melodia da felicidade. Seu caráter espetacular foi realçado pelas ciências do sistema-terra, doravante capazes de agregar dados extremamente variados e representativos (se não completos) sobre uma série de indicadores socioeconômicos e geoclimáticos. Se considerarmos o PIB ou, mais concretamente, a quantidade de energia, de água ou de fertilizantes consumidos anualmente pela economia global, obtemos gráficos em "*crosse de hockey*" [bastão de hóquei]: a data de 1950 marca a transição de um crescimento lento e contínuo de todas essas curvas, desde o início da decolagem industrial, para sua brutal aceleração. Não se trata aqui simplesmente da recuperação dos anos de guerra, pois a direção da curva muda de forma duradoura ao longo de várias décadas. Mas o mais interessante é que os indicadores geoclimáticos seguem a mesma trajetória: a acumulação de CO_2 atmosférico, em particular, assim como de outros resíduos da atividade industrial, as retiradas de recursos marinhos, a perda de biodiversidade etc., tudo isso revela um

---

[6] Jean Fourastié, *Machinisme et bien-être*, Paris, Minuit, 1951, p. 9.

[7] Para uma reflexão histórica sobre a conquista do isolamento doméstico, ver Chris Otter, "Encapsulation. Inner Worlds and their Discontents", *Journal of Literature and Science*, v. 10, n. 2, p. 55-66.

[8] W. Steffen, W. Broadgate, L. Deutsch, O. Gaffney e C. Ludwig, "The Trajectory of the Anthropocene. The Great Acceleration", *The Anthropocene Review*, v. 2, n. 1, 2015, p. 81-98. John R. Mcneill, *The Great Acceleration. An Environmental History of the Anthropocene since 1945*, Cambridge, Harvard University Press, 2014.

A grande aceleração e o eclipse da natureza • 231

paralelismo marcante com o ritmo econômico. Todas essas características tornam o imediato pós-guerra, de um ponto de vista historicamente
distanciado, um acontecimento *a priori* facilmente identificável – se não
francamente inconfundível, uma vez que foi registrado no próprio corpo
do planeta Terra: é o Antropoceno. Coloca-se a questão, assim, da marca
deixada por essa sequência histórica e ecológica bastante singular no mundo
intelectual, tanto mais porque essa marca parece, *a priori,* essencialmente
negativa: a grande aceleração foi, sem dúvida, um momento durante o qual
o *boom* econômico do mundo industrial funcionou como um envoltório
tranquilizador, mantendo a distância as ameaças, os riscos e as crises, ao
mesmo tempo que preparava um novo regime de riscos, crises e catástrofes
que só mais tarde seria plenamente revelado.

Emancipação e aceleração: Herbert Marcuse

Para compreender esse eclipse da reflexividade ambiental, é preciso levar
a sério o trauma causado pela experiência totalitária na consciência coletiva
europeia e ocidental: priorizando a eliminação definitiva da violência política e
da repressão às liberdades fundamentais, ou seja, colocando a luta pela emancipação das massas no topo da agenda política, a filosofia política se afastou
dos velhos problemas decorrentes do choque metabólico da primeira industrialização. Essa orientação é notável entre os teóricos que se empenharam em
reconstruir as condições de uma sociedade justa, como Rawls, mas também,
e mais surpreendentemente, entre os teóricos das patologias do capitalismo
avançado. Em ambos os casos – mas é no segundo que nos concentraremos
aqui –, o horizonte da autonomia-extração ainda determina em grande parte
as operações conceituais mais em voga no movimento de emancipação.

A obra de Herbert Marcuse é emblemática das ambiguidades inerentes à
crítica da "sociedade industrial avançada"[9]. Marcuse foi, sem dúvida, um dos
pensadores mais influentes do movimento contracultural dos anos 1960, mas
foi também aquele que, no âmbito desse movimento, mais explicitamente se
concentrou na dinâmica da abundância e da autonomia. Ele afirma de saída
que essa sociedade "tende para o totalitarismo" sob um modo que, de fato,
prescinde da violência sistemática, assumindo, antes, a forma de necessidades

---

[9] Herbert Marcuse, *L'Homme unidimensionnel. Essai sur l'idéologie de la société industrielle
avancée*, Paris, Minuit, 1968 (1964).

232 • Abundância e liberdade

em nome de um falso interesse geral, no quadro de um aparente pluralismo político[10]. Tendo o próprio Marcuse vivido as duas guerras mundiais, não se pode suspeitar que ele tenha dado ao conceito de totalitarismo um valor atenuado e degradado. Quando afirma que a consolidação do capitalismo por meio do *Welfare*[11] e da sociedade de consumo "tende ao totalitarismo", não se trata para ele de uma figura de linguagem – o termo é utilizado com toda a sua carga histórica e axiológica. Assume, porém, um significado singular, colorido pela influência filosófica de Adorno e Horkheimer[12], atribuindo-se ao capitalismo a amplitude e a penetração histórica de uma forma de vida totalizante, da qual não escapa nenhuma dimensão da existência individual e coletiva. O que o capitalismo de reconstrução alcança, ao buscar conquistar o aparelho pulsional dos indivíduos, é funcionalmente semelhante ao que os regimes totalitários pretendiam instaurar antes da guerra, com a diferença de que o primeiro logra realizá-lo com o uso de meios aparentemente pacíficos.

É nesse ponto que a questão da abundância material entra no jogo teórico. Marcuse prontamente reconhece que as sociedades reconstruídas após a guerra não exibem "terror aberto" e se caracterizam por sua prosperidade incomparável[13]. Mas essa aparência pacífica oculta paradoxalmente o desdobramento de um projeto tanto mais pernicioso porque consegue ser aceito pela maioria e, assim, "entorpecer a crítica". Marcuse descreve, nos primeiros capítulos do livro, o efeito neutralizador de uma organização tecnológica que multiplica o poder produtivo dos seres humanos e parece atender a suas necessidades mais legítimas, incluindo a eliminação da violência política. O silêncio da crítica, contra o qual se lança o gesto

---

[10] Ibidem, p. 29.

[11] Sobre o *Welfare*, ver ibidem, p. 73 e seguintes. O que se traduz por "Estado de bem--estar" diz respeito, em inglês, ao "Welfare State".

[12] Theodor Adorno e Max Horkheimer, *La Dialectique de la raison*, Paris, Gallimard, 1974 (1944).

[13] Ver *L'Homme unidimensionnel*, cit., p. 7. Essa questão é eloquentemente desenvolvida em um discurso proferido em julho de 1967 em Londres: "O problema que enfrentamos é a necessidade de libertação em relação a uma sociedade que não é pobre nem está em processo de desintegração, e nem mesmo – na maioria dos casos – é terrorista, mas que, ao contrário, atribui grande importância à satisfação das necessidades materiais e culturais dos homens – uma sociedade que, para usar um slogan, proporciona seus benefícios a uma grande parte da população". Cf. "Liberation from the affluent society", em *Collected Works*, v. 3, "The New Left and the 1960s", Londres, Routledge, 2005, p. 77 (tradução do autor).

A grande aceleração e o eclipse da natureza • 233

político-profético de Marcuse, se explica pela capacidade da organização técnica de parasitar e orientar o desejo dos membros das sociedades industriais avançadas em uma direção que torna impossível sua contestação. Essa organização técnica consegue, como sistema total e, portanto, tendencialmente totalitário, estabelecer-se como um tribunal das necessidades[14]: as necessidades de posse, que oferecem um escoamento aos órgãos produtivos, são promovidas como genuínas e legítimas, enquanto as demais são reprimidas, e sua compensação sublimada (na arte, notadamente) é ela própria inibida. É assim que, "regulada por um conjunto repressivo, a liberdade pode se tornar um poderoso instrumento de dominação"[15].

Se o inferno está por trás da prosperidade[16], se a relação libidinal com a mercadoria fornece às massas um simulacro de liberdade pelo qual se mantêm em um estado de euforia facilmente governável, é porque o projeto da abundância encontrou sua realização final. Marcuse não se lança em análises históricas sobre a emergência desse projeto, sobre o modo pelo qual este viria a ser assimilado à autonomização de grupos e indivíduos em seu seio, mas articula de maneira rigorosa uma contra-análise do potencial de fascinação incluído na resolução do problema econômico. A ilimitação das forças econômicas tem essa dimensão de alienação radical apenas porque envolve uma reconfiguração total das aspirações psicoafetivas da pessoa, reconfiguração colocada a serviço de uma organização econômica da escassez. O quadro marxista inicial é, assim, transbordado por um esquema freudiano que define o equilíbrio pulsional como um estágio primitivo sobre o qual as forças históricas se desdobraram[17]. Enfim, um terceiro quadro analítico complementa o da psicanálise: ao afirmar que a totalização capitalista se deve essencialmente à aparência de objetividade que lhe é conferida pelo sistema tecnológico em que se baseia, Marcuse toma emprestado de Husserl e de Heidegger o tópico da mutilação tecnocientífica das relações autênticas com o mundo[18]. O regime produtivo instaurado no rescaldo da guerra, com base

---

[14] A metáfora jurídica pode ser encontrada em ibidem, p. 31.

[15] Ibidem, p. 32.

[16] Ibidem, p. 265.

[17] Ver *Eros et civilisation*, Paris, Minuit, 1963.

[18] *L'Homme unidimensionnel*, cit., cap. 6. Deve-se notar de passagem que este cruzamento entre marxismo, psicanálise e fenomenologia formará mais tarde a base do trabalho de André Gorz, que em muitos aspectos segue os passos de Marcuse.

234 • Abundância e liberdade

em um compromisso entre Estado e mercado, a aspiração geral ao conforto e ao apaziguamento das paixões políticas, a busca de uma harmonia social mínima na emergência de uma cultura popular, todos esses fenômenos sociológicos são, em última análise, reduzidos à aplicação universal da racionalidade formal e quantificadora.

O horizonte de emancipação que se desdobra com base nessas observações parece enredado nas contradições do "sistema" que pretende denunciar. Marcuse descreve com bastante precisão os contornos de uma sociedade livre do totalitarismo próprio ao modelo keynesiano e das aspirações pequeno--burguesas que o acompanham – e foi isso que, sem dúvida, garantiu seu sucesso. No plano econômico, o movimento emancipatório deve, segundo ele, se reapropriar do poder técnico a fim de retirar sua função puramente produtiva e fazer das mediações técnicas o substrato de um livre jogo que regulará as relações com o mundo natural à maneira da estética. "Essa etapa", anuncia Marcuse, "será alcançada quando a produção material (e os serviços necessários) for automatizada de tal forma que todas as necessidades vitais possam ser atendidas com um tempo de trabalho marginal. Nessa altura, o progresso técnico terá transcendido o reino da necessidade, no interior do qual havia sido transformado em um instrumento de dominação e de exploração, o que limitava sua racionalidade."[19]

A emancipação é concebida, portanto, como o fim da dimensão econômica da existência: "Ter liberdade econômica deveria significar ser libertado *da* economia, da coerção exercida pelas forças e relações econômicas, ser libertado da luta diária pela existência, deixar de ser obrigado a ganhar a vida"[20]. A eliminação da escassez objetiva deve, assim, ser prolongada por meio da eliminação da escassez artificialmente mantida pela organização econômica. A pacificação das relações com o mundo, defendida por Marcuse, assume, entretanto, significado ambivalente. De um lado, é perfeitamente legítimo vê-lo como uma das fontes da ecologia política contemporânea: ao afirmar que o capitalismo vem acompanhado de uma promoção deletéria da corrida pela exploração, Marcuse associa as patologias sociais às patologias ambientais – lição da qual André Gorz, na França, não se esquecerá. Muitas

---

[19] Ibidem, p. 40. Ver também p. 258: "O livre jogo do pensamento e da imaginação assume função racional e orientadora quando se trata de alcançar uma existência pacífica entre o homem e a natureza".

[20] Ibidem, p. 29-30.

A grande aceleração e o eclipse da natureza • 235

passagens do livro testemunham essa ideia de uma guerra contra a natureza, de uma alienação conjunta dos seres humanos e dos ambientes, reduzidos a suas características funcionais[21]. As sociedades prósperas escondem, assim, "a aceleração do desperdício, a obsolescência programada e a destruição, enquanto a maior parte da população é forçada à pobreza e à miséria"[22]. A estetização da relação com a natureza substitui então o imperativo econômico, e cada pessoa, nesse contexto, seria capaz de se reapropriar do mundo como um espaço em que suas faculdades sensíveis são desenvolvidas: jogar, buscar a beleza, aparecem, de fato, como um horizonte social menos destrutivo[23].

De outro lado, porém, o alívio trazido pelo acesso a um universo pós--econômico não se deve à desaceleração da máquina produtiva: se a delegação de funções produtivas às máquinas libera espaço e tempo para a reconquista de uma psique emancipada, essa reconquista ainda é concebida como um distanciamento das ocupações de subsistência. A autonomia não é pensada com base no interior dessas tarefas, das possibilidades oferecidas pelo uso do mundo à ação no seu aspecto mais emancipatório e socializador, mas sim como aquilo que obtemos uma vez que excluímos das relações sociais a parte relacionada a nossa existência orgânica, às necessidades.

Em seu discurso de 1967 sobre as sociedades de abundância, Marcuse definiu o horizonte histórico da crítica pela ideia de uma sociedade como "obra de arte". Essa sociedade pode ser considerada "ecológica" na medida em que permite "a restauração da natureza após a eliminação da violência e da destruição provocada pela industrialização capitalista"[24]. Mas se a estetização das relações com os outros e com o mundo aparece em contraste com o inferno econômico, ela se baseia, ainda assim, em uma oposição entre necessidade e liberdade que não é alheia ao regime geoecológico da época. A sociedade como obra de arte, ou seja, como um conjunto de relações não subservientes à produção e aos fins instrumentais, sugere, assim, uma

---

[21] A primeira página do livro dá o tom: "À destruição desproporcional do Vietnã, do homem e da natureza, do habitat e dos alimentos, corresponde o desperdício pelo lucro das matérias-primas, dos materiais e das forças de trabalho, assim como o envenenamento, igualmente para o lucro, da atmosfera e da água na rica metrópole do capitalismo". Ver ibidem, p. 7.

[22] "Liberation from affluent society", cit., p. 79.

[23] É interessante observar que, para Marcuse, "a redução da população futura" é uma condição para essa libertação (ibidem, p. 267).

[24] Ibidem, p. 83.

concepção de liberdade que se assemelha ao luxo, à proteção da esfera privada contra o caráter árduo e alienante do trabalho tal como organizado no mundo capitalista, mas também, de forma mais geral, contra qualquer forma de obrigação que não seja explicitamente consentida, exógena à esfera dos laços sociais. Essa ambivalência da liberdade radical será a dos movimentos contraculturais das décadas de 1960 e 1970[25], e ainda a encontramos no que alguns teóricos contemporâneos chamam de *fully automated luxury communism*[26] [comunismo de luxo totalmente automatizado]. O mundo exterior, "a natureza", só é aceito como parceiro em uma relação emancipada na medida em que não é funcional. É bastante surpreendente notar que, nessa visão tecnofuturista, os indivíduos (humanos) são os beneficiários exclusivos do alívio da pressão produtiva: as necessidades materiais são satisfeitas, na sua maior parte, por atores técnicos autônomos, enquanto os humanos, por seu turno, podem dar livre curso a suas tendências extraeconômicas, consideradas as mais nobres. Nem é preciso dizer que isso só é possível se a incorporação de recursos e espaços à subsistência humana continuar a um ritmo elevado, ainda que a relação estética com a natureza prometa ser menos dispendiosa, de um ponto de vista ecológico, que a relação de consumo puro.

O problema, portanto, não é tanto se Marcuse promove ou não, inconscientemente, um estilo de vida baseado no fornecimento massivo de bens de consumo por robôs, mas sim que ele ainda pensa na autonomia dos indivíduos como resultado de uma selagem ideal entre a esfera da ação e o fardo das necessidades ligadas à subsistência. É compreensível que, de seu ponto de vista, a emancipação das necessidades em relação aos bens materiais "inúteis" exigidos pelo consumo ostentatório corresponda a uma desaceleração da vida econômica. Mas, se compararmos a formulação desse ideal com o pensamento socialista clássico, a diferença é importante. No século XIX, a autonomização da vida coletiva passou por uma politização das práticas que tendiam a integrar as coisas nas relações sociais (por meio do idioma corporativo, da valorização do engenheiro, do potencial de socialização incluído no esforço industrial ou nas relações com a terra).

---

[25] Sobre as ambiguidades desses movimentos, ver Thomas Frank, *The Conquest of Cool. Business culture, counterculture, and the rise of hip consumerism*, Chicago, University of Chicago Press, 1997.

[26] Aaron Bastani, *Fully Automated Luxury Communism. A Manifesto*, Londres, Verso, 2018.

Marcuse, por sua vez, fundamenta sua reflexão em uma rigorosa divisão das atividades entre uma esfera determinada pelas necessidades, da qual se trata de se libertar, e uma esfera aberta às possibilidades estéticas e lúdicas. Sejamos claros: nenhuma sociedade, exceto o capitalismo industrial avançado, tornou possível (ou, digamos, concebível) uma tal definição de liberdade.

Este é o paradoxo da crítica freudomarxista desenvolvida nos anos 1960: quer seja ela sinceramente ambientalista ou não, o ponto essencial é que ela apenas confere à "natureza" um valor social na medida em que esta já não mais aparece como uma instância repressiva. A velha codificação da natureza como coerção ainda opera: é só quando o mundo deixa de desafiar as capacidades individuais e coletivas de negociar as condições de sua autonomia com os seres vivos, com os espaços e com os recursos, que ele se torna um parceiro aceitável. Marcuse admite, de alguma forma, esse paradoxo quando faz da inclinação aristocrática pela arte o paradigma do uso livre das faculdades da imaginação. Pois a aristocracia é como as massas populares do pós-guerra: se sua liberdade é definida como uma isenção das tarefas utilitárias, então estas devem ser delegadas a outros. É verdade que as máquinas substituem, no segundo caso (virtualmente), os camponeses oprimidos pela servidão, mas em ambos se trata de uma externalização das relações funcionais com o mundo, consideradas como destituídas de qualquer valor socializante ou emancipatório. Com Marcuse, *o paradigma da autonomia-extração passa assim para o lado da crítica social*, e ainda mais impressionante: *para o lado de uma crítica que pode ser comparada a uma crítica ecológica da modernidade.*

Petróleo e átomo: as energias invisíveis

Para compreender o eclipse da reflexividade ecológica, é possível esboçar uma segunda hipótese. Esta consiste em buscar nos dispositivos técnicos e institucionais próprios do pós-guerra as características que tornaram parcialmente invisível a aceleração do ritmo econômico e, portanto, o renascimento de uma concepção extrativa das liberdades políticas. Falar aqui de invisibilidade não deixa de ter suas dificuldades: como já dissemos, o espetáculo do aperfeiçoamento material e do consumo de massa, vivenciados na esteira da guerra, não escapa a ninguém, quer sejam seus defensores ou seus opositores mais virulentos. O que é invisível, ou tornado invisível, é antes a rede de dependências materiais que configura essa era. Veremos,

238 • Abundância e liberdade

assim, que uma série de fatores, tanto sociais como materiais, alimenta a insensibilidade ecológica: a adoção de um sistema energético aparentemente sem restrições ou limites – dominado pelo petróleo e pela energia nuclear – implica a externalização massiva dos custos ecológicos do desenvolvimento no espaço e no tempo, ou seja, na transferência desses riscos para as regiões marginais e para o futuro.

Como mostraram muitos historiadores e sociólogos, o crescimento funcionou por várias décadas como a principal fonte de legitimação do capitalismo: a um ritmo elevado, ele permite uma compensação aceitável das desigualdades de riqueza induzidas pela alocação de rendimentos de acordo com os mecanismos de mercado, e os Estados ocidentais encontraram nessa função redistributiva e reguladora uma de suas principais razões de ser. Associada ao contexto da Guerra Fria e ao trauma totalitário ainda muito próximo, essa configuração socioeconômica teve uma influência decisiva na formação do pensamento político do pós-guerra: por um lado, ainda era possível defender o pacto liberal clássico tornando as liberdades econômicas uma dimensão constitutiva da democracia e um fator de progresso social, por outro, a reivindicação de uma emancipação radical se assentava em uma separação entre a esfera das atividades livres e a esfera das servidões materiais – associadas ao aparato repressivo capitalista. Tanto a legitimação da ordem capitalista como sua crítica dependiam, portanto, de um mesmo fenômeno estruturante de nível superior e mais profundo que é o crescimento. A teoria crítica e o liberalismo compartilhavam de um medo comum da heteronomia, corporificado, para a primeira, na colonização do desejo pela mercadoria, e, para o segundo, no abuso do poder do Estado e no conformismo individualista. Mas, seja qual for a constatação, seria preciso que a ordem social se refugiasse em sua dinâmica interna, tanto mais protegida de influências exógenas nocivas porque detinha, agora, os meios técnicos e econômicos capazes para tanto.

Mas são precisamente esses meios que merecem ser expostos e iluminados como tais. Não apenas porque, sem isso, não se apreende adequadamente o sentido da autonomia próprio ao período de rápido crescimento dos Trinta Anos Gloriosos, mas também porque as formas sociais da abundância material não são evidentes por si mesmas. Como mostraram alguns trabalhos da história das ciências e das técnicas, em particular os que se ocupam dos recursos energéticos, a percepção de uma ilimitação dos meios materiais após a Segunda Guerra Mundial não se deveu a um aumento puro e simples do

A grande aceleração e o eclipse da natureza • 239

esforço produtivo (dos homens e das máquinas), mas sim a novos arranjos tecnopolíticos cujas características explicam sua relativa invisibilidade aos olhos dos intelectuais euro-americanos[27].

O aprofundamento do conceito de abundância, proposto por Timothy Mitchell em *Carbon Democracy* [Democracia do carbono], permite, por exemplo, lançar luz sobre os vínculos entre a solidez da ordem democrática dos anos do pós-guerra e o conjunto dos dispositivos técnicos e institucionais postos em prática para garantir o fornecimento de energia. Enquanto o carvão era o recurso dominante até a década de 1930, o petróleo, que já havia sido objeto de intensas lutas entre as potências econômicas e coloniais entre as duas guerras mundiais, tornou-se a chave do sistema econômico mundial a partir de 1945. A reconstrução desse sistema, do qual os Acordos de Bretton Woods e a contribuição de Keynes são componentes essenciais, baseia-se na ambição de proteger os mercados e as economias nacionais contra as tendências anárquicas da especulação financeira: o padrão ouro é restabelecido, mas, se o dólar é escolhido como moeda de referência, é principalmente porque se trata da moeda com a qual o petróleo é comprado e vendido. A regulação do comércio mundial e, portanto, por incidência, do crescimento e do emprego, é assim indissociável do controle das atividades financeiras e de uma reserva de energia fóssil que funciona como garantia do valor do dinheiro a longo prazo[28].

No entanto, para além dessas instituições bancárias e monetárias, que respondem, no limite, à insegurança das décadas de 1920 e 1930, a estabilidade econômica do pós-guerra apela também para as propriedades materiais do petróleo. Este, ao contrário do carvão, é uma substância fluida, facilmente transportável, e que pode ser extraída do subsolo sob o efeito da pressão negativa. Em outras palavras, o petróleo não requer a mesma força de trabalho que o carvão (geólogos e engenheiros em vez de mineiros), seja no momento da extração, das quebras de carga ou do refino, e se presta mais facilmente à competição global (graças ao desenvolvimento dos petroleiros). Essas são as razões pelas quais as potências coloniais (ou ex-potências coloniais) ociden-

---

[27] Ver, por exemplo, a demonstração de Richard Lane do papel desempenhado pela Comissão Paley, no pós-guerra, na construção do imperativo de crescimento. "The American Anthropocene. Economic Scarcity and Growth during the Great Acceleration", *Geoforum*, v. 99, 2019, p. 11-21.

[28] *Carbon Democracy*, cit., p. 135 e seg.

240 • Abundância e liberdade

tais tiveram de criar empresas petrolíferas transnacionais, capazes de operar no local, mas também e sobretudo em unidades externas de produção, em particular no Oriente Médio. Sem isso, os exploradores locais teriam tido a possibilidade de exercer uma forte concorrência desfavorável aos lucros.

Essas características físicas e técnicas do abastecimento de petróleo, aliadas à determinação de recolocar a economia mundial em pé e à capacidade das grandes potências de projetar seu poder para além das suas fronteiras, dão origem a uma rede altamente complexa de bancos, Estados, minas, canais de abastecimento e normas técnicas própria dos Trinta Gloriosos. Segundo Mitchell, é esse arranjo singular que permite compreender o mundo do qual Marcuse, por exemplo, tentava escapar.

Mesmo que, muito em breve, o padrão-ouro não seja mais suficiente para regular uma economia inundada por quantidades extraordinárias de combustível fóssil, a experiência keynesiana inscreverá na consciência coletiva, bem como nas possibilidades econômicas concretas da época, a ideia de uma ilimitação da economia. De forma bastante contraintuitiva, Mitchell relativiza o esforço de redistribuição da riqueza, no entanto inseparável dessas políticas, para sublinhar a afinidade entre a constituição das economias nacionais com base numa contabilidade rigorosa e expressa em termos abstratos (da qual o PIB é o emblema) e a segurança proporcionada pelo acesso a recursos fósseis superabundantes:

> A política democrática se desenvolveu graças ao petróleo, adotando uma orientação particular em relação ao futuro, como um horizonte de crescimento ilimitado. Esse horizonte não era o reflexo natural de um tempo de abundância, mas o resultado de uma forma particular de organização do conhecimento especializado e de seus objetos em um novo mundo denominado "a economia".[29]

Vejamos bem o que diz Mitchell: a ilimitação da economia é inseparável do paradigma de redistribuição e de proteção social associado a Keynes. Não apenas porque a riqueza do petróleo é necessária para financiar esse sistema, mas porque o projeto de consolidação do capitalismo por meio da projeção de um poder pós-colonial e a construção de indicadores de crescimento dissociados do metabolismo material são seus principais instrumentos.

A economia do carvão descrita em 1865 por Jevons, na qual a supervisão dos estoques domésticos assume importância capital, é gradualmente

---

[29] Ibidem, p. 170.

suplantada por uma economia do petróleo no âmbito da qual a abundância de estoques é idealmente combinada com estratégias industriais e financeiras concebidas para manter uma relativa escassez (e, portanto, preços bastante elevados). O caráter estratégico das matérias-primas se deve essencialmente a essa combinação sutil: é necessário o suficiente para alimentar uma tecnoestrutura em rápido crescimento, mas deliberadamente pouco para assegurar a rentabilidade da indústria extrativa. A emergência de uma "economia" fechada sobre si mesma, centrada nos movimentos de capitais concebidos como uma ordem de realidade autônoma e independente dos ciclos materiais, é tanto a condição quanto o efeito dessa política de escassez – e Mitchell chama de "petrossaberes" os dispositivos intelectuais investidos no desenvolvimento dessa política.

Se "a economia se torna assim uma ciência do dinheiro"[30], é porque o equilíbrio entre abundância e escassez é habilmente mantido. No plano sociológico, é também porque as condições de extração e distribuição do petróleo limitaram o surgimento de um movimento por justiça econômica semelhante ao que, no último terço do século XIX, na Europa, obteve uma série de conquistas sociais. É dessa forma, aliás, que podemos estabelecer um primeiro elo entre a ordem do petróleo e as formas de crítica dos anos 1960. Uma vez que não se pode mais contar, para orquestrar o cabo de guerra entre dominantes e dominados, com uma massa crítica de operadores diretamente envolvidos no fornecimento energético – ou seja, uma classe inscrita no nervo da economia –, a contestação da autoridade econômica deve mudar de forma. Privada da força negativa involuntariamente conferida ao proletariado do carvão pela indústria do pré-guerra, a crítica deve se reposicionar, se reconfigurar em outro nível[31]. Marcuse, aliás, sustenta de modo inequívoco: não é que as classes baixas tenham desertado do contramovimento em função da preguiça ou da falta de lucidez, mas sim que perceberam que tinham mais a ganhar com as consequências do crescimento que com a continuação do braço de ferro social. A pacificação democrática do pós-guerra se deve menos a uma relação de forças entre as classes que a medidas prudentes de socialização dos lucros industriais, vistas

---

[30] Ibidem, p. 158-9.

[31] Esse movimento da crítica é analisado por Claus Offe em "New Social Movements. Challenging the Boundaries of Institutional Politics", *Social Research*, v. 52, n. 4, 1985, p. 817-68.

como condição para a perpetuação da economia. Nesse cenário, foi uma elite artística oriunda da burguesia que se viu investida da missão crítica, já que só ela seria capaz de dar um sentido político a suas desilusões: a valorização da relação estética e lúdica com o mundo material e a delegação aristocrática das tarefas funcionais aos autômatos podem ser perfeitamente compreendidas como a consequência de um enfraquecimento da reflexividade material antes levada a cabo pelas classes produtoras na economia do carvão. Desse ponto de vista, Marcuse aparece como um pensador, se não lúdico, ao menos absolutamente sintomático da configuração histórica em que se encontra imerso – a do petróleo.

A esses elementos é preciso acrescentar um segundo tipo de visão possibilitada pela história e pela sociologia das ciências e das técnicas. Com efeito, a economia dos Trinta Anos Gloriosos é caracterizada por uma profunda distorção dos referenciais espaçotemporais nos quais a parceria entre humanos, máquinas e ambientes era antes implantada. Como vimos há pouco, o desenvolvimento da sociedade mercantil já havia afetado o universo essencialmente local das economias agrárias – mas apenas em proporções limitadas: o espaço e o tempo ainda eram fatores determinantes do valor da mercadoria (por meio dos custos de transporte e de seguro, assim como da degradação dos materiais), e as fronteiras nacionais ainda formavam o pano de fundo para as trocas econômicas. Uma das características da modernização do pós-guerra, em particular sob o efeito das grandes organizações supranacionais que se estabelecem, é que ela envolve a definição de padrões técnicos e comerciais indiferentes à geografia e às línguas. A cadeia de produção e de abastecimento de petróleo, por exemplo, combina instrumentos, normas, saberes, cálculos e disposições contratuais amplamente independentes das descontinuidades nacionais. Esses conjuntos, nos quais as empresas multinacionais se encaixam de forma ideal, não são nem locais nem universais, se estendendo, na verdade, em uma rede de acordo com um padrão próprio de espacialidade[32]. Torna-se então muito difícil saber onde estamos numa cadeia de valor, como se organiza a distribuição espacial das atividades e das contribuições à riqueza, uma vez que o antigo modelo de

---

[32] Sobre esses arranjos, ver "Technological Zones", *European Journal of Social Theory*, v. 9, n. 2, p. 239-53; ver também o conceito de "technoscape" desenvolvido por Arjun Appadurai, *Modernity at Large. Cultural Dimensions of Globalization*, Minneapolis, University of Minnesota Press, 1996.

A grande aceleração e o eclipse da natureza • 243

gestão estatal do território, que tornava legíveis, de certa forma, as relações entre economia, sociedade e espaço, se deparou com a concorrência da administração indireta e não jurídica conduzida pelas firmas industriais e pelas instituições reguladoras supranacionais.

Esse empastelamento espacial, no qual o espaço da soberania e os modos de regulação econômica não coincidem mais (ou não tanto quanto antes), tem como principal efeito o de limitar drasticamente a capacidade dos atores políticos de identificarem adequadamente de onde vem o esforço material necessário para o desenvolvimento e em que condições concretas esse esforço é produzido. Tipicamente, a ideia de que a abundância material pode desencadear uma emancipação em relação ao trabalho e o desenvolvimento de uma sociedade do lazer é inconcebível sem a negligência da contribuição forçada dos territórios extraocidentais e do custo real das aventuras geoestratégicas e militares que a tornaram possível. Em uma palavra, a crítica antimaterialista carece de uma parte importante das condições materiais em que se desdobra. Aqui, é a intuição de Fichte sobre a ubiquidade dos modernos que se estende sob uma nova forma – que será rediscutida depois: é só muito mais tarde que a externalização dos custos ecológicos e sanitários do desenvolvimento se tornará um elemento central da crítica ambiental, mas é possível sublinhar de imediato a que ponto a reorganização temporal da economia penetra no imaginário político do pós-guerra. Mitchell lembra, por exemplo, que os indicadores econômicos instaurados na época, PIB e PNB em particular, funcionam como dispositivos de invisibilização do "aumento dos gastos necessários para o tratamento dos danos causados pelos combustíveis fósseis"[33]. E, tendo em mente que a maior parte desses gastos é virtual, a correção inevitável da medida do desenvolvimento fica para um futuro invisível. Ou seja, o clima também foi afetado pelo regime econômico daqueles anos.

Mas o exemplo mais notável do deslocamento temporal que atravessa as sociedades do pós-guerra provém menos da economia do petróleo que dos grandes projetos nucleares, dos quais a França é o principal exemplo.

---

[33] *Carbon Democracy*, cit., p. 168. Sobre a construção social do crescimento com base nos indicadores econômicos, ver os trabalhos de Matthias Schmelzer: "The Growth Paradigm. History, Hegemony, and the Contested Making of Economic Growthmanship", *Ecological Economics*, n. 118, 2015, p. 262-71; *The Hegemony of Growth. The OECD and the Making of the Economic Growth Paradigm*, Cambridge, Cambridge University Press, 2016.

O estabelecimento de uma indústria nuclear civil permite compreender que a externalização dos custos de desenvolvimento para o futuro não é apenas um simples fenômeno contábil de transferência de valor, com um significado político mais geral. A identidade e o orgulho nacionais, após a humilhação de 1940, são idealmente alicerçados num projeto essencialmente técnico que, ao mesmo tempo que promete a independência energética da nação, fornece o substrato para o discurso da autonomia e do progresso[34]. O envolvimento dos principais órgãos do Estado e a formação de uma nova elite técnica, o estabelecimento de um setor industrial especificamente francês, a assimilação do controle nuclear à soberania nacional e a disseminação de um imaginário do prestígio técnico são os diferentes componentes de um conjunto tecnopolítico no qual as propriedades materiais da energia nuclear são investidas a fim de se construir uma consciência política autoconfiante. Mas se o governo da França na década de 1950 decorre em grande parte desses dispositivos, pode-se dizer mais uma vez que ele é inseparável da captura do futuro: a questão dos resíduos e do destino das centrais após o uso foi maciçamente tratada como um problema para o futuro[35], assim como as repercussões a longo prazo de uma indústria que só é competitiva e defensável como modelo econômico e político se for capaz de jogar para o futuro suas consequências bastante conhecidas[36]. Se o pensamento catastrofista dramatizou essa dimensão temporal do sistema nuclear ao afirmar que este só se mantém eufemizando o horizonte de um possível (ou mesmo provável) acidente, pode-se dizer, de maneira mais geral, que a política do átomo depende de uma atitude otimista em relação ao futuro – é um governo pela promessa. Mais precisamente, essa política constrói o futuro como a repetição inde-

---

[34] Gabrielle Hecht, *Le Rayonnement de la France. Énergie nucléaire et identité nationale après la Seconde Guerre mondiale*, Paris, La Découverte, 2004, e "Invisible Production and the Production of Invisibility", em Daniel Lee Kleinman (org.), *Routledge Handbook of Science, Technology and Society*, Londres, Routledge, 2014.

[35] Yannick Barthe, *Le Pouvoir d'indécision. La mise en politique des déchets nucléaires*, Paris, Economica, 2006.

[36] A isso poderíamos acrescentar que a indústria atômica também procede por meio da externalização espacial: as minas de urânio estão localizadas sobretudo em regiões colonizadas, o que induz uma tutela econômica e sanitária indireta, mas muito presente. Sobre essas questões, ver Gabrielle Hecht, *Uranium africain. Une histoire globale*, Paris, Seuil, 2016.

finida do presente (segurança energética e orgulho nacional), ao mesmo tempo que, paradoxalmente, compromete essa repetição.

***

Se reinscrevermos agora esses elementos da história política das tecnologias energéticas em uma temporalidade um pouco mais longa, podemos ter uma ideia das transformações sofridas após a Segunda Guerra Mundial pela parceria geoecológica entre a sociedade e o mundo. O processo de modernização iniciado na época da dupla revolução material e política do século XIX assumiu a forma de um distanciamento das *affordances* da terra, que outrora tinham estruturado a vida social. Estas, como Polanyi mostrou, não foram pura e simplesmente abolidas nem poderiam ser: seu silenciamento pela emergência espetacular das *affordances* da máquina e do mercado levanta a questão de sua persistência e de sua compatibilidade com um ideal de autonomia progressivamente vinculado às aspirações das classes industriais. Após 1945, a grande aceleração consistiu num relançamento do projeto modernizador em proporções mais massivas, mas igualmente submissas a dispositivos regulatórios mais poderosos – dos quais o Estado social de crescimento é a principal encarnação. Mas enquanto o envolvimento no esforço econômico do "povo dos produtores" – para usar o léxico saint-simoniano – contribuiu no século XIX para a formação de uma consciência política que vinculava explicitamente a busca da abundância à autonomização de um sujeito coletivo doravante denominado "sociedade", esse vínculo é em seguida confrontado com uma rude prova.

E é assim, antes de tudo, em função da assimilação da proteção da sociedade a dispositivos de planejamento tendencialmente repressivos (de inspiração comunista ou fascista): o discurso liberal e neoliberal encontrou na crítica do totalitarismo o principal argumento para sua defesa da justiça de mercado contra os abusos do Estado. Mas esse é apenas um sinal de uma transformação mais profunda da paisagem. Na verdade, a ordem do petróleo e, em menor medida em escala global, do nuclear, são caracterizadas pelo que se poderia chamar de *affordances* negativas. A terra, tal como as máquinas térmicas da primeira industrialização, ofereceu à agência social perspectivas efetivas, muito bem localizadas no espaço e situadas no tempo: humanos e não humanos cooperavam em um ambiente comum onde se confrontavam diretamente e onde estavam em contato quase imediato uns com os outros. O petróleo e o átomo, ao contrário, em função dos arranjos tecnopolíticos que os tornam socialmente eficazes, encorajam uma atenuação da reflexividade material – ou seu eclipse, como chamado acima. A externalização espaçotemporal dos custos, a construção de um imaginário político voltado para a ilimitação da ordem econômica, a aparente "gratuidade" dos recursos abundantes, a confusão das referências territoriais clássicas – devido à construção de redes técnicas, financeiras e normativas transnacionais –, todos esses elementos, cujos vestígios podem ser encontrados já no século XIX, assumem importância crucial após 1945. Ora, é isso o que constitui uma rede de *affordances* negativas: torna-se muito mais difícil que antes basear a formação da consciência política – e em particular da consciência crítica – na manipulação eficaz dos recursos, das riquezas e dos ambientes.

O entorpecimento da crítica aos Trinta Gloriosos, deplorado por Marcuse e por muitos outros teóricos críticos, se deve certamente ao poder de convencimento do crescimento e do conforto. Mais profundamente, porém, refere-se a essa negatividade das *affordances* materiais, a essa capacidade paradoxal da ordem geoecológica que então se estabelece de tornar abstratas, distantes, ou mesmo imateriais, as condições efetivas da integração coletiva nas dinâmicas ecológicas. Em termos políticos, o caráter literalmente inapreensível, invisível, das condições materiais da existência comum explica a mutação do pensamento crítico. E, desse ponto de vista, o gesto contracultural de Marcuse e de muitos outros autores contemporâneos é ele próprio parte desse eclipse da reflexividade material. Evidentemente, os alertas ambientais lançados no século XIX não foram esquecidos por completo, de modo que seria um equívoco negar a existência de qualquer consciência ecológica durante esse período. Mas, de um ponto de vista mais distanciado, ele aparece como uma fase de transição na evolução das relações entre autonomia e abundância, marcada pelo caráter negativo das *affordances* políticas do petróleo e do átomo. A consolidação do mercado e da conquista técnica do mundo, permitida pelo estabelecimento temporário de contrapesos eficazes, tornou possível, assim, o prolongamento das antigas promessas do pacto liberal.

9
RISCOS E LIMITES: O FIM DAS CERTEZAS

Alertas e controvérsias

Ao final da Segunda Guerra Mundial, os defensores do Pacto Liberal, tanto quanto seus críticos aparentemente mais mordazes, estavam todos cativados pelo poder da abundância. O aumento espetacular das possibilidades materiais fornece então a principal base para a conceituação da liberdade, de um lado e de outro da contenda. O projeto modernizador experimentou, assim, um período próspero durante o qual a fé industrialista exercia um papel estruturante bastante poderoso, entre cujas consequências estava a limitação dos horizontes intelectuais e políticos. Mas esse período não durou muito – ou pelo menos provocou rapidamente sérios questionamentos.

Não muito tempo depois, as certezas quanto ao futuro, forjadas no acoplamento da abundância e da liberdade, foram alvo de críticas que, em seguida, tomaram a forma de programas de pesquisa e, assim, encontraram o seu lugar na história do conhecimento. De um lado, emerge a preocupação com a natureza finita e limitada dos recursos naturais, assim como uma série de alertas visando ao dogma do crescimento ilimitado. Paralelamente aos temores malthusianos sobre a população mundial, os limites ecológicos da nave-terra pareciam mais próximos que nunca, e o sonho de prosperidade, comprometido. De outro lado, surge uma reflexão igualmente muito potente sobre a regulação dos riscos e das catástrofes e sobre a dimensão política das tecnociências. Os acidentes nucleares, em particular o de Chernobyl, e as grandes contaminações químicas alimentaram então as incertezas próprias da modernidade tardia. Este capítulo pretende explorar sucessivamente as questões levantadas em cada um desses paradigmas, o dos limites e o do risco, a fim de identificar as características gerais do questionamento, nesse período, da abundância e da autonomia.

248 • Abundância e liberdade

Para os defensores do paradigma dos limites, cuja expressão mais famosa é o relatório do Clube de Roma, de 1972, intitulado *The Limits to Growth*[1] [Limites do crescimento], trata-se de mostrar quanto o projeto de autonomia política, entendido como libertação em relação à natureza, é paradoxalmente tributário de condições materiais que conduzem a um impasse. Coletando dados relativos às trocas metabólicas, às dependências energéticas que se formaram entre o mundo social e a natureza a partir da Revolução Industrial, um amplo conjunto de trabalhos contribuiu para moldar uma contranarrativa. A ideia geral é bastante simples: é possível contrastar o ideal cornucopiano, nascido no século XVIII, com o conjunto de distúrbios ecossistêmicos que esse ideal acabou por provocar, conscientemente ou não. Ponto culminante dessas perturbações, a perspectiva de um colapso demográfico e político causado pelo retorno da carência e pela degradação dos ambientes que nos sustentam desempenha o papel de pedra angular do sistema de pensamento que se organiza em torno dos limites. Assim, pensar em termos de limites o engate da sociedade nos equilíbrios geoecológicos preexistentes requer a adoção de uma escala de análise sistêmica e holística, que conceba as sociedades humanas como realidades materiais engajadas em intercâmbios físicos, químicos e biológicos com seu meio.

O outro grande paradigma com base na qual a natureza fez seu retorno à modernidade gravita em torno do conceito de risco, que se consolidou nas ciências sociais mais ou menos na mesma época. Não se trata, aqui, simplesmente de apontar o acúmulo de catástrofes induzidas pelas novas tecnologias, mas de conferir significado à transformação da relação com o futuro por elas provocada. Enquanto o credo modernista por excelência consistia em conceber a possibilidade de controlar o futuro e de orientá-lo segundo princípios razoáveis, a irrupção do risco ofusca essa confiança e faz da incerteza um componente central de nossa existência social. Inicialmente concebidas como fatores de estabilização da relação no futuro, as tecnociências aparecem na era de Chernobyl sob uma face inversa, como um fator de incerteza e de conflito que se articula com uma desaceleração e

---

[1] Donatella H. Meadows, Dennis Meadows, Jørgen Randers, William Behrens III, *The Limits to Growth*, Nova York, Universe Books, 1972. [Em português, é possível consultar uma versão atualizada do livro: Donatella H. Meadows, Dennis Meadows, Jørgen Randers, William Behrens III, Limites do crescimento – A atualização de 30 anos. São Paulo, Qualitymark, 2007.]

com uma crise agora estrutural dos mecanismos de proteção social implantados nas economias de mercado a partir da Segunda Guerra Mundial. Se retomarmos a expressão de Ulrich Beck, um dos principais representantes desse paradigma, devemos falar de uma "sociedade de risco", ou seja, de um estágio de desenvolvimento da modernidade em que a exposição coletiva a esses riscos passa a ser o critério central que define o presente[2].

Segundo Beck, o que desmorona a partir da década de 1980 não é apenas o modelo de progresso linear herdado da primeira modernidade industrial, mas também o conjunto das categorias de pensamento a ele ligadas, as quais formam, aliás, o aparato conceitual das ciências sociais clássicas: soberania nacional, classe, mérito, natureza, realidade, ciência e, sobretudo, mercadoria. O panorama delineado no livro de 1986 é contundente: segundo ele, em breve não haverá mais fronteiras (como mostra Chernobyl), classes (porque a exposição ao risco não segue as desigualdades de renda), natureza externa (porque o ideal de domínio é realizado e negado ao mesmo tempo) e ciência (é o fim das certezas, o acesso ao mundo sendo imediatamente político). Qualquer que seja a validade dessa tese como previsão, sua capacidade de capturar uma transformação social em curso se mostrou decisiva.

Ao contrário do que a economia política e seus críticos tinham estabelecido, a mercadoria não seria mais, sob o regime de risco generalizado, o objeto único e insubstituível das trocas, uma vez que os efeitos colaterais das atividades produtivas passam a implicar custos e medidas preventivas mais pesadas e mais suscetíveis de constranger o mundo econômico em geral. Ora, é precisamente porque a natureza havia sido pensada como uma realidade anterior e externa à economia, como um mero reservatório de onde seriam extraídas as riquezas, as matérias-primas e outros fatores de produção, que seu retorno produziu efeitos tão devastadores. De acordo com Beck, a necessidade de as sociedades pós-modernas incorporarem essas externalidades em seus sistemas econômicos e intelectuais equivale a cruzar um limiar de reflexividade até então desconhecido, ou deliberadamente tornado invisível. A integração do risco no modelo social herdado da era industrial qualifica assim a modernidade como "reflexiva", na medida em que deverá doravante conceber como lhe dizendo respeito o que anteriormente havia situado fora de si. Se a crença na dominação da natureza havia projetado a sociedade para fora do mundo, o desabrochar dos riscos e a necessidade de regulá-los

---

[2] Ulrich Beck, *La Société du risque*, Paris, Flammarion, 1986.

colocam fim a essa ruptura, rearticulando o natural e o social de forma mais incerta, mas também mais pacífica.

A profunda afinidade entre o paradigma dos riscos e o dos limites reside na relação com o tempo. Transgredir os limites, ou limiares geoecológicos, significa inevitavelmente deixar o quadro tranquilo e previsível que as modernas estruturas tecnológicas e políticas acreditavam ter construído para sempre. O solo, a atmosfera e os ambientes em geral começam a responder de forma imprevisível à ação, e os suportes materiais do desenvolvimento, considerados como contínuos e indefinidos, começam a falhar, levando consigo formas de vida e modelos institucionais. Essa nova relação com o tempo, como se disse, é também central na perspectiva do risco, uma vez que se trata, dessa vez, de se forjar uma nova racionalidade, destinada a incorporar essa incerteza, com o fim de torná-la idealmente calculável. Desse ponto de vista, pode-se dizer que os dois paradigmas em questão contribuíram para revelar a que ponto a modernidade era uma *cronopolítica*. A preempção do futuro pelo credo da melhoria, pelo mito do progresso, é a componente mais marcante do nosso mundo. Ela é a um só tempo a mais robusta, a que capta da forma mais poderosa e duradoura as aspirações individuais e coletivas e as torna parte de estruturas ideais e materiais de elevada magnitude, e a mais vulnerável, a que se presta às disfunções mais graves e às decepções mais amargas. A regularidade das condutas, assegurada pelas estruturas administrativas e materiais da modernidade, e com ela a cronopolítica herdada da era das revoluções, parece esbarrar em riscos e limites.

Crítica do desenvolvimento e naturalismo político

No início da década de 1970, vários textos fundadores de uma nova abordagem crítica do crescimento foram publicados com pouco tempo de distância uns dos outros: *The Entropy Law and the Economic Process* [A lei da entropia e o progresso econômico], de Nicholas Georgescu-Roegen, o relatório do clube de Roma liderado por Donatella Meadows, *The Limits to Growth*, e, em menor medida, *Steady-State Economics** [A condição estável da economia], de Herman Daly. Enquanto o primeiro opera do interior da ciência econômica, integrando as contribuições da ecologia científica de

---

* Herman Daly. *Steady-State Economics*. Washington, Island Press, 1977. (N. E.)

Odum, da termodinâmica e da teoria dos sistemas, o segundo é o trabalho de um coletivo interdisciplinar de pesquisadores que visa, mais diretamente, a uma reorientação das políticas industriais (e demográficas) em escala internacional, se utilizando, para tanto, das modelizações informáticas de ponta. Paralelamente a essas publicações, desenvolve-se uma literatura de alerta sobre os abusos da civilização industrial e os custos ecológicos do crescimento econômico. As publicações de Paul Ehrlich, Barry Commoner e Ernst Friedrich Schumacher[3] se inscrevem no momento específico da década de 1970: quer seja do ângulo do perigo demográfico, para o primeiro, da saturação dos ecossistemas pelos resíduos da atividade industrial, para o segundo, ou de uma crítica mais geral da sociedade de consumo, para o terceiro, todos eles alimentam um requisitório contra a abundância patológica, em linha com muitos movimentos contraculturais então em voga. A essa lista podemos acrescentar a obra de Howard Odum, que, após ter desenvolvido com seu irmão Eugene os princípios da ecologia funcional contemporânea, publicou em 1971 *Environment, Power and Society*[4] [Ambiente, poder e sociedade], obra que torna manifestos certos vínculos entre a perspectiva dos limites e o pensamento tecnocrático de Veblen e de seus herdeiros.

Como mostraram os estudos sobre as origens intelectuais do decrescimento, a emergência de um regime crítico centrado na ilimitação do sistema produtivo industrial tem raízes bastante remotas na história[5]. De um ponto de vista sociopolítico, o relatório apresentado em 1972 pelo Clube de Roma constitui, porém, um ponto de inflexão. Esse texto é o resultado do encontro entre um grupo de reformadores industriais oriundos de diferentes disciplinas, reunidos pela primeira vez em 1968, em Roma – daí o seu nome –, por Aurelio Peccei e pelo teórico de sistemas e cientista da computação do Massachusetts Institute of Technology, Jay Forrester. Foi este último que desenvolveu as técnicas de modelização necessárias à reconstituição, de forma quantificada e gráfica, dos diferentes cenários preditivos em que se

---

[3] Paul Ehrlich, *The Population Bomb*, Nova York, Ballantine Books, 1968; Barry Commoner, *The Closing Circle*, Nova York, Random House, 1971; Ernst Friedrich Schumacher, *Small is Beautiful*, Blond & Briggs, 1973.

[4] Howard T. Odum, *Environment, Power and Society for the Twentieth Century*. Nova York, Columbia University Press, 1971.

[5] Joan Martinez-Alier, *Ecological Economics. Energy, Environment and Society*, Londres, Blackwell, 1987.

252 • Abundância e liberdade

baseia a crítica ao crescimento[6]. O relatório é resultado de uma experiência de pensamento que retém como componentes elementares os cinco fatores seguintes: a população, os estoques de recursos, os níveis da produção agrícola e industrial (ou, mais tecnicamente, a taxa de retorno do capital investido em cada um desses dois setores) e a taxa de poluição. Cada uma dessas variáveis incorporadas ao algoritmo de Forrester é, ela própria, o resultado da agregação de inúmeros dados demográficos, econômicos, biológicos e tecnológicos, detalhados no início do texto. Cada componente mantém relações de reforço positivas ou negativas com as outras, formalizadas em um diagrama de caixa humildemente intitulado "The World Model"[7]. Por exemplo, o crescimento demográfico leva a um aumento da pressão sobre os estoques de recursos, o que aumenta a poluição e vice-versa. É preciso observar, aliás, que uma parte significativa do prestígio conquistado por *The Limits to Growth* (mas também das críticas que atraiu) se deve à proeza tecnocientífica representada por essa conjunção heterogênea de dados em um modelo sintético e heurístico, se não representativo. As ciências ecológicas dão assim seus primeiros passos no mundo da *big science* [grande ciência], dos dispositivos de modelização altamente equipados.

A *standard run* [corrida padrão] do modelo desenhado por Forrester é obtido conjecturando a perpetuação das taxas de crescimento dos cinco componentes selecionados no mesmo ritmo observado no período de 1900 a 1970. Esse cenário, que prefigura um mundo sem mudanças voluntárias, conduziria a uma grande catástrofe demográfica e ecológica até o ano 2000: uma vez que o crescimento demográfico tem um *feedback* positivo sobre o das atividades produtivas, a pressão global sobre os recursos e o acúmulo de poluição seguem uma curva exponencial que logo atinge os limites de capacidade do sistema planetário. Trata-se do resultado de um reforço mútuo das causas do esgotamento dos recursos e dos danos às capacidades regenerativas do ambiente. O relatório multiplica em seguida as *runs* alternativas jogando com as variáveis: superestimando voluntariamente os estoques disponíveis para cobrir possíveis descobertas geológicas posteriores, jogando com a capacidade de intensificar a eficiência agrícola e industrial, prevendo um controle parcial do crescimento demográfico, imaginando a emergência

---

[6] Esses modelos são descritos em Jay Forrester, *World Dynamics*, Cambridge, Wright-Allen Press, 1971.

[7] *The Limits to Growth*, cit., p. 102-3.

de tecnologias alternativas etc. Mas cada um desses cenários virtuais revela seja um fracasso da tentativa de resgate, a dinâmica exponencial sendo demasiadamente forte, seja a natureza irrealista da hipótese posta à prova. *The Limits to Growth* é um objeto intelectual notável por suas ambiguidades e pelas diferentes facetas que apresenta à análise. Em certo sentido, trata-se de um protótipo das ciências da Guerra Fria[8]: é o produto de um forte investimento técnico e intelectual para resolver de modo vertical questões globais percebidas de forma indiferenciada do ponto de vista de *policy-makers* [geradores de políticas] sem orientação ideológica precisa, e, além disso, o produto de dispositivos tecnocientíficos amplamente derivados da pesquisa militar. Pode-se ver aí também uma reativação da racionalidade malthusiana clássica, pois ainda se trata de confrontar o crescimento populacional com recursos naturais limitados, tendo no horizonte um aumento descontrolado da taxa de mortalidade. Mais importante, é legítimo ver no alerta lançado em 1972 um efeito do medo suscitado pelo acesso ao desenvolvimento de regiões do mundo até então "atrasadas", em particular a África e a Ásia – e, portanto, de um malthusianismo compreendido no sentido de uma exacerbação da luta por recursos entre grupos sociais e geográficos concorrentes. O que distingue o Clube de Roma do malthusianismo é que já não se trata aqui de apontar o desfecho dramático de um encontro entre dois ritmos de crescimento incompatíveis, pois é a acumulação de poluição que, dessa vez, constitui um excesso patológico. O sistema humano e econômico se desvia da norma – o estado de referência no qual pode crescer inocentemente – ao adicionar ao ambiente compostos orgânicos e químicos que não se degradam de forma harmoniosa, e não apenas ao dele retirar o que se faz necessário.

Se o nome de Malthus é incessantemente invocado nessas obras pertencentes ao paradigma dos limites, as duas operações intelectuais subjacentes eram, no entanto, rigorosamente inversas. Ao mesmo tempo que sublinhavam o horizonte desastroso de uma economia confinada a um regime orgânico, no sentido de Wrigley[9], Malthus e sua escola estimularam um processo de liberação das forças produtivas inteiramente voltado para a atenuação desse horizonte. À finitude da terra se sucedia o desenvolvimento do comércio e da manufatura, ou seja, de certa forma, a substituição de

---

[8]   Naomi Oreskes e John Krige (orgs.), *Science and Technology in the Global Cold War*, Cambridge, MIT Press, 2014.

[9]   Ver supra cap. 4.

um capital fundiário limitado por outras formas de capital – substituição indissociável da captura direta ou indireta de terras estrangeiras por meio da importação de grãos e de outras matérias-primas. Aqui, o processo é o inverso: longe de querer estimular a aceleração da produção, trata-se de desacelerar a máquina econômica. Se a luta contra a demografia galopante é uma premissa compartilhada por Malthus e pelo Clube de Roma para se afastar dos limites ecológicos, Meadows e seus colegas visam explicitamente a própria ideia de que a arte econômica consiste em aumentar a quantidade bruta de riquezas produzidas e intercambiadas. Nem Malthus nem Ricardo são defensores do "equilíbrio global", simplesmente porque nunca enfrentaram as consequências negativas do crescimento econômico, mas sim as da superabundância humana. Uma vez perfurado o teto orgânico, e em especial depois que a análise dos limites foi levada a uma escala global, o problema se coloca de uma forma completamente nova.

Enquanto o Clube de Roma persegue sobretudo objetivos políticos, alertando para o esgotamento dos recursos e das capacidades regenerativas do ambiente natural, a perspectiva metabólica serviu de base a outro empreendimento científico, dessa vez com muito maior alcance intelectual. O projeto de uma crítica naturalista da economia política foi realizado de diferentes maneiras, mas seus desenvolvimentos mais bem-sucedidos são encontrados em Nicholas Georgescu-Roegen. A bioeconomia, cujo legado atual pode ser visto na economia ecológica e em certos ramos do decrescimento[10], assume, em *The Entropy Law and the Economic Process*, assim como em uma série de textos periféricos, o valor de uma reformulação completa da razão econômica[11]. Mas a questão é se essa reformulação é capaz de responder ao desafio herdado de Polanyi, que consiste em ressocializar o pensamento econômico tornando-o sensível aos vínculos à terra.

Georgescu-Roegen não se contenta em lembrar que a economia tem um significado substancial, que ela consiste em fazer circular um conjunto de

---

[10] Para uma visão sucinta sobre os vínculos entre decrescimento e bioeconomia, ver, por exemplo, G. Kallis, Ch. Kerschner e J. Martinez-Alier, "The Economics of Degrowth", *Ecological Economics*, n. 84, p. 172-80, 2012. Ver também os trabalhos de Antoine Missemer, em particular *Nicholas Georgescu-Roegen, pour une révolution bioéconomique*, Lyon, ENS Éditions, e "Nicholas Georgescu-Roegen and Degrowth", *European Journal of the History of Economic Thought*, v. 24, n. 3, 2017, p. 493-506.

[11] Apoio-me aqui nesse livro e em "Energy and Economic Myths", *Southern Economic Journal*, v. 41, n. 3, 1975, p. 347-81.

Riscos e limites: o fim das certezas • 255

materiais e de energia nos canais de produção e consumo e que o volume bruto movimentado nas economias modernas é superior à capacidade de suporte do ambiente global. Ele mostra que, se em particular a economia neoclássica se revelou incapaz de levar em conta essa dimensão, isso se deve à presença no centro de seu ideal epistemológico de uma metáfora física: o sistema de trocas seria análogo a um grande mecanismo no qual o movimento (no caso, a circulação do valor de troca por meio dos preços) seria sempre reversível. Essa economia newtoniana, em que ação e reação se compensam harmoniosamente, não é analisada como o produto ideológico de relações sociais, mas como uma idealização epistêmica de fluxos abstratos de valor cujo efeito é o de tornar invisível – ou mais exatamente, extraeconômica – a conexão dessas trocas no metabolismo ecológico. É necessário, portanto, reconstituir a razão econômica em uma base teórica que reconheça a segunda lei da termodinâmica, ou seja, o princípio da entropia: para conservar a ordem de um determinado sistema, para lutar contra a entropia que nela se instala por dissipação (quer seja um ser vivo ou uma rede de subsistência em grande escala), é necessário um aporte externo de energia. A organização social da subsistência é antes de tudo uma luta contra a degradação da ordem, pela conservação da vida, e a economia está, portanto, sujeita à temporalidade irreversível dos processos orgânicos[12].

Não pode haver compromisso entre o mecanismo neoclássico e a dura lição da termodinâmica: a economia não é um sistema fechado no qual a ordem e o calor seriam milagrosamente conservados, capaz de crescer indefinidamente sem aporte externo de energia, e, além disso, os processos pelos quais a luta contra a entropia é instituída são fatalmente imperfeitos. Em uma palavra, o balanço energético de nossos sistemas econômicos não pode ser nulo. Para conservar a ordem e a vida, é preciso consumir energia, e parte desse esforço se perde na forma de calor, de poluição e de resíduos não tratados. Ao contrário do que uma concepção cíclica da economia poderia sugerir, como tendência voluntarista a restituir ao ambiente tudo o que dele foi retirado, Georgescu-Roegen afirma que "a reciclagem não pode ser completa"[13]. Se o controle rigoroso das externalidades produtivas faz parte do programa implícito dessa bioeconomia, a ideia de uma circularidade

---

[12] Ver Philip Mirowski, *More Heat than Light. Economics as Social Physics, Physics as Nature's Economics*, Cambridge, Cambridge University Press, 1989.

[13] "Energy and Economic Myths", cit., p. 356.

perfeita contrasta com as lições de termodinâmica. Quer haja crescimento ou não, a degradação do sistema é fatal.

O trabalho de Georgescu-Roegen introduz uma tensão na concepção dominante do crescimento, em especial em um contexto em que indicadores como o PIB foram desenvolvidos. A medição dos fluxos monetários e a agregação das transações econômicas têm então o duplo defeito de impor o crescimento assim entendido como norma da ação pública e, dessa forma, de confundir as perspectivas de desenvolvimento social com a ampliação contínua desse indicador abstrato[14], mas também de dissimular o que pretende nomear. Com efeito, a ilimitação do crescimento só é percebida como desejável e possível porque é o produto de uma contabilidade cuja referência é, se levarmos Georgescu-Roegen a sério, fictícia. Comparada com o trabalho do Clube de Roma, a bioeconomia pretende tomar pela raiz o mito do crescimento, redefinindo o objetivo central da arte econômica como a manutenção da vida coletiva em um equilíbrio termodinâmico otimizado.

Fundamentalmente pessimista, uma vez que a morte é inevitável no final da temporalidade orgânica, o pensamento de Georgescu-Roegen é, no entanto, de importância capital. Sobretudo porque antecipou e contornou as críticas ao Clube de Roma. Muito rapidamente, a ideia de que a ordem econômica encontraria os limites do sistema ecológico do qual depende causou uma onda de pânico entre os partidários da ortodoxia. A fim de não permitir que esse horizonte nocivo para os negócios se ancorasse na consciência coletiva, três argumentos principais foram mobilizados: o relatório subestimou os estoques de matérias-primas, as futuras melhorias tecnológicas (principalmente no campo nuclear) tornam credível uma nova abundância energética e um melhor tratamento dos resíduos, e a emergência de novos materiais ou energias, em substituição aos antigos, aliviará a pressão sobre os recursos escassos[15]. É preciso reconhecer que as previsões catastróficas têm essa fraqueza: ao basearem seu raciocínio na persistência das tendências atuais, são vulneráveis a qualquer argumento que aposte na criatividade do futuro – ou seja, a qualquer argumento fundamentalmente modernista. E, na medida em que a economia é a herdeira mais vigorosa desse ideal

---

[14] Ibidem, p. 19.

[15] Sobre a virada dos debates econômicos após 1972, ver em particular Francis Sandbach, "The Rise and Fall of the Limits to Growth Debate", *Social Studies of Science*, v. 8, 1978, p. 495-520.

progressista, a reação crítica foi fatal ao Clube de Roma, a polêmica que provocou se extinguindo tão rapidamente quanto havia sido incendiada.

Bem concebida, a bioeconomia não consiste, porém, apenas em exigir a frenagem do ritmo econômico para evitar o próximo choque malthusiano, mas em eliminar da consciência reflexiva moderna a conceituação econômica de nossa relação com o mundo. Essa radicalização da crítica obviamente não garante o sucesso, mas pelo menos tem o mérito de não se enganar quanto às questões em jogo. Enquanto o Clube de Roma deseja ser politicamente provocador, mantendo-se ao mesmo tempo epistemologicamente conservador, o trabalho de Georgescu-Roegen conduz a uma posição incomparavelmente mais exigente. Enquanto a crítica dominante da economia política, proveniente do marxismo, se baseia no projeto de uma ressocialização da *dismal science* por meio da denúncia do poder do capital, a nova bioeconomia chama a atenção para a relação mantida pelos diferentes setores da atividade econômica com a entropia. As atividades extrativas, por exemplo, aparecem do seu ponto de vista como domínios em que o aumento da entropia se encontra quase em estado puro, como aceleradores do processo de dissipação da ordem. Em outros termos, o valor pecuniário "criado" nesses setores aparece como uma grandeza negativa para uma economia repensada com base na termodinâmica.

Ele próprio insiste, aliás, na afinidade entre a economia ortodoxa e a crítica de inspiração marxista, já que, desse ponto de vista, nenhuma diferença significativa as separa. Se a justiça só pode ser alcançada em um contexto de abundância, então o problema da igualdade social só faz sentido sob a premissa da ilimitação da economia. Ora, é precisamente essa premissa que Georgescu-Roegen ataca de modo frontal. Ao dar ao postulado da ilimitação um significado radical que define por completo a racionalidade econômica moderna e ao levar os limites para o interior da implantação da própria economia, incluindo o que ela tem de aparentemente mais inocente, Georgescu-Roegen faz uma aposta arriscada na capacidade da reflexividade moderna de se alinhar com esse programa exigente. E, na verdade, não é exagero dizer que essa aposta foi perdida, apesar do importante legado que deixou.

Como acabamos de lembrar, existem fatores externos a esse fracasso, os quais podem ser encontrados nos esforços da economia política ortodoxa para manter sua autoridade. Mas é preciso reconhecer que esses esforços não se baseiam em nada: uma das principais fragilidades do paradigma dos limites é seu caráter substancialista, que confere aos estoques e aos fluxos de matéria e de energia uma realidade algo soberana, enquanto a economia política se interessa apenas pela capacidade organizacional e técnica dos homens de valorizar essas coisas nas relações de mercado. A economia política é muito mais construtivista que a sua crítica metabólica, e por isso pode sempre relativizar os limites ecológicos apresentados como absolutos – basta recordar, para tanto, que o valor só tem sentido no âmbito de um processo de valorização. O apelo por um reconhecimento ativo dos processos naturais como fatores que impossibilitariam o postulado da ilimitação esbarra assim em uma coalizão modernista que se baseia em duas afirmações poderosas: que a natureza só tem valor econômico por meio da construção efetiva desse valor; e que o potencial futuro desses procedimentos de construção é desconhecido. A bioeconomia, em outras palavras, corre o risco de desinstituir a economia, de romper seus laços com a reflexividade social, deixando-a cair para o lado da história natural. Muito simplesmente, a questão que se coloca é a de saber se uma abordagem crítica da ideia de submissão à natureza pode ser elaborada – a crítica radical da ordem produtiva se desdobrando em um vácuo político comprometedor.

***

O adiamento do alerta metabólico se deve, portanto, à maneira como se mostra vulnerável a uma crítica cujo objetivo é reativar os ideais modernistas consagrados na economia. A extensão dessas dificuldades especificamente políticas da bioeconomia pode ser avaliada por meio de uma rápida olhada no trabalho desenvolvido por Howard Odum na mesma época. *Environment, Power and Society*, publicado em 1971, se engaja de forma muito mais direta no caminho de uma teoria política de inspiração bioeconômica. Odum assume um programa de engenharia ecológica centrado na otimização do uso da energia e na condução racional dos fluxos de matéria, lembrando as tentativas feitas pelo movimento tecnocrático antes da guerra.

Tal como Georgescu-Roegen, ele confere um lugar central à termodinâmica ao mostrar que a busca por uma energia útil ao homem (isto é, disponível para uso e relativamente concentrada) necessariamente tem um custo para o sistema global. A herança tecnocrática dessa abordagem é claramente sentida quando Odum apresenta o conceito de *emergy*. Esse termo designa uma unidade de valor natural que se refere à quantidade de energia primária contida, convertida e concentrada em determinada mercadoria[16].

---

[16] Howard Odum, *Environment, Power and Society*, cit., p. 90.

Riscos e limites: o fim das certezas • 259

A *emergy* é concebida como uma métrica alternativa à moeda, que não só é incapaz de contabilizar as dependências metabólicas da economia, como obscurece ativamente a reflexividade ecológica comum impondo grandezas fictícias. Assim, por exemplo, a extração de petróleo gera dinheiro, ao mesmo tempo que causa uma gigantesca perda de energia disponível. Para Odum, a capacidade de concentrar grandes quantidades de energia em sistemas técnicos deve ser ponderada em relação à perda das funções ecológicas correspondentes: uma barragem hidrelétrica[17], por exemplo, canaliza fluxos de eletricidade ao custo da degradação dos rios e dos serviços que eles fornecem a uma vasta gama de espécies vivas e, mais amplamente, da manutenção de um ecossistema do qual os humanos dependem, em última instância. A perturbação dessas regulações, pelo sistema energético (e o mesmo se aplicaria aqui à relação entre a função motora de um combustível fóssil e a degradação das regulações climáticas que acarreta), é traduzida na forma de uma dívida ecológica contraída pela operadora elétrica em relação a todos os seres afetados pela instalação hidrelétrica.

O fenômeno da invisibilização dessas transferências energéticas e ecológicas, possibilitado pela simbolização monetária, se torna então manifesto. Odum vai bastante longe nas conclusões que podem ser tiradas de tal dispositivo teórico, uma vez que vislumbra as relações Norte-Sul com base na enorme dívida ecológica que o Norte investidor-consumidor contrai com o Sul extrativo[18]. Mas essa breve incursão na geopolítica é logo obscurecida pela descrição de um plano para uma "organização energética da sociedade"[19] que lembra os trabalhos anteriores de Wilhelm Ostwald. O caráter ferozmente funcionalista desse programa, cuja palavra de ordem é adaptação, confere-lhe um aspecto bastante vertical. O que desaparece do horizonte teórico é nada menos que a estrutura político-jurídica das proteções concedidas aos indivíduos e grupos, a sua autonomia como atores engajados na coconstrução da liberdade social. O programa que ele chama de *prosperous descent* [declínio próspero], pelo qual se deve entender a frenagem das tendências superacumulativas das civilizações avançadas, parece querer dirimir as tensões entre abundância e liberdade sem entrar no campo político e institucional, no terreno da conflituosidade social.

---

[17] Ibidem, p. 199.

[18] Ibidem, cap. 9, depois p. 303.

[19] Ibidem, cap. 10.

260 • Abundância e liberdade

A limitação drástica do desperdício e da obsolescência, mas também o incentivo à restauração ecológica de territórios degradados pela sobre-exploração, coexistem nesse programa com medidas com as quais o funcionalismo beira a utopia naturalista – tais como as tendências eugênicas[20]. O silêncio de Odum sobre a imbricação do sentido da liberdade na economia material não pode ser interpretado como um desinteresse pelas questões jurídicas e institucionais suscitadas pela construção de um espaço democrático dissociado do regime da abundância. Ele traduz, antes, a incapacidade do paradigma dos limites, nessa versão como em outras, de assumir politicamente o problema da abundância. O espectro malthusiano ressurge mais uma vez quando compreendemos que os promotores da bioeconomia, ou pelo menos seus principais representantes na efervescência dos anos 1970, renovam a velha ideia de uma arte política cujo objeto não é a sociedade, mas a população. A possibilidade aberta por Veblen, e antes dele por Saint-Simon, de recompor a ordem social com base nas competências socializantes induzidas pela técnica e pela ciência é aqui fechada. A crítica de Veblen à moeda só é retomada para dar lugar a uma grandeza alternativa igualmente hegemônica. As relações sociais de propriedade, a autonomização das classes industriais em relação ao mercado, a busca da igualdade política por meio da alteração da divisão do trabalho, todos esses temas desaparecem da literatura sobre os limites. O componente propriamente socialista da tecnocracia parece ter se perdido nessa trajetória histórica e epistemológica, como se a introdução das ciências ecológicas no pensamento político tivesse o efeito de neutralizar a aspiração fundadora da modernidade política à autonomia.

A incapacidade do paradigma dos limites de se formular em coordenadas sociopolíticas é em si instrutiva. A cooptação da imaginação emancipatória pela abundância material é tal que, à medida que começa o último quarto do século XX e as patologias ambientais se tornam incontornáveis, os pensamentos dos limites assumem a forma de uma *aterrissagem forçada*. Esse brutal reequilíbrio ecológico da modernidade, essa recordação das normas pré-sociais que deveriam presidir o destino dos humanos, se aparenta à reativação de um ideal de soberania integral exercido indiferentemente sobre o espaço e os seres humanos. Esse fetichismo enérgico evidentemente não responde ao problema fundamental colocado por Polanyi 25 anos antes.

---

[20] Ele propõe, por exemplo, "redefinir os princípios da ética médica que interferem na seleção genética". Ver ibidem, 391. Nossa tradução.

Não se sabe, com efeito, qual sujeito coletivo procura sua autonomia sob a forma de uma reintegração do território no pensamento político: a regulação assume aqui um sentido essencialmente biológico e energético, é um sonho de engenheiro em que nada é dito sobre as capacidades sociais de reinventar a autonomia sem a ilimitação da economia.

O que está em jogo nas tentativas do Clube de Roma e dos vários autores que propõem o paradigma dos limites é a primeira tentativa real de *proporcionar às sociedades industriais o bom mundo*, um mundo cujas propriedades geoecológicas não estariam em conflito com sua persistência, com sua sustentabilidade ao longo do tempo. E não é por acaso que o conceito de limite foi o vetor dessa primeira e incompleta redescoberta do mundo como parceiro vulnerável no desdobramento histórico da modernidade: após a catástrofe geopolítica e moral das duas guerras mundiais, que confrontou seus ideais com uma primeira figura do colapso, essa modernidade teria de se preparar para um desafio de novo tipo, à luz de suas contradições ecológicas. Com efeito, como manter a exigência antitotalitária, que concentra suas forças na luta contra a reconstituição do poder predatório e arbitrário, ao mesmo tempo que se acolhe uma exigência ecológica cuja formulação desajeitada desperta, conscientemente ou não, o velho demônio da heteronomia? Na ausência, ou quase, de uma ecologia política capaz de tornar credível o aumento da autonomia *por meio* da resposta ao desafio dos limites, o espaço é abandonado a uma oposição caricatural entre um techno-fix utópico e a manutenção do *status quo* ecológico e econômico.

O risco e a reinvenção da autonomia

Enquanto para os partidários dos limites a ameaça está essencialmente ligada ao esgotamento dos estoques de recursos e à ruptura dos equilíbrios geoecológicos fundamentais, a perspectiva dos riscos se concentra em eventos que perturbam a confiança espontânea nas ciências e nas técnicas. O acidente de Chernobyl em abril de 1986 rapidamente se tornou o emblema desse movimento epistemopolítico, mas, para além disso, é preciso pensar também no problema da gestão dos resíduos nucleares, no acúmulo de escândalos sanitários e ambientais como o amianto, a doença da "vaca louca" ou o sangue contaminado, e na emergência da figura da vítima nas controvérsias políticas da modernidade tardia. No quadro do risco, não são as tecnociências como *força material*, mas sim como *autoridade política*, que

262 • Abundância e liberdade

são, assim, postas à prova. É sua capacidade de manter um discurso digno de confiança sobre o mundo, ao qual podemos nos referir em termos de nossas aspirações materiais, que é alvo de críticas, e com ela a exclusão dos leigos no exercício dessa autoridade. O que está em jogo nos estudos sobre a incerteza, a responsabilidade e a precaução, que marcaram os anos 1980- -1990 em particular, é a ideia de que as tecnociências criarão o mundo no qual as sociedades se estabelecerão de maneira confortável e sustentável. E também a ideia de que a formação de uma autoridade científica bem iden- tificada pode ser incumbida de se encarregar do destino material de homens e mulheres, dividindo negativamente o espaço específico da política[21].

Assim, a emergência do risco nos diz que o advento da autonomia- -extração é incompatível com o fluxo incessante da dúvida e da incerteza. De que adianta ser moderno e livre se é preciso administrar constantemente as consequências do progresso, se é preciso debater constantemente seus efeitos nocivos e colocar atrás de cada cientista e de cada engenheiro uma consciência moral que os lembre de sua responsabilidade, de sua falibilidade e, em última análise, de suas falhas? Que benefício temos se o afastamento da carência e da doença implica uma vigilância constante das instituições nas quais havíamos depositado nossa confiança, e se os próprios meios pelos quais a autonomia foi conquistada dão origem a novas dependências? O que as empresas com alto nível de inovação descobriram progressivamente é que as ciências, longe de possibilitar a abolição dos condicionantes naturais, permitem o surgimento de novos, nos quais é impossível discernir o que decorre da Providência e o que decorre da falha de concepção das máquinas. Tão logo o risco é induzido por aquilo que deveria exorcizá-lo, é o arranjo ideológico e ontológico da modernidade, portanto, que vacila.

Para compreender a medida disso, basta recordar a estrutura da cro- nopolítica moderna mencionada acima. Como vimos, a possibilidade de se projetar rumo a um futuro seguro alimentou a adesão ao pacto liberal no momento de seu renascimento após a Segunda Guerra Mundial. O capitalismo consolidado sob a liderança do *Welfare* e a manutenção de altos níveis de crescimento caminhavam lado a lado com um equilíbrio precário que logo se debilitaria, mas que, de todo modo, ajudava a anco-

---

[21] A obra de Bruno Latour é uma imensa reflexão sobre as consequências da formação e da desintegração dessa autoridade das ciências. Ver, em particular, *Nous n'avons jamais été modernes*, cit., e *Politiques de la nature*, cit.

rar na consciência essa ideia de uma continuidade progressiva do tempo. Ora, o acúmulo de acidentes e riscos industriais, ambientais e sanitários, ao introduzir a ameaça e o acaso na existência da maioria das pessoas e ao tornar suspeita a autoridade quase sagrada que os representantes da ciência tinham se arrogado, atinge o coração desse dispositivo cronopolítico. O risco tem essa ambiguidade constitutiva: não sabemos quando o acidente, ou pelo menos o evento perturbador, irá ocorrer, e tampouco de onde virá (caso contrário, seria possível antecipá-lo), mas de alguma forma sabemos que está destinado a acontecer[22]. É ao mesmo contingente e inevitável, e o essencial é saber não se vai ocorrer, mas onde e quando. É essa fatalidade paradoxal que faz com que o tempo do risco tenha uma relação com o futuro totalmente diferente da suave continuidade buscada pelo esquema modernista oriundo do Iluminismo.

Desse ponto de vista, a emergência de uma "sociedade do risco" é indissociável das transformações mais gerais da economia política ocorridas na mesma época, a partir do final dos anos 1970 e um pouco mais tarde na França. Se o compromisso do "capitalismo democrático" havia assegurado, bem ou mal, e não sem sobressaltos, a integração e a elevação das massas assalariadas por meio do desenvolvimento de um sistema de seguridade social, as crises desse modelo e as primeiras tentativas de ajuste afetaram profundamente a confiança em relação a esse dispositivo de estabilização das trajetórias biográficas e profissionais. Sem exagerar a estabilidade do pacto social e fiscal estabelecido na sequência da guerra entre capital e trabalho, podemos concordar, por exemplo, com Robert Castel[23], sobre a emergência de uma nova fase histórica impulsionada pela generalização dos dispositivos de desregulação e de precarização do mercado de trabalho, subsequente à desindustrialização e à reorientação da economia visando à manutenção do "capital humano" ou do conhecimento. O "princípio de satisfação diferida"[24], que permitia às classes mais modestas ver o futuro em termos de melhoria e de ascensão social, apesar de um presente ainda difícil, cede gradualmente o lugar a uma grande incerteza vigente não apenas sob a forma do desemprego em massa, da individualização dos percursos

---

[22] Langdon Winner, *The Whale and the Reactor. A Search for Limits in an Age of High Technology*, Chicago, University of Chicago Press, 1986.

[23] Robert Castel, *La Montée des incertitudes*, Paris, Seuil, 2009.

[24] Ibidem, p. 18.

profissionais, do desmembramento da condição salarial e da progressiva substituição do modelo de proteção pelo de assistência[25]. Na verdade, na medida em que essa incerteza afeta a relação com o futuro, ela se insere em uma transformação social mais ampla, entre cujas consequências está a intensificação dos riscos ambientais.

Esse paralelismo entre duas crises – a da proteção social e a da autoridade científica – é fundamental. A concomitante erosão da sociedade tal como havia sido pensada pela sociologia clássica, assim como das certezas tecnocientíficas em que se fundava, deve ser levada a sério: de ambos os lados, trata-se de descrever os golpes infligidos à integridade do sujeito político central da modernidade. O que está em jogo aqui é a concepção da sociedade como um organismo que só se realiza e se protege exteriorizando a natureza, delegando à ciência a regulação das relações com o mundo e encontrando na abundância material a energia necessária para manter sua autonomia e se projetar um futuro. Dado que as tecnociências não podem mais garantir por si mesmas essa regulação (supondo-se que alguma vez tenha sido esse o caso), e que, portanto, o compromisso social do crescimento redistributivo é minado, as modalidades dessa conquista social são comprometidas, e é, na verdade, o próprio sujeito desse processo que se vê fragilizado. O que acontece à sociedade se os dispositivos responsáveis por garantir seu futuro, ou seja, a autoridade científica e o Estado social, falharem?

Por trás da acumulação de riscos ambientais e dos trabalhos que os analisam, devemos, portanto, ver um processo de transformação socioeconômica muito mais amplo que a simples emergência de uma consciência ecológica. A relação com o tempo, a divisão entre ciência e política, as formas de autoridade científica e os dispositivos de proteção entram conjuntamente em crise, e, mesmo que os fatores dessa crise possam ser considerados heterogêneos, a emergência do conceito de risco como operador central capaz de organizar o conhecimento dessas transformações deve ser levada a sério.

Existem, no entanto, várias maneiras de articular a crise do welfare state e a da autoridade científica moderna. Uma primeira opção consiste em fazer do aumento da reflexividade das sociedades modernas tardias, ou pós-

---

[25] Ver, por exemplo, Paul Pierson, *Dismantling the Welfare State? Reagan, Thatcher, and the Politics of Retrenchment*, Cambridge, Cambridge University Press, 1994, e Paul Hacker, *The Great Risk Shift. The Assault on American Jobs, Families, Health Care, and Retirement*, Oxford, Oxford University Press, 2006.

Riscos e limites: o fim das certezas • 265

-industriais, uma oportunidade imperdível de retomar o controle do leme da história após as convulsões das décadas de 1970 e 1980. Com efeito, se aceitarmos a premissa de que o enquadramento providencial do Estado e as promessas tecnocientíficas são dois lados do mesmo pecado do orgulho, duas versões gêmeas de um poder discreto, mas avassalador, a flexibilização da condição salarial (e do mercado de trabalho), de um lado, e o advento do progresso negociado, mais que imposto, de outro, podem ser celebrados conjuntamente como uma nova etapa na longa história da emancipação. Como bem o expressa a própria expressão "sociedade de risco", aliás, trata--se menos de eliminar ou de minimizar a manufatura dos riscos do que de assumi-la como uma dimensão inevitável da condição industrial, do mesmo modo que os riscos de desemprego ou de acidente. Sem dúvida, ninguém foi tão explícito na assunção desse argumento quanto Anthony Giddens[26].

Giddens toma como ponto de partida as características gerais da modernidade reflexiva, que, segundo ele, se baseia na abolição da natureza como entidade externa à sociedade, da qual se encarrega a ciência, assim como da tradição como esquema de reprodução das autoridades sociais estabelecidas. Desejando dar um sentido positivo à ideia de risco, ele a associa à ampliação da margem de manobra dos indivíduos, agora libertos do jugo de uma sociedade fechada, que determinava destinos profissionais e biográficos limitados, mas também do caráter inquestionável das autoridades científicas. Totalmente mobilizado, assumindo o risco como um componente positivo de seu engajamento social e respondendo às ameaças ambientais, ao indivíduo da era reflexiva pode ser delegada uma maior responsabilidade, mas também uma maior liberdade[27]. Em outras palavras, a ele é concedida uma nova forma de autonomia, que não consiste mais em evitar a ameaça por todos os meios, mas em admitir o risco inerente a uma existência livre. Giddens escreve, em uma fórmula decisiva: "O Estado-Providência está ligado aos pressupostos básicos da modernidade – à ideia de que a segurança é garantida por um

---

[26] Anthony Giddens, "Risk and Responsibility", *The Modern Law Review*, v. 69, n. 1, 1999, p. 1-11. Ver também Ulrich Beck, Anthony Giddens, Scott Lasch, *Reflexive Modernization. Politics, Tradition and Aesthetics in Modern Social Order*, Cambridge, Polity, 1994.

[27] Anthony Giddens, "Risk and Responsibility", cit., p. 5. "A sociedade de risco, se vista positivamente, é aquela em que as possibilidades de escolha se ampliam." E ainda: "A sociedade de risco é a sociedade industrial que superou seus limites, os quais agora assumem a forma do risco manufaturado" (tradução nossa).

controle cada vez mais efetivo por parte dos seres humanos de seu ambiente social e material"[28]. Assim, a superação da modernidade em sua primeira versão deve consistir na limitação dos poderes conferidos às instituições que inibiam a tomada de consciência dos riscos. Assimilado à "tradição", o Estado-Providência é retratado como uma sobrevivência pré-moderna, ou pelo menos como oriundo de uma modernidade que não assume totalmente seu engajamento individualista. E, nesse contexto, o acúmulo de críticas dirigidas à ciência soberana acrescenta profundidade a essa celebração do risco. Pois o risco, entendido como uma ameaça potencial apreendida por meio da racionalidade estatística, pode ser bem governado como qualquer outra realidade social, e mesmo a um custo menor tanto para as finanças públicas quanto para as liberdades individuais.

A questão, assim, não é tanto a de limitar os acidentes com consequências potencialmente nefastas, mas a de saber como assumir o risco oportuno. O ideal de segurança, tanto social como ambiental, trai uma relutância política e existencial de que as reformas do Estado social e dos grandes órgãos da engenharia pública pretendem se desfazer. Pois, uma vez aceita a ideia de que os riscos são inerentes à condição industrial, a responsabilidade social não consiste em eliminá-los, mas em administrá-los. A consequência política dessa ideia é gigantesca: "A ideia de direitos incondicionais parece adequada quando os indivíduos não assumem nenhuma responsabilidade pelos riscos que enfrentam, mas esse já não é o caso quando os riscos são manufaturados". Os direitos em questão aqui são, obviamente, os direitos sociais, aqueles associados à proteção do Estado-Providência. Giddens efetua assim um duplo golpe conceitual que capta boa parte do espírito dos anos 1990: ele logra, com base na mesma observação e nos mesmos instrumentos teóricos, politizar a questão ambiental na forma de uma nova dimensão da arte de governar (de governar os riscos) e reconfigurar o Estado-providência, designado por grande parte das elites políticas como inimigo das liberdades e do equilíbrio orçamentário.

A recomposição da questão social após as crises do capitalismo democrático dos Trinta Anos Gloriosos se realiza em grande parte, portanto, na interseção com a questão da natureza ou, mais exatamente, do fim da natureza. Uma vez dessacralizado o tempo linear do progresso, uma vez abandonada a ideia de uma exteriorização completa da natureza e de um confinamento material da sociedade na sua autonomia político-jurídica, a regulação dos

---

[28] Ibidem, p. 7.

riscos pode aparecer como uma forma de manter as especificações mínimas da modernidade (trata-se, afinal, de sermos responsáveis pelo nosso futuro) sem entrar em contradição flagrante com as consequências materiais e o "custo humano" do desenvolvimento.

Na França, a sociologia pragmática e a sociologia das ciências e das técnicas levaram a uma segunda opção, notadamente em duas obras importantes, *Politiques de la nature*, de Bruno Latour, e *Agir dans un monde incertain*, de Michel Callon, Pierre Lascoumes e Yannick Barthe*. Se virmos na renegociação do pacto entre ciência e sociedade o horizonte principal da crítica latourniana, compreendemos que a afirmação de que "a ciência é política" nunca significou que "a ciência é apenas manipulação ideológica", mas sim que a autoridade social confiada aos porta-vozes dos não humanos é uma forma de poder como qualquer outra. Essa autoridade, portanto, não é negada ou denunciada como ilegítima, mas reclassificada como responsabilidade organizativa que só pode ser mantida, só pode perdurar, se assumir plenamente essa função[29]. As ciências, como qualquer autoridade em contexto moderno, devem responder ao exame de sua legitimidade – o que não se confunde com sua recusa de princípio. Não estando disposta a assumir essa função por si mesma, em razão da sacralização de que foi objeto, mesmo contra sua vontade, a autoridade científica dos especialistas será gradativamente forçada a fazê-lo no desafio que lhe é imposto pelos públicos interessados: vítimas, ribeirinhos, pesquisadores leigos etc.

O risco, aqui, não é mais apresentado como um fator de aumento e de reencantamento da responsabilidade, mas como um acontecimento que perturba a adequação ordinária entre a ciência como descrição ajustada de um certo número de fenômenos e a ciência como autoridade. Na verdade, quando surge uma incerteza, não são tanto as pretensões empíricas do cientista que são questionadas, mas suas pretensões sociais ou políticas: o amianto, a radioatividade, os príons, entre outros, não se tornam subitamente objetos de ignorância quando sua nocividade aparece, mas introduzem uma lacuna entre o que sabemos sobre essas coisas e o que propomos fazer com elas. Com esse elo rompido, ou pelo menos comprometido, a confusão entre as duas dimensões da

---

* Michel Callon, Pierre Lascoumes e Yannick Barthe, *Agir dans un monde incertain*, Paris, Seuil, 2001. (N. E.)

[29] Ver, do mesmo autor, *La Science en action, Introduction à la sociologie des sciences*, Paris, La Découverte, 1989.

"ciência" que havia prevalecido desde o advento da modernidade pode ser vista pelo que sempre foi: um arranjo frágil. Ora, a recomposição de uma verdadeira legitimidade das ciências e das técnicas não poderá assumir a forma de um regresso a esse compromisso modernista, que varria a incerteza para debaixo do tapete, em detrimento de suas vítimas. Uma vez que a engrenagem da politização das ciências entrou em ação, não há como voltar atrás e esperar que elas falem novamente do ponto de vista de Sirius. Para persistir como autoridade, as ciências devem finalmente passar pelo desafio que exigiam desde o início, desde o momento em que foram anunciadas como instrumento de libertação coletiva, ou seja, como dimensão constitutiva do projeto democrático.

A "democracia técnica" mantém, portanto, apesar das aparências, uma profunda afinidade com o que chamamos acima de "democracia industrial". Enquanto as mediações técnicas próprias da era industrial levantaram o grave problema das desigualdades e da desorganização da sociedade, a tradicional "questão social" foi reativada no final do século XX de uma nova forma. Dessa vez, é a incerteza sobre o futuro que torna necessária a superação do esquema liberal e modernista clássico. Enquanto o ideal de igualdade e de propriedade foi imediatamente problematizado pela tendência oligopolista dos processos industriais de produção, dessa vez é a crise de confiança na especialidade científica que cristaliza uma remobilização democrática. A democracia técnica, ou, para usar os termos de Latour, o "parlamento das coisas", é o que se poderia chamar de *socialismo da prova*: o que deve ser socializado, na conjuntura dos anos 1990-2000, é menos a riqueza (ou a propriedade) que a responsabilidade epistêmica, ou seja, a capacidade de se engajar em um intercâmbio demonstrativo em relação ao futuro. O que precisa ser ressocializado é a capacidade de dizer com quais seres nos envolvemos em relações sustentáveis e sob quais modalidades o fazemos.

De um lado, com o reencantamento do risco, em Giddens, estamos testemunhando a reinvenção do pacto liberal sob um regime pós-moderno. De outro, contamos com a mobilização de cidadãos nas controvérsias e nos escândalos tecnopolíticos para reconstituir um espaço público crítico adaptado às mudanças da indústria e de suas consequências. Essa segunda opção foi por vezes considerada ingênua[30]: a formação de "fóruns híbridos"

---

[30] Ver, por exemplo, Dominique Pestre, "L'analyse de controverses dans l'étude des sciences depuis trente ans. Entre outil méthodologique, garantie de neutralité axiologique et politique", *Mil neuf cent*, n. 25, 2007, p. 29-43.

Riscos e limites: o fim das certezas • 269

destinados a remeter a delegação da autoridade científica ao povo reunido em novas assembleias informais e assumindo uma vez mais sua tarefa epistêmica parece, de fato, subestimar a inevitável relação de forças com os agentes industriais. Em uma palavra: a democracia técnica se transforma inevitavelmente na democracia dos lobbies – que, eles sim, assumem sem complexos ou escrúpulos o alcance político da ciência.

O impasse: entre *colapso* e *resiliência*

A pergunta que devemos fazer agora, antes de abrirmos a última parte de nossa reflexão, é simples: por que os paradigmas do risco e/ou o dos limites não podem ser considerados respostas satisfatórias à crise ecológica da modernidade? Por que não podemos nos contentar em combinar o alerta bioeconômico com a reflexividade pós-moderna para reconstruir o ideal de autonomia na forma de, digamos, uma *autolimitação responsável da sociedade*? Infelizmente, essa opção não é possível em particular porque a ascensão do problema climático no século XXI levanta novos desafios que esses dois paradigmas não podem enfrentar. Mais precisamente, a repolitização dos coletivos oriundos do projeto de autonomia e de abundância sobre uma nova base, que constituiria a resposta à crise ecológica, não pôde ser feita por meio dos riscos e dos limites.

É claro que as mudanças climáticas não são, a bem dizer, uma descoberta dos anos 2000. Em um nível estritamente geoquímico, conhecemos os mecanismos de base que associam a concentração de CO_2 atmosférico e o efeito estufa desde o século XIX, e os primeiros alertas políticos sérios apareceram já na década de 1980 – a audiência com o climatologista James Hansen no Congresso dos Estados Unidos e a criação do Painel Intergovernamental sobre Mudanças Climáticas (IPCC), em 1988, foram marcos importantes nessa história. Após um longo período de hesitações, alimentadas pela constituição de uma frente "climatocética" financiada a grande custo pela indústria das energias fósseis e destinada a explorar a exacerbação das incertezas inerentes à modelização climática, o clima voltou a ser objeto central de controvérsia política e diplomática em meados da década de 2000[31]. Dois eventos podem ser retidos para fixar a precipitação da história: a publicação

---

[31] Stefan Aykut e Amy Dahan, *Gouverner le climat? Vingt ans de négociations internationales*, Paris, Presses de Sciences Po, 2015.

em 2007 do quarto relatório do IPCC e a realização, dois anos depois, da Conferência de Copenhague, que deveria conduzir a um acordo global de metas de redução das emissões de gases de efeito estufa, capaz de conter o aumento das temperaturas médias a 2º C acima da era pré-industrial. Como o Protocolo de Quioto estava prestes a expirar e constituía, em todo caso, um compromisso ultrapassado devido à deserção dos Estados Unidos, a necessidade de tal acordo foi vista como um momento de verdade na formação de uma política climática global exigente.

O fracasso dessas negociações e a assinatura de um tratado ilusório que, por não ser vinculativo, consagrou uma "governança encantatória", impulsionaram as abordagens militantes que pretendem tornar o clima o foco das lutas geopolíticas e o cerne da crítica ao sistema econômico. Mas eles também exerceram uma pressão significativa sobre a comunidade científica, entendida em sentido bastante amplo, incluindo as chamadas ciências naturais e as ciências sociais. As ciências do clima e da biodiversidade reorientaram, assim, sua estratégia demonstrativa, reformulando algumas de suas conclusões em uma linguagem mais contundente, com o objetivo de captar as características gerais de um novo metabolismo planetário em processo de constituição. *Tipping points*, *safe operating space* [pontos de tombamento, espaço operacional seguro], mais recentemente, *hothouse earth* [terra de estufa], e, claro, o conceito obscuro e sintomático de antropoceno[32], desempenharam papel central na emergência de uma ciência interdisciplinar do sistema-terra capaz de assumir seu papel de denunciante político. Por sua vez, as ciências sociais e humanas também passaram por uma fase de reorganização bastante profunda, vinculada à consideração propriamente política do que os geólogos e, depois deles, a comunidade das ciências humanas denominaram "antropoceno", o que acabou por provocar o colapso dos paradigmas do risco e dos limites em sua capacidade de organizar a concepção das relações entre natureza e modernidade.

No entanto, tendo em mente os principais aspectos empíricos e normativos desses dois regimes teóricos e empíricos, há razões para acreditar

---

[32] Respectivamente: Timothy M. Lenton, "Early Warning of Climate Tipping Points", *Nature Climate Change*, v. 1, n. 4, 2011, p. 2019; Johan Rockström et al., "A safe Operating Space for Humanity", *Nature*, n. 461, 2009, p. 472-5; W. Steffen et al., "Trajectories of the Earth System in the Anthropocene", *PNAS*, v. 115, n. 33, 2018, p. 8252-9.

que o fenômeno das mudanças climáticas é uma bênção para ambos. Com efeito, a racionalidade metabólica parece bem-preparada para acolher a convulsão bioquímica e social que um aumento nas temperaturas médias do planeta traria, quanto mais não seja por estar envolvida em sua descoberta, e o conceito de risco é também um sério candidato a pensar as catástrofes e as novas formas de responsabilidade contemporâneas dessa crise. Se assim for, é porque a mudança climática global parece ser o encontro e o amálgama perfeito das abordagens em termos de limites e de riscos: trata-se de um *risco global*, um risco causado pela ultrapassagem de certos limiares biofísicos fundamentais, e aparentemente não há razão para que esse encontro nas coisas não se repita no âmbito epistemológico. A elevação das temperaturas médias do planeta afeta as bases físicas e biológicas da vida social como um todo, a tal ponto que nada pode, em princípio, ser considerado como estando fora dessas perturbações. Não se trata mais aqui de poluição ou de contaminações, fenômenos que forneciam a matéria principal para se pensar o risco, pois agora é o desdobramento global da natureza que funciona como uma poluição, de forma patológica. Ora, a emergência desse risco global, ao obscurecer os referenciais empíricos das décadas anteriores, provocou, na realidade, um colapso dos paradigmas teóricos preexistentes, sua síntese revelando-se pouco frutífera, e suas extensões individuais, incertas.

O agravamento da crise ecológica e climática desencadeou o que se poderia entender como uma radicalização das posições dos dois lados da polarização entre risco e limites. Do lado dos limites, cada minuto passado em um regime produtivo e demográfico que intensifica a pressão sobre os recursos aumenta a radicalidade da resposta a ser dada. Quase meio século depois dos primeiros alertas, a marcha para a catástrofe apenas se acelerou e, com ela, as oportunidades oferecidas a uma racionalidade do colapso. O sucesso da "colapsologia", na França, assim como de várias estratégias apocalípticas, deve ser entendido, neste contexto, como uma forma de ir além da fase da prevenção a fim de conceituar e preparar diretamente a existência nas ruínas, num ambiente definitivamente marcado pela precariedade e pela carência. Seja na forma de uma reativação de milenarismos religiosos ou de um conjunto de receitas práticas de sobrevivência e de adaptação (ou mesmo uma mistura dos dois), esse fenômeno social que tem se alastrado há alguns anos valida, de certa forma, o fracasso do paradigma dos limites como tentativa de refundação bioeconômica e recicla a profecia da catástrofe na forma de uma descrição da vida *posterior*[33]. Do lado do risco, pode-se ver claramente a constituição de uma indústria de responsabilidade, que capitaliza o agravamento das incertezas por meio de sistemas de seguros cada vez mais complexos[34] e, ao mesmo tempo, mantém mais ou menos diretamente uma ética de resiliência. O discurso da adaptação se impõe como resposta mercantil à crise ecológica, no âmbito de uma controvérsia em que os cenários de "mitigação" parecem cada vez mais frágeis e cada vez menos aptos a suportar a implantação de um setor econômico promissor[35].

***

Colapso e *resiliência*, essas duas versões polarizadas de reação à crise, aparecem como um par revelador das esperanças frustradas da ecologia política da geração anterior. O dionisíaco dos colapsologistas, que celebra o *crash* e a destruição às vezes com certo entusiasmo, serve como contraponto ao mercado apolíneo de seguros, que pretende canalizar os acontecimentos mais graves de forma pacífica e estável. Mas, por trás dessas estratégias desesperadas, podemos discernir um novo conhecimento político e crítico ajustado ao novo regime climático? Sob a inspiração da interpretação polanyiana do socialismo, tínhamos nos proposto a sair em busca de uma combinação entre teoria política e saberes ecológicos capaz de garantir a refundação de um sujeito político crítico com base em uma resposta às novas *affordances* da Terra. Queríamos saber quem vai desempenhar, hoje e amanhã, o papel que a "sociedade" pôde assumir em resposta às agressões do mercado e da indústria. Ora, é preciso reconhecer que a resposta não surge em nenhum dos lados: se o mundo mudou radicalmente sob o efeito do sonho cornucopiano, e se a aspiração à autonomia foi arrancada de sua base material, a invocação mais ou menos abstrata da responsabilidade e os novos cultos do fim do mundo apenas traduzem o abandono de tal programa intelectual

---

[33] Ver, por exemplo, Roy Scranton, *Learning to Die in the Anthropocene*, San Francisco, City Lights Books, 2015, e, na França, Pablo Servigne e Raphaël Stevens, *Comment tout peut s'effondrer. Petit manuel de collapsologie à l'usage des générations présentes*, Paris, Seuil, 2015.

[34] Pode-se encontrar uma análise crítica desses fenômenos em Razmig Keucheyan, *La nature est un champ de bataille*, Paris, La Découverte, 2014, e Sara Aguiton, "Fortune de l'infortune. Financiarisation des catastrophes naturelles par l'assurance", *Zilsel*, n. 4, 2018, p. 21-57.

[35] Romain Felli, *La Grande Adaptation*, Paris, Seuil, 2016.

e político. A assunção do risco global, quer seja depressivo ou triunfalista, ignora o problema da reconstituição da promessa democrática na era das mudanças climáticas.

De certa forma, ela consagra a previsível decomposição do social como sujeito histórico central, mas permite a reemergência de duas figuras conhecidas (e muito tristes) do coletivo humano: de um lado, o naturalismo, ou mesmo o darwinismo renovado dos profetas do apocalipse, que retratam uma população lutando para sobreviver; de outro, os mecanismos da responsabilidade individual integrados em um mercado que, longe de ser contido, estende seu domínio a novas esferas. População e indivíduo, isto é, as coordenadas da economia política clássica, são lançados em aventuras de um novo tipo, sem que sua substância seja realmente questionada. Ora, se o fim da sociedade como marco conceitual e político é de alguma forma regido pela consideração dos seres não humanos, do seu devir e das mediações que a eles nos associam, todo o problema, em uma reflexão política, é saber como acabar com ela e com o confisco da emancipação pelo crescimento sem acabar, ao mesmo tempo, com a exigência de autoproteção.

10
O FIM DA EXCEÇÃO MODERNA
E A ECOLOGIA POLÍTICA

Simetrizações

Em breve chegaremos ao fim de nossa jornada. Os amplos movimentos das placas tectônicas intelectuais nos levam de volta, se refizermos o caminho, dos alertas ambientais da década de 1970 ao confisco da democracia pelo crescimento durante os Trinta Anos Gloriosos, da explosão das sociedades de mercado entre 1914 e 1945 à constituição de um ideal de regulação da civilização industrial, das esperanças tecnocráticas às primeiras ondas de choque da maquinaria e do comércio global, das assimetrias coloniais às antigas *affordances* da terra, que nos deixaram a herança envenenada da soberania e da propriedade. Se aprendemos algo sobre a centralidade da terra, dos recursos e de seu conhecimento no pensamento político das sociedades modernas, devemos reconhecer que acumulamos também os motivos de insatisfação que fixam inúmeros horizontes de expectativa para uma ecologia política consequente.

Por mais arraigado que seja o casal formado pela autonomia e pela abundância, não deixa de se tratar, no entanto, de um arranjo histórico contingente e precário. Ele está inserido em modos de subsistência, em uma distribuição espacial das pessoas e das infraestruturas técnicas e em formas de reflexividade científica e política que sofreram grandes transformações ao longo do tempo. Com efeito, a ideia de um povo de produtores que encontra sua autonomia na exteriorização da natureza, que o consagra como um ator histórico sem igual em relação aos não humanos e às civilizações ainda mergulhadas na pré-modernidade, foi deixando progressivamente de constituir a base indiscutível da consciência coletiva. Também deixou de fornecer um consenso epistemológico sobre o qual conhecimentos adequados

276 • Abundância e liberdade

e emancipatórios podem ser formulados. Assim, a relação produtiva com a natureza, a teleologia civilizadora e seu principal ator conceitual que é a sociedade, todos esses elementos que por muito tempo corporificaram uma visão de futuro, foram no final do século XX requalificados por um vasto movimento de questionamento da modernidade, particularmente com base em suas "periferias" coloniais[1].

Essa crítica da modernidade foi por vezes apresentada como uma tentativa de liquidação de uma herança emancipatória profundamente enraizada – o famoso Iluminismo. Ela se inscreve, porém, na historicidade e no caráter contextual das expectativas de justiça. Com efeito, as expectativas de justiça que caracterizam a trajetória histórica dos modernos desde o século XVIII estão ligadas à aposta no reforço mútuo entre a democratização e o enriquecimento, com as heteronomias políticas e econômicas sendo exorcizadas num mesmo movimento. Mas o mundo construído por essa conjunção singular de ideais acabou, após dois séculos de desenvolvimento, por constituir um ambiente inteiramente transtornado, no qual novas aspirações se formaram. As consequências do regime de acumulação capitalista sobre o estado da terra, a distribuição territorial das funções econômicas e ecológicas, a unificação parcial das aspirações morais resultantes da mobilidade global de homens e mulheres, as novas formas de consciência coletiva e de politização ligadas à descolonização, todos esses fenômenos constituem um novo cenário material e histórico no qual surgem novas exigências, às vezes voltadas contra as do passado. Essa historicidade das expectativas de justiça explica, portanto, por que reivindicações de um novo tipo já não coincidem mais exatamente com o pacto eurocêntrico liberal – mesmo porque elas frequentemente resultam de uma experiência social que se desenvolveu *em outro lugar*, ou em uma relação com a terra que já não coincide mais com o projeto moderno.

A história recente das ciências sociais é um local de observação privilegiado para medir essa transformação do horizonte de expectativa moral e político no século XX no qual se insere a exigência ecológica. Os desafios

---

[1] É impossível fazer justiça à diversidade e à amplitude dessa literatura. Para um panorama, ver Aimé Césaire, *Discours sur le colonialisme*, Paris/Dacar, Présence Africaine, 1989 (1950); Frantz Fanon, *Peau noire, masques blancs*, Paris, Seuil, 1952; Edward Saïd, *L'Orientalisme*, Paris, Seuil, 2005 (1978); Gayatri Spivak, *Les subalternes peuvent-elles parler?*, Paris, Éditions Amsterdam, 2008 (1988); Dipesh Chakrabarty, *Provincialiser l'Europe. La pensée postcoloniale et la différence historique*, Paris, Amsterdam, 2010 (2000).

O fim da exceção moderna e a ecologia política • 277

cada vez mais comuns ao universo conceitual moderno, mas também ao mundo que o hospedou e o possibilitou, acabaram por deslocar o sentido que pode ser dado à busca por autonomia. Paralelamente à contestação da narrativa da modernização e à revalorização dos esquecidos dessa história, desenvolveu-se uma nova concepção da emancipação, da autoproteção do coletivo, inteiramente libertada do léxico político oriundo do pacto liberal. Essa reinvenção da autonomia põe em jogo, notadamente, os esquemas da produção e da soberania territorial.

Sob o nome de *simetrização*, propõe-se aqui apreender o movimento intelectual que acompanha essas mutações. Para as ciências sociais, simetrizar significa inverter o sistema gravitacional do conhecimento: enquanto o homem, o Ocidente e sua sociedade formavam até meados do século XX os polos fixos e organizadores em torno dos quais orbitavam, respectivamente, a mulher, o mundo colonizado e a natureza, um esforço coletivo colossal foi feito para reequilibrar essas assimetrias e restaurar para estes últimos seu papel como atores históricos de pleno direito. A família, a história e as tecnociências constituíam então os fios invisíveis que asseguravam a subordinação simbólica e material dos satélites aos centros de gravidade, cuja lógica agora se trata de explicitar e desvendar. Essas três frentes de simetrização registram as evoluções morais e sociais que se expressam nas lutas feministas, pós-coloniais e ecológicas, as quais constituem os principais espaços de continuidade dos movimentos de emancipação. Em outras palavras, o questionamento do patriarcado, dos impérios coloniais e das certezas industrialistas suscitou uma profunda reconfiguração dos saberes políticos, e podemos fazer do princípio da simetria o principal operador desse movimento. Assim, trata-se a cada vez de se relativizar o caráter universal do referencial conceitual que se supõe organizar o conhecimento, assim como de mostrar que as realidades outrora colocadas sob sua dependência e autoridade dispõem de certa autonomia epistêmica – ou pelo menos que podem reivindicá-la e conquistá-la.

No âmbito desse movimento bastante amplo ocorre uma operação de alcance um pouco mais limitado, dedicada ao exame crítico da *dupla exceção* pela qual essa modernidade foi há muito definida e que abrange a simetrização do natural e do social, de um lado, e do moderno e do não moderno, de outro[2]. Sob a influência dos estudos subalternos, depois pós-coloniais,

---

[2] Em outras palavras, deixaremos de lado a simetrização das relações de sexo e de gênero, que envolve questões que vão além do âmbito deste livro. A crítica feminista

da antropologia das ciências e das técnicas, da geografia crítica, da etnologia das sociedades sem natureza, da história ambiental, trata-se de mostrar que os modernos se atribuíram um lugar à parte na história, projetando para fora de si duas esferas que pretendem assim governar e controlar melhor: o que chamam de "natureza", esse conjunto de objetos e processos reificados sujeitos à apropriação e à transformação, mas também os "não modernos", aquelas partes do mundo habitadas por mulheres e homens aos quais faltaria a capacidade de se autogovernar. Ora, como Timothy Mitchell judiciosamente observa, essa exteriorização é constitutiva do bloco civilizacional que é a modernidade:

> Considerar a modernidade menos como um produto do Ocidente que de suas interações com o não ocidental nos deixa com um problema. Supõe-se, com efeito, a existência de uma clivagem entre o Ocidente e o resto do mundo que teria precedido a divisão das identidades globais de acordo com esse dualismo eurocêntrico. É melhor sugerir, portanto, que foi na construção das plantations coloniais da Martinica, nas prisões da Crimeia e nas escolas de Calcutá que se fixou a distinção decisiva entre europeus e não europeus.[3]

A consolidação dessa posição em relação à alteridade cultural e à natureza, cuja importância vislumbramos durante o período axial da modernidade, na virada entre os séculos XVIII e XIX, constitui uma das condições de possibilidade do projeto de autonomia. Com efeito, era necessário abrir uma exceção no plano ontológico, entre as coisas do mundo, estabelecendo-se como coisas reflexivas e, no plano histórico, entre os povos do mundo, estabelecendo-se como povo autônomo. Por outro lado, o que caracterizava os povos não modernos era o fato de não dominarem os dispositivos epistemológicos, jurídicos e técnicos que garantiriam a exteriorização do que chamamos de natureza, o que os impedia de exigir para si próprios a emancipação radical que nos caracteriza, nós, modernos. Na chave dessa dupla exceção se encontra nada menos que o alinhamento entre a liberdade

---

à economia política, porém, já apresentou convergências com a ecologia. Ver Silvia Federici, *Caliban et la Sorcière. Femmes, corps et accumulation primitive*, Genève, Entremonde, 2017 (2004); Carolyn Merchant, *The Death of Nature. Women, Ecology, and the Scientific Revolution*, Nova York, Harper Collins, 1990; Maria Mies e Vandana Shiva, *Ecofeminism*, Londres, Zed Books, 1993; Ariel Salleh, *Ecofeminism as Politics. Nature, Marx, and the Postmodern*, Londres, Zed Books, 1997.

[3] Timothy Mitchell, "The stage of modernity", em Timothy Mitchell (org.), *Questions of Modernity*, Minneapolis, University of Minnesota Press, 2000, p. 3.

O fim da exceção moderna e a ecologia política • 279

e a abundância: a congregação das terras coloniais como recursos[4] forneceu um suporte material decisivo para uma liberdade concebida na forma de um distanciamento, ou mesmo de uma eliminação dos freios e das contingências que pesam sobre o ideal de autonomia, mas também na forma de um exorcismo de nossa própria pré-modernidade.

Colocar fim à dupla exceção supõe, portanto, dois movimentos articulados: mostrar como a autonomia de uns se liga à heteronomia de outros, como, em particular na história dos impérios e das colônias, a emancipação ocidental assumiu uma forma eminentemente confiscatória (ou como o confisco da história dos outros se apoiou na ideia de autonomia); e como o fardo ecológico do aperfeiçoamento moderno foi silenciado ao mesmo tempo que se construía o dispositivo epistemológico que tornaria possível a convicção da objetividade muda dos meios e territórios. Ao empregar essa noção de exceção para qualificar o fundamento teórico da modernidade, almeja-se assim a ruptura com a ideia de que o modo de desenvolvimento ocidental seria a norma da história, vale dizer, a referência à qual seria preciso comparar qualquer outra trajetória social, sua maior ou menor realização. Sabe-se hoje que esse modo de desenvolvimento não é uma norma porque, por um lado, vários blocos civilizacionais exerceram um poder de polarização política antes da Europa[5], e talvez depois, e por outro, porque mesmo durante o período de hegemonia ecológica e política do paradigma modernista e industrial, esse esquema tem todas as características de algo bizarro, de uma anomalia. Na realidade, não há nada no modo de construção do mundo que prevaleceu desde a revolução industrial que o destine a desempenhar para sempre o papel de norma sócio-histórica.

Em outras palavras, por trás da alegada crítica do universalismo, por trás da crise da noção de progresso e, mais amplamente, das grandes narrativas emancipatórias teleológicas advindas do Iluminismo, por trás da erosão da confiança nas autoridades tecnocientíficas, observa-se um movimento mais profundo, a saber, o reequilíbrio conjunto da reflexividade política ocidental sobre o eixo do natural e do social e sobre o eixo do moderno e

---

[4] Tania Murray Li, "Qu'est-ce que la terre? Assemblage d'une ressource et investissement mondial", *Tracés*, n. 33, 2017, p. 19-48.

[5] Ver Andre Gunder Frank, *ReORIENT, Global Economy in the Asian Age*. University of California Press, 1998; Jack Goody, *Le Vol de l'histoire*, cit.; Kenneth Pomeranz, *Une grande divergence*, cit.

do não moderno (ou do Norte e do Sul). Embora tenham dado origem, como veremos, a elaborações teóricas e empíricas muito diferentes, e às vezes divergentes, esses dois eixos se cruzam exatamente lá onde definimos nosso problema inicial: na questão da responsabilidade política pela subsistência, pela territorialidade e pelo conhecimento de si.

A assimetria moderna não se identifica com um simples desconhecimento, desinteresse ou desprezo dos vencedores pelos vencidos, do centro pela sua periferia. Bem ao contrário. Para construir essa posição dominante, foi necessário investigar de perto o mundo, as coisas nele contidas e a forma como outras pessoas nele vivem. Como a história das ciências mostrou, a construção da exceção moderna não foi feita apenas com base na força das armas, mas também por meio de instrumentos de conhecimento bastante sutis. Os impérios coloniais investigaram a botânica e a zoologia, inventaram o direito comparado, a filologia, estudaram as religiões e os sistemas normativos dos povos que pretendiam dominar, menos para os desqualificar em bloco, substituindo-os brutalmente por novos esquemas, que para encontrar formas de tornar sua presença despercebida, tolerável e bem fundamentada[6]. Conhecer o outro e igualmente conhecer a natureza foram tarefas incansavelmente realizadas para efetuar um duplo golpe: não só grandes partes do mundo e seus habitantes são explorados, dominados, mas tudo isso proporciona ao mesmo tempo um prestígio simbólico intensificado para os modernos, prestígio do qual as bibliotecas e museus das metrópoles europeias ainda hoje são uma prova clara, uma vez que devem boa parte da sua glória a coleções "extraídas" das antigas periferias. A dupla exceção não é, portanto, apenas uma questão de relações de força – mesmo que essa dimensão, é claro, não deva ser negligenciada –, mas também uma relação de autoridade, com tudo o que essa noção implica. Os modernos acreditavam conhecer os não modernos, ou os povos colonizados, melhor do que eles próprios se conheciam, pois haviam se convencido de seu monopólio da autoridade científica explorando, mapeando, medindo seu mundo, contando as variedades vegetais e animais que ele continha, e, *in fine*, comercializando essa diversidade.

Nenhum saber corporifica melhor essa ambiguidade da dupla exceção moderna que a antropologia. Como sabemos, a análise comparativa das

---

6   Para um exemplo, ver Gildas Salmon, "Les paradoxes de la supervision. Le 'règne du droit' à l'épreuve de la situation coloniale dans l'Inde britannique, 1772-1782", *Politix*, n. 123, 2019, p. 35-62.

O fim da exceção moderna e a ecologia política • 281

sociedades, das suas leis, dos seus ritos e da sua relação com o mundo nasceu no coração do dispositivo colonial, notadamente na era vitoriana[7]. Filha do modernismo imperial, a antropologia consagra a força centrífuga dos saberes: ao estabelecer uma ciência dos costumes "primitivos", ela dá um passo adiante na reflexividade, situando-se na herança humanista clássica, e, simultaneamente, avança ainda mais na assimetria entre sociedades-sujeitos e sociedades-objetos[8]. Como a relação etnográfica permaneceu irreversível até uma data tardia, a ambiguidade permanente entre autoridade científica e autoridade política foi reforçada[9]. A antropologia pôde ser escrita como pura e simples inteligência militar, como espionagem, como um vetor do culto nacional ou racial, ou como uma arte da comparação que permite administrar as colônias com base num conhecimento adequado das leis vigentes em outros territórios. No entanto, é também no âmbito da antropologia que, progressivamente, as dúvidas mais sérias sobre a missão universal do Ocidente foram levantadas e serviram de fundamento epistemológico e moral para as primeiras formas de simetrização.

É frequentemente com base no corpus antropológico colonial, portanto, inclusive em suas formas evolucionistas, depois difusionistas, as mais eurocêntricas, que a subversão simétrica foi iniciada e, em seguida, afirmada. Durkheim, e depois Mauss, puderam, por exemplo, consolidar a autoridade epistêmica da modernidade sobre os primitivos por meio de sua interpretação sociológica e, ao mesmo tempo, fazer das religiões primordiais o revelador da sociabilidade humana – descentrando assim o projeto de autonomia. Ao fazê-lo, já testemunhavam o fato de que a alteridade cultural contém um elemento totalmente desestabilizador, a saber, a indiferença à "natureza" tal como a entendemos[10]. O que então era chamado de totemismo, os laços de identificação entre grupos humanos e espécies animais ou vegetais, serviu de repositório para uma interrogação que, mais tarde, se expressou

---

[7] George W. Stocking Jr., *Victorian Anthropology*, Nova York, Free Press, 1987.

[8] Johannes Fabian, *Le Temps et les autres. Comment l'anthropologie construit son objet*, Toulouse, Anacharsis, 2006.

[9] Ambiguidade perfeitamente restituída e assumida por Bronislaw Malinowski, "The Rationalization of Anthropology and Administration", *Africa*, v. 3, n. 4, 1930, p. 405-30.

[10] Tomo a liberdade de remeter ao meu trabalho anterior, *La Fin d'un grand partage*, Paris, Éditions du CNRS, 2015.

na forma de uma suspensão da distinção, outrora reputada universal, entre natureza e sociedade. Como se pode ver, o duplo questionamento dos eixos moderno/não moderno e natural/social tem uma longa história. Depois da escola durkheimiana, foi Lévi-Strauss, por exemplo, quem reconduziu essa preocupação antropológica para um novo registro. Ao localizar o coração dos mecanismos sociais na busca da diferença, na vontade manifestada por um grupo ou indivíduo de produzir uma distinção lógica em relação aos que o rodeiam e às suas formas de pensar, Lévi-Strauss fornece um instrumento de simetrização extremamente poderoso, capaz de dissociar universalismo e modernidade[11]. Ao mesmo tempo, identificou uma forma de diferenciação cultural que tendia a aniquilar todas as outras, ou seja, a diferença produzida pelos modernos quando exploram o resto do mundo. O dano causado pelas patologias do desenvolvimento atinge, portanto, para Lévi-Strauss, a dinâmica cultural em seu ponto mais vulnerável, pois uma diferença acaba por comprometer todas as outras.

A vontade de simetrizar surgiu, assim, de uma constante reelaboração da assimetria moderna, às vezes por seus atores mais centrais. E se voltarmos nosso olhar para o outro lado da divisão instituída pela modernidade, essa ideia se confirma. Entre os principais atores do movimento de independência da Índia, por exemplo, encontramos um bom número de membros de elites inicialmente promovidas pelo Império colonial britânico (é o caso de Gandhi, de Tagore), formadas na Europa, e que se apropriaram da retórica nacionalista e universalista contra sua tutela colonial. O mesmo pode ser visto nas vozes antiescravistas e anticoloniais nas Antilhas francesas, que, como mostrou Silyane Larcher, conseguiram se apropriar subversivamente dos princípios republicanos contra seus senhores – ao mesmo tempo que requalificavam e descentravam esses mesmos princípios[12]. Essas idas e vindas geográficas e culturais dos ideais emancipatórios embaralham, assim, a imagem de uma difusão a partir de um centro ocidental, e é, portanto, a história dos últimos séculos que pode ser escrita de um ponto de vista simétrico. Em outras palavras, se a reflexividade política dos povos ditos "periféricos" sempre esteve ligada à modernidade, essa reflexividade acabou por se tornar um componente fundamental das ciências sociais apenas há algumas décadas.

---

[11] Ver *La Pensée sauvage*, Paris, Plon, 1962, e *Race et histoire*, Paris, Unesco, 1952.

[12] Silyane Larcher, *L'Autre Citoyen*, cit.

O que está em jogo no questionamento da dupla exceção é o futuro do pensamento crítico após o colapso de seus dois pilares, de um lado, o ideal de autonomia entendido como privilégio histórico de um povo sobre os outros, e, de outro, o ideal de abundância como privilégio material de um povo que já não responde mais a seus constrangimentos ecológicos. O problema, portanto, não é contemplar de forma narcisista as ruínas de uma grandeza em declínio, mas construir as condições para uma autonomia coletiva dissociada de sua captura pelo pacto liberal eurocêntrico.

Autoridade e composição

A questão ambiental vem trabalhando a reflexividade social há cerca de meio século. Não tanto acumulando dados alarmantes sobre o estado do planeta, ampliando o espectro das coisas de valor ou relativizando o lugar do homem na natureza, mas inserindo nas especificações epistemopolíticas da crítica uma interrogação sobre a construção da autoridade científica, técnica e geográfica, sobre esse grande movimento de exteriorização do natural e do não moderno que define o naturalismo moderno. Esse movimento é difuso, desordenado, mas é preciso identificá-lo de modo adequado na medida em que condiciona o que Bruno Latour chamou recentemente de "a aterrissagem" no terreno de um novo tipo de política[13].

Para nos orientarmos nessa galáxia teórica, identifiquemos imediatamente dois componentes essenciais da operação em jogo. Esta, quando bem-sucedida, atua ao mesmo tempo no nível do que já chamamos de *autoridade* e do que será doravante chamado de *composição*. Simetrizar é, de uma mesma tacada, desmantelar os procedimentos pelos quais um sujeito constitui sua autoridade sobre os objetos, sua posição de exceção em relação a eles, e iniciar novos arranjos, novas composições possíveis entre humanos e não humanos com base na abolição do antigo regime intelectual em que um sujeito exerce uma autoridade inquestionável sobre seus objetos vassalizados (a natureza, os não modernos).

Comecemos voltando à área em que se formou o desejo de simetrização da autoridade científica, a saber, a sociologia das ciências. Desde o final da década de 1970, e sem que esse movimento tenha sido explicitamente

---

[13] Bruno Latour, *Où atterrir?*, cit.

284 • Abundância e liberdade

vinculado às questões pós-coloniais ou à crise do universalismo moderno, um grupo de pesquisadoras e pesquisadores voltou-se para a pretensa autonomia da esfera científica em nossas sociedades. Não, ao contrário do que às vezes foi dito, para dar lugar a um discurso relativista em que tudo é apenas ponto de vista, mas para conferir à autoridade científica uma base externa ao regime dedutivo da própria ciência. Em outras palavras: tratava-se de deslocar a cientificidade da ciência no mundo social e de explicar por que procedimentos de verificação ela deve passar a fim de enunciar fatos passíveis de perdurar, de serem reconhecidos como válidos, representativos do estado das coisas, e, enquanto tal, de se instituírem como autoridade. A sociologia das ciências, desde o "programa forte" de David Bloor e o estudo de campo que Bruno Latour e Steve Woolgar dedicaram a um laboratório de endocrinologia[14], se propõe, assim, explorar a singularidade do discurso científico não como reviravolta simbólica por meio da qual uma verdade é arrancada do mundo das aproximações e aparências pela própria virtude de sua conformidade com a realidade, mas como uma forma particular de organizar observações, notações, medições, controvérsias, que resulta em crenças estáveis. A sociologia das ciências não se volta, portanto, contra a autoridade das instituições científicas, mas contra um esquema de autolegitimação que se baseia inteiramente no valor metafísico da verdade. A autoridade científica é uma forma entre outras de autoridade social, uma forma entre outras de revelação de realidades duráveis e capazes de agregar em seu entorno práticas e formas de associação.

Os promotores desse novo tipo de investigação, sem dúvida ingênuos em relação à futura recepção de seus trabalhos, não acharam necessário especificar que, ao colocar por terra a acepção metafísica da ciência como o poder de revelar o verdadeiro por si mesma, abriam caminho para uma concepção verdadeiramente democrática desta. Não porque a ciência deva ser submetida à opinião dos leigos, mas porque ela não é fundamentalmente diferente dos meios pelos quais um coletivo entra em consenso a fim de

---

[14] David Bloor, *Knowledge and Social Imagery*, Chicago, University of Chicago Press, 1991 (1976); Bruno Latour e Steve Woolgar, *La Vie de laboratoire. La production des faits scientifiques*, Paris, La Découverte, 1988 (1979). Ver também Harry M. Collins, *Changing Order. Replication and Induction in Scientific Practice*, Londres, Sage, 1985; Martin J. S. Rudwick, *The Great Devonian Controversy*, Chicago, University of Chicago Press, 1985; Steven Shapin e Simon Schaffer, *Léviathan et la pompe à air*, Paris, La Découverte, 1993 (1985).

perdurar como tal. Se a epistemologia clássica pensava em honrar a grandeza da ciência ao afirmar que "quando as coisas são verdadeiras, elas se mantêm", a reversão dessa afirmação ("quando as coisas se mantêm, elas começam a ser verdadeiras"[15]) confere prevalência ao procedimento em relação ao seu resultado, abrindo aos especialistas as portas da *Cité* – aquele espaço onde se joga a coordenação entre a verdade e os fins da ação. Desse ponto de vista, a sociologia da ciência apenas antecipou por alguns anos, ou por algumas décadas, uma situação na qual se tornou manifesto que as ciências não estão em condições de conquistar a autoridade por si mesmas, afirmando seu pretenso monopólio da verdade sobre o mundo. Voltaremos a isso, mas a questão climática provou *a posteriori* que a dimensão política da ciência não é acrescentada do exterior e depois do fato, quando se trata de discutir em espaço público sobre esta ou aquela medida a ser tomada para evitar a catástrofe, mas sim que ela é inerente à sua abordagem, indissociável da operação que consiste em se apresentar como representante legítima dos processos que se produzem na atmosfera.

Uma vez ameaçada a posição soberana do cientista como porta-voz da natureza, o modo de *composição* das relações entre humanos e não humanos predominante na era moderna também teve de ser escrutinado. Desse ponto de vista, *Nunca fomos modernos* constitui o quadro retrospectivo no qual a crítica da autoridade científica e a redescrição do projeto modernista devem se articular – uma já não pode mais ir sem a outra.

A crítica da composição moderna das relações entre humanos e não humanos pela autoridade científica foi objeto de importantes mal-entendidos, uma vez que interrompeu o velho debate que polarizava, de um lado, os epistemólogos, ocupados em livrar a ciência dos resquícios do imaginário ou da ideologia, e, de outro, os filósofos, que sustentavam, em diferentes perspectivas, que a razão é uma ideologia entre outras. Mas o maior risco enfrentado pela sociologia das ciências era, na realidade, menos o de despolitizar o debate que precisamente o de se circunscrever a uma operação negativa. No limite, se redistribuirmos com grande liberalidade as habilidades mínimas que conferem a um ator espessura política, podemos rapidamente chegar a uma forma de "cosmopolitismo liberal"[16] tão generoso quanto

---

[15] Bruno Latour, *La Science en action*, cit., p. 47.

[16] A expressão é empregada com esse significado por Achille Mbembe em *Critique de la raison nègre*, Paris, La Découverte, 2013.

286 • Abundância e liberdade

impotente. Suspender a autoridade das ciências teria como consequência a liberação das potencialidades de associação entre seres heterogêneos, a imaginação de um espaço democrático capaz de incluir humanos, máquinas, seres vivos, em cadeias de associação sem um princípio organizador fixo. Já que não se pode privar ninguém da *agency* sem cometer um crime de purificação ontológica, para retomar os termos de *Nunca fomos modernos*, tornamo-nos incapazes de definir as condições sob as quais uma associação é politicamente desejável, válida e duradoura. No fundo, nada substitui o papel anteriormente desempenhado pelas chamadas formas modernas de autoridade epistemopolítica.

Esse cosmopolitismo liberal é, portanto, a ordem flexível que predominaria em um período livre das grandes narrativas: liberal porque parte de um princípio de não discriminação dos seres e porque, como os pensadores do século XVIII em relação às pessoas humanas, lhes confere a capacidade de formar alianças virtuosas sem a ajuda de uma tutela externa a predefinir seus papéis; cosmopolita porque, como Bruno Latour disse tantas vezes, nunca se deve limitar *a priori* o alcance das redes de atores e das cadeias de tradução. O problema, portanto, não é tanto o de que teríamos proclamado com demasiada rapidez o apagamento das linhas clássicas de clivagem definidas pelo conceito de classe, mas que, na ausência de qualquer princípio sintético e normativo, ou no mínimo organizador, a figura política que emerge é a que se poderia chamar de *laissez-faire metafísico*. O que antes se chamava "relações sociais", agora redimensionadas e incluindo máquinas, seres vivos e todos os agenciamentos híbridos que podem compor, é considerado capaz de encontrar em si mesmo a norma de sua organização ideal. Mas, tal como sugerido no Capítulo 6, a ideia de que a organização social pode se apoiar na normatividade tecnocientífica requer um aprofundamento da reflexão sobre o papel de seus mestres de obra, os engenheiros, e sobre as condições sob as quais eles são suscetíveis de desempenhar o papel de contrapoderes e de trabalhar para o bem comum (e não para o mercado). A redefinição da autoridade científica teria portanto podido – teria devido – se traduzir em um reinvestimento na tradição tecnocrática, mas não foi esse o caso, apesar de alguns gestos nessa direção[17].

---

[17] Bruno Latour, "Technology is Society made Durable", *The Sociological Review*, v. 38, n. 1, 1990, p. 103-31.

O fim da exceção moderna e a ecologia política • 287

Em nome de uma ontologia simplificada, expurgada das divisões e hierarquias modernistas, a igualdade dos seres encontra seu ponto culminante no quadro acolhedor e pós-ideológico de redes globais que, em tese, não deixam ninguém à margem. Em outras palavras, o tipo de *composição* do mundo proposto pela simetrização sociológica não está à altura da operação que estabeleceu para a *autoridade* científica. Lembremos Polanyi e suas duas lições principais. Ao mostrar como a sociedade se inventou resistindo à universalização das relações de mercado, ele descreveu uma dinâmica complexa na qual as propriedades materiais e técnicas da indústria tinham catalisado a emergência de um sujeito crítico exigindo e, depois, obtendo em parte um reequilíbrio democrático. Mas Polanyi mostrou também que, ao não levar em conta a dimensão territorial ou terrestre da convivência social, esse contramovimento crítico abandonou às forças conservadoras, nacionalistas e depois fascistas, a proteção desses vínculos não menos políticos que os outros, e não menos visados pelo mercado. Se, doravante, a explosão da sociedade como analisador histórico e como sujeito crítico não conduzir à emergência de algum contrapoder cuja força seria pelo menos igual àquela que alimentou o socialismo, então, para dizê-lo de forma simples, estamos em maus lençóis. Se nos recusamos a abandonar a cena política à reconstituição de um confronto (ou amálgama) entre enraizamento conservador e globalismo mercantil, então a simetrização da modernidade deve estar à altura das expectativas políticas historicamente associadas, na Europa, ao socialismo.

A fim de aprofundar esse programa de politização da simetria, será necessário, agora, passar por três mediações teóricas, que se articulam, respectivamente, em torno da antropologia da natureza, da história ambiental e da historiografia subalterna e pós-colonial.

Sob o naturalismo, a produção

A detonação dos referenciais conceituais das ciências sociais, por Latour e seus colegas, não foi, longe disso, o único vetor de simetrização da modernidade. Simultaneamente, a antropologia da natureza perseguiu fins semelhantes por meio do método etnográfico, a fim de medi-la em relação a outros modos de composição das relações coletivas com o mundo. Essa abordagem, implementada notadamente por Philippe Descola, por Eduardo Viveiros de Castro ou, ainda, por Tim Ingold, dá continuidade ao trabalho

288 • Abundância e liberdade

de desnaturalização do naturalismo em um quadro comparativo[18]. Um dos seus principais objetivos é trazer à tona o arranjo naturalista dos seres e as formas de autoridade em que se baseia como uma simples variante de um repertório mais ou menos extenso de possibilidades que, do ponto de vista comparativo, são do mesmo valor que aquela com a qual estamos familiarizados. A centralidade desse empreendimento intelectual no quadro que pretendemos estabelecer é evidente, na medida em que se volta mais frontalmente que qualquer outro à dupla exceção moderna: a exceção cultural dos modernos e sua vontade de se destacar das interdependências ecológicas são consideradas inseparáveis, e, por isso, a dissolução de ambos se opera num mesmo gesto teórico.

A afinidade entre a sociologia das ciências e a antropologia da natureza se traduz em constantes referências mútuas. Cada uma assume, à sua maneira, a hipótese de um esgotamento progressivo dos recursos epistemológicos e políticos do naturalismo, tentando entrar na brecha criada pela abertura de novas possibilidades cosmopolíticas, dentre as quais a ecologia política. Mas uma grande diferença as separa. Acabamos de ver que, para a sociologia das ciências, o horizonte político assume a forma de um salto no desconhecido, alimentado por uma atitude deflacionista em relação às principais forças estruturantes em ação no universo social, o que por vezes lhe confere o aspecto de um novo *laissez-faire* bastante desconcertante. A antropologia da natureza, por sua vez, se contenta, de modo mais sóbrio, em descrever arranjos que, embora sejam não modernos, são, no entanto, duráveis (desde que não sejam eliminados por seu contato com a modernidade), e não são privados da capacidade de organizar o comportamento e de os enquadrar em esquemas nos quais se aplicam normas, obrigações e proibições, mas também antagonismos e dominação. Diante do estado de ruína do naturalismo, não colocamos, portanto, de imediato, uma alternativa política mais ou menos desejável, mas sim formas de organização material e simbólica estruturalmente análogas.

Desse ponto de vista, os estudos sobre o animismo desempenharam papel essencial, uma vez que trouxeram à luz a principal variante passível

---

[18] Esse movimento, às vezes identificado como uma "virada ontológica", pode ser compreendido como um relançamento das ambições teóricas da disciplina após a crítica pós-moderna à autoridade etnológica. Ver Gildas Salmon, "On Ontological Delegation. The Birth of Neoclassical Anthropology", em Pierre Charbonnier, Gildas Salmon e Peter Skafish (orgs.), *Comparative Metaphysics. Ontology after Anthropology*, Londres, Rowman and Littlefield, 2017, p. 41-60.

O fim da exceção moderna e a ecologia política • 289

de descentrar o naturalismo tanto como base a partir da qual se enuncia o saber quanto como fundamento sociopolítico. Com efeito, a etnologia dos coletivos dispersos no que resta da floresta amazônica e em certas regiões do Ártico reinvestiu nesse velho conceito antropológico a fim de designar uma ontologia indiferente à divisão entre sujeito e objeto tal como prevalece para nós[19]. Apesar da multiplicidade de variações a que está sujeito, o animismo pode ser definido como uma tendência a atribuir as características da subjetividade a um conjunto bastante vasto de seres não humanos e a fazer com que a forma dos corpos desempenhe um papel diferenciador. O animista – e aqui nos apoiamos em particular nas análises de Descola – se comunica por meio dos cantos, dos rituais e dos sonhos com animais, plantas, espíritos, e muitas das relações que, como ocidentais, estamos habituados a considerar como sociais assumem a forma de relações simbólicas com parceiros não humanos. O parentesco, por exemplo, se estende à presa do caçador, às plantas cultivadas – para retomar a etnografia dos Achuar. O animismo também possui suas próprias formas de autoridade, notadamente o xamanismo, e se não condiciona a reabsorção do conflito à propriedade da terra (já que em sua maior parte os coletivos animistas não são totalmente sedentários), responde à sua maneira ao problema dos antagonismos sociais (por meio de um esquema da predação guerreira e mágica).

Os coletivos animistas tornam manifesto, assim, por contraste, o elo indissociável entre relações sociais e relações ecológicas que nós, modernos, negamos por tanto tempo, e é por isso que foram investidos de um papel de porta-vozes no questionamento da dupla exceção. Se é possível constituir grupos culturais tão dignos e respeitáveis como os nossos sem passar por uma reflexividade social, isto é, sem considerar que a autonomia coletiva deita suas raízes na exteriorização de algo chamado "natureza", então isso significa duas coisas. Em primeiro lugar, o que já sabíamos por outros meios, que a dualidade do natural e do social é uma construção histórica contingente e bastante recente, isto é, que a natureza não é uma referência universal e

---

[19] Tim Ingold, *The Perception of the Environment. Essays in Livelihood, Dwelling and Skill*, Londres, Routledge, 2000; Philippe Descola, *La Nature domestique. Symbolisme et praxis dans l'écologie des Achuar*, Paris, Éditions de la MSH, 1986; Eduardo Viveiros de Castro, *From the Enemy's Point of View. Humanity and Divinity in an Amazonian Society*, Chicago, University of Chicago Press, 1986; Nurit Bird David, "'Animism' Revisited. Personhood, Environment and Relational Epistemology", *Current Anthropology*, v. 40, 1999, p. 67-91.

290 • Abundância e liberdade

transparente ao pensamento humano. Em segundo lugar, que a fixação da reflexividade no conceito de sociedade a fim de organizar a autoproteção de um grupo contra o que o ataca tampouco é universal. Formulado nesses termos, o pluralismo ontológico da antropologia assume o alcance de uma subversão política, à maneira do que Pierre Clastres quisera ter feito algumas décadas antes[20]: o fato de que existam coletivos sem natureza (como há sociedades sem Estado) mostra que a identificação coletiva com os seres não humanos pode ser um fator de solidariedade e de integração.

Eduardo Viveiros de Castro, em particular, deu à divisão entre naturalismo e perspectivismo (termo que prefere ao de animismo) uma profundidade política que ressoa bem em um dos lemas de sua obra *Métaphysiques cannibales*: o que está em jogo, diz ele, é o acesso dos coletivos não modernos à autodeterminação ontológica, obtida ao final de um "processo de descolonização do pensamento"[21]. Isso significa que o desmembramento do sistema categorial que acompanha a modernidade resulta na atribuição aos coletivos perspectivistas de uma autoridade epistêmica igual à nossa, o dispositivo modernista sendo reduzido, assim, a sua própria contingência, a seu caráter provincial. Não apenas seu ponto de vista sobre nós é pelo menos tão válido quanto o que temos sobre eles, mas se são capazes de oferecer uma contra-análise das relações simbólicas e materiais que regem a modernidade, eles são *a fortiori* capazes de se governarem a si próprios como grupos políticos autônomos no âmbito de um Estado que os vê como iguais, seja o Brasil, o Equador ou qualquer outra entidade política que abrigue esse tipo de comunidade[22]. A análise ontológica dos coletivos sem natureza encerra, portanto, uma contribuição ao problema – que acreditávamos ser tipicamente moderno – da autonomia: não mais centrada no mito de um povo legislador de si mesmo contra os riscos ambientais, esta pode ser concebida como uma ambição mais universal de autopreservação. Na esteira dessas análises, a causa das comunidades indígenas foi vista como indissociável das lutas geralmente qualificadas como "ambientais", uma vez

---

[20] Pierre Clastres, *La Société contre l'État*, Paris, Minuit, 1974.

[21] Eduardo Viveiros de Castro, *Métaphysiques cannibales*, Paris, PUF, 2009, p. 4. [Edição em português: Eduardo Viveiros de Castro, *Metafísicas canibais*. São Paulo, Cosac Naify, 2015.]

[22] Os desafios políticos do animismo amazônico foram desenvolvidos com base na palavra indígena em Davi Kopenawa e Bruce Albert, *La Chute du ciel. Parole d'un chaman yanomami*, Paris, Plon, 2010.

que a alteridade cultural do animismo se manifesta essencialmente como uma alteração do modo moderno de relação com a natureza.

O trabalho de Viveiros de Castro representa o ponto culminante de uma simetrização radicalizada para além do dispositivo estrutural construído por Descola em *Par-delà nature et culture* [Além da natureza e da cultura]. No entanto, o potencial político da simetria aparece aí, por vezes, entravado pela forma da alternativa que nos é apresentada. Na medida em que o dualismo moderno estaria definitivamente comprometido por sua implicação no silenciamento das vozes animistas e por sua aliança objetiva com a ideia de uma hegemonia intelectual do Ocidente, o perspectivismo – ou, mais amplamente, qualquer subversão da história moderna da natureza que se desenrola no nível da composição do coletivo e da extensão das fronteiras da comunidade de semelhantes – seria a única opção moral e política que resta. Perspectivismo ou barbárie, poder-se-ia dizer. Constituído como paradigma teórico, o perspectivismo emergiu progressivamente das florestas amazônicas nas quais se desenvolveu – em parte em resposta às *affordances* singulares desse meio – para ingressar nas bibliotecas de filosofia ao lado de uma fenomenologia do mundo sensível que pretende fazer da reciprocidade dos pontos de vista um suporte normativo à ecologia[23]. Ele é também objeto de um processo de apropriação cultural que o destaca das relações simbólicas próprias da bacia amazônica, ou seja, do jogo de diferenciação e demarcação entre grupos que lhe deu seu vigor, sua profundidade, sua criatividade. Basta dizer que, nessas condições, a subversão animista (ou perspectivista) está condenada a se desdobrar em um nível essencialmente especulativo, se não estético, uma vez que se apresenta como uma alteridade radical sem solução de continuidade política com a configuração moderna. Com efeito, devemos admitir que não sabemos o que poderia ser um sistema de direitos indexado na composição animista do coletivo, que não sabemos se realmente este seria uma garantia de harmonia social e, acima de tudo, que não podemos nos dar ao luxo de esperar os séculos necessários a uma eventual conversão ao animismo, porque o tempo está se esgotando.

Se nos voltarmos novamente para o trabalho de Descola, entretanto, encontraremos outra via capaz de conferir significado político à antropolo-

---

[23] Ver, por exemplo, David Abram, *Comment la terre s'est tue. Pour une écologie des sens*, Paris, La Découverte, 2013; Jane Bennett, *Vibrant Matter. A Political Ecology of Things*, Durham, Duke University Press, 2010.

292 • Abundância e liberdade

gia da natureza. Esta consiste em investir no método comparativo não para orquestrar uma crítica da modernidade elevada à categoria de conflito ontológico, mas para detectar, em um contexto histórico e social determinado, os fermentos de sua transformação. É o que acontece, por exemplo, quando Descola descreve, em *Par-delà nature et culture*, os modos de relação que asseguram a integração de humanos e não humanos no âmbito de um dos quatro principais esquemas de identificação que descreve[24]. Em particular, ele chama nossa atenção para o papel que a ideia de produção desempenha na maneira como as sociedades modernas (naturalistas) vislumbram sua parceria com o mundo exterior. O esquema da produção, escreve ele, só foi objetivado muito tardiamente na economia política e nos seus críticos, notadamente em Marx – e nesse ponto nossas análises precedentes estão de acordo com ele. No entanto, suas raízes estão muito profundas na economia simbólica das sociedades técnicas, e encontramos vestígios dele tanto nas fontes teológicas que descrevem um deus-artesão, criador de um mundo que lhe é submisso, quanto na tradição helenística que enfatiza a autonomia de um agente intencional responsável por seu produto[25]. A produção, como forma de qualificar um ato técnico, resulta então do que Haudricourt chamou de "ação direta positiva"[26], ou seja, uma forma de controle integral sobre as coisas resultando em um objeto-produto cuja secundariedade ontológica reflete a heteronomia prática. O esquema de produção é, portanto, o principal vetor da assimetria entre o ser humano e o mundo, a sua raiz prática.

Essa relação de engajamento entre sujeito e objeto, que se tornou evidente para nós, não é, porém, de forma alguma, universal, e a etnologia dá muitos exemplos de relações técnicas nas quais se observa uma maior reciprocidade. Mesmo quando mantida a assimetria entre os diferentes atores de um processo técnico e econômico, isto é, sem ter de postular a animação profunda de um animal, de uma planta ou de cada elemento do cosmos, os papéis não necessariamente devem ser distribuídos de acordo com uma divisão brutal entre atividade e passividade, autonomia e servidão cega. A polarização entre sujeito e objeto, em outras palavras, pode ser suavizada na prática e relativizada ideologicamente quando a atenção às

---

[24] *Par-delà nature et culture*, cit., cap. 13, p. 423.

[25] Ibidem, p. 442.

[26] André-Georges Haudricourt, "Domestication des animaux, culture des plantes et traitement d'autrui", *L'Homme*, v. 2, n. 1, 1962, p. 40-50.

O fim da exceção moderna e a ecologia política • 293

características da matéria é aumentada e sua participação na emergência de uma nova forma e função é ativamente reconhecida. Não é, portanto, absolutamente necessário universalizar a condição de pessoa para conferir direito ao poder singular de ação possuído pelos não humanos, vivos ou não: o confinamento ontológico constituído pela noção de "coisa", tradicionalmente oposta àquela de "pessoa", pode perfeitamente ser abolido em um quadro no qual os humanos assumem uma responsabilidade singular em relação a seu mundo. É basicamente o que acontece quando, sob a influência da economia ecológica, processos como a filtragem da água pelos solos, a manutenção do equilíbrio químico da atmosfera pelas florestas ou, em outra escala, a polinização das plantas pelas abelhas são reconhecidos como serviços ecológicos – isto é, como condições não produzidas da subsistência humana[27]. O desenvolvimento de uma ciência econômica que reconhece e valoriza a dimensão antiprodutiva de muitas regulações ecológicas vai no sentido indicado por Descola, na medida em que permite acabar com a incomensurabilidade outrora estabelecida entre as interdependências e regulações que mantêm em conjunto os elementos da terra e as que mantêm em conjunto os membros das sociedades. Assim entendida, a antropologia da natureza desnaturaliza as evidências alojadas no esquema produtivo, ou producionista, que até agora dominou a autocompreensão da modernidade.

Como Baptiste Morizot nos convida a fazer em algumas de suas obras, podemos ir ainda mais longe e ver no esquema da produção a fonte distante de uma confusão de ordem metafísica que reina em nossa relação com o mundo[28]. Com efeito, o desenvolvimento do *savoir-faire* que o grego antigo exprime sob o conceito de *poiesis* tende a conferir ao artesão, na medida em que este impõe sua forma a um material inicialmente inerte, uma responsabilidade quase exclusiva na gênese dos objetos. Essa figura do criador que exerce uma soberania absoluta sobre as coisas passivas ainda está presente na ideia de que a emancipação dos humanos dependeria da sua capacidade de se destacar das dependências naturais. Ela funcionou, aliás, como ponto de honra dos "civilizados" contra os "primitivos" e, em particular, contra as

---

[27] Giorgios Kallis e Erik Swyngedouw, "Do Bees Produce Value? A Conversation Between an Ecological Economist and a Marxist Geographer", *Capitalism, Nature, Socialism*, v. 29, n. 3, 2018, p. 36-50.

[28] Em particular em uma conferência ministrada no colóquio "The Right Use of the Earth", em junho de 2018: "Prédation et production. Quel bon usage de la terre?".

294 • Abundância e liberdade

sociedades de caçadores-coletores, nas quais a subsistência depende apenas marginalmente da transformação direta e planejada da matéria e em que prevalece um padrão de predação[29]. Produzir é um ato que, a nossos olhos, glorifica seu operador, mas à custa de um sobreinvestimento de sua responsabilidade na gênese dos bens, notadamente dos bens de subsistência. Assim, se as técnicas da cerâmica e, *a fortiori*, das artes mecânicas típicas da era industrial exemplificam bem uma relação em que a matéria é inteiramente reconfigurada, ou mesmo transfigurada, pelo *savoir-faire* humano, o mesmo não se pode dizer da agricultura. Isso porque, se, como vimos no capítulo 2, o agricultor moderno se honra ao aprimorar a terra e, portanto, ao torná-la rentável, é à custa da subestimação das interdependências ecológicas muito profundas e antigas, dos estratos ecoevolutivos sedimentados em suas práticas e em seu funcionamento orgânico, que resultaram na estabilização de um regime alimentar e, mais amplamente, de um modo de vida agrário. A contribuição dos agentes não humanos, isto é, dos solos, das plantas e dos animais, para a gênese de uma colheita de grãos é tal que o léxico da produção aparece dessa vez em descompasso profundo com a natureza dos processos qualificados. O esquema produtivo abrange assim parcerias ecológicas muito diferentes umas das outras, e a desconstrução do valor central que recebe na economia do pensamento moderno permite fazer jus ao que, novamente com Morizot, podemos chamar de "alianças" complexas com a terra e os seres vivos[30].

O saber antropológico permite identificar o que, no âmbito de esquemas cosmológicos profundamente arraigados em nossas atitudes e em nossas instituições, já está vacilando, abrindo o naturalismo a algumas de suas virtualidades ainda adormecidas. Ora, é o caso desse modo de relação producionista, com suas distantes fontes técnicas e teológicas, que parece estar perdendo parte de sua hegemonia sobre nosso imaginário econômico e político. O que se desenha, na esteira da desnaturalização da parceria produtiva, mais radicalmente que o antiprodutivismo predominante entre a maioria dos pensadores das alternativas ao crescimento, é o que poderíamos chamar de *antiproducionismo*. Com efeito, o problema não é tanto questionar o produtivismo, ou seja, a intensificação das extrações não devolvidas à

---

[29] V. Gordon Childe, *Man Makes Himself*, Londres, Watts, 1936.

[30] Baptiste Morizot, "Nouvelles alliances avec la terre. Une cohabitation diplomatique avec le vivant", *Tracés*, n. 33, 2017, p. 73-96.

natureza pela economia moderna, mas sim a própria ideia segundo a qual o esquema produtivo seria uma boa descrição do que se passa entre nós e o meio não humano. A superação desse modo de relação deve, em outros termos, preceder e preparar a crítica do produtivismo, sem o que se expõe a um gesto teórico incompleto, circunscrito à exigência de manutenção de uma mesma relação, mas em câmera lenta. Essa superação tem o potencial de reorientar nossa reflexividade política – aí incluída a reflexividade socialista, sobre a qual vimos até que ponto é tributária do conceito de "produção" e de "povo produtor".

O intercâmbio ecológico desigual

A antropologia é evidentemente central para o questionamento de nossas relações com o outro e com as coisas. Mas não é o único tipo de saber envolvido nesse grande processo de simetrização. A seu lado, certos ramos da história ambiental, os mais próximos da crítica da economia política, permitem-nos considerar as questões que acabamos de discutir de um ângulo diferente.

Como vimos no Capítulo 3, é possível descrever a extensão das redes comerciais em escala global não apenas como a projeção de poder, de tecnologia e de seres humanos, a partir de um polo ocidental, mas também, e sobretudo, como a captura de espaços, de forças de trabalho, de recursos minerais e biológicos, todos elementos decisivos para a formação da alegada centralidade da Europa. Bem descrita pela história global do capitalismo, particularmente por Wallerstein[31], a implantação do sistema-mundo, que tornou todas as vidas humanas interdependentes, teve de ser complementada por trabalhos que revelaram tanto a estrutura geográfica das desigualdades de desenvolvimento induzidas pela economia imperial e colonial – vale dizer, o caráter orgânico do desenvolvimento de uns e do "subdesenvolvimento" de outros[32] – quanto a dimensão material dessas desigualdades, sua inserção na construção de um sistema que apaga sistematicamente os custos e as consequências ecológicas de sua tendência extrativa. A história ambiental não é, portanto, apenas a história dos riscos, dos instrumentos tecnocientí-

---

[31] Ver os três volumes de *The Modern World System*, publicados entre 1974 e 1989.

[32] Samir Amin, *Le Développement inégal. Essai sur les formations sociales du capitalisme périphérique*, Paris, Minuit, 1973.

296 • Abundância e liberdade

ficos e de seus fracassos, ou a das sensibilidades ecológicas emergentes, mas também uma reflexão sobre as modalidades específicas da exploração sob a forma da divisão global do trabalho e da organização do fluxo de matérias de regiões essencialmente extrativas para regiões essencialmente consumidoras, com a vantagem tecnológica desempenhando o papel de operador de diferenciação. Basicamente, desde o contato biológico e político entre os continentes, no que o historiador Alfred Crosby chamou de *columbian Exchange* [intercâmbio colombiano], a organização das relações de força e de direito entre as diferentes regiões do globo é indissociável do destino dos seres vivos, dos territórios e dos recursos agora conectados[33].

A teoria do "intercâmbio ecológico desigual" surgiu nesse contexto, sob a pena de vários autores preocupados em integrar as contribuições aparentemente heteróclitas da simetrização pós-colonial e da economia da subsistência, ou seja, boa parte da bioeconomia discutida no capítulo anterior. A principal contribuição para essa teoria veio do economista e historiador das ciências Joan Martinez-Alier, que, em *The Environmentalism of the Poor*, propõe uma articulação bastante profunda entre a forma dos fluxos de matéria que estrutura a economia global e a emergência de movimentos sociais críticos em regiões voltadas para a economia extrativa, mineira ou agrária[34]. Seu raciocínio baseia-se na utilização de trabalhos desenvolvidos pela economia ecológica, ou seja, por essa herdeira particular da bioeconomia dos anos 1970 que visa se libertar das métricas econômicas ordinárias, ancoradas nos preços de mercado, a fim de subordinar a análise de riqueza a um conceito de valor definido com referência à ecologia funcional[35]. Assim, se deslocarmos o foco da balança comercial, que leva em conta apenas as relações entre os diferentes valores de troca, para a balança ecológica, temos uma imagem totalmente diferente de uma determinada economia nacional[36].

---

[33] *The Columbian Exchange. Biological and Cultural Consequences of 1492*, Westport, Greenwood Pub., 1972.

[34] Joan Martinez-Alier. *The Environmentalism of the Poor*. A Study of Ecological Conflicts and Valuation. Cheltenham, Elgar, 2002. [Ed. bras.: Joan Martinez-Alier. *O ecologismo dos pobres*. Trad. Marcio Waldman. São Paulo, Contexto, 2007.]

[35] Robert Costanza (org.), *Ecological Economics. The Science and Management of Sustainability*, Nova York, Columbia University Press, 1991.

[36] R. Muradian, M. O'Connor e J. Martinez-Alier, "Embodied Pollution in Trade. Estimating the 'Environmental Load Displacement' of Industrialised Countries", *Ecological Economics*, v. 41, n. 1, 2002, p. 51-67.

Em alguns casos, tipicamente nas regiões da América Latina e do Sul da Ásia, a adoção de um referencial ecológico permite destacar a natureza desigual dos intercâmbios comerciais, que não aparece em um balanço contábil clássico. Essa abordagem dá seguimento aos estudos sobre a formação histórica da economia global que enfatizam o papel central nesse processo da economia da *plantation*: a implantação de uma economia açucareira constitui o caso historicamente paradigmático dessa disjunção entre a lógica dos mercados e a das dependências materiais[37].

O perfil econômico extrativo das regiões do Sul Global, por exemplo, submete seus estoques de recursos, seus trabalhadores, mas também as capacidades de regeneração de seus territórios (ciclo da água, do solo, do ar) a uma pressão bastante intensa, que não recebe, porém, tradução econômica oficial. Essa é uma característica essencial e comum a todas as atividades extrativas: elas são orientadas para a obtenção de mercadorias brutas, cujo valor de troca voluntariamente mantido a preços muito baixos não reflete o custo ecológico real. Na medida em que as indústrias mineira e agrícola, em particular, não são obrigadas a compensar as consequências da erosão dos estoques, da transformação dos ambientes e da poluição, as quais compõem, no entanto, as condições de sua rentabilidade, um enorme fosso aparece entre a medida registrada pela balança comercial e a medida registrada pela economia ecológica. O caráter incomensurável dessas duas métricas é interpretado por Martinez-Alier como um efeito da utilização estratégica, pelas autoridades econômicas, de dispositivos destinados a limitar o custo dos investimentos industriais, frequentemente de origem ocidental, e assim manter o diferencial entre o Norte e o Sul. Em outras palavras, a teoria do intercâmbio ecológico desigual não concebe a economia ecológica como provedora de uma verdade absoluta sobre a riqueza (como era o caso em Georgescu-Roegen e mais ainda em Odum), mas como um instrumento capaz de revelar a parcialidade do sistema de preços. A incomensurabili-

---

[37] Sobre a convergência entre história ambiental e teoria do intercâmbio orgânico desigual, ver os trabalhos de Stephen Bunker, *Underdeveloping the Amazon. Extraction, Unequal Exchange and the Failure of the Modern State*, Chicago, University of Chicago Press, 1990, e de Alf Hornborg, em particular *The Power of the Machine. Global Inequalities of Economy, Technology, and Environment*, Lanham, Altamira Press, 2001, além do trabalho coletivo organizado com John McNeill e Joan Martinez-Alier, *Rethinking Environmental History. World-system History and Global Environmental Change*, Lanham, Altamira Press, 2007.

dade entre as duas métricas torna possível a compreensão de que a própria racionalidade econômica está em jogo no esforço de simetrização. É nesse sentido que a simetrização aqui mobilizada respeita nosso duplo critério: ela se volta ao mesmo tempo para uma forma de autoridade científica e para um modo de composição do mundo.

O significado filosófico dessa teoria se torna claro se prestarmos atenção à noção de matéria-prima. Tanto um mineral, combustível fóssil ou não, quanto um produto agrícola bruto (farinha de soja, óleo de palma não refinado) são obtidos ao final de um processo que, de certa forma, representa o oposto do ideal econômico e técnico moderno. A mão de obra é pouco qualificada, pouco especializada (a divisão do trabalho é, portanto, de baixa intensidade), a inovação tecnológica é pequena e raramente crucial – e é por isso que, em última análise, essas mercadorias são consideradas de baixo valor agregado. Como Jason Moore e Raj Patel habilmente mostraram, a indignidade econômica da matéria-prima se deve aos processos pelos quais ela é considerada *cheap*, ou seja, a um só tempo pouco representativa das capacidades técnicas humanas e obtida a baixo custo: a pequena intensidade de capital e de inovação dessas mercadorias as empurra para os subterrâneos de nossa imaginação econômica[38]. O caso do trabalho, que pode ser considerado um fator de produção barato, é singular, mas nem é preciso dizer que o subinvestimento nas áreas da saúde, da educação e das pensões é o equivalente social do não pagamento das externalidades, ou dos serviços ecológicos degradados. Em suma, destacar certas mercadorias como "matérias-primas" expressa o paradoxo de uma dependência ecológica reconhecida, mas imediatamente negada.

Por outro lado, sabemos também que essas matérias-primas só podem ser obtidas ao final de um processo amplamente invisível que consiste, nas palavras da antropóloga Tania Murray Li, em "reunir a terra como um recurso"[39]. Os dispositivos jurídicos e econômicos que permitem o acesso à propriedade fundiária em quantidade suficiente para desenvolver uma atividade extrativa industrial voltada para a exportação remetem diretamente às estruturas da soberania clássicas, sem as quais a terra é apenas um solo

---

[38] Jason Moore e Raj Patel, *A History of the World in Seven Cheap Things*, Londres, Verso, 2017.

[39] Tania Murray Li, "Qu'est-ce que la terre? Assemblage d'une ressource et investissement mondial", cit.

O fim da exceção moderna e a ecologia política • 299

sem qualidades jurídicas e econômicas. Ao Estado cabe tomar a frente dessas empreitadas produtivas, ou então optar por delegá-las a interesses privados, e é a associação entre territorialidade e soberania que é posta em marcha quando se trata de aprimorar terras até então consideradas subexploradas, no quadro do que hoje é chamado de *land grab*, ou *land rush* – esse grande movimento de captação de terras rentáveis[40]. A relação com a terra como recurso se encontra, assim, ao final de um processo de construção social que mobiliza conhecimentos e instituições que vão da exploração geográfica à mais sutil burocracia: para se obter o óleo de palma, e esse é o exemplo desenvolvido por T. Murray Li, precisamos de todo um mundo de saberes e de instrumentos institucionais, remontando até o mais maciço deles, o Estado. As matérias-primas estão, portanto, situadas em um espaço intermediário, ao mesmo tempo intensamente político e relegado às margens da reflexividade econômica ortodoxa.

Por trás desses paradoxos da matéria-prima, encontramos o problema da metafísica da produção, já discutido, e que a antropologia da natureza já se propunha a desalojar de seu trono. A economia da subsistência de Martinez-Alier e seus colegas nos permite dar corpo ao nosso pensamento sobre o esquema de produção moderno por meio de instrumentos capazes de apreender a relação econômica sem criar um fosso entre produtor e produto. Uma vez que as atividades econômicas são concebidas como um subsistema de relações metabólicas que envolvem principalmente atores ecológicos, bióticos e abióticos, a operação produtiva é requalificada em um nível ontológico. O caráter excepcional do agente humano, que se apropriou da causalidade e, com ela, do controle sobre as coisas, é nuançado, relativizado, pois agora está imerso no banho das complexas relações de codependência. Polinização, sumidouros de carbono, filtragem de água, formação dos solos etc.: a longa lista das funções ecológicas que constituem as condições de possibilidade da subsistência permite-nos deslocar nosso olhar para os arranjos institucionais que asseguram, por enquanto, a *cheapness* das matérias-primas. É porque separamos e glorificamos sob o nome de produção uma pequena parte das operações que ocorrem na gênese de uma mercadoria (em particular o fato de dar forma a uma matéria)

---

[40] Para uma síntese dos trabalhos sobre essas questões, ver Saturnino M. Borras Jr., Ruth Hall, Ian Scoones, Ben White e Wendy Wolford, "Towards a Better Understanding of Global Land Grabbing. An Editorial Introduction", *The Journal of Peasant Studies*, v. 38, n. 2, 2011, p. 209-16.

que aprendemos a não mais reconhecer essas funções, assim como nossa dependência em relação a elas. Compreende-se melhor, assim, a diferença entre produtivismo e producionismo: a questão não se coloca apenas no nível da velocidade e da intensidade dos processos ditos produtivos, processos que deveriam ser desacelerados, mas também no nível do modo de relação, para usar os termos de Descola, que construímos quando afirmamos que produzimos. Para pensar a frenagem econômica, a solução mais simples é, portanto, admitir que *nunca produzimos nada*. No século XIX, o esquema produtivo provou, pela voz dos socialistas, que continha uma potência subversiva, uma potência de mobilização protetora. Mas, em um contexto em que as condições gerais de vida e de subsistência são afetadas por um risco global como a mudança climática, que nada mais é que o resultado histórico nefasto do mito da produção, é preciso que o pensamento crítico cruze um limiar adicional, interpelando mais seriamente a racionalidade produtiva.

***

A teoria do intercâmbio ecológico desigual é de grande potência quando se trata de lançar luz sobre as zonas cinzentas dessa racionalidade dominante. Representa o principal instrumento conceitual até agora existente capaz de sustentar uma economia que é política porquanto ecológica, e não, como era o caso nos alertas dos anos 1970, uma economia que se despolitiza integrando a ecologia. Em termos de filosofia política, essa potência teórica também pode ser compreendida como uma resolução do problema levantado por Fichte na virada para o século XIX, no âmbito de sua defesa e ilustração do socialismo protecionista: o problema da ubiquidade dos modernos. Relembremos primeiro seus principais traços. Uma das características mais marcantes das sociedades modernas é que vivem em dois territórios completamente heterogêneos, um oficialmente reconhecido e promovido como o espaço da emancipação política e jurídica do indivíduo, e mantido em fronteiras que limitam a extensão de uma dada jurisdição nacional; já o outro existe apenas oficiosamente, pois é constituído pelo espaço geoecológico necessário à manutenção material da subsistência, muito mais amplo que o primeiro e ao qual o acesso geralmente é feito por meios extralegais (contratos comerciais nebulosos, colonização). Apenas uma sociedade apanhada nessa divergência territorial, nesse sonho de ubiquidade em que liberdade e abundância desmoronam uma sobre a outra antes mesmo de se desenvolverem, é propriamente moderna.

Ora, graças à operação de simetrização, dispomos de um instrumento capaz de redesenhar o mapa em que efetivamente vivemos. Se levarmos a sério a forma das cadeias de abastecimento globais, a tendência ao não pagamento dos serviços ecológicos e os custos de manutenção do meio que permitem a certas regiões manter o seu modo de desenvolvimento, então não há outra saída senão inverter a relação instaurada no século XVIII entre território político e território ecológico. Muito simplesmente: a dimensão geoecológica das dependências entre as regiões do mundo e seus projetos políticos deve se tornar a referência cardinal da filosofia política, e é nesse novo mapa de fundo que as estratégias interestatais se projetam posteriormente. A ordem descontínua e oficial de soberania, ela própria, aliás, um legado de descolonização, está subordinada à ordem contínua e oficiosa (mas não por muito tempo) das parcerias ecológicas entre humanos, máquinas, instituições e meios.

Esse novo mapa de fundo é obviamente muito difícil de representar de forma unívoca, já que não tem a aparência bidimensional do planisfério político clássico, com seu jogo de linhas e cores. Mas, se fizermos o esforço de imaginação necessário, ele constitui o espaço no qual convém se situar a fim de compreender que a ordem ecológica e a ordem política são absolutamente coextensivas – e que sempre o foram. O que às vezes é chamado de justiça ambiental nada mais é, assim, que a resposta a essa projeção territorial das aspirações à melhoria material que animou a história moderna.

Provincializar a crítica

O último ponto que requer esclarecimento diz respeito ao estatuto da crítica. Estudamos longamente como, no século XIX, a organização industrial da economia resultou na formação de um sujeito crítico denominado "sociedade" – um sujeito coletivo que conquistou a capacidade de exigir um aprofundamento democrático por meio dos direitos sociais, que foi cientificamente moldado sob o nome de "sociologia" e que buscou sua norma na reflexividade técnica, mas que foi também, em última análise, oprimido pelo poder dos mercados e sua cumplicidade com os impulsos autodestrutivos modernos. Se seguirmos Polanyi nesse terreno, haveria então uma sociedade crítica apenas dentro do quadro industrialista e mercantil que suscita esse contramovimento reflexivo, a própria ideia de sociedade sendo coextensiva a essa conjuntura histórica. No entanto, o movimento

302 • Abundância e liberdade

de simetrização de que seguimos os passos nos ensina que a dissolução da "sociedade" (e, portanto, da "natureza") não é necessariamente acompanhada por uma dissolução da crítica: ela a desloca, privando-a de sua base habitual, mas não necessariamente esgota sua energia política.

A nível teórico, a questão que se coloca é mais uma vez a da universalidade da experiência histórica do Ocidente, salvo pelo fato de que o alvo da simetrização não é mais, dessa vez, a autolegitimação dos modernos como centro de gravidade da história, mas a crítica interna das formas de poder que a acompanham. Pode a reflexividade social, cujo paradigma para nós é a resistência organizada dos trabalhadores e sua sedimentação no direito, assumir outras formas? Em outros termos, podemos provincializar a crítica como forma de autoridade intelectual? Como se constatou, essa questão foi objeto de numerosas análises por pensadores pós-coloniais, constituindo, na verdade, uma de suas principais preocupações. Com efeito, o grupo de historiadores indianos reunidos em torno de Ranajit Guha e dos *subaltern studies* [estudos subalternos] abordou esse problema há bastante tempo, a fim de estabelecer os princípios de uma historiografia indiana emancipada da narrativa produzida tanto pelo próprio Império Britânico como pelas elites da "burguesia nacionalista" local[41]. A "história vista de baixo" promovida por essa nova abordagem do passado inspirada em Gramsci e em E. P. Thompson faz das massas populares camponesas seu objeto privilegiado, buscando reconstituir o tipo de prática política que as animava, em particular nas grandes insurreições que marcaram o período colonial. Essas práticas não eram redutíveis nem a movimentos espontâneos e pré-políticos, emanados de uma multidão informe, nem à gramática política derivada dos modos de organização específicos dos Estados-nação ocidentais e dos esquemas industrialistas. Uma boa descrição desses processos exigia, portanto, um mergulho nos laços sociais bastante originais que condicionavam essas contestações.

Guha estudou longamente as redes de lealdades tradicionais, religiosas, familiares e étnicas que estruturavam as revoltas camponesas, os procedimentos ligados à manipulação de rumores, da ameaça, da violência, mas também da resistência passiva, ou seja, o repertório de ilegalismos existentes em função

---

[41] Apoiamo-nos aqui em Ranajit Guha, "Quelques questions concernant l'historiographie de l'Inde colonial", *Tracés*, n. 30, 2016. Disponível em: <http://journals.openedition.org/traces/6478>. Esse texto foi originalmente publicado no primeiro volume dos *Subaltern Studies*, em 1982.

O fim da exceção moderna e a ecologia política • 303

da ausência de um espaço público contestatório específico à Europa[42]. A resistência à tributação imperial e ao sistema fundiário instituído sob a tutela britânica deu origem assim à invenção de um estilo que não deixa de ser político, mas que permanece impossível de apreender à luz das categorias da historiografia europeia e, *in fine*, da consciência política moderna – especialmente a de classe. Como sintetiza Dipesh Chakrabarty, aluno de Guha, "o camponês como cidadão estava ausente dos pressupostos ontológicos tomados como corretos pelas ciências sociais"[43]. Eis aí, portanto, uma nova instância de autoridade científica moderna vítima dos golpes da simetrização: o vínculo entre reflexividade sociológica e crítica, forjado com a emergência do movimento operário e o nascimento da sociologia, é ameaçado pela existência, em outras partes do mundo, de um idioma contestatório que não encontra lugar no quadro dos valores e das normas constituído na experiência ocidental. A consequência filosófica dessa defasagem é absolutamente crucial: o projeto de autonomia existe para além da modernidade e do seu imaginário político e, como já vimos com Viveiros de Castro – que, desse ponto de vista, aplicou a metodologia subalternista aos coletivos amazônicos –, sabe se dotar de instrumentos críticos efetivos (quando não completamente eficazes).

Mas o interesse dos *subaltern studies* não acaba aí, uma vez que Guha se interessou em particular pela dimensão local e territorial das insurgências camponesas. A análise por ele proposta das *jacqueries* (ele próprio usa o termo), que explodiram no vale do Ganges em 1857 e 1858, ilustra muito bem o papel de catalisador político que o espaço comum desempenha em tais contextos. Com efeito, a sociedade indiana é dividida em diferentes grupos étnicos, profissionais e culturais (as castas), mas também religiosos, e esses grupos raramente coincidem com espaços bem separados: as entidades administrativas são em geral multiconfessionais e multiculturais, e cada um desses grupos está distribuído em várias delas. As insurgências camponesas preenchem então o fosso que costuma separar o espaço cultural e o espaço físico, quando a luta contra o administrador inglês se torna a razão para um rearranjo das alianças tradicionais. Mais precisamente, essas lutas trazem à tona o vínculo à terra, como habitat e fonte de subsistência, que constitui a base das solidariedades e das lealdades cujo potencial político se expressa nas

---

[42] *Elementary Aspects of Peasant Insurgency in Colonial India*, Deli, Oxford University Press, 1983.

[43] *Provincialiser l'Europe*, cit., p. 47.

304 • Abundância e liberdade

resistências[44]. A questão social indiana é, assim, amplamente determinada por essa territorialidade que, a se acreditar em Polanyi, foi exatamente o ponto fraco da consciência crítica ocidental tal qual esta se consolidou em torno do conceito de sociedade. Essa questão apareceu diversas vezes ao longo de nosso percurso: no recurso de Proudhon ao idioma corporativo, na análise de Marx das classes camponesas, nas tendências conservadoras de certos tecnocratas. Em cada caso, a integração das coordenadas fundiárias na concepção do contramovimento crítico está sob o risco de uma tendência tradicionalista, ou pelo menos percebida como tal pelo socialismo. A simetrização da crítica permite, ao contrário, compreender que essa tensão é específica do modernismo e que a resistência à soberania proprietária e mercantil pode se cristalizar em torno de motivos simbólicos e práticos estranhos à divisão entre o social e o natural.

***

A teoria do intercâmbio ecológico desigual retomou mais tarde esses elementos, buscando, acima de tudo, ativar seu potencial analítico em contextos geoecológicos e políticos diferentes da Índia colonial. É o que Martinez-Alier pretende fazer quando descreve o que chama de "conflitos de distribuição ecológica"[45]. Esses conflitos se produzem, de alguma forma, na origem de todo ciclo econômico, na raiz do valor, quando o capital é incorporado à terra. Esse momento inicial da produção é caracterizado pela apropriação de terras, de espaços, de sítios naturais habitados e/ou explorados no modo da economia de subsistência local e convertidos em recursos subordinados ao novo regime da extração de lucro. Tal momento corresponde, assim, a um choque social e ecológico experimentado pela própria Europa entre os séculos XVI e XIX, a depender da região. A consagração da propriedade individual e sua distribuição social desigual, a mobilização crescente das forças produtivas humanas e naturais, o emprego das técnicas industriais e a fixação do trabalho e do capital pela máquina moldaram de modo durável as relações entre sociedade, poder e natureza no mundo moderno. Mas esse momento inaugural

---

[44] Ver *Elementary Aspects*, cit., em particular p. 329-32. Essas análises estimularam o desenvolvimento de uma literatura que se situa entre história dos subalternos e história ambiental. Ver, por exemplo, Madhav Gadgil e Ramachandra Guha, *This Fissured Land. An Ecological History of India*, Oxford, Oxford University Press, 1992.

[45] *L'Écologie des pauvres*, cit.

não foi a catástrofe pura e simples às vezes descrita: o contramovimento de proteção das comunidades sociais possibilitou a construção do Estado social, cujos efeitos começaram a se fazer sentir no final do século XIX. Ainda que vulnerável e temporária, a limitação do poder destrutivo do mercado pela invenção dos direitos sociais correspondeu assim, segundo Polanyi, a um momento de conscientização do mundo social de suas vulnerabilidades, de suas tensões internas. A concepção da sociedade como uma força reflexiva capaz de politizar suas patologias e de identificar suas causas deveu-se, por certo, ao choque provocado pela utopia do mercado livre articulada ao poder da máquina, mas também, de forma mais geral, à incorporação pelo coletivo das tensões entre sociedade, poder político e natureza.

O problema é que esse movimento, que se apoderou da Europa industrial, não tem – ou ainda não tem – equivalente nas regiões do mundo que hoje experimentam uma expansão do mercado e da exploração da natureza. Isso não se deve, evidentemente, à incapacidade das sociedades não europeias de operar o movimento reflexivo descrito por Polanyi, uma vez que Guha nos ensinou a detectar a existência de tais fenômenos, mas sim a certas características geográficas e sociológicas dessa extensão. Assim, as florestas, os manguezais e as periferias mineiras e extrativas em geral são gradualmente mobilizadas e integradas ao mercado global, ao mesmo tempo que permanecem espaços de baixa intensidade geopolítica. Esses espaços são, dependendo do caso, de escassa densidade populacional, povoados por grupos indígenas já marginalizados pelo colonialismo interno dos Estados, mal conectados, ou simplesmente apanhados por técnicas produtivas que impossibilitam uma concertação mínima entre os trabalhadores. Também podemos citar como exemplo as *plantations* extensivas de palmeiras no Sul da Ásia estudadas por T. Murray Li, nas quais o trabalho agrícola está desvinculado das estruturas familiares, as técnicas de gestão e a chantagem do desemprego interditam qualquer mobilização e a terra é reduzida a um puro fator de produção separado do habitat humano coletivo. No caso dos conflitos entre grupos indígenas e Estados, a situação é semelhante, uma vez que o reconhecimento dos direitos culturais é com frequência adiado, em especial quando esses direitos implicam modos de relação com os seres vivos e com o espaço em contradição com as ambições econômicas[46].

---

[46] Para um exemplo, ver Marisol de la Cadena, "Indigenous Cosmopolitics in the Andes. Conceptual Reflections Beyond 'Politics'", *Cultural Anthropology*, v. 25, n. 2, 2012,

306 • Abundância e liberdade

O contraste com o cenário europeu, no qual a constituição da consciência operária resultou na elevação (lenta, mas efetiva) do nível de vida médio, é impressionante: o choque ecológico e econômico que afeta as regiões do Sul tarda a tirar as sociedades envolvidas de sua marginalidade, e, em certos aspectos, a situação tende mesmo a se agravar, com a chegada de novos atores econômicos e com o aumento das tensões ecológicas associadas às alterações climáticas e à escassez de recursos. Em outros termos, os conflitos de distribuição ecológica só podem ser entendidos sob o pano de fundo do mapa metabólico descrito acima. Eles não se desdobram no antigo mapa dos Estados-nações, no âmbito dos quais as relações de força entre classes sociais levaram a reformas jurídicas por meio da politização da questão social. A marca registrada desse novo mapa e dos novos conflitos que o habitam é que, entre as comunidades de subsistência contemporâneas e as forças econômicas e políticas contra as quais elas lutam, uma gigantesca distância física e social foi estabelecida. O principal obstáculo ao sucesso dessas lutas é que o custo espacial e biológico do desenvolvimento é suportado por grupos sociais bem afastados daqueles que dele se beneficiam, uns e outros estando a um só tempo geográfica e politicamente distanciados e ecologicamente superconectados. O que chama a atenção é o distanciamento cada vez maior entre, por um lado, a vocação dos recursos produzidos a viajar e a terminar sua jornada em lugares onde seu consumo contribui para a construção de um mundo social em que reina a abundância; e, por outro, o fato de as comunidades locais afetadas pelo choque extrativista estarem, de sua parte, condenadas a permanecer à margem no grande teatro mundial do consumo.

A ligação entre um e outro existe, e é operada por diversos movimentos ativistas, mas não assume a forma de uma tomada de consciência, pelo Norte, de que sua trajetória política está há muito tempo baseada nessa assimetria. Com efeito, as medidas econômicas ordinárias não percebem que, por trás da troca econômica monetária, está o espaço e o tempo perdidos do outro lado do mundo, a destruição do habitat e da subsistência. É claro que o mercado já era global no século XIX, e as zonas coloniais já não se beneficiavam da dinâmica de proteção social que se tinha se desenvolvido na Europa. Mas essa assimetria não se aloja mais, hoje, no interior dos impérios, que afinal só foram concebidos para instalá-la e mantê-la: ela agora coloca em tensão as

---

p. 334-70, e *Earth Beings. Écologies of Practice across Andean Worlds*, Durham, Duke University Press, 2015.

O fim da exceção moderna e a ecologia política • 307

relações interestatais que, de um ponto de vista jurídico, são – em princípio – simétricas. A criatividade indefinida do capital para revelar e se aproveitar de novas oportunidades de lucro é, portanto, desdobrada no final do século XX e no século XXI na forma de uma pressão crescente sobre os recursos, acompanhada por um novo fenômeno geopolítico: a separação entre os territórios recém-conquistados pelo capital (assim como os homens e mulheres que neles vivem) e os territórios onde esse capital será não somente valorizado, como também traduzido na reprodução da sociabilidade industrial típica da primeira metade do século XX. A terra se torna, assim, mais que nunca, a grande instância de diferenciação social – mas, dessa vez, em uma escala global muito mais integrada, porque a capacidade do capitalismo de criar a socialidade é perpetuada extraindo seu suporte material de fora de suas bases históricas[47].

Uma nova cartografia conceitual

A simetrização dos saberes visa à destruição da dupla exceção moderna, a suspensão das formas de autoridade e de composição do mundo que prevalecem desde o século XIX. Os continentes aparentemente separados da sociologia das ciências, da historiografia pós-colonial, da antropologia da natureza e da economia de subsistência trabalham, portanto, para o mesmo objetivo. A desnaturalização e provincialização do Ocidente como experiência histórica, como autoridade científica e como modalidade de relações com o mundo resulta então na formação de uma paisagem intelectual inteiramente nova. Conduz a uma cartografia conceitual no interior da qual os antigos paradigmas da soberania, da propriedade, da produção e da autonomia como extração de um sujeito coletivo em relação à natureza se tornam literalmente estranhos: percebemos essa organização da experiência coletiva não apenas como efeito de uma construção contingente, mas também e sobretudo como parte integrante de um mundo que não é mais totalmente o nosso.

Uma tal convulsão já tinha ocorrido no passado: quando, por exemplo, a irrupção do novo regime geoecológico baseado na indústria e nos impérios

---

[47] O caso da realocação massiva das atividades produtivas na China é, sem dúvida, o exemplo mais impressionante dessa dinâmica. Ver Andreas Malm, "China as Chimney of the World. The Fossil Capital Hypothesis", *Organization & Environment*, v. 25, n. 2, 2012, p. 146-77, que contém extensa bibliografia sobre o assunto.

tornou parcialmente obsoletos os ideais do Iluminismo, condenados a definhar na forma de um liberalismo cego a essas transformações. A exaptação do pacto liberal no século XIX tinha dado origem ao socialismo, determinado a conferir sentido político ao novo mundo que emergia. A queda dos impérios coloniais e a recomposição de uma ordem extrativa global, a erosão da confiança nas autoridades científicas clássicas e o acúmulo de incertezas dentro do próprio naturalismo, todos esses fatores combinados tiveram efeitos semelhantes, cerca de um século e meio depois. Aos poucos, um novo espaço epistêmico foi se constituindo, e é nesse espaço simetrizado que devemos agora nos estabelecer a fim de fazer frente ao mundo como ele é – um mundo que não pode mais ser o terreno de jogo das expedições produtivas do Ocidente. Devemos, portanto, resistir à ideia de que as objeções à modernidade viriam fatalmente acompanhadas de um abandono das demandas críticas oriundas da questão social, e que apenas dariam guarida ao relativismo, à renúncia dos ideais emancipatórios. Ao contrário, é apenas à custa de uma profunda reorganização das categorias de pensamento decorrentes da aventura modernista que podemos novamente apreender tanto a atual dinâmica ecológica e política quanto os contramovimentos que ela suscita.

A simetrização é a condição para uma apreensão adequada do que vem após a questão social, do que hoje desempenha um papel análogo ao projeto de autoproteção da sociedade que dominou o pensamento político progressista da Revolução Industrial aos anos 1970. É nesse quadro que hoje podemos raciocinar sobre um sujeito político afetado por uma nova grande transformação e que busca conhecer a si próprio. A melhor homenagem que se pode prestar ao socialismo consiste, portanto, em atualizar a base conceitual e histórica sobre a qual o projeto de autonomia pode ser reconstituído, em vez de reavivar a todo custo os ideais vinculados à era industrial. Não há mais autoridade científica indiscutível, não há mais hegemonia colonial ou pós-colonial que formaria a base de uma autocompreensão satisfatória da sociedade, e, acima de tudo, não podemos mais ignorar a inserção dos contramovimentos críticos em uma economia política dos territórios que perturba a gramática clássica das classes.

Resta saber como essa nova base teórica poderá responder às questões políticas específicas levantadas pelas mudanças climáticas, mas podemos, ao menos por enquanto, caracterizar negativamente as coordenadas do problema. A autonomia política dos povos se joga, e se jogará, em uma resposta às *affordances* da terra capaz de contornar o modo de relação produtiva que domina o naturalismo ao menos desde a Revolução Industrial, abandonando o regime de soberania baseado na ubiquidade e libertando o sujeito coletivo crítico que não se enquadra na definição tradicional da sociedade em sua oposição à natureza. Esse é o terreno sobre o qual se deve construir a nova questão social que é, em última instância, a questão da terra.

11
A AUTOPROTEÇÃO DA TERRA

A mutação das expectativas de justiça

A mudança climática está explodindo todas as camadas da reflexividade política moderna. É o caso, por exemplo, da justaposição das soberanias nacionais e territoriais, já colocada em causa pelo risco nuclear, e que aparece como curioso vestígio do passado quando se trata de regular as estruturas produtivas e mercantis globais, na esperança de alcançar as metas estabelecidas pelo IPCC para a emissão de gases de efeito estufa. O mapa de fundo político resultante da descolonização também está em descompasso quando se trata de ouvir as reivindicações de comunidades políticas não estatais: as ilhas ou as cidades ameaçadas de submersão, os camponeses sem terra, indígenas ou portadores de alternativas ao sistema agroindustrial, os defensores dos oceanos e das calotas polares, os territórios expostos ao *fracking* e outras experimentações fósseis, e muitas outras ainda, são todas entidades políticas que colocam em jogo as *affordances* políticas da terra em completa defasagem com o regime da soberania clássica, assim como com os enquadramentos do direito internacional. Paradoxalmente, é mesmo a dimensão política desses movimentos que decorre de seu enviesamento em relação à geografia das soberanias reconhecidas e a seus sistemas de representação.

Esse redesenho dos vínculos e das alianças também traz consigo o imaginário moderno da emancipação como extração, como negação dos fardos naturais que impedem a livre expressão da vontade. A imagem, cara a Locke, do agricultor valorizando sua terra, à procura de novos espaços disponíveis à apropriação, ou seja, o dispositivo liberal que desde o século XVIII promove a autonomia codificando a natureza como uma coerção externa a ser removida, tudo isso se torna obsoleto em função da necessidade de regular nossas relações com uma terra e com um ambiente vulneráveis, sensíveis às nossas ações[1]. É, portanto, a construção conceitual e política da liberdade, da autonomia, que está em questão com a mudança climática – como tinha estado com a Revolução Industrial. Não, como se costuma dizer, porque uma liberdade infinita é impossível num mundo finito, mas porque aquilo de que nos libertamos ao reivindicar a autonomia já não tem os mesmos contornos: trata-se, hoje, antes de tudo, de se incorporar ao sujeito coletivo que pretende se defender dos seres não humanos, territórios, processos e regulações ecológicas. As atuais transformações do conceito de propriedade[2], a reativação do idioma dos comuns[3], mas também e sobretudo a emergência de um decrescimento progressista[4] – que não se pensa mais como abandono da modernidade, mas como relançamento da questão social –, assinalam uma profunda transformação dos pontos de referência do pensamento político.

Se a mudança climática perturba nossos referenciais teóricos, é também porque traz à tona elementos de nosso passado comum até então presentes, mas pouco visíveis – ou, em todo caso, cuidadosamente deixados na periferia do pensamento político. Esse é seguramente o caso da abundância, que, embora não constitua explicitamente um problema para o pensamento político moderno, constitui de fato o horizonte em que é elaborada. Se tivermos em mente os debates e as controvérsias teóricas abordadas nas páginas anteriores, percebemos que boa parte do processo de democratização das sociedades modernas é tributária de um modo de relação com o mundo construído como unívoco: o meio não humano é maciçamente concebido como um estoque de recursos disponíveis (sejam eles renováveis, como a produtividade do solo, ou não, como as reservas de carvão e petróleo) do qual é possível extrair as condições da emancipação.

Hoje percebemos, à medida que essa possibilidade se esgota, que viver em abundância consiste em desenvolver um sistema ao mesmo tempo técnico e econômico que tende a inibir a atenção à manutenção e à reconstituição dos estoques ou às dinâmicas ecológicas que condicionam a reprodução do

---

[1] Sobre a ideia de uma natureza codificada como coerção, ver Baptiste Morizot, "Ce que le vivant fait au politique", em Emanuele Coccia e Frédérique Aït-Touati (orgs.), *Le Cri de Gaïa*, a ser publicado.

[2] Sara Vanuxem, *La Propriété de la terre*, Marseille, Wildproject, 2018.

[3] Pierre Dardot e Christian Laval, *Commun*, cit.

[4] Giorgios Kallis, *Degrowth*, Newcastle, Agenda Publishing, 2017.

A autoproteção da terra • 313

coletivo. A captação e o aprimoramento das terras, depois sua submissão a técnicas de aumento de rendimentos, a mobilização de recursos fósseis, mas também a organização de um sistema de abastecimento que mantém essas matérias ditas "primas" a um preço muito baixo, tudo isso é semelhante, quando levamos a sério a reflexividade ambiental, a uma forçagem das capacidades geoecológicas da Terra. A desatenção às regulações ecológicas que tornam esta Terra habitável e o desenvolvimento de um modo de vida em descompasso com elas estão, portanto, no centro de nossa história política. E por dois motivos: primeiro porque fazem parte da história da emancipação e da democratização da sociedade, e segundo porque a preservação do projeto de autonomia depende hoje da eliminação mais rápida possível desses dispositivos de abundância.

Soberania e propriedade, abundância e escassez, autonomia e extração, mercado e produção, todas essas dimensões da reflexividade política moderna estão passando por mutações profundas. O mundo em que esse repertório de categorias e instituições é levado a funcionar mudou de tal forma desde seu estabelecimento, e ainda mais sob sua influência direta ou indireta, que a tarefa de compreender essa transformação é imprescindível. Ora, curiosamente, e sem dúvida pela primeira vez desde que a humanidade se colocou a questão dos princípios de sua organização, a nossa base epistemopolítica mudou menos rapidamente que o mundo que ajudou a construir: o direito à propriedade, o esquema produtivo, esses elementos cardeais do arranjo entre humanos e não humanos que predomina no mundo de hoje são mais antigos que a realidade geoecológica que habitamos. Esta última emergiu com a industrialização e se consolidou com a grande aceleração do século XX, ao passo que esse aparato de categorias e de normas já existe há vários séculos.

Esse descompasso exige correções cuja magnitude surge nitidamente se o compararmos com o longo trabalho de elaboração histórica que resultou em sua estabilização. É verdade que a inadequação do pacto liberal a suas próprias promessas e à realidade material do mundo não é nova: o universalismo resultante do Iluminismo se acomodou desde o início com o sistema escravista, desconsiderando, em seguida, as desigualdades industriais, ou capitalistas, e, por isso mesmo, é bastante lógico que a questão climática ainda hoje escape em grande parte aos herdeiros desse pacto. A questão ecológica se inscreve, portanto, na história das demandas por justiça que visam corrigir esse descompasso: as lutas antiescravagista, operária e feminista apontaram para essas lacunas, ajudando a redesenhar o sujeito político moderno por meio da integração de novos seres e de novas relações, e não há razão para que esse processo seja interrompido hoje.

Mas a crise climática não autoriza que nos circunscrevamos às objeções clássicas ao liberalismo, pois ela também deixa o pensamento crítico em um desajuste ecológico. Mesmo porque a autoproteção da sociedade contra o mercado e as novas formas de dominação por ele introduzidas absorveu ela própria a linguagem produtivista e a dissociação entre o social e o natural. Pode-se até mesmo dizer que o contramovimento socialista e sociológico consagrou o social como sujeito crítico à custa da manutenção da exterioridade da natureza. Nesse sentido, a reação suscitada pelo desenvolvimento econômico e político da modernidade, em particular entre as categorias da população mais afetadas por suas modalidades, foi formulada em termos amplamente subservientes à aliança entre autonomia e abundância. A exigência de uma distribuição justa dos frutos do progresso paradoxalmente consolidou o propósito do crescimento, de modo que o projeto de uma emancipação desvinculada do desenvolvimento, que se impõe hoje nos antigos polos de industrialização, aparece frequentemente como uma contradição. E, a menos que se ouça a sugestão de Polanyi, em sua *Grande transformação*, de que a autoproteção da sociedade inclui seus vínculos com as condições de subsistência e com os territórios – vínculos que não são exclusivamente de natureza econômica –, essa contradição é intransponível. Ou seja, entre as categorias políticas colocadas em questão pela mudança climática estão também e *in fine* as noções de natureza e de sociedade, na medida em que, por detrás desses termos, se esconde uma forma particular de se politizar e de politizar o mundo. É nesse sentido que a questão do sujeito coletivo crítico deve ser novamente recolocada: quem é ele? Como devemos nomeá-lo? Quem ele mobiliza?

Felizmente, a tradição socialista também demarcou na história do pensamento político uma concepção da autonomia como integração. Graças a ela, a exigência de levar a sério as características materiais do mundo e nossa forma de acessá-lo se arraigou em nossa história. O projeto de autonomia, embora fundamentalmente subordinado ao esquema da conquista produtiva, foi assim sensibilizado para os laços estreitos que se estabelecem entre o exercício da liberdade política e as condições em que ocorre a transformação consciente do mundo. A crítica da propriedade individual exclusiva, a atenção dada aos vínculos entre divisão do trabalho e solidariedade social, mas também (na tradição tecnocrática) a busca de uma normatividade econômica

A autoproteção da terra • 315

externa à lógica dos preços, todos esses aspectos da tradição socialista acabaram por registrar na memória das lutas sociais uma consideração específica pela materialidade da autonomia. Ao querer conter a tendência liberal de delegar ao mercado a responsabilidade pela organização das relações com os recursos e com o território, o socialismo tornou as relações coletivas com o mundo uma questão política. E esse é seu principal legado em uma época de grandes mutações ecológicas. Para além de seus fracassos, e em particular de seus fracassos no nível ambiental, o socialismo deixou uma herança que não encontra, em absoluto, equivalente na memória do pensamento político. E é nesse sentido que o contramovimento hoje despertado pelas mudanças climáticas se inscreve nessa tradição: ele restabelece, em termos e em um contexto inteiramente novos, a capacidade coletiva de identificar uma ameaça, de definir o sujeito coletivo que se levanta contra ela, assim como de fazer desse desafio a ocasião para uma reformulação do ideal de liberdade dos iguais.

Graças ao precedente histórico do socialismo, entendido como um aprofundamento do significado da liberdade em um mundo técnico, depois em um mundo afetado pela mutação do clima, negativamente atingido pelo próprio projeto de autonomia, a elaboração de uma resposta política às alterações climáticas não é completamente destituída de pontos de referência. E esses referenciais são tanto mais necessários em um contexto em que o sentimento de abandono, de perda e de desorientação paira sobre a ecologia política, em particular quando se começa a medir a que ponto os conceitos políticos *mainstream* foram incapacitados pelo desafio ecológico. É sob esse sentimento de perda que prosperam os profetas do apocalipse, os milenarismos e outras ideologias do fim do mundo, pois todos apostam, cada qual a seu modo, na incomensurabilidade entre a ecologia e a política, avançando imediatamente para o registro da salvação ou da sobrevivência. Mas, ainda que tendo em mente a radical singularidade da mudança climática como experiência histórica e psíquica, ainda que admitindo que essa mudança não é mais uma perspectiva distante, mas um fato já adquirido, a referência ao socialismo indica que a formação de um novo sujeito crítico é sempre possível. É nesse sentido que a ecologia política permanece um avatar da modernidade: ela pressupõe uma autocrítica e uma correção da reflexividade política, uma transformação voluntária dos meios pelos quais o coletivo se encarrega de si mesmo – e não, de modo algum, uma submissão a normas externas, sejam elas "naturais" ou teológicas.

Eis aí, portanto, o que queremos dizer quando afirmamos que a mudança climática explode todas as camadas da reflexividade política moderna. Para além da ruptura dos equilíbrios geoecológicos, essa transformação nos força a redefinir o repertório de nossas categorias de pensamento. A mudança climática, ou seja, cada partícula de gases de efeito estufa que é adicionada à atmosfera terrestre e que nos retira do *safe operating space* ecológico[5], é uma realidade integralmente política – e isso em dois sentidos. Em primeiro lugar, porque as emissões de CO_2 são o produto de um passado técnico e político que não tinha nada de necessário ou de inevitável, e, em segundo lugar, porque essas emissões nos atribuem a tarefa de desvendar o arranjo político estabelecido com o pacto liberal nas suas diferentes reencarnações modernas. A mudança climática é o nome do presente histórico porque é ao mesmo tempo um fato, estabelecido pelas geociências, um legado a ser assumido, queiramos ou não, e um desafio a ser superado – ou seja, uma condição política. E se esse desafio é tão delicado de enfrentar é porque a atual alteração das condições ecológicas planetárias não é apenas o resultado de uma falha outrora cometida – e que deveria ser corrigida posteriormente – por uma figura do mal da qual tomaríamos consciência em retrospecto.

É possível facilitar a tarefa afirmando que o "modo de produção capitalista" ou a "objetivação tecnocientífica do mundo" são os culpados ideais dessa falha, razão pela qual estariam, portanto, no tribunal da crítica. Esses conceitos oriundos da modernidade, e às vezes erigidos pela teoria em categorias absolutas da dominação, têm evidentemente algo a ver com as questões contemporâneas. Mas uma das conclusões de nossa investigação é também que nem um nem outro captam adequadamente a realidade histórica, por três razões. Em primeiro lugar porque ambos procedem em parte de vontades coletivas bem reais, a saber, a melhoria das condições materiais de existência e a segurança, que devem ser tratadas de maneira simétrica e não podem ser abandonadas em bloco; em seguida porque as críticas que suscitaram foram há muito comprometidas por suas próprias premissas, em particular o producionismo; e, finalmente, de forma mais radical, porque uma história ambiental das ideias políticas traz à tona outras instâncias da dominação, outra forma de olhar para as patologias da modernidade, para além daquelas que herdamos do passado. A crítica do capitalismo e das tec-

---

[5]   Johan Rockström et al., "A Safe Operating Space for Humanity", cit.

nociências é entendida, assim, como uma crítica dessas próprias categorias, as quais não são, sob nenhuma razão, mais atemporais ou mais absolutas que as de propriedade ou de soberania.

***

A extensão das convulsões atuais pode ser medida pela força dos novos contramovimentos, mas sobretudo, infelizmente, pela radicalização das elites econômicas determinadas a manter o curso do crescimento. Diante das evidências agora aceitas de modo unânime, incluindo aqueles cujos planos são os mais atingidos – e talvez sobretudo por eles –, de que o planeta já não é grande ou flexível o suficiente para acomodar a ilimitação da economia, o descompasso liberal se torna mais evidente que nunca. Enquanto o pacto forjado entre abundância e liberdade, entre crescimento e democracia, funcionou até bem tarde no século XX como um projeto global (independentemente do que se pense sobre o valor desse projeto), no sentido de que formava a base dos discursos do progresso, a busca pelo crescimento se volta hoje contra seu antigo aliado político, provocando uma extraordinária corrupção do ideal democrático. Naomi Klein e Bruno Latour[6], embora oriundos de tradições intelectuais muito diferentes, traçaram uma constatação e uma hipótese de trabalho comuns: a exacerbação dos conservadorismos políticos, a consolidação das alianças entre as forças de mercado e o nativismo identitário, assim como as saídas eleitorais que encontram entre as populações em busca de proteção contra os ataques que no entanto provêm, em grande parte, da própria lógica do mercado, todos esses fenômenos devem ser compreendidos no contexto da crise climática. Para dizer como Bruno Latour, diante da constatação de que não existe mais um mundo capaz de acomodar o projeto de crescimento infinito da economia, seus defensores preferiram liquidar a ideia de um mundo comum a fim de construir ilusórios botes salva-vidas ideológicos[7].

---

[6] Naomi Klein, *Tout peut changer*, Arles, Actes Sud, 2015; Bruno Latour, *Où atterrir?*, cit.

[7] A esse respeito, a negação das mudanças climáticas pela administração Trump funciona como o centro de gravidade de uma política internacional bem resumida por um de seus altos funcionários, no retorno de uma viagem ao Oriente Médio e à Europa, em maio de 2017: "O presidente fez sua primeira viagem ao exterior com uma ideia clara em mente: o mundo não é mais uma 'comunidade global', mas uma arena em que as nações, os atores não governamentais e as empresas competem em

318 • Abundância e liberdade

Essa hipótese ainda arriscada, que aguarda um aprofundamento empírico por parte da ciência política, se encaixa perfeitamente, porém, na história que acabamos de reconstruir. De início impulsionado, depois confiscado por sua aliança com os dispositivos de crescimento e de extração, o significado da liberdade política se encontra hoje em um ponto de inflexão histórico claramente identificável. Ou ele permanece subserviente às velhas estruturas do pacto liberal, condenando-se a encolher, a cercar-se de barreiras para se proteger dos novos pretendentes ao desenvolvimento e à abundância, ou então assume que chegou a hora de a história dessa aliança acabar. A sistematização dos elos entre a negação do clima e o programa de liberalização agressiva dos mercados[8], esse globalismo sem mundo que se espalha a uma velocidade espantosa, deveria nos indicar, a esse respeito, ainda que negativamente, o caminho a não seguir. Pois ele não representa um projeto econômico baseado apenas na defesa dos interesses estabelecidos, mas também e ao mesmo tempo na reativação do espectro conservador já descrito por Polanyi: quando o *laissez-faire* se dissocia do multilateralismo e se refugia em ilhas de prosperidade, torna-se o aliado objetivo da defesa do solo tradicional e da exclusão do estrangeiro, o veículo da redução identitária e localista das *affordances* políticas da terra. Alguns se sentem tranquilizados ao ouvir aqueles que promovem a inclusão da exigência ecológica no quadro neoliberal, mas a inexistência do suporte ecológico sobre o qual basear esse projeto imediatamente o invalida e o esvazia. Assim, ou o projeto de autonomia permanece ancorado no sonho da abundância, caso em que se afundará no grande movimento reacionário e autoritário a que já assistimos, ou então dele se liberta, assumindo a forma de uma autonomia pós-crescimento, ou seja, de um novo tipo de autonomia-integração.

A hipótese aqui levantada é felizmente corroborada por outros trabalhos sobre o esgotamento das estruturas econômicas globais. Na verdade, sua

---

seu próprio benefício. Nesse espaço, os Estados Unidos se apresentam com uma força militar, política, econômica e cultural inigualável. Em vez de negarmos essa natureza das relações internacionais, tornamo-la nossa". Ver: <www.wsj.com/articles/america-first-doesnt-mean-america-alone-1496187426>.

[8] Dieter Plehwe, "Think Tank Networks and the Knowledge-Interest Nexus. The Case of Climate Change", *Critical Policy Studies*, v. 8, n. 1, 2014, p. 101-15. Para um exemplo perfeitamente explícito de doutrina liberal antiecológica, ver o trabalho do economista Deepak Lal, que introduziu a ideia de "ecoimperialismo". Cf. em particular "Eco-Fundamentalism", *International Affairs*, v. 71, 1995.

A autoproteção da terra • 319

incapacidade de apoiar projetos políticos pacíficos e sustentáveis está agora documentada de forma notável pelas ciências sociais. É essencialmente do ângulo da dívida, das desigualdades e das crises que esse processo metódico é conduzido, e que emerge a lógica histórica de uma desestabilização cujo limiar crítico ainda não foi alcançado por completo, mas que com certeza não pode ser adiado indefinidamente[9]. A reinvenção do capitalismo que se desenrola na generalização da austeridade, na desestruturação dos aparelhos redistributivos, na desresponsabilização das instituições financeiras, prolonga de certa forma a agonia desse velho paradigma, mas toda agonia tem seu fim. E, embora um trabalho equivalente do ponto de vista do clima ainda se faça necessário, a filosofia política já pode trabalhar com base nessa dissociação necessária entre autonomia e abundância. Num contexto que alguns economistas caracterizam como o da "estagnação permanente"[10], os objetivos de crescimento só podem ser alcançados por meio de uma série de forçamentos contábeis, fiscais, monetários e, claro, legislativos (pensa-se aqui nas reformas no mercado de trabalho, ou nos novos cercamentos[11]), os quais não podemos deixar de pensar que têm a ver com o forçamento mais geral das capacidades de suporte ecológico do planeta. Em cada caso, são dispositivos projetados para contornar a resistência à reprodução e à acumulação da riqueza privada. Assim, no que se refere aos velhos polos de industrialização, não há crescimento que não seja patológico, uma vez que este só é obtido graças a meios que consomem de maneira irreversível a substância humana e não humana.

Em *Où atterrir?*, Latour apresenta essas questões ao afirmar que a aliança entre o ceticismo climático e o movimento de retorno ao conservadorismo

---

[9] Ver respectivamente Wolfgang Streeck, *Du temps acheté*, cit.; Thomas Piketty, *Le Capital au XXIᵉ siècle*, Paris, Seuil, 2013; e Adam Tooze, *Crashed. Comment une décennie de crise financière a changé le monde*, Paris, Les Belles Lettres, 2018.

[10] Ver Paul Krugman, "On the Political Economy of Permanent Stagnation", *The New York Times*, 5 jul. 2013.

[11] A expressão "new enclosures" é empregada tanto para analisar as formas de apropriação das terras quanto a economia política da propriedade intelectual, em particular na área digital. Ver Ben White, Saturnino M. Borras Jr., Ruth Hall, Ian Scoones, Wendy Wolford, "The New Enclosures. Critical Perspectives on Corporate Land Deals", *The Journal of Peasant Studies*, v. 39, n. 3-4, p. 619-47, 2012, e Christopher May, *The Global Political Economy of Property Rights. The New Enclosures*, Londres, Routledge, 2009.

localista, *barrésien*, revela o colapso definitivo do "mundo comum" que anteriormente assegurava, se o seguirmos, o projeto liberal. O universalismo sai dos trilhos quando se torna claro que Gaia não pode acomodar a liberdade econômica dos mais ricos e as aspirações de todos os outros. Nossas análises conduzem, porém, a uma visão diferente da relação entre o paradigma liberal e a composição de um mundo comum. Seguindo, a esse respeito, os elementos fornecidos pela historiografia imperial e ambiental do liberalismo, o mínimo que podemos dizer é que essa tradição sempre manteve relações conflituosas com a própria ideia de um mundo compartilhado, uma vez que seu envolvimento nas aventuras coloniais e na construção mais geral da ubiquidade moderna marca com um fardo pesado essa promessa. Em outras palavras, a atual inadequação dos herdeiros do liberalismo (tenham eles cruzado ou não o Rubicão cético e reacionário) com a questão do clima é parcialmente explicada por essa longa história e por esses múltiplos desencontros entre o ideal de emancipação, na sua formulação típica do século XVIII, e suas condições geoecológicas. Na realidade, e de forma mais ampla, a honestidade nos obriga a dizer que nenhuma linguagem teórica e política clássica está, de imediato, à altura do desafio imposto pela mudança climática, simplesmente porque se trata de um acontecimento que, como diz Naomi Klein, "muda tudo".

A autonomia sem abundância

Felizmente, o terreno epistemopolítico foi preparado a montante pela série de simetrizações descritas no capítulo anterior. Mesmo que a contestação da dupla exceção – isto é, da autoridade científica e política dos modernos sobre a natureza e sobre os não modernos – não tenha sido explicitamente elaborada como resposta à questão climática, ela fornece o único arcabouço teórico coerente e disponível para compreender as transformações contemporâneas sem reciclar preguiçosamente uma gramática política desenvolvida em e para outro mundo. É preciso, portanto, levar a sério a ideia de que o sistema gravitacional modernista, que projetava em suas margens a alteridade sócio-histórica tanto dos não europeus quanto dos não humanos, não exerce mais o monopólio da enunciação da verdade. E com ela um corolário mais positivo: o esgotamento de sua autoridade anda de mãos dadas com a composição de novas parcerias políticas não producionistas que ainda estão por desenvolver. Esse novo espaço, que se abre à politização da experiência

A autoproteção da terra • 321

coletiva, não é, assim, redutível nem ao fim da história nem a uma situação de anomia epistemológica e social, já que a resposta ao desafio climático deve aí se acomodar.

Quando, seguindo as indicações dos climatologistas, afirmamos que a Terra não é grande nem flexível o suficiente para acomodar a autonomia concebida a partir da abundância, isso obviamente soa como o fim de algo, de alguma coisa que muitos de nós ainda prezamos. E, em certo sentido, é esse mesmo o caso: existem certas conotações comuns da ideia de emancipação que não poderão ser preservadas – em particular aquelas ligadas aos padrões de consumo, ao universo da mercadoria. Há certos projetos para o futuro que não poderão ser realizados – notadamente os "grandes projetos" relacionados à extração fóssil e à captação das terras agrícolas e das florestas. Mas se o ideal de autonomia puder ser reformulado em termos menos cativos aos dispositivos de extração, de acumulação, ou seja, de abundância, então essa transformação não terá apenas um sentido negativo. O significado da liberdade que deve predominar no século XXI, e que já está tomando forma, será rearticulado em coordenadas geográficas, ecológicas e epistemológicas emancipadas dos esquemas oriundos da tradição modernista. Essa nova forma de autonomia, e o coletivo político que é seu sujeito, vão simplesmente responder às *affordances* territoriais e ecológicas até então silenciadas em nossa história agrícola, colonial e industrial, que por muito tempo impôs uma certa visão do que é a utilização legítima da terra. E é nesse sentido que o movimento de simetrização, ainda que por ora tenha um significado essencialmente teórico, é incontornável: desnaturalizando as evidências vinculadas à experiência coletiva moderna, revelando sua singularidade e seu caráter provincial, assim como as assimetrias que impulsionou, ele mostra que é possível explodir do interior a associação há muito concebida como necessária entre autonomia e modernidade, entre o sentido da liberdade e os usos da terra que levaram a seu esgotamento.

Pois não basta ouvir e medir quantitativamente os dados climatológicos para ingressar no novo regime político ordenado pela crise ecológica e climática. Não se trata apenas de desacelerar o ritmo da máquina econômica, ou de lembrar a todos os limites do sistema-terra, para que a resposta seja dada por milagre. Isso porque, na política, como na biologia, a mudança de escala de um sistema provoca necessariamente uma transformação de sua estrutura interna: não podemos ter a mesma coisa em forma diminuta, uma modernidade industrial subdimensionada e miniaturizada para atender às

322 • Abundância e liberdade

exigências ecológicas, tamanha foi a marca deixada no significado de nossos referenciais sociopolíticos pela ampliação de nosso poder de ação no mundo. É a esse respeito, por exemplo, que o programa "ecomodernista" se encontra aquém do nível de exigência requerido, uma vez que se contenta em propor técnicas de resiliência ecológica (principalmente nucleares e robóticas) suscetíveis de prolongar a embriaguez liberal sem sofrer da ressaca climática[12]. De forma mais geral, a controvérsia política suscitada pela questão do clima pode ser bem percebida quando nos interessamos pela energia nuclear: o falso confronto entre o átomo e o carbono tende a sugerir que poderíamos, graças ao primeiro, preservar as tecnopolíticas (e os estilos de vida) típicos da era da abundância, reduzindo, ao mesmo tempo, o nosso nível de emissões de CO_2. Supondo-se que fosse possível, isso significaria que o desafio climático é apenas uma questão de escolha tecnológica, ou, como às vezes dizemos, de "transição energética". Ora, se admitirmos, como acabamos de dizer, que o próprio conteúdo do ideal de emancipação é posto em causa pelo novo regime ecológico em que nos encontramos, então não devemos procurar novas fontes de abundância capazes de reavivar a autonomia-extração, mas sim compreender o que esse ideal se torna quando inserido em um mundo completamente transtornado.

A frenagem econômica e a crítica da ilimitação não podem, portanto, ser concebidas sem uma reforma de nossos conceitos políticos. Dito de forma mais radical: uma transição energética que não se apoie em um movimento socialista repensado fora dos confiscos modernos não tem nenhum interesse – nenhum benefício real. Ao definirmos, logo no início deste trabalho, o que entendíamos por "história ambiental das ideias", esse problema já estava, de alguma forma, em vista. Afinal, se as noções políticas aparentemente indiferentes aos modos de relação com o mundo acabaram, de fato, por ostentar a marca dos dispositivos institucionais, técnicos e científicos que organizam essas relações, isso significa, reciprocamente, que a transformação desses dispositivos deixará seu traço na consciência política que virá. O pensamento político não tem outra escolha, portanto, a não ser investir nesse campo de possibilidades, nem que seja para não o abandonar a novas formas de dominação baseadas no controle e na monopolização de meios de subsistência cujo acesso é cada vez mais difícil. Ao afirmar de saída que os campos do político e do ecológico são, se não totalmente coextensivos,

---

[12] O texto está disponível em: <www.ecomodernism.org/francais>.

A autoproteção da terra • 323

ao menos impossíveis de dissociar, a proposição metodológica da história ambiental das ideias já continha uma tese: a transformação de nossas ideias políticas deve ser de magnitude ao menos equivalente à da transformação geoecológica constituída pela mudança climática.

Os teóricos e as teóricas da simetria que, desde os anos 1970, desenvolveram a historiografia subalterna e pós-colonial, a sociologia das ciências, a antropologia da natureza e a teoria do intercâmbio ecológico desigual talvez não estivessem plenamente conscientes de que, ao derrubar a dupla exceção moderna, realizavam bem mais que fazer justiça aos esquecidos da história e fundar uma legitimidade intelectual emancipada do esquema colonial e modernista. De fato, os instrumentos necessários para pensar uma justiça ambiental e intergeracional à luz do choque climático provêm desse movimento, que foi o primeiro a vislumbrar claramente que a autoproteção dos coletivos políticos futuros não se enquadraria no esquema dualista sociocêntrico estabelecido no âmbito da experiência europeia do mundo. O que por muito tempo foi entendido como a base universal da emancipação coletiva, ou seja, o legado do Iluminismo, da crítica social industrial, da racionalidade histórica centrada no Estado-nação, se apresenta agora não como seu contrário, isto é, como uma forma pura de alienação, mas como um esquema singular, ligado a um momento histórico e, como tal, apreendido pelos seus impasses e pontos cegos. É dessa maneira que, com base nessa simetrização, as formas de reflexividade política ganharem novos rostos, a ambição emancipatória pode se libertar dos limites impostos por uma narrativa modernizadora que, literalmente, é a de outro mundo. Se a questão social deve hoje ser redefinida para dar à solidariedade entre humanos e não humanos a centralidade que merece na atual conjuntura, isso só pode ser feito ao preço de uma transformação de nossa bússola política. Ou seja, uma vez que não podemos simplesmente nos tornarmos "sociedades que protegem a natureza", tendo em vista que cada um desses termos – "sociedade", "proteger", "natureza" – carrega consigo uma forma de organização dos seres desajustada em relação às exigências do presente, devemos seguir a pista da simetrização a fim de considerar em novos termos a responsabilidade por nosso futuro.

***

Isso supõe retomar pela raiz o questionamento sobre (1) o tipo de espaço que circunscrevemos em função de nossas afiliações políticas, históricas e materiais, (2) o significado que damos ao domínio técnico e jurídico que exercemos sobre o mundo, e (3) o tipo de autoridade que conferimos ao discurso científico, isto é, ao que garante a síntese entre o conhecimento que temos de nós mesmos e o conhecimento que temos do mundo – síntese mais necessária que nunca na era das mudanças climáticas. Esses três pontos correspondem ao que foi definido no primeiro capítulo como o espaço empírico a ser inquirido a fim de compreender a questão ecológica: habitar, subsistir, conhecer.

Se extrairmos o primeiro fio, o da habitação, da dimensão espacial do problema ecológico, se desenrola então a história das relações entre soberania e propriedade, ou seja, a formação de um pensamento político do domínio exclusivo (individual ou coletivo), e, em seguida, a questão do que chamamos de ubiquidade moderna, ou seja, a tendência a não assumir o fardo do território ecológico que consumimos, mas também o problema central no século XIX de uma sociedade móvel, cujo símbolo é a ferrovia, e na qual os vínculos à terra são remetidos a uma pré-modernidade alienante. No contexto da mudança climática, quando a descontinuidade territorial, a imposição de fronteiras e de jurisdições nacionais se encontram em flagrante desajuste em relação à emergência de novas formas de mobilização política dos territórios, o habitat assim definido se torna uma questão fundamental. O que a história das lutas sociais camponesas (no Sul como no Norte) e da tomada de consciência das interdependências ecológicas subjacentes à ordem mercantil globalizada nos ensina é que o capitalismo não é simplesmente um modo de produção, senão também um modo de residência. Ou seja, uma forma de distribuir no espaço grupos e funções sociais, fatores de segurança e de risco, mas também a abundância e a carência, o que provoca, é claro, desigualdades territoriais e, com elas, uma diferenciação do que significa viver em um solo com suas características agrícolas, históricas e memoriais. O território das classes médias urbanas não é o dos agentes do extrativismo mundial, das experimentações agroecológicas, eles próprios ainda diferentes, por exemplo, de uma cidade que busca a neutralidade do carbono ou de uma comunidade determinada a associar seus direitos aos de um rio[13]. A repolitização dos territórios fora da polaridade entre o

---

[13] Ver Erin L. O'Donnell e Julia Talbot-Jones, "Creating Legal Rights for Rivers. Lessons from Australia, New Zealand and India", *Ecology and Society*, v. 23, n. 1, 2018; Ferhat Taylan, "Droits des peuples autochtones et communs environnementaux:

local e o global, em descompasso com o regime administrativo e político da soberania, é, portanto, o primeiro eixo de teorização para a ecologia política simetrizada: com ela se joga o futuro de arranjos que não são mais compreendidos como "uma sociedade em seu meio", mas sim, precisamente, como territórios políticos.

No plano da subsistência, intimamente ligado ao anterior, é essencialmente a questão da racionalidade econômica e do significado do valor que se coloca. O pano de fundo histórico nos remete, dessa vez, à tensão constitutiva das sociedades de mercado instauradas na esteira das revoluções técnica e energética do século XIX. Nesse contexto, que ainda é em parte o nosso, a dominação econômica e política é exercida com o uso tanto dos dispositivos de privatização dos meios de subsistência e de controle efetivo sobre o fluxo cada vez maior de matérias e de energia dos quais depende o coletivo, quanto de dispositivos complementares que asseguram a recodificação em termos monetários dos primeiros, ou seja, sua invisibilidade como fenômenos metabólicos – impossibilitando, assim, que eles sejam explicitamente sujeitos ao intercâmbio democrático. O que Saint-Simon, Veblen, a bioeconomia e, mais recentemente, Timothy Mitchell nos ensinam, cada um a seu modo, é que a lógica do mercado (ou o sistema de preços) tende sempre a obscurecer os elos que a associam a um regime tecnológico e produtivo singular, e que uma das tarefas do contramovimento social consiste em evidenciar precisamente esses elos e criticá-los, enfraquecendo-os e explorando seus pontos frágeis. O caráter subotimal dos sistemas de abastecimento modernos, a centralidade do desperdício na formação dos preços e dos lucros, ou seja, o extraordinário descompasso que se impôs entre a regulação da "economia" e a regulação da ecologia, ou do planeta vivo que nos sustenta, deve fornecer a base para um segundo eixo de teorização política. Hoje, essa defasagem de longa data assumiu uma dimensão fundamental, uma vez que a racionalidade econômica que rege nossa compreensão do futuro e das externalidades sustenta nada menos do que a inação climática[14]. A integração de uma reflexividade ecológica na crítica do mercado como forma

---

le cas du fleuve Whanganui en Nouvelle Zélande", *Annales des Mines*, v. 92, n. 4, 2018, p. 21-5.

[14] Ver a coluna de Antonin Pottier, "Climat: William Nordhaus est-il bien sérieux?". Disponível em: <www.alternatives-economiques.fr/climat-william-nordhaus-bien-serieux/00086544>.

de dominação está, assim, ligada à expulsão do esquema producionista de nossas coordenadas intelectuais, isto é, da crença em um domínio demiúrgico dos processos ecológicos e evolutivos que garantem nossa integração com a Terra. Admitir que não produzimos nossos meios de subsistência, e menos ainda as condições gerais da coexistência terrestre, mas que participamos de uma regulação geoecológica constituída por ciclos a serem mantidos e preservados, é o primeiro passo para se desenvolver uma economia política que finalmente responda às boas *affordances* da terra.

Enfim, no plano do conhecimento, é preciso que nos tornemos os herdeiros da simetrização da autoridade científica, a fim de conceber de maneira lúcida a política dos saberes ajustada ao desafio ecológico. Pois o que está em jogo não é nem a subordinação da consciência política voluntarista moderna a normas "naturais", nem o empoderamento de uma elite científica esclarecida e capaz de impor suas decisões, mas sim, antes, a rearticulação do processo de democratização com a produção de enunciados especializados – em especial quando dizem respeito ao estado do planeta. A elaboração de uma reflexividade ambiental deu origem às lutas epistemopolíticas recentes mais importantes – e a interminável controvérsia sobre as ciências do clima é o exemplo mais marcante: o colapso do pacto liberal provocou a fanatização de seus defensores mais virulentos, prontos a inventar verdades alternativas para salvaguardar seu significado[15]. De forma mais geral, a competição entre enunciados contraditórios em uma esfera pública cada vez mais vasta e aberta – e a emergência do que hoje é chamado de "pós-verdade" – tornou cada vez mais necessário o cuidado dispensado às cadeias de mediações que asseguram a representação adequada dos fatos na *Cité*.

A aparente anomia epistêmica em que nos encontramos hoje, longe de ser uma consequência da crítica da autoridade metafísica da ciência, confirma seu postulado central segundo o qual nossa relação com os fatos e nossa capacidade de estabelecê-los devem ser nutridas de modo tão cuidadoso quanto o fazemos com nossos valores políticos[16]. Afinal, a negação da crise

---

[15] Ver notadamente Naomi Oreskes e Erik W. Conway, *Les Marchands de doute*, Paris, Le Pommier, 2012; Edwin Zaccai, François Gemenne, Jean-Michel Decroly (orgs.), *Controverses climatiques, sciences et politique*, Paris, Presses de Sciences Po, 2012.

[16] Ver o retrato e a entrevista com Ava Kofman publicada no *New York Times* em 25 out. 2018, "Bruno Latour, the Post-Truth Philosopher, Mounts a Defense of Science". Disponível em: <www.nytimes.com/2018/10/25/magazine/bruno-latour-post-truth-philosopher-science.html>.

A autoproteção da terra • 327

climática, por sua vez, não hesita em explorar o caráter político da ciência. A mudança climática clama, portanto, por uma redefinição dos saberes que estruturam o espaço democrático e por um aprofundamento da alfabetização ecológica – agora tão essencial para o acordo entre os espíritos quanto a linguagem ou a referência à história comum.

A simetrização e a superação da dupla exceção moderna levam, assim, à identificação de três grandes complexos para uma ecologia política que pretende se formular como extensão da questão social dos séculos XIX e XX. A autoproteção dos coletivos é pensada, em primeiro lugar, do ponto de vista espacial, como uma crítica da territorialidade moderna, isto é, da lógica da soberania e dos vestígios da divisão entre modernos e não modernos; do ponto de vista do valor, como uma crítica da racionalidade econômica, uma crítica voltada à reintegração dos processos aquisitivos e comerciais não na sociedade, mas na ecologia a um só tempo local e planetária; e do ponto de vista dos saberes, como uma incorporação à reflexividade social e política dos conhecimentos ecológicos.

***

Medimos com frequência quanto devíamos a uma estrutura ideológica ou cultural quando a perdemos ou quando a sentimos escorregar por entre os dedos. É o que acontece com a modernidade, entendida como dispositivo que concebe a autonomia com base na ultrapassagem das restrições naturais – ou melhor, da transferência dessas restrições para outros, humanos ou não humanos. Com efeito, a consolidação, ao longo da história, da equivalência entre democratização e enriquecimento, ou aceleração da máquina produtiva, só é concebida como uma vulnerabilidade por parte significativa da população quando essa equivalência se torna uma simples lembrança – ou, em todo caso, quando deixa de constituir um caminho credível para o futuro. O esquema cornucopiano, herdado do Iluminismo e da economia política clássica, que nos promete a abertura de nossos horizontes políticos uma vez forçada a frugalidade da natureza, é cada vez mais percebido como um mito do passado, como objeto de um sentimento de nostalgia. No entanto, os Trinta Anos Gloriosos não estão tão distantes, e com eles a ideia de que a justiça social passa por redistribuir os frutos de um crescimento agora impossível. O tipo de indivíduo produzido nessa época nas democracias industriais pelo último avatar do pacto liberal, a saber, o Estado-providência produtivista, é, assim, brutalmente mergulhado em um novo mundo, com as estranhas consequências psíquicas e sociais que isso pode ter. Um dos exemplos mais marcantes dessa defasagem é o apego muito frequente à mobilidade individual e à sua principal forma de realização técnica, o automóvel. A abundância energética e as políticas de expansão urbana a ela associadas deram forma a infraestruturas, perfis antropológicos e formas de desejo cuja inércia no tempo está se chocando violentamente com o princípio da realidade climática: os vínculos psicossociais com a autonomia do automóvel e com o sentido de si mesmo que cultiva são questionados pelo aumento do custo da energia, e infraestruturas urbanas, por mais recentes que sejam, mostram-se inadequadas ao novo regime ecológico[17].

Esse mundo, tão próximo de nós, mas já tão antigo, se dissipa sob o efeito combinado dos ataques ao compromisso democrático por meio das políticas de austeridade, do crescimento das desigualdades e do desaparecimento do suporte material para o crescimento indefinido. Ora, esse desaparecimento produz todos os tipos de reação social, algumas das quais ecoam o problema de orientação histórica frequentemente evocado neste livro. Ou seja: como podemos vislumbrar nos termos do progressivismo transformações sociais em ruptura com a forma assumida por esse progresso no passado? Com efeito, se desconstruirmos apenas pela metade a equivalência entre abundância e liberdade, a ideia de que a democratização da sociedade está definitivamente interrompida em seu impulso pode ser imposta. Basta para isso admitir que, tendo quebrado a única mola material que pôs esse processo em movimento, este simplesmente não tem futuro. Como vimos, essa ideia já se havia imposto entre as elites econômicas que fizeram da destruição do habitat humano a condição para a perpetuação de seu poder, mas também entre certas tendências do ecologismo que apostam na abolição pura e simples das condições de existência modernas a fim de oferecer um programa de renascimento pós-apocalíptico[18]. A polarização entre a negação climática das elites fósseis e o milenarismo do colapso se baseia em uma falsa alternativa: ou mantemos o "progresso" do passado, assentado na abundância, e, assim, a Terra é abolida, ou colocamos fim em toda ambição política, garantindo que, depois da abundância, só restaria a sobrevivência, a adaptação ou a redenção.

---

[17] A obra de Ivan Illich é toda ela uma reflexão sobre essas questões. Ver, em especial, *Énergie et équité*, Paris, Seuil, 1975.

[18] Por exemplo, Pablo Servigne, Raphaël Stevens e Gauthier Chapelle, *Une autre fin du monde est possible*, Paris, Seuil, 2018.

A perda do que uma geração atrás aparecia como um pacto irreversível entre uma forma de habitar o mundo e uma forma de olhar para o futuro foi tão brutal – ainda que os processos que levaram a essa perda sejam conhecidos há muito tempo – que a transformação de nossa bússola política mal teve tempo de se realizar. Em pânico, alguns chegam mesmo a afirmar que o projeto de autonomia como tal está esgotado e que a ecologia é indissociável do autoritarismo. Mas há uma grande diferença entre a afirmação de que esse projeto se baseou, por dois séculos, na eliminação das "restrições naturais", e a assimilação de todas as formas de autonomia política a essa parceria. O espaço que surge entre os dois é absolutamente decisivo, porque é aí que se pode elaborar a retomada da ambição democrática: o controle coletivo sobre nosso destino histórico é agora condicionado pela integração de um certo número de normas ecológicas, de limiares, pelo teste de realidade que nos é imposto pelo novo regime climático. A manutenção da ambição democrática na era do antropoceno passa pela inversão da parceria ecológica baseada na produção, que a sustentou nos séculos XIX e XX, isto é, pela subversão do suporte material classicamente aceito pelas expectativas de justiça. Em outras palavras, embora um sentimento de perda se apodere cada vez mais dos grupos sociais afetados pelo colapso do pacto liberal, a autoproteção do novo coletivo político pode ser concebida como algo mais que um simples acompanhamento do fim: a reinvenção democrática não é uma simples contenção das tendências produtivas, não é apenas uma série de medidas destinadas a evitar a catástrofe, e geralmente não é colocada sob o signo do negativo (uma série de coisas a não fazer, ou a proibir). Pois a superação de certas formas de fazer e de ver, longe de ser uma abstenção, abre espaço para a ação.

A autonomia do século XXI contém, é verdade, um componente de contenção e autolimitação, em particular contra certas forças extrativas e aquisitivas que se trata de controlar, mas certamente não de renúncia. Nosso inconsciente político, ao associar a ação ao aumento dos meios de agir sobre si e sobre o mundo, e esses meios de agir à sua implementação tecnológica, obstrui essa ideia. Essa é a razão pela qual frequentemente retemos apenas a dimensão negativa das políticas destinadas a reformular a autonomia – tal como sugere Bartleby, a ecologia se limitaria a afirmar *I would prefer not to* [Eu preferiria não fazer isso]. A alternativa construída pelo Iluminismo entre a privação primitiva e a corrida tecnológica desenfreada (seja ela concebida como benéfica ou patológica) não pode mais, portanto,

330 • Abundância e liberdade

servir como um esquema histórico estruturante. Não porque seja necessário se ater a um compromisso, a um caminho do meio (geralmente chamado de "sustentável"), mas, mais simplesmente, porque o ambiente técnico que se trata de construir, em resposta às atuais transformações geoecológicas, é heterogêneo em relação àquele com o qual estamos familiarizados. No século XXI, a vontade instituinte concretizada no direito deve ser dissociada da lógica própria da inovação técnica, já que a evolução técnica não pode mais metaforizar a evolução social, como o fez desde o século XVIII. É impossível conceber essa nova forma de autonomia, portanto, mesmo que por vezes o façamos, como um salto por sobre o parêntese moderno a fim de retomar um passado mais distante: a nova exigência democrática não é um ressurgimento neomedieval ou neoprimitivo, não é um retorno ao passado perdido dos comuns, da temperança dos desejos, ou da não apropriação do mundo, mas a recuperação de um ideal clássico libertado de sua matriz modernista.

Rumo a um novo sujeito crítico

Para que esse desacoplamento da liberdade em relação à abundância possa ser pensado positivamente, uma das principais tarefas consiste em identificar o sujeito coletivo capaz de se erguer e de partir em busca de sua autonomia nas novas condições definidas pela mudança climática. Vale insistir: nessas novas condições, e não em qualquer conjuntura, tão evidente é agora que a gênese de um sujeito político se encontra correlacionada com um modo de relação com o espaço, com os recursos, com o conhecimento (sobre si mesmo e sobre o mundo).

A grande transformação descrita por Karl Polanyi, com os acréscimos fornecidos por Timothy Mitchell e alguns outros sobre a forma dos conflitos sociais na era das energias fósseis, nos ensinou essa lição fundamental. Um sujeito político se descobre em meio à provação de uma ameaça, de algo que mina a integridade e a sustentabilidade de um coletivo que, paradoxalmente, não existe desde sempre. Só o mundo industrial, construído pelas formas políticas e técnicas (ou seja, ecológicas) próprias do século XIX, poderia incitar o contramovimento socialista e, com ele, o sujeito político denominado "sociedade". Esse ator político é muito complexo, pois está inserido em outros coletivos contemporâneos, como o povo, a nação, a classe ou mesmo a humanidade, mas, ao mesmo tempo, se encontra em descompasso com eles na medida em que não designa nem uma identidade singular nem uma universal. Não pertencemos ao social como pertencemos a um povo ou a uma classe, uma vez que ambos não são atravessados pelas mesmas inclusões e exclusões. O pertencimento social não é, para usar os termos de Durkheim, mecânico, porque não se funda na semelhança dos termos que reúne, mas sim na diferença entre eles – e é precisamente isso que lhe confere seu caráter político: nem identitário nem abstrato, enredado – como a noção de classe – em conflitos, mas irredutível a uma das partes desse conflito. E, no entanto, essas dessemelhanças que constituem o social têm um limite externo. É o que aprendemos com a simetrização das grandes divisões, que evidencia quanto o não moderno – que ainda não teria encontrado sua própria socialidade – e o não humano – que só existiria como contraste do coletivo autônomo – sofreram com o paradigma social. Após a descolonização, após a transformação das relações com a ciência e com a técnica, o social parece ter, assim, esgotado sua capacidade de operar uma convergência adequada dos atores políticos mobilizados na luta.

No novo mapa de fundo, no qual o privilégio geoecológico da ubiquidade moderna não existe mais, os territórios entram na política a partir dos impactos da mudança climática, e o modo de relação producionista perdeu sua hegemonia, o processo isolado pela sociologia histórica de Polanyi pode então ser transposto, com analogias profundas e novas questões prementes. A sequência ao longo da qual se produz um choque metabólico, a identificação de um distúrbio, a elaboração de um pensamento crítico e a ativação de seus meios de ação pode ser preservada como um bom guia de leitura das questões políticas atuais. Mas já não articula mais, doravante, a revolução industrial (o choque I), a questão social (o problema I), o socialismo de crescimento (a crítica I) e a sabotagem operária (o meio de ação I). Ela dá lugar, termo a termo, à mudança climática (choque II), à questão da Terra (problema II), ao socialismo antiproducionista (crítica II) e à mobilização de um novo sujeito coletivo cujo nome e cujas modalidades de ação estão sendo elaborados nos conflitos ecológicos (meios de ação II). Uma vez que tudo mudou, que a sequência política de autoproteção passou por uma segunda grande transformação estruturalmente análoga à primeira, mas substancialmente inversa, quase nada resta dos marcos sociopolíticos deixados como legado pela questão social, exceto a exigência de autoproteção que é sua verdadeira natureza. Esta aparece como um princípio incorruptível que anima os coletivos complexos – aqueles que convivem com dispositivos técnicos e institucionais demasiadamente vastos e autônomos para se governarem

332 • Abundância e liberdade

mecanicamente – e que persiste mesmo quando as estruturas econômicas e ecológicas que por muito tempo, embora imperfeitamente, proporcionaram segurança e proteção à maioria das pessoas, agora as expõe às ameaças mais sérias. Nesse sentido, a autoproteção é mais central que seu habitual sujeito histórico (a sociedade), pois é esse conceito que possibilita vincular estreitamente um coletivo politizado (o que se protege), uma instância de agressão (contra o que se protege) e mecanismos de autodefesa (os saberes e práticas mobilizados para se proteger).

As resistências que se opõem ao advento desse sujeito político são infelizmente numerosas e poderosas – mas muito bem conhecidas[19]. Vários estudos recentes mostram que, por ocasião dos primeiros alertas ecológicos importantes, depois das grandes reuniões científicas e diplomáticas convocadas para responder ao desafio climático desde o final da década de 1990 e do protocolo de Quioto, a rearticulação do projeto moderno em torno da proteção da Terra foi por várias vezes considerada. O meio ambiente tornou-se assim objeto da governança mundial sob o efeito da politização do conhecimento ecológico e climatológico estimulada por órgãos supranacionais de regulação econômica (Banco Mundial, FMI) e diplomáticos (Convenção-quadro das Nações Unidas sobre Mudanças Climáticas), em um momento marcado pelo predomínio dos paradigmas do risco e dos limites. Mas o imaginário político dessas instituições sempre permitiu a subsistência do que podemos chamar, com Amy Dahan e Stefan Aykut, de um "cisma de realidade" entre aqueles para quem a reprodução da sociedade humana está em jogo e aqueles para quem se trata essencialmente da reprodução do capital (ou seja, do risco, no sentido econômico do termo). Ainda segundo os mesmos autores, a incorporação das questões ambientais na agenda internacional assumiu progressivamente a forma de uma "governança encantatória", isto é, de uma tomada em conta paradoxalmente despolitizante que, ao mesmo tempo que afirma o caráter imperativo e urgente de uma transformação tecnopolítica, manifesta, por sua inação concreta, a incapacidade das formas institucionais

---

[19] Elas são documentadas, por exemplo, por estudos que destacam os obstáculos institucionais à emergência de uma politização completa da questão ecológica e climática. Ver Stefan Aykut e Amy Dahan, *Gouverner le Climat. Vingt ans de négociations internationales*, cit., e Dominique Pestre, "La mise en économie de l'environnement comme règle. Entre théologie économique, pragmatisme et hégémonie politique", *Écologie et Politique*, n. 52, 2016, p. 19-44.

A autoproteção da terra • 333

existentes de operar de acordo com essa finalidade – que se torna, assim, puramente ideal. Em um processo bem descrito por Dominique Pestre, a tentativa de subordinar os mercados globalizados a normas ambientais passou por uma mudança ao final da qual a racionalidade do mercado foi paradoxalmente consolidada e relegitimada pela incorporação de normas mais brandas, pouco efetivas.

É de certa forma por meio dessa astúcia da história que se impôs não a crítica ecológica da economia e a politização dos territórios, mas a recodificação, pela economia, dos alertas ecológicos em uma série de modificações marginais das regras do mercado. A questão podia, assim, ser considerada como tratada, ao mesmo tempo que era projetada à margem do processo de recomposição e extensão da lógica liberal que prevaleceu após o parêntese keynesiano. É essa lógica que ainda está em funcionamento, por exemplo, no Millenium Ecosystems Assessment[20], encomendado em 2000 pela ONU e inicialmente destinado a fornecer a base para uma transição ecológica global. Esse documento toma emprestada sua estrutura argumentativa da bioeconomia por meio do conceito de "serviços ecossistêmicos", ou seja, o conjunto de funções ecológicas subjacentes e essenciais à reprodução econômica e social da humanidade. Como vimos, esses conceitos foram desenvolvidos para contestar a hegemonia da expressão monetária do valor na razão econômica e para substituí-la por uma concepção materialista na qual a primazia é conferida aos fluxos de energia, aos estoques de recursos e às funções ecoevolutivas sistêmicas. Nesse documento, porém, a intenção original da bioeconomia foi subvertida, na medida em que os serviços ecológicos tendem a ser interpretados como um capital natural a ser preservado e não como um conjunto qualitativo de dinâmicas evolutivas que subordinam a métrica econômica clássica. Assim, esses serviços, assimilados a um capital, podem ser compensados, trocados e negociados da mesma forma que as mercadorias (como é o caso do direito à poluição), enquanto a mensagem fundamental dos críticos do crescimento consistia em introduzir na esfera do valor processos situados, irreversíveis e qualitativos. Os instrumentos desenvolvidos para conceber a regulação ambiental global revelam, portanto, mais uma vez, a incapacidade de se mudar de paradigma, mas sobretudo os procedimentos de apropriação e de desvio das críticas ecológicas que retardam a emergência de um sujeito político não naturalista.

---

[20] Ver o documento em: <www.millenniumassessment.org/fr>.

334 • Abundância e liberdade

Assim, depois de várias décadas em que a governança ambiental paradoxalmente funcionou – no quadro do que podemos chamar de ecologia neoliberal – como obstáculo à autotransformação da modernidade, o balanço é bastante negativo: o sentimento de uma adaptabilidade infinita do paradigma mercantil acaba frequentemente por se impor, e com ele a fatalização dos mecanismos já descritos por Polanyi há três quartos de século. Desses questionamentos resulta, entretanto, uma clarificação das questões em jogo, como será o caso de maneira ainda mais nítida com a emergência subsequente do liberalismo fóssil autoritário discutido acima: se um contramovimento ecológico e pós-socialista puder emergir, o será por fora dessas esferas institucionais, em uma relação crítica com suas agendas atuais – em todo caso, como algo que transborda e estilhaça a elaboração prévia do que é uma "questão ecológica". Esse contramovimento, por outras palavras, resulta de uma crítica ao ambientalismo idealista das primeiras gerações, centrado na defesa da "natureza selvagem" e do seu alegado valor intrínseco, mas também, e sobretudo, de um distanciamento em relação aos mecanismos existentes supostamente voltados para a realização da transformação ecológica.

Esses elementos são essenciais para situar o tipo de politização necessário ao desenvolvimento de uma democracia pós-crescimento. Com efeito, a traição das instâncias ambientais "oficiais" alimenta, por reação, a ideia segundo a qual esse movimento voltaria a se enraizar em uma dinâmica ordinária de classe em que o antagonismo entre os interesses de um coletivo majoritário, mas dominado, e os de uma *ruling class* [classe dominante] minoritária pronta a fazer qualquer coisa assumiria o lugar de cena política. O problema, evidentemente, é que o coletivo com base no qual se desenvolve a nova questão social, ou seja, a autoproteção no contexto da mudança climática não se parece em nada, ou quase nada, com uma classe entendida em seu significado socioeconômico clássico. Os moradores de instalações perigosas, as vítimas dos dispositivos extrativos, os usuários alternativos da terra, os *commoners*, os cientistas e educadores, e muitos outros cujas experiências se distinguem ainda em função do gênero e da raça, compõem um coletivo com a terra dificilmente comparável a uma classe dominada, simplesmente porque não é a experiência de exploração, nem a identificação coletiva com uma condição ou identidade comum, nem mesmo a simples condição de vítima, que os aproxima. A dimensão espacial das questões é o principal fator de diferenciação em relação ao quadro clássico da questão social[21]: em uma situação em que as relações com a terra como fonte de subsistência, como habitat e como objeto de conhecimento se tornam mais uma vez um marcador ideológico e o objetivo de lutas cardeais – já que todo o problema é saber em que terra e em que Terra se pretende viver –, o perfil sociológico do coletivo emergente é necessariamente instável. E acima de tudo: ele não adquire facilmente uma autoconsciência semelhante àquela de que falamos quando se trata de "consciência de classe" (e muito menos de "consciência nacional").

Do conflito de classes permanece a experiência de uma injustiça a ser corrigida, que dá origem a certas formas de investigação e de conhecimento, da identificação nacional permanece a dimensão local e territorial, e do movimento social permanece a ambição de uma síntese orgânica de diferentes pontos de vista, mas nenhum desses nomes coletivos do passado capta satisfatoriamente o processo em curso – todos são rearticulados em profundidade. Muitos teóricos contemporâneos do socialismo confrontaram-se com esse problema buscando renomear o sujeito crítico adequado às circunstâncias econômicas e políticas do final do século XX, mas nenhum até agora se propôs a defini-lo pelos vínculos específicos que estabelece com as condições materiais e espaciais do contramovimento[22]. De resto, é isso que sempre dá uma vantagem de saída aos movimentos conservadores, que podem se contentar em retirar do léxico político preexistente o nome do coletivo ao qual se dirigem – povo, nação, classe (embora este último não esteja muito na moda) –, quando não recorrem mais simplesmente à linguagem do individualismo. Em outros termos: ao lado das resistências ativas às quais se deve confrontar a emergência do coletivo capaz de responder às boas *affordances* da terra, acrescenta-se a ambivalência objetiva dessa entidade à procura de sua integridade interna: nem classe, nem povo, nem nação, nem sociedade, ele difere de todos esses nomes coletivos, definindo seu centro de gravidade no cruzamento do

---

[21] O que leva Bruno Latour a propor um "mapa das lutas dos lugares geossociais" (*Où aterrir?*, cit., p. 83), mas sem inscrever explicitamente esse novo conceito em uma crítica aos nomes coletivos de nossa história.

[22] Pensamos aqui principalmente em Ernesto Laclau e Chantal Mouffe, *Hégémonie et stratégie socialiste. Vers une démocratie radicale*, Paris, Les Solitaires intempestifs, 2009 (1985), Michael Hardt e Antonio Negri, *Multitude. Guerre et démocratie à l'âge de l'Empire*, Paris, La Découverte, 2004, e, mais recentemente, Nancy Fraser e Rahel Jaeggi, *Capitalism. A Conversation in Critical Theory*, Cambridge, Polity, 2018.

humano e do não humano[23]*. Baptiste Morizot mostrou muito bem que a ecologia frequentemente se resume à busca de "alianças" multiespecíficas nas quais a coexistência envolve a troca de diferentes pontos de vista sobre o que significa coexistir[24]. Mas esse paradigma da aliança funciona também para conceber a composição desse coletivo político, cuja heterogeneidade sociológica (e não mais apenas específica, dessa vez) deve ser convertida em uma razão para o questionamento sobre a natureza da convergência que a anima.

***

Sem dúvida, não cabe à filosofia afirmar por meios especulativos qual será o nome e a forma exata desse coletivo capaz de se estabelecer como sujeito do contramovimento ecológico. A esse respeito, o descompasso outrora manifestado por E. P. Thompson entre a teoria social oficial e a gênese de uma *working class* [classe trabalhadora] no século XIX[25] nos incita à prudência: bem poderia ser possível que, mais uma vez, a trajetória real de um corpo político coletivo e a expressão conceitual de sua missão divirjam. E se tivermos em mente os contornos incertos do ativismo de perspectiva protetora, assim como a diversidade dos atores e dos vínculos que mobilizam, a cristalização dessas lutas em uma causa comum nos reserva, sem dúvida, grandes surpresas. No entanto, uma coisa é perfeitamente clara: uma tarefa histórica e política está emergindo na reinvenção da ambição democrática por fora do horizonte da abundância. O que une as diferentes mobilizações listadas na abertura deste livro – talvez ainda a despeito delas mesmas – é a elaboração de uma parceria que torna obsoleto o velho sonho

---

[23] A esse respeito, o slogan "Somos a natureza que se defende", frequentemente lido pelos militantes instalados na ZAD de Notre-Dame-des-Landes, soa (exceto pelo fato de ainda utilizar a ideia de natureza) como uma formulação possível desse coletivo crítico.

* A ZAD (*Zone à defendre*) surgiu originalmente com as lutas contra o projeto de construção de um aeroporto em Notre-Dame-des-Landes, na Loire-Atlantique. Na esteira da resistência ecológica ao projeto, finalmente abandonado em 2018, a ZAD se transformou em um espaço de experimentação de novos estilos de vida e de relação com o meio ambiente, estimulando elementos de autogestão e de agricultura alternativa. (N.T.)

[24] Baptiste Morizot, "Nouvelles alliances avec la terre. Une cohabitation diplomatique avec le vivant", *Tracés*, n. 33, 2017, p. 73-96.

[25] E. P. Thompson, *La Formation de la classe ouvrière anglaise*, cit.

cornucopiano a fim de formar um novo tipo de cooperação com os espaços e os fluxos de matérias.

A autoproteção da terra (com e sem maiúscula), que é o verdadeiro movimento por trás do que geralmente é chamado de ecologia política, precisa ganhar confiança em si mesma. Não se trata de uma mobilização periférica, subalterna, que questiona o futuro da modernidade a partir de suas margens. Pelo contrário, é ela quem personifica a busca de um ideal político tão antigo quanto as formas complexas de coexistência, enquanto os defensores do pacto liberal e da ilimitação da economia se apegam a um arranjo necessariamente transitório e que já dura muito mais do que permite o planeta. Entre esse movimento e as demais opções políticas disponíveis, sejam elas predominantemente liberal, soberanista, autoritária ou paleossocialista, a relação se inverteu: é ele quem agora corporifica o centro de gravidade e a força motriz das transformações em curso, é ele quem projeta em sua periferia os vestígios de outra época constituídos pelos vários avatares do naturalismo político. A autoproteção da terra não é, portanto, uma curiosidade ideológica sintomática do apagamento do político, mas o único arranjo de lutas e de aspirações concretas que está à altura dos desafios do presente.

CONCLUSÃO.
REINVENTAR A LIBERDADE

Um abismo se abriu entre o horizonte ordinário da ação política e a magnitude das mudanças de que nos falam os cientistas. A crise climática e o conjunto de perturbações que a acompanham nos aparecem, pela sua dimensão, como demasiado maciças e intimidadoras para serem objeto de uma resposta adequada, isto é, ajustada às suas características materiais. E ainda que, graças à história, já conheçamos bastante bem o feixe de causas que provocaram o atual descarrilamento geoecológico, a reviravolta exige um esforço que interesses imediatos, hábitos consolidados e a inércia dos dispositivos técnicos tornam difícil de imaginar. Este é, aliás, o paradoxo expresso pelo conceito de antropoceno, atualmente em voga: a humanidade dotou-se de tal poder que se tornou um ator geológico, mas, ao mesmo tempo, criou um monstro, um objeto em grande parte fora do alcance das capacidades de controle do qual, no entanto, se orgulha. A política do antropoceno apenas expôs, assim, a lacuna impressionante entre o nível de exigência que nos é imposto pela provação climática e o alcance de nossos dispositivos de regulação.

Mas esse abismo, se existe, não deve ser reificado: ele não decorre da natureza da ação e do pensamento político *in abstracto*, mas da forma como nossos instrumentos de governança são concebidos, assim como da defasagem entre eles e as aspirações coletivas que, porém, pretendem traduzir. Esses instrumentos funcionam agora, nas palavras de Jedediah Purdy, como "infraestruturas de decisão" que "nos mantêm afastados dos problemas mais importantes" e nos constrangem a viver no âmbito de "instituições e práticas que, embora tenham sido refutadas pelas circunstâncias,

340 • Abundância e liberdade

denunciadas como inadequadas, ainda assim persistem"[1]. Privados dos meios de ação adaptados à situação em que vivemos, circunscritos a uma arquitetura jurídica que define o quadro e os limites às intervenções até agora implementadas, somos sempre tentados a depor as armas e a situar a questão ecológica para além – em uma luta pela sobrevivência ou pela salvação – ou aquém – na acumulação de gestos individuais – da política.

Curiosamente, a questão ambiental havia padecido por várias décadas de um defeito oposto. A inquietação que carregava consigo era, de certa forma, subdimensionada em comparação com as questões sociais que dominaram os debates até o final do século XX: a conquista da justiça econômica e social, a descolonização, os direitos humanos, mas também, mais simplesmente, o imperativo de desenvolvimento material, lançavam uma sombra intimidante sobre a defesa dos ambientes naturais, que só poderia legitimamente aparecer como uma luta secundária. Por muito tempo, a ecologia permaneceu como prima pobre da crítica social, justamente porque não se percebia como ela poderia captar demandas radicais por justiça. Felizmente, esse período ficou para trás, e a ideia de que a ecologia política reconfigura e prolonga as lutas do passado não é mais considerada uma hipótese extravagante. O ambientalismo clássico, que fazia da natureza seu fetiche e de seu gozo livre seu ideal, deu lugar a uma reformulação material dos conflitos sociais, em maior sintonia com sua história.

Isso não significa, entretanto, que finalmente dispomos de uma bússola intelectual e prática capaz de nos guiar em meio ao desafio climático. A linguagem política moderna está tão profundamente ligada a formas de apropriação do solo, de gestão dos recursos e de autoridade científica agora obsoletas que precisa passar por uma mutação completa e exigente. Encontramos elementos nesse sentido nos movimentos de simetrização, com frequência erroneamente atacados como uma destruição da modernidade. O questionamento da ordem epistêmica e política que mantinha afastados o social e o natural, o Ocidente e o resto do mundo, foi, na realidade, uma tentativa de salvaguardar a reflexividade política contra qualquer fixação, ou seja, contra a ilusão de que aquilo que, em determinado momento da história, tinha se constituído como um motor de progresso, continuaria assim para sempre. O regime da dupla exceção, que por muito tempo garantiu

---

[1] Jedediah Purdy, *This Land is Our Land*, Princeton, Princeton University Press, 2019, p. 87.

Conclusão. Reinventar a liberdade • 341

aos modernos sua dominação ecológica e política, se tornou – queiramos ou não – inoperante pelos acontecimentos recentes, e, por isso, outras formas de se estabelecer no mundo precisam avançar sobre seus escombros. Os imperativos de ontem podem muito bem, portanto, se constituir nas ameaças de hoje, mas é preciso muita prudência quando se trata de decidir o que queremos herdar e de quais fardos históricos queremos nos livrar.

É por isso que este livro assumiu a forma de uma retrospecção conceitual e histórica. Os acontecimentos do presente nos incitam a reler a tradição filosófica e suas principais categorias colocando no centro do jogo a ocupação e o uso da terra, assim como as relações entre as autoridades científica e política. Não porque a questão ecológica tenha sempre estado presente, à sombra da filosofia, mas porque essa ocupação e esses usos, na medida em que são elementos onipresentes do imaginário político moderno – para o bem ou para o mal –, nos permitem identificar um fio condutor na longa temporalidade dos conflitos sociais. O espaço coabitado e suas características materiais fornecem pontos de ligação a um conjunto de regras de acesso, de exploração, de distribuição, a formas de conhecimento ou de cooperação, e dão origem a rivalidades e alianças que constituem a trama de nossa experiência histórica. O breve período durante o qual a abundância material e energética pôde gerar a emancipação coletiva, período que agora está em vias de se encerrar, contribuiu para afastar de nosso horizonte esses componentes da vida política. Acreditávamos então que pensar politicamente significava pensar as condições abstratas da justiça, ditadas pela deliberação intersubjetiva, ao passo que essa abstração era um efeito das condições materiais bem particulares que tornaram possível a autonomia-extração.

Essa é também a razão pela qual esses componentes materiais se fazem ouvir com estrondo. Muitos se surpreendem, hoje, que algo tão trivial como o clima possa ter um significado político – e alguns, diante desse lembrete perturbador, preferem negá-lo. Ver o acúmulo de ondas de calor, os eventos climáticos extremos, o derretimento de geleiras ou o colapso de populações de insetos como fenômenos políticos de grande importância está em descompasso manifesto com nossa definição implícita do que é político. É necessário, portanto, reaprender a pensar nossos arranjos com a terra, sem cair na dupla armadilha representada, por um lado, pela idealização de um estado anterior à abundância – que nada tinha de ideal e que está perdido para sempre –, e, por outro, por um naturalismo político para o qual, para fazer frente ao desafio climático, bastaria estar atento às normas imanentes

342 • Abundância e liberdade

ao mundo vivo. Não podemos, portanto, nos reconectar com uma imemorial sobriedade feliz, nem que seja apenas em função da importância das lutas industriais em nossa definição do espaço democrático e científico, e tampouco podemos considerar o futuro como o prolongamento de uma dinâmica histórica familiar.

É isso que torna a situação atual tão trágica. A crise ecológica e climática provoca uma ruptura quase total das pontes que habitualmente nos ligam ao passado – porque a terra que habitamos não é a mesma de antes –, mas também ao futuro tal como o havíamos imaginado até agora. Herdamos um mundo em que nenhuma categoria política disponível foi projetada para gerir e, nesse sentido, legamos uma tarefa aparentemente impossível. Essa solidão histórica, o fato de o passado e o futuro nos aparecerem como definitivamente perdidos, assim como o desânimo que a acompanha, podem, no entanto, ser atenuados se conseguirmos contar nossa história recente e organizar o mapa dos nossos vínculos de tal forma que a política e o uso da terra não sejam mais heterogêneos um em relação ao outro. O realinhamento da questão social com a questão ecológica, sem evidentemente negar os abandonos e as mudanças de escala que as mantêm afastadas, permite conferir a esse tecido histórico dilacerado uma parte de sua unidade, e à ação política uma parte de seus pontos de referência.

Em um artigo marcante, Dipesh Chakrabarty afirmou, há dez anos, que "nenhum debate sobre a liberdade desde o Iluminismo demonstra uma consciência da dimensão geológica da agência humana, que tomava forma, porém, ao mesmo tempo e por meio dos mesmos processos que a aquisição da liberdade. Os filósofos da liberdade, acrescenta, estavam sobretudo ocupados – e compreensivelmente – em encontrar formas de escapar da injustiça, da opressão, da desigualdade, ou mesmo da uniformidade"[2]. A afirmação é de fato verdadeira se compreendermos a ação geológica no sentido maximalista que lhe foi dado pelos teóricos do antropoceno. Mas a dimensão ecológica da ação coletiva, entendida em um sentido ligeiramente mais amplo, saturou esses debates, pelo menos nos bastidores. A conquista da autonomia e o estabelecimento dos dispositivos jurídicos, técnicos e econômicos da abundância foram em grande parte concebidos nos mesmos moldes, a fim de lidar com problemas considerados idênticos. É o que chamei de "pacto

---

[2]   Dipesh Chakrabarty, "The Climate of History. Four Theses", *Critical Inquiry*, v. 35, n. 2, 2009, p. 208.

liberal": a fórmula teórica e prática que fez do crescimento intensivo, depois extensivo, o veículo da emancipação política, ampliando o horizonte do possível. Essa ligação entre a formação do mundo material e a conquista da liberdade era, sob muitos aspectos, uma ligação indireta e despercebida – e é isso o que torna a afirmação de Chakrabarty compreensível. A base ecológica das controvérsias políticas estava frequentemente implícita, como algo que assombra o pensamento sem, porém, ser formulado.

Seja como for, o historiador indiano, nessa passagem, apontou para o verdadeiro problema: em que medida o processo interminável de aquisição da liberdade está sujeito a uma história material, e como essa história coloca em questão o significado dessa conquista? Pode-se ver claramente aqui o descompasso com a tese clássica do materialismo histórico, outrora no centro da paisagem crítica. Para ela, a vocação da *práxis* era produzir liberdade ao mesmo tempo que produzia o mundo humano. Doravante, a história ambiental das ideias políticas deve permitir – ao lançar luz sobre os domínios geoecológicos nos quais a razão política moderna se apoiou – proteger e estender a esfera da liberdade garantindo a reprodução do mundo vivo.

***

Esse desajuste conceitual e político não é evidente por si mesmo, sobretudo porque, no passado, a ecologia política foi essencialmente formulada como uma crítica do progresso. Ou, mais precisamente, como uma crítica do confisco do sentido do progresso por dispositivos técnicos e econômicos autônomos e cegos, cujo poder alienante precisava ser denunciado. Da Escola de Frankfurt a Marcuse e André Gorz, essa crítica se inscreve em um julgamento da razão instrumental moderna, que teria falhado em sua missão emancipatória. Ou, o que é mais ou menos a mesma coisa, que teria excedido seus propósitos originais a fim de deixar o campo aberto a uma utopia formalista infernal. A hipótese fundamental que animava esse movimento supunha que a abolição das estruturas da alienação, quer se apliquem ao homem ou à natureza, permitiria reconquistar uma humanidade livre por essência, capaz de reconstituir o que sempre deveria ter sido a relação com o mundo. Eliminados os desejos inautênticos criados pelo capitalismo tecnocientífico para se autojustificar, finalmente removeríamos a pesada pedra colocada sobre a liberdade humana pelos abusos da razão.

Anular com um único gesto as duas grandes explorações que definem a era industrial era evidentemente um objetivo louvável. Mas o problema é

344 • Abundância e liberdade

que essa aposta não resiste à análise: na verdade, não dispomos de nenhum conceito de autonomia que seja verdadeiramente alheio aos mecanismos da abundância. Em outras palavras, não basta eliminar pela magia da crítica os poderes predatórios ligados à expansão indefinida do capital para que possa renascer uma relação harmoniosa com os outros e com o meio ambiente. Dizer que a liberdade tem uma história material é também assumir que ela é constantemente definida, ou pelo menos colorida, por relações ecológicas que não podem ser neutras. A liberdade dos modernos está ligada às *affordances* da terra, aos conflitos industriais, às possibilidades abertas pelo "desenvolvimento", e hoje está suspensa pelo desafio climático. As lutas e as categorias que lhe dão conteúdo são realidades sócio-históricas de parte a parte, e, a não ser que sejamos capazes de caracterizar com o mínimo de precisão os novos agenciamentos que permitirão recarregar sua definição, a tarefa corre o risco de ficar inacabada.

O que bloqueia a emergência de um pensamento político ajustado à crise climática não é apenas, portanto, o capitalismo e seus excessos. É também, em parte, o próprio sentido da emancipação do qual somos herdeiros, construído sob a matriz industrial e producionista e que resultou no estabelecimento de mecanismos de proteção ainda dependentes do reinado do crescimento. O obstáculo está em nós, entre nós: em nossas leis, em nossas instituições, e não em um espectro econômico sobranceiro que se poderia denunciar confortavelmente do exterior. O Estado social, apesar de seus imensos benefícios, ajudou, por exemplo, a consolidar os objetivos de desempenho econômico que condicionam seu financiamento e que, por isso mesmo, provocam a concorrência entre riscos sociais e riscos ecológicos. A crise dos *Gilets jaunes* [Coletes amarelos], na França, é uma ilustração perfeita disso: a taxação dos combustíveis, a fim de dissuadir seu uso, entra em conflito com a sensação de liberdade de milhões de pessoas enredadas nas infraestruturas de mobilidade herdadas dos Trinta Anos Gloriosos. É preciso, portanto, desenvolver mecanismos para diminuir nossa dependência dessas energias sem violar as aspirações coletivas nelas embutidas. Essa dupla limitação não pode ser resolvida nem denunciando "a ideologia do automóvel" nem compensando suas externalidades, mas reinventando as instituições de proteção, as infraestruturas urbanas, seus mecanismos de financiamento, assim como os vínculos sociais que aí encontram seu lugar.

Essa é uma das razões pelas quais a ecologia e a política são hoje quase indistinguíveis uma da outra, depois de terem estado em posições diametralmente opostas por tanto tempo. A maioria das demandas mais urgentes por justiça que se ouve hoje em dia, seja em escala local ou global, leva a questões relacionadas à energia, ao uso dos solos, à dinâmica da vida e aos fluxos de matérias que estruturam a distribuição da riqueza. E, desde que sustentemos um conhecimento crítico dessas redes de dependência na teia das quais nossas existências ganham vida e se confrontam, desde que sigamos essa pista e a construamos como um lugar privilegiado para o pensamento político, é possível estimular a emergência desse sujeito coletivo crítico de um novo tipo.

BIBLIOGRAFIA

ABRAM, David. *Comment la terre s'est tue*. Pour une écologie des sens. Paris, La Découverte, 2013.

ADAIR, David. *The Technocrats, 1919-1967*. A case study of conflict and change in a social movement. Vancouvert, Simon Fraser University, 1970.

ADORNO, Theodor; HORKHEIMER, Max. *La Dialectique de la raison*. Paris, Gallimard, 1974 (1944).

AFEISSA, Hicham-Stéphane (org.). *Éthique de l'environnement*. Nature, valeur, respect. Paris, Vrin, 2007.

AGUITON, Sara. Fortune de l'infortune. Financiarisation des catastrophes naturelles par l'assurance. In: *Zilsel*, n. 4, 2018, p. 21-57.

AGULHON, Maurice. *La République au village*. Paris, Plon, 1970.

AKIN, William E. *Technocracy and the American Dream*. The Technocrat Movement, 1900--1941. Berkeley, University of California Press, 1977.

ALBRITTON, Vicky; ALBRITTON JONSSON, Fredrik. *Green Victorians*. The Simple Life in John Ruskin's Lake District. Chicago, University of Chicago Press, 2016.

ALBRITTON JONSSON, Fredrik. *Enlightenment's Frontier*. The Scottish Highlands and the Origins of Environmentalism. New Haven, Yale University Press, 2013.

_____. The Origins of Cornucopianism. A Preliminary Genealogy. In: *Critical Historical Studies*, v. 1, n. 1, 2014, p. 151-68.

_____. Abundance and Scarcity in Geological Time, 1784-1844. In: SMITH, Sophie; FORRESTER, Katrina (orgs.). *Nature, Action, and the Future*. Political Thought and the Environment. Cambridge, Cambridge University Press, 2018.

AMIN, Samir. *Le Développement inégal*. Essai sur les formations sociales du capitalisme périphérique. Paris, Minuit, 1973.

APPADURAI, Arjun. *Modernity at Large*. Cultural Dimensions of Globalization. Minneapolis, University of Minnesota Press, 1996.

ARENDT, Hannah. *The Origins of Totalitarianism*, Nova York, Harcourt Brace & Company, 1973.

ARMITAGE, David. *Civil Wars*. A History in Ideas. Nova York, Alfred Knopf, 2017.

348 • Abundância e liberdade

_____. John Locke, Carolina, and the Two Treatises of Government. In: *Political Theory*, v. 32, n. 5, 2004.

ASSOCIATION NégaWatt. *Manifeste NégaWatt*. En route pour la transition énergétique. Arles, Actes Sud, 2012.

AUDIER, Serge. *La Société écologique et ses ennemis*. Paris, La Découverte, 2017.

AYKUT, Stefan ; DAHAN, Amy. *Gouverner le climat?* Vingt ans de négociations internationales. Paris, Presses de Sciences Po, 2015.

BABBAGE, Charles. *Traité sur l'économie des machines et des manufactures*. Paris, Bachelier, 1833.

BARBIER, Edward. *Scarcity and Frontiers*. How Economies Have Developed Through Natural Resource Exploitation. Laramie, University of Wyoming Press, 2010.

BARLES, Sabine. *La Ville délétère*. Médecins et ingénieurs dans l'espace urbain. Seyssel, Champ Vallon, 1999.

BARRY, Andrew. Technological Zones. In: *European Journal of Social Theory*, v. 9, n. 2, p. 239-253.

BARTHE, Yannick. *Le Pouvoir d'indécision*. La mise en politique des déchets nucléaires. Paris, Economica, 2006.

BARTHÉLEMY, J. et al. *Les Fondateurs du droit international*. Leurs œuvres, leurs doctrines. Paris, Giard et Brière, 1904.

BASTANI, Aaron. *Fully Automated Luxury Communism*. A Manifesto. Londres, Verso, 2018.

BAYLY, Christopher. *La Naissance du monde moderne*. Trad. Michel Cordillot, Ivry-sur-Seine, Les Éditions de l'Atelier, 2006.

BECK, Ulrich. *La Société du risque*. Trad. L. Bernardi, Paris, Flammarion, 1986.

BECK, Ulrich; GIDDENS, Anthony; LASCH, Scott. *Reflexive Modernization*. Politics, Tradition and Aesthetics in Modern Social Order. Cambridge, Polity, 1994.

BELICH, James. *Replenishing the Earth*. The Settler Revolution and the Rise of the Anglo--World, 1783-1939. Oxford, Oxford University Press, 2009.

BELIME, William. *Traité du droit de possession*. Paris, Joubert, 1842.

BELLAMY, Edward. *Looking Backward*, 2000-1887. Boston, Ticknor and Co., 1888.

BENNET, Jane. *Vibrant Matter*. A Political Ecology of Things. Durham, Duke University Press, 2010.

BENTHAM, Jeremy. *Introduction aux principes de morale et de législation*. Trad E. de Champs e J.-P. Cléro, Paris, Vrin, 2011.

BENTON, Lauren. A Search for Sovereignty. Law and Geography. In: *European Empires*, 1400-1900. Cambridge, Cambridge University Press, 2010.

BERNDT, Ernst. From Technocracy to Net Energy Analysis. Engineers, Economists, and Recurring Energy Theories of Value. In: MIT, *Studies in Energy and the American Economy*, Discussion paper n. 11, 1982.

BEVERIDGE, William. Social Insurance and Allied Services. In: H. M. Stationery Office, 1943.

BIRD DAVID, Nurit. "Animism" Revisited. Personhood, Environment and Relational Epistemology. In: *Current Anthropology*, v. 40, 1999, p. 67-91.

BLANC, Louis. *Organisation du travail*. 5. ed., Paris, Société de l'industrie fraternelle, 1847 (1839).

BLANCKAERT, Claude. *La Nature de la société*. Organicisme et sciences sociales au XIXe siècle. Paris, L'Harmattan, 2004.

BLAUT, James Morris. *The Colonizer's Model of the World*. Geographical Diffusionism and Eurocentric History. Nova York/Londres, Guilford Press, 1993.

BLOOR, David. *Knowledge and Social Imagery*. Chicago, University of Chicago Press, 1991 (1976).

BOLTANSKI, Luc et al. (orgs.). *Affaires, scandales et grandes causes*. De Socrate à Pinochet. Paris, Seuil, 2007.

BORRAS, Saturnino M. Jr. et al. Towards a Better Understanding of Global Land Grabbing. An Editorial Introduction. In: *The Journal of Peasant Studies*, v. 38, n. 2, 2011, p. 209-216.

BOURDEAU, Vincent. Les mutations de l'expression "exploitation de l'homme par l'homme" chez les saint-simoniens (1829-1851). In: *Cahiers d'économie politique*, n. 75

BOYER, Jean-Daniel. Fermiers et Grains, deux moments de confrontation de Quesnay à la science du commerce. Police contre polices au nom des libertés. In: *Cahiers d'économie politique*, n. 73, 2017, p. 31-65.

BRAHAMI, Frédéric. *La Raison du peuple*. Un héritage de la Révolution française (1789--1848). Paris, Les Belles Lettres, 2016.

BUNKER, Stephen. *Underdeveloping the Amazon*. Extraction, Unequal Exchange and the Failure of the Modern State. Chicago, University of Chicago Press, 1990.

BUTTERFIELD, Herbert. *The Whig Interpretation of History*. Londres, Bell, 1931.

CADENA, Marisol de la. Indigenous Cosmopolitics in the Andes. Conceptual Reflections Beyond "Politics". In: *Cultural Anthropology*, v. 25, n. 2, 2012, p. 334-70.

_____. *Earth Beings*. Ecologies of Practice across Andean Worlds. Durham, Duke University Press, 2015.

CALAFAT, Guillaume. *Une mer jalousée*. Contribution à l'histoire de la souveraineté (Méditerranée, XVIIe siècle). Paris, Seuil, 2019.

CALLEGARO, Francesco. *La Science politique des modernes*. Durkheim, la sociologie et le projet d'autonomie. Paris, Economica, 2015.

CALLICOTT, John Baird. *Earth's Insights*. A Multicultural Survey of Ecological Ethics from the Mediterranean Basin to Australian Outback. Berkeley, University of California Press, 1994.

CALLON, Michel. Éléments pour une sociologie de la traduction. La domestication des coquilles Saint-Jacques et des marins-pêcheurs dans le baie de Saint-Brieuc. In: *L'Année Sociologique*, n. 36, 1986. p. 169-208.

CALLON, Michel; LASCOUMES, Pierre; BARTHE, Yannick, *Agir dans un monde incertain*, Paris, Seuil, 2001.

CANGUILLEM, Georges. Les paysans et le fascisme. In: *Œuvres complètes*, t. 1, *Écrits philosophiques et politiques, 1926-1939*. Paris, Vrin, 2011.

CARSON, Rachel. *Silent Spring*. Boston, Houghton Mifflin Harcourt, 1962.

CASTEL, Robert. *Les Métamorphoses de la question sociale*. Paris, Gallimard, 1995.

_____. *La Montée des incertitudes*. Paris, Seuil, 2009.

CASTORIADIS, Cornelius. *Domaines de l'homme*. Paris, Seuil, 1986.

_____. *L'Institution imaginaire de la société*. Paris, Seuil, 1999 (1975).

350 • Abundância e liberdade

CATTON, William. *Overshoot*. The Ecological Basis of Revolutionary Change. Urbana, University of Illinois Press, 1980.

CÉSAIRE, Aimé. *Discours sur le colonialisme*. Paris/Dacar, Présence Africaine, 1989 (1950).

CHAPOUTOT, Johann. *La Révolution culturelle nazie*. Paris, Gallimard, 2017.

CHAKRABARTY, Dipesh. *Provincialiser l'Europe*. La pensée postcoloniale et la différence historique. Paris, Amsterdam, 2010 (2000).

_____. The Climate of History. Four Theses. In: *Critical Inquiry*, v. 35, n. 2, 2009.

_____. Réécrire l'histoire depuis l'anthropocène, entretien avec Paul Guillibert et Stéphane Haber. In: *Actuel Marx*, v. 61, n. 1, 2017, p. 95-105.

CHANCEL, Lucas. *Insoutenables inégalités*. Pour une justice sociale et environnementale. Paris, Les Petits Matins, 2017.

CHAPTAL, Jean-Antoine. *De l'Industrie Française*. Paris, chez Antoine Augustin Renouard, 1819.

CHARLE, Christophe. Les "classes moyennes" en France. Discours pluriel et histoire singuliè-re, 1870-2000. In: *Revue d'histoire moderne et contemporaine*, v. 50, n. 4, 2003, p. 108-34.

CHASE, Stuart. *The Economy of Abundance*. Nova York, Macmillan, 1934.

CHEVALIER, Miche. *Politique industrielle et système de la Méditerranée*. Religion Saint--simonienne. Paris, Bureau du Globe, 1832.

CHILDE, Gordon. *Man Makes Himself*. Londres, Watts, 1936.

CHRISTIN, Olivier. *La Paix de religion*. L'autonomisation de la raison politique au XVIe siècle. Paris, Seuil, 1997.

CLAEYS, Gregory. *Machinery, Money and the Millenium*. From Moral Economy to Socialism, 1815-1860. Cambridge, Polity Press, 1987.

CLASTRES, Pierre. *La Société contre l'État*. Paris, Minuit, 1974.

COLLINS, Harry M. *Changing Order*. Replication and Induction in Scientific Practice. Londres, Sage, 1985.

COMMONER, Barry. *The Closing Circle*. Nova York, Random House, 1971.

COMMONS, John R. *Legal Foundations of Capitalism*. Nova York, Macmillan, 1924.

CONDORCET. *Esquisse d'un tableau historique des progrès humains*. Paris, Masson et fils, 1822.

CONKLIN, Alice. *A Mission to Civilize*. The Republican Idea of Empire in France and West Africa, 1895-1930. Stanford, Stanford University Press, 1997.

COSTANZA, Robert. *Ecological Economics*. The Science and Management of Sustainability. Nova York, Columbia University Press, 1991.

_____. *Frontiers in Ecological Economics*. Cheltenham, Elgar, 1997.

CRANE, Jeff. *The Environment in American History*. Nature and the Formation of the United States. Londres, Routledge, 2015.

CRONON, William. *Changes in the Land*. Indians, Colonists and the Ecology of New England. Nova York, Hill & Wang, 1983.

CROSBY, Alfred. *The Columbian Exchange*. Biological and Cultural Consequences of 1492. Wesport, Greenwood Publishing Group, 1972.

CRUTZEN, Paul J. Geology of Mankind. In: *Nature*, v. 415, n. 6867, 2002.

DAIRE, Eugène. *Physiocrates: Quesnay, Dupont de Nemours, Mercier de la Rivière, l'Abbé Baudeau, Le Trosne*. Paris, Guillaumin, 1846.

Bibliografia • 351

DALE, Gareth. *Karl Polanyi*. A Life on the Left. Nova York, Columbia University Press, 2016.

DARDOT, Pierre; LAVAL, Christian. *La Nouvelle Raison du monde*. Paris, La Découverte, 2009.

_____. *Marx, prénom: Karl*. Paris, Gallimard, 2012.

_____. *Commun*. Essai sur la révolution au XXIᵉ siècle. Paris, La Découverte, 2014.

DALY, Herman. *Steady-State Economics*. Washington, Island Press, 1977.

DEBEIR, Jean-Claude; DELÉAGE, Jean-Paul; HÉMERY, Daniel. *Une histoire de l'énergie*. Paris, Flammarion, 2013.

DESCOLA, Philippe. *La Nature domestique*. Symbolisme et praxis dans l'écologie des Achuar. Paris, Éditions de la MSH, 1986.

_____. *Par-delà nature et culture*. Paris, Gallimard, 2005.

DE VRIES, Jan. *The Economy of Europe in an Age of Crisis*, 1600-1750. Cambridge, Cambridge University Press, 1976.

_____. *The Industrious Revolution*. Consumer Behaviour and the Household Economy, 1650 to the Present. Cambridge, Cambridge University Press, 2008.

DIAMOND, Jared. *De l'inégalité parmi les sociétés*. Essai sur l'homme et l'environnement dans l'histoire. Paris Gallimard, 2000.

DORFMAN, Joseph. *Thorstein Veblen and his America*. Nova York, Viking, 1934.

DRAYTON, Richard. *Nature's Government*. New Haven & Londres, Yale University Press, 2000.

DUNOYER, Charles. *De la liberté du travail*. Paris, Guillaumin, 1845.

DUPÉRON, Isabelle. *G. T. Fechner. Le parallélisme psychophysiologique*. Paris, PUF, 2000.

DURKHEIM, Émile. *Le Suicide*. Paris, PUF, 2007 (1897).

_____. *Les Formes élémentaires de la vie religieuse*. Paris, PUF, 1960 (1912).

_____. *De la division du travail social*. Paris, PUF, 8. ed., 2013 (1895).

_____. *Le Socialisme*. Paris, PUF, 1992 (1928).

EDELSTEIN, Dan. *The Terror of Natural Right*. Republicanism, the Cult of Nature, and the French Revolution. Chicago, University of Chicago Press, 2009.

EHRLICH, Paul. *The Population Bomb*. Nova York, Ballantine Books, 1968.

ELDEN, Stuart. *The Birth of Territory*. Chicago, University of Chicago Press, 2013.

EWALD, François. *L'État providence*. Paris, Grasset, 1986.

EWALD, François; KESSLER, Denis. Les noces du risque et de la politique. In: *Le Débat*, n. 109, 2000.

FABIAN, Johannes. *Le Temps et les autres*. Comment l'anthropologie construit son objet. Trad. Estelle Henry-Bossoney e Bernard Müller. Toulouse, Anacharsis, 2006.

FANON, Franz. *Peau noire, masques blancs*. Paris, Seuil, 1952.

FAURE, Christine (org.). *Des manuscrits de Sieyès*. Paris, Honoré Champion, 1999.

FEDERICI, Silvia. *Caliban et la Sorcière*. Femmes, corps et accumulation primitive. Genève, Entremonde, 2017 (2004).

FELLI, Romain. *La Grande Adaptation*. Paris, Seuil, 2016.

352 • Abundância e liberdade

FERRY, Luc. *Le Nouvel Ordre écologique*. Paris, Grasset, 1992.

FICHTE, Johann G. *L'État commercial fermé*. Trad. Daniel Schulthess, Lausanne, L'Âge d'Homme, 1980.

_____. *La Doctrine du droit de 1812*. Paris, Cerf, 2005.

FITZMAURICE, Andrew. *Sovereignty, Property and Empire, 1500-2000*. Cambridge, Cambridge University Press, 2014.

_____. The genealogy of terra nullius. In: *Australian Historical Studies*, v. 129, 2007.

FORRESTER, Jay. *World Dynamics*. Cambridge, Wright-Allen Press, 1971.

FORRESTER, Katrina; SMITH, Sophie (orgs.). *Nature, Action and the Future*. Cambridge, Cambridge University Press, 2018.

FOSTER, John B. *Marx's Ecology*. Materialism and Nature. Nova York, Monthly Review Press, 2000.

_____. Marx's theory of metabolic rift. Classical foundations for environmental sociology. In: *American Journal of Sociology*, v. 105, n. 2, 1999.

FOUCAULT, Michel. *Sécurité, territoire, population*. Paris, EHESS/Seuil/Gallimard, 2009.

_____. *Naissance de la biopolitique*. Paris, EHESS/Seuil/Gallimard, 2004.

FOURASTIÉ, Jean. *Machinisme et bien-être*. Paris, Minuit, 1951.

FRANK, Thomas. *The Conquest of Cool*. Business culture, counterculture, and the rise of hip consumerism. Chicago, University of Chicago Press, 1997.

FRASER, Nancy; JAEGGI, Rahel. *Capitalism*. A Conversation in Critical Theory. Cambridge, Polity, 2018.

FRESSOZ, Jean-Baptiste. *L'Apocalypse joyeuse*. Une histoire du risque technologique. Paris, Seuil, 2012.

GABORIAUX, Chloé. Nature versus Citoyenneté dans le discours républicain. In: BOURDEAU, Vincent; MACÉ, Arnaud (orgs.). *La Nature du socialisme*. Pensée sociale et conceptions de la nature au XIXe siècle. Besançon, Presses Universitaires de Franche-Comté, 2018.

GADGIL, Madhav; GUHA, Ramachandra. *This Fissured Land*. An Ecological History of India. Oxford, Oxford University Press, 1992.

GARNER, Guillaume. *État, économie et territoire en Allemagne*. L'espace dans le caméralisme et l'économie politique (1740-1820). Paris, Éditions de l'EHESS, 2005.

GAUCHET, Marcel. *La Révolution des droits de l'homme*. Paris, Gallimard, 1989.

_____. Sous l'amour de la nature, la haine des hommes. In: *Le Débat*, n. 60, 1990, p. 247-250.

_____. *La Démocratie contre elle-même*. Paris, Gallimard, 2002.

_____. *L'Avènement de la démocratie*, IV. Le Nouveau Monde. Paris, Gallimard, 2017.

GERHARDT, Hannes et al. Contested Sovereignty in a Changing Arctic. In: *Annals of the Association of American Geographers*, v. 100, n. 4, 2010, p. 992-1002.

GEORGESCU-ROEGEN, Nicholas. *The Entropy Law and the Economic Process*. Cambridge, Harvard University Press, 1971.

_____. Energy and Economic Myths. In: *Southern Economic Journal*, v. 41, n. 3, 1975, p. 347-81.

GIDDENS, Anthony. Risk and Responsibility. In: *The Modern Law Review*, v. 69, n. 1, 1999, p. 1-11.

GILMAN, Nils. *Mandarins of the Future*. Modernization Theory in Cold War America. Baltimore, Johns Hopkins University Press, 2007.

GLACKEN, Clarence. *Traces on the Rhodian Shore*. Berkeley, University of California Press, 1976.

GODELIER, Maurice. *Sur les sociétés précapitalistes*. Paris, Éditions Sociales, 1978.

GOODY, Jack. *Le Vol de l'histoire*. Comment l'Europe a imposé le récit de son passé au reste du monde. Paris, Gallimard, 2010.

GOULD, Steven Jay; LEWONTIN, Richard Charles. The Spandrels of San Marco and the Panglossian Paradigm. A Critique of the Adaptationist Programme. In: *Proceedings of the Royal Society of London. Series B. Biological Sciences*, v. 205, n. 1161, 1979, p. 581-98.

GOULD, Stephen Jay; VRBA, Elizabeth S. Exaptation. A missing term in the science of form. In: *Paleobiology*, v. 8, n. 1, 1982, p. 4-15.

GRENIER, Jean-Yves. *Histoire de la pensée économique et politique de la France d'Ancien Régime*. Paris, Hachette, 2007.

GRIBAUD, Maurizio. *Paris, ville ouvrière*. Une histoire occultée, 1789-1848. Paris, La Découverte, 2014.

GROSSI, Paolo. *An Alternative to Private Property*. Collective Property in the Juridical Consciousness of the Nineteenth Century. Chicago, University of Chicago Press, 1981.

GROTIUS. *La Liberté des mers*. Paris, Imprimerie Royale, 1845.

_____. *Le Droit de la guerre et de la paix*. Paris, PUF, 1999.

GROVE, Richard. *Green Imperialism*. Colonial Expansion, Tropical Island Eden and the Origins of Environmentalism, 1600-1860. Cambridge, Cambridge University Press, 1996.

GUHA, Ranajit. *Elementary Aspects of Peasant Insurgency in Colonial India*. Déli, Oxford University Press, 1983.

_____. Quelques questions concernant l'historiographie de l'Inde coloniale. In: *Tracés. Revue de Sciences humaines*, n. 30, 2016 (1982).

GUHA, Ramachandra. *Environmentalism*. A Global History. Nova York, Longman, 2000.

GUHA, Ramachandra; MARTINEZ-ALIER, Juan. *Varieties of Environmentalism*. Essays North and South. Londres, Earthscan, 1997.

GUIZOT, François. *Essai sur l'histoire et sur l'état actuel de l'instruction publique en France*. Paris, Maradan, 1816.

GUNDER FRANK, Andre. *ReORIENT*. Global Economy in the Asian Age. University of California Press, 1998.

HACKER, Paul. *The Great Risk Shift*. The Assault on American Jobs, Families, Health Care, and Retirement. Oxford, Oxford University Press, 2006.

HALBWACHS, Maurice. *La Classe ouvrière et les niveaux de vie*. Recherches sur la hiérarchie des besoins dans les sociétés industrielles contemporaines. Paris, Alcan, 1912.

HALLMANN, Casper A. et al. More than 75 percent decline over 27 years in total flying insect biomass in protected areas. In: *PLoS ONE*, v. 12, n. 10, 2017.

HARAWAY, Donna. *Primate Visions*. Gender, Race and Nature in the World of Modern Science. Londres, Routledge, 1989.

HARDT, Michael; NEGRI, Antonio. *Multitude*. Guerre et démocratie à l'âge de l'Empire. Paris, La Découverte, 2004.

354 • Abundância e liberdade

HAUDRICOURT, André-Georges. Domestication des animaux, culture des plantes et traitement d'autrui. In: *L'Homme*, v. 2, n. 1, 1962, p. 40-50.

HAYEK, Friedrich von. *La Route de la servitude*. Paris, PUF, 2013.

HAYS, Samuel P. *Conservation and the Gospel of Efficiency*. The Progressive Conservation Movement, 1890-1920. Pittsburgh, University of Pittsburgh Press, 1959.

HECHT, Gabrielle. *Le Rayonnement de la France*. Énergie nucléaire et identité nationale après la Seconde Guerre mondiale. Trad. G. Callon. Paris, La Découverte, 2004.

_____. Invisible Production and the Production of Invisibility. In: KLEINMAN, Daniel Lee (org.). *Routledge Handbook of Science, Technology and Society*. Londres, Routledge, 2014.

_____. *Uranium africain*. Une histoire globale. Paris, Seuil, 2016.

HÉDOIN, Cyril. *L'Institutionnalisme historique et la relation entre théorie et histoire en économie*. Paris, Garnier, 2014.

HIRSCHMANN, Albert. *Les Passions et les intérêts*. Justifications politiques du capitalisme avant son apogée. Paris, PUF, 1980.

HOFSTADTER, Richard. *The Age of Reform*. Nova York, Vintage Books, 1955.

HOTELLING, Harold. The Economics of Exhaustible Resources. In: *Journal of Political Economy*, v. 39 n. 2, 1931, p. 137-75.

HORNBORG, Alf. *The Power of the Machine*. Global Inequalities of Economy, Technology, and Environment. Lanham, Altamira Press, 2001.

HORNBORG, Alf; MCNEILL, John; MARTINEZ-ALIER, Joan. *Rethinking Environmental History*. World-system History and Global Environmental Change. Lanham, Altamira Press, 2007.

HORNBORG, Alf; MALM, Andreas. The Geology of Mankind? A Critique of the Anthropocene Narrative. In: *The Anthropocene Review*, v. 1, n. 1, 2014, p. 62-9.

HULAK, Florence. Sociologie et théorie socialiste de l'histoire. La trame saint-simonienne chez Durkheim et Marx. In: *Incidence*, n. 11, 2015, p. 83-107.

_____. Le social et l'historique. Robert Castel face à Michel Foucault. In: *Archives de Philosophie*, v. 81, n. 2, 2018, p. 387-404.

HUME, David. *Discours politiques*, v. 1. Amsterdá, 1759.

HURET, Romain. *La Fin de la pauvreté?* Les experts sociaux en guerre contre la pauvreté aux États-Unis (1945-1974). Paris, Éditions de l'EHESS, 2008.

HUSSERL, Edmund. *La Crise des sciences européennes et la phénoménologie transcendantale*. Paris, Gallimard, 1976.

ILLICH, Ivan. *Énergie et équité*. Paris, Seuil, 1975.

INGOLD, Tim. *The Perception of the Environment*. Essays in Livelihood, Dwelling and Skill. Londres, Routledge, 2000.

JACKSON, Tim. *Prospérité sans croissance*. Louvain-la-Neuve, De BoeckEtopia, 2010.

JAMES, Cyril Lionel Robert. *Les Jacobins noirs*. Toussaint-Louverture et la révolution de Saint-Domingue. Paris, Éditions Amsterdam, 2008 (1938).

JAMES, David. *Fichte's Social and Political Philosophy*. Property and Virtue. Cambridge, Cambridge University Press, 2011.

JARRIGE, François. *Technocritiques*. Du refus des machines à la contestation des technosciences. Paris, La Découverte, 2014.

Bibliografia • 355

JARRIGE, François; LE ROUX, Thomas. *La Contamination du monde*. Paris, Seuil, 2017.

JEFFERSON, Thomas. *Observations sur l'État de Virginie*. Paris, Éditions Rue d'Ulm, 2015.

JEVONS, Stanley. *The Coal Question*. Londres, MacMillan, 1865.

KAHN, Matthew E.; ZHENG, Siqi. *Blue Skies Over Beijing*: Economic Growth and the Environment in China. Princeton, Princeton University Press, 2016.

KALLIS, Giorgios; KERSCHNER, Christopher; MARTINEZ-ALIER, Joan. The Economics of Degrowth. In: *Ecological Economics*, n. 84, 172-80, 2012.

KALLIS, Giorgios; SWYNGEDOUW, Erik. Do Bees Produce Value? A Conversation Between an Ecological Economist and a Marxist Geographer. In: *Capitalism, Nature, Socialism*, v. 29, n. 3, 2018, p. 36-50.

KALLIS, Giorgios. *Degrowth*. Newcastle, Agenda Publishing, 2017.

KARSENTI, Bruno. *La Société en personnes*. Études durkheimiennes. Paris, Economica, 2006.

KARSENTI, Bruno; LEMIEUX, Cyril. *Sociologie et socialisme*. Paris, Éditions de l'EHESS, 2017.

KELLEY, Donald; SMITH, Bonnie. What was Property? Legal Dimensions of the Social Question in France (1789-1848). In: *Proceedings of the American Philosophical Association*, v. 128, n. 3, 1984, p. 200-30.

KEUCHEYAN, Razmig. *La Nature est un champ de bataille*. Paris, La Découverte, 2014.

KEYNES, John Maynard. *Perspectives économiques pour nos petits-enfants*. La Pauvreté dans l'abondance. Paris, Gallimard, 2002.

KOFMAN, Ava. Bruno Latour, the post-truth philosopher, mounts a defense of science. In: *New York Times*, 25 out. 2018. Disponível em: <www.nytimes. com/2018/10/25/magazine/bruno-latour-post-truth-philosopher-science.html>.

KOPENAWA, Davi; ALBERT, Bruce. *La Chute du ciel*. Parole d'un chaman Yanomami. Paris, Plon, 2010.

KOSELLECK, Reinhardt. *Le Règne de la critique*. Paris, Minuit, 1979.

_____. *Futur passé*. Contribution à la sémantique des temps historiques. Paris, Éditions de l'EHESS, 2016.

KOYRÉ, Alexandre. *Du monde clos à l'univers infini*. Paris, PUF, 1962.

KRAUSMANN, Fridolin et al. Global Human Appropriation of Net Primary Production Doubled in the 20th Century. In: *Proceedings of the National Academy of Sciences*, v. 110, n. 25, 2013, p. 10324-9.

KRUGMAN, Paul. On the Political Economy of Permanent Stagnation. In: *The New York Times*, 5 jul. 2013. Disponível em: <https://krugman.blogs.nytimes. com/2013/07/05/on-the-political-economy-of-permanent-stagnation/>.

LABOULAYE, Edouard. *Histoire du droit de propriété foncière*. Durand et Rammelmann, 1839.

LACLAU, Ernesto; MOUFFE, Chantal. *Hégémonie et stratégie socialiste*. Vers une démocratie radicale. Besançon, Les Solitaires intempestifs, 2009 (1985).

LAL, Deepak. Eco-Fundamentalism. In: *International Affairs*, v. 71, 1995.

LANE, Richard. The American Anthropocene. Economic Scarcity and Growth During the Great Acceleration. In: *Geoforum*, v. 99, 2019.

LARCHER, Silyane. *L'Autre Citoyen*. L'idéal républicain et les Antilles après l'esclavage. Paris, Armand Colin, 2014.

356 • Abundância e liberdade

LARRÈRE, Catherine. L'analyse physiocratique des rapports entre la ville et la campagne. In: *Études rurales*, v. 49, n. 1, 1973, p. 42-68.

_____. *L'Invention de l'économie au XVIIIᵉ siècle*. Du droit naturel à la physiocratie. Paris, PUF, 1992.

LATOUCHE, Serge. *Le Pari de la décroissance*. Paris, Fayard, 2006.

LATOUR, Bruno. *La Science en action*. Introduction à la sociologie des sciences. Paris, La Découverte, 1989.

_____. Technology is Society made Durable. In: *The Sociological Review*, v. 38, n. 1, 1990, p. 103-31.

_____. *Politiques de la nature*. Paris, La Découverte, 1999.

_____. *Nous n'avons jamais été modernes*. Paris, La Découverte, 1991.

_____. *Face à Gaïa*. Paris, La Découverte, 2015.

_____. *Où atterrir?* Comment s'orienter en politique. Paris, La Découverte, 2017.

LATOUR, Bruno; WOOLGAR, Steve. *La Vie de laboratoire*. La production des faits scientifiques. Paris, La Découverte, 1988 (1979).

LENTON, Timothy M. Early warning of climate tipping points. In: *Nature Climate Change*, v. 1, n. 4, 2011, p. 201-9.

LEOPOLD, Aldo. *Almanach d'un Comté des sables*. Paris, GF-Flammarion, 2000.

LÉVI-STRAUSS, Claude. *Race et histoire*. Paris, Unesco, 1952.

_____. *La Pensée sauvage*. Paris, Plon, 1962.

LIPPMANN, Walter. *The Good Society*. Boston, Little, Brown & Co., 1937.

LOCKE, John. *Le Second Traité du gouvernement*. Paris, PUF, 1994.

MACE, Arnaud. La naissance de la nature en Grèce ancienne. In: HABER, Stéphane; MACE, Arnaud (orgs.). *Anciens et modernes par-delà nature et société*. Besançon, Presses Universitaires de Franche-Comté, 2012.

MACHEREY, Pierre. *Marx 1845*. Les « thèses » sur Feuerbach (traduction et commentaire). Paris, Éditions Amsterdam, 2008.

MACPHERSON. *La Théorie politique de l'individualisme possessif*. Paris, Gallimard, 1971.

MAIER, Charles S. *Once within Borders*. Territories of Power, Wealth, and Belonging since 1500. Cambridge, Belknap, 2016.

MALINOWSKI, Bronislaw. The Rationalization of Anthropology and Administration. In: *Africa*, v. 3, n. 4, 1930, p. 405-30.

MALM, Andreas. China as Chimney of the World. The Fossil Capital Hypothesis. In: *Organization & Environment*, v. 25, n. 2, 2012, p. 146-77.

_____. *Fossil Capital*. Londres, Verso, 2016.

MANN, Michael. Review Article: The Great Divergence. In: *Millenium. Journal of International Studies*, v. 46, n. 2, 2018, p. 241-8.

MANNHEIM, Karl. *Man and Society in an Age of Reconstruction*. Collected Works, v. 2. Londres, Routledge, 1997.

MARCUSE, Herbert. *Eros et civilisation*. Paris, Minuit, 1963.

_____. *L'Homme unidimensionnel*. Essai sur l'idéologie de la société industrielle avancée. Paris, Minuit, 1968 (1964).

_____. *Liberation from the Affluent Society*. Collected Works, v. 3, "The New Left and the 1960s". Londres, Routledge, 2005.

MAROUBY, Christian. *L'Économie de la nature*. Adam Smith et l'anthropologie de la croissance. Paris, Seuil, 2004.

MARTINEZ-ALIER, Joan. *Ecological Economics*. Energy, Environment and Society. Londres, Blackwell, 1987.

_____. *The Environmentalism of the Poor*. A Study of Ecological Conflicts and Valuation. Cheltenham, Elgar, 2002.

MARX, Karl. *La Loi sur les vols de bois*. Paris, Éditions des Équateurs, 2013.

_____. *Misère de la philosophie*. Paris, 10/18, 1964.

_____. Discours sur la question du libre-échange. In: *Misère de la philosophie*. Paris, Giard et Brière, 1908, p. 299-300.

_____. *Anti-Dürhing*. Paris, Éditions Sociales, 1968.

_____. Thèses sur Feuerbach. In: MACHEREY, Pierre. *Marx 1845*: Les thèses sur Feuerbach (traduction et commentaire). Paris, Éditions Amsterdam, 2008.

_____. *Le 18 Brumaire de Louis Bonaparte*. Paris, GF-Flammarion, 2007.

_____. *Manuscrits de 1857-1858 dits "Grundrisse"*, Paris, Éditions Sociales, 2011.

_____. *Le Capital*, Livre I. Paris, PUF, 2014.

MARX, Karl; ENGELS, Friedrich. *Manifeste du parti communiste*. Paris, Ère nouvelle, 1895.

_____. *Lettres sur les sciences de la nature*. Paris, Éditions Sociales, 1973.

MAY, Christopher. *The Global Political Economy of Property Rights*. The New Enclosures. Londres, Routledge, 2009.

MBEMBE, Achille. *Critique de la raison nègre*. Paris, La Découverte, 2013.

MCMASTER, H.R.; COHN, Gary D. America First doesn't mean America Alone. In: *Wall Street Journal*, 30 maio 2017. Disponível em: <www.wsj.com/articles/america-first-doesnt-mean-america-alone-1496187426>.

MCNEILL, John R. *Du nouveau sous le soleil*. Une histoire de l'environnement mondial au XXᵉ siècle. Seyssel, Champ Vallon, 2010.

_____. *The Great Acceleration*. An Environmental History of the Anthropocene since 1945. Cambridge, Harvard University Press, 2014.

MEADOWS, Donatella H. et al. *The Limits to Growth*. Nova York, Universe Books, 1972.

MÉDA, Dominique. *Au-delà du PIB*. Pour une autre mesure de la richesse. Paris, Flammarion, 2008.

MEHTA, Uday Singh. *Liberalism and Empire*. A Study in Nineteenth-Century British Liberal Thought. Chicago, University of Chicago Press, 1999.

MERCHANT, Carolyn. *The Death of Nature*. Women, Ecology and the Scientific Revolution. Nova York, Harper & Row, 1983.

_____. *Ecological Revolutions*. Nature, Gender, and Science. New England, Chapel Hill, University of North Carolina Press, 1989.

MERCIER DE LA RIVIÈRE. *L'Ordre naturel et essentiel des sociétés politiques*. Paris, Geuthner, 1910 (1767).

MIES, Maria; SHIVA, Vandana. *Ecofeminism*. Londres, Zed Books, 1993.

MILANOVIC, Branko. *Inégalités mondiales*. Le destin des classes moyennes, les ultra-riches et l'égalité des chances. Paris, La Découverte, 2019.

MILL, John Stuart. *De la liberté*. Paris, Folio-Gallimard, 1990.

_____. *Principes d'économie politique*. Paris, Guillaumin, 1873.

_____. *Sur le socialisme*. Paris, Les Belles Lettres, 2016.

MILLENNIUM ECOSYSTEM ASSESSMENT. ECOSYSTEMS AND HUMAN WELL-BEING. Washington, DC, Island Press, 2005.

MINTZ, Sidney. *Sweetness and Power*. The Place of Sugar in Modern History. Nova York, Penguin Books, 1986.

MIRABEAU. *Philosophie rurale, ou économie générale et politique de l'agriculture, réduite à l'ordre immuable des lois physiques et morales qui assurent la prospérité des Empires*. Amsterdã, Les Libraires associés, 1763.

MIROWSKI, Philip. *More Heat than Light*. Economics as Social Physics, Physics as Nature's Economics. Cambridge, Cambridge University Press, 1989.

MISSEMER, Antoine. William Stanley Jevons' The Coal Question (1865), Beyond the Rebound Effect. In: *Ecological Economics*, v. 82, 2012, p. 97-103.

_____. *Nicholas Georgescu-Roegen, pour une révolution bioéconomique*. Lyon, ENS Éditions, 2013.

_____. Nicholas Georgescu-Roegen and Degrowth. In: *European Journal of the History of Economic Thought*, v. 24, n. 3, 2017, p. 493-506.

MITCHELL, Timothy. The Stage of Modernity. In: Timothy Mitchell (org.). *Questions of Modernity*. Minneapolis, University of Minnesota Press, 2000, p. 3.

_____. *Carbon Democracy*. Le pouvoir politique à l'âge du pétrole. Paris, La Découverte, 2013 (2011).

MUCCHIELLI, Laurent. *Histoire de la criminologie française*. Paris, L'Harmattan, 1994.

MUMFORD, Lewis. *Technique et Civilisation*. Paris, Seuil, 1950 (1934).

MOKYR, Joel. *The Enlightened Economy*. Britain and the Industrial Revolution 1700-1850. Londres, Penguin Book, 2011.

MOORE, Jason. "Amsterdam is Standing on Norway". Part I: The Alchemy of Capital, Empire and Nature in the Diaspora of Silver, 1545-1648. In: *Journal of Agrarian Change*, v. 10, n. 1, 2010.

_____. "Amsterdam is Standing on Norway". Part II: The Global North Atlantic in the Ecological Revolution of the Long Seventeenth Century. In: *Journal of Agrarian Change*, v. 10, n. 2, 2010.

_____. *Capitalism in the Web of Life*. Londres, Verso, 2015.

MOORE, Jason; PATEL, Raj. *A History of the World in Seven Cheap Things*. Londres, Verso, 2017.

MORIZOT, Baptiste. *Les Diplomates*. Cohabiter avec les loups sur une nouvelle carte du vivant. Marseille, Wildproject, 2016.

_____. Nouvelles alliances avec la terre. Une cohabitation diplomatique avec le vivant. In: *Tracés*, n. 33, 2017, p. 73-96.

_____. Prédation et production. Quel bon usage de la terre? Conferência proferida no colóquio "The Right Use of the Earth", jun. 2018, Paris.

_____. Ce que le vivant fait au politique. In : *Le Cri de Gaïa*. Paris, La Découverte (no prelo).

Bibliografia • 359

MOYN, Samuel. Hype for the Best. Why does Steven Pinker insist that Human Life is on the Up? In: *The New Republic*, 19 mar. 2018. Disponível em: <https:// newrepublic.com/a rticle/147391/hype-best>.

MURADIAN, Roldan; O'CONNOR, Martin; MARTINEZ-ALIER, Joan. Embodied Pollution in Trade. Estimating the "Environmental Load Displacement" of Industrialised Countries. In: *Ecological Economics*, v. 41, n. 1, 2002, p. 51-67.

MURRAY LI, Tania. Qu'est-ce que la terre? Assemblage d'une resource et investissement mondial. In: *Tracés*, n. 33, 2017, p. 19-48.

NAKHIMOVSKY, Isaac. *The Closed Commercial State*. Perpetual Peace and Commercial Society from Rousseau to Fichte. Princeton, Princeton University Press, 2011.

NASH, Roderick. *The Rights of Nature*. A History of Environmental Ethics. Madison, University of Wisconsin Press, 1989.

O'DONNELL, Erin L.; TALBOT-JONES, Julia. Creating Legal Rights for Rivers: lessons from Australia, New Zealand and India. In: *Ecology and Society*, v. 23, n. 1, 2018.

ODUM, Howard T. *Environment, Power and Society for the Twentieth Century*. Nova York, Columbia University Press, 1971.

OFFE, Claus. *The Contradictions of the Welfare State*. Londres, Hutchinson, 1984.

_____. New Social Movements. Challenging the Boundaries of Institutional Politics. In: *Social Research*, v. 52, n. 4, 1985, p. 817-68.

ORESKES, Naomi; KRIGE, John (orgs.). *Science and Technology in the Global Cold War*. Cambridge, MIT Press, 2014.

ORESKES, Naomi ; CONWAY, Erik W. *Les Marchands de doute*. Paris, Le Pommier, 2012.

ORLÉAN, André. *L'Empire de la valeur*. Paris, Seuil, 2011.

OSTWALD, Wilhelm. *Les Fondements énergétiques de la science et de la civilisation*. Paris, Giard et Brière, 1910.

OTTER, Chris. Encapsulation. Inner Worlds and their Discontents. In: *Journal of Literature and Science*, v. 10, n. 2, p. 55-66.

PAGDEN, Anthony. Human Rights, Natural Rights, and Europe's Imperial Legacy. In: *Political Theory*, v. 31, n. 2, p. 171-199, 2003.

_____. Fellow Citizens and Imperial Subjects. Conquest and Sovereignty in Europe's Overseas Empires. In: *History and Theory*, v. 44, n. 4, 2005.

PESSIS, Céline; TOPÇU, Sezin; BONNEUIL, Christophe (orgs.). *Une autre histoire des Trente Glorieuses*. Modernisation, contestations et pollutions dans la France d'après-guerre. Paris, La Découverte, 2013.

PESTRE, Dominique. L'analyse de controverses dans l'étude des sciences depuis trente ans. Entre outil méthodologique, garantie de neutralité axiologique et politique. In: *Mil neuf cent*, n. 25, 2007, p. 29-43.

_____. La mise en économie de l'environnement comme règle. Entre théologie économique, pragmatisme et hégémonie politique. In: *Écologie et Politique*, n. 52, 2016, p. 19-44.

PÉTRÉ-GRENOUILLEAU, Olivier. *Saint-Simon*. L'utopie ou la raison en actes. Paris, Payot, 2001.

PIERSON, Paul. *Dismantling the Welfare State?* Reagan, Thatcher, and the Politics of Retrenchment. Cambridge, Cambridge University Press, 1994.

PIKETTY, Thomas. *Le Capital au XXIe siècle*. Paris, Seuil, 2013.

360 • Abundância e liberdade

PILBEAM, Pamela. *The Middle Classes in Europe, 1789-1914*. France, Germany, Italy, and Russia. Chicago, Lyceum Books, 1990.

PINCHOT, Gifford. The Foundations of Prosperity. In: *The North American Review*, v. 188, n. 636, 1908, p. 740-52.

PINKER, Steven. *Le Triomphe des Lumières*. Paris, Les Arènes, 2018.

PITTS, Jennifer. *A Turn to Empire*. The Rise of Imperial Liberalism in Britain and France. Princeton, Princeton University Press, 2005.

_____. Empire and Legal Universalisms in the Eighteenth Century. In: *American Historical Review*, v. 117, n. 1, 2012, p. 92-121.

PLEHWE, Dieter. Think Tank Networks and the Knowledge – Interest nexus. The Case of Climate Change. In: *Critical Policy Studies*, v. 8, n. 1, 2014, p. 101-15.

PLOUVIEZ, Mélanie. Le projet durkheimien de réforme corporative: droit professionnel et protection des travailleurs. In: *Les Études sociales*, n. 157-158, 2013, p. 57-103.

POCOCK, John. *Le Moment machiavélien*. La pensée politique florentine et la tradition républicaine atlantique. Paris, PUF, 1998.

POLANYI, Karl. *La Subsistance de l'homme*. Paris, Flammarion, 2011.

_____. La mentalité de marché est obsolète. In: *Essais*, Paris, Seuil, 2008.

_____. *La Grande Transformation*. Paris, Gallimard, 1983 (1944).

POMERANZ, Kenneth. *Une grande divergence*. La Chine, l'Europe et la construction de l'économie mondiale. Paris, Albin Michel, 2010.

POTTIER, Antonin. *L'Économie dans l'impasse climatique*. Développement matériel, théorie immatérielle et utopie auto-stabilisatrice. Tese de doutorado em economia, EHESS, 2014.

_____. *Comment les économistes réchauffent le climat*. Paris, Seuil, 2016.

_____. Climat: William Nordhaus est-il bien sérieux? In: *Alternatives Économiques*, 9 out. 2018, <www.alternatives-economiques.fr/climat-william-nordhaus-bien-serieux/00086544>.

PROUDHON, Pierre-Joseph. *De la concurrence entre le chemin de fer et les voies navigables*. Paris, Guillaumin, 1845.

_____. *Système des contradictions économiques, ou Philosophie de la misère*. Paris, Guillaumin, 1846.

_____. *De la capacité politique des classes ouvrières*. Paris, Dentu, 1865.

_____. *Qu'est-ce que la propriété?* Paris, Le Livre de poche, 2009.

_____. *Le Droit au travail et le droit de propriété*. Paris, Vasbenter, 1848.

_____. Les Malthusiens. In: *Le Peuple*, 10 ago. 1848.

PURDY, Jedediah. American Natures. The Shape of Conflict in Environmental Law. In: *Harvard Environmental Law Review*, v. 36, 2012.

QUESNAY, François. *Physiocrates*. Paris, GF-Flammarion, 2008.

RAWORTH, Kate. *Doughnut Economics*. Londres, Random House, 2017.

ROCKSTRÖM, Johan et al. A Safe Operating Space for Humanity. In: *Nature*, v. 461, n. 7263, 2009, p. 472-5.

ROSANVALLON, Pierre. *Le Moment Guizot*. Paris, Gallimard, 1985.

RUDICK, Martin J. S. *The Great Devonian Controversy*. Chicago, University of Chicago Press, 1985.

Bibliografia • 361

SAHLINS, Marshall. *Âge de pierre, âge d'abondance*. L'économie des sociétés primitives. Paris, Gallimard, 1976.

SAÏD, Edward. *L'Orientalisme*. Paris, Seuil, 2005 (1978).

SAINT-SIMON. *Œuvres complètes*. Paris, PUF, 2012.

_____. *Doctrine de Saint-Simon*. Exposition, Première année, 1829. Paris, Rivière, 1924.

SALLEH, Ariel. *Ecofeminism as Politics*. Nature, Marx, and the Postmodern. Londres, Zed Books, 1997.

SALMON, Gildas. Foucault et la généalogie de la sociologie. In: *Archives de Philosophie*, v. 79, n. 1, 2016, p. 79-102.

_____. On Ontological Delegation. The Birth of Neoclassical Anthropology. In: CHARBONNIER, Pierre; SALMON, Gildas; SKAFISH, Peter (orgs.). *Comparative Metaphysics*. Ontology after Anthropology. Londres, Rowman and Littlefield, 2017, p. 41-60.

_____. Les paradoxes de la supervision. Le "règne du droit" à l'épreuve de la situation coloniale dans l'Inde britannique, 1772-1782. In: *Politix*, n. 123, 2019, p. 35-62.

SAMUELSON, Paul. The Pure Theory of Public Expenditure. In: *The Review of Economics and Statistics*, v. 36, n. 4, 1954, p. 387-9.

_____. The Canonical Classical Model of Classical Political Economy. In: *Journal of Economic Literature*, v. 16, 1978.

SANDBACH, Francis. The Rise and Fall of the Limits to Growth Debate. In: *Social Studies of Science*, v. 8, 1978, p. 495-520.

SAY, Jean-Baptiste. *Traité d'économie politique*. 6. ed. Paris, Zeller, 1841.

SCHMELZER, Matthias. The Growth Paradigm. History, Hegemony, and the Contested Making of Economic Growthmanship. In: *Ecological Economics*, n. 118, 2015, p. 262-71.

_____. *The Hegemony of Growth*. The OECD and the Making of the Economic Growth Paradigm. Cambridge, Cambridge University Press, 2016.

SCHMITT, Carl. Prendre/Partager/Paître (la question de l'ordre économique et social à partir du nomos). La Guerre civile mondiale. In: *Essais (1943-1978)*. Paris, Editions Ère, 2007.

_____. *Le Nomos de la Terre*. Paris, PUF, 2001.

SCHUMACHER, Ernst Friedrich. *Small is Beautiful*. Blond & Briggs, 1973.

SCOTT, James C. *Seeing Like a State*. How Certain Schemes to Improve the Human Condition Have Failed. New Haven, Yale University Press, 1998.

_____. *Zomia ou l'art de ne pas être gouverné*. Paris, Seuil, 2013.

SCRANTON, Roy. *Learning to Die in the Anthropocene*. San Francisco, City Lights Books, 2015.

SCRUTON, Roger. *Green Philosophy*. How to Think Seriously About the Planet. Londres, Atlantic, 2011.

SCHUMPETER, Joseph. *Capitalism, Socialism and Democracy*. Londres, Routledge, 2003 (1943).

SERVIGNE, Pablo; STEVENS, Raphaël. *Comment tout peut s'effondrer*. Petit manuel de collapsologie à l'usage des générations présentes. Paris, Seuil, 2015.

SERVIGNE, Pablo; STEVENS, Raphaël; CHAPELLE, Gauthier. *Une autre fin du monde est possible*. Paris, Seuil, 2018.

SEWELL, William H. *Gens de métier et révolutions*. Le langage du travail de l'Ancien Régime à 1848. Paris, Aubier Montaigne, 1983.

SHAPIN, Steven. *Une histoire sociale de la vérité*. Science et mondanité dans l'Angleterre du XVIIᵉ siècle. Paris, La Découverte, 2014 (1994).

SHAPIN, Steven; SCHAFFER, Simon. *Léviathan et la pompe à air*. Paris, La Découverte, 1993 (1985).

SIEFERLE, Peter Rolf. *The Subterranean Forest*. Energy Systems and the Industrial Revolution. Cambridge, White Horse, 2001.

SINGARAVELOU, Pierre. *Professer l'Empire*. Les "sciences coloniales" en France sous la IIIᵉ République. Paris, Publications de la Sorbonne, 2011.

SINGER, Peter. *Animal Liberation*. A New Ethics for our Treatment of Animals. Nova York, Avon Books, 1975.

SMIL, Vaclav. *Energy in World History*. Boulder, Westview Press, 1994.

SMITH, Adam. *Enquête sur la nature et les causes de la richesse des Nations*. Paris, PUF, 1995.

_____. *Théorie des sentiments moraux*. Paris, PUF, 2010.

SPECTOR, Céline. Le concept de mercantilisme. In: *Revue de métaphysique et de morale*, v. 39, n. 3, 2003, p. 289-309.

SPIVAK, Gayatri. *Les subalternes peuvent-elles parler?*. Paris, Éditions Amsterdam, 2008 (1988).

STEDMAN JONES, Gareth. *An End to Poverty?* Londres, Profile Books, 2004.

_____. National Bankruptcy and Social Revolution. European Observers on Britain, 1813-1844. In: WINCH, Donald; O'BRIEN, Patrick K. (orgs.). *The Political Economy of British Historical Experience 1688-1914*. Oxford, Oxford University Press, 2002, p. 61-92.

_____. Saint-Simon and the Liberal Origins of the Socialist Critique of Political Economy. In: APRILE, Sylvie; BENSINON, Fabrice (orgs.). *La France et l'Angleterre au XIXᵉ siècle*. Paris, Créaphis, 2006.

_____. L'impossible anthropologie communiste de Karl Marx. In: BOURDEAU, Vincent; MACÉ, Arnaud (orgs.). *La Nature du socialisme*. Pensée sociale et conceptions de la nature au XIXᵉ siècle. Besançon, Presses Universitaires de Franche-Comté, 2018.

STEFFEN, Will et al. The Trajectory of the Anthropocene. The Great Acceleration. In: *The Anthropocene Review*, v. 2, n. 1, 2015, p. 81-98.

STEFFEN, Will et al. Trajectories of the Earth System in the Anthropocene. In: *PNAS*, v. 115, n. 33, 2018, p. 8252-9.

STEINBERG, Philip; TASCH, Jeremy; GERHARDT, Hannes. *Contesting the Arctic*. Politics and Imaginaries in the Circumpolar North. Londres, I.B. Tauris, 2015.

STENGERS, Isabelle. *L'Invention des sciences modernes*. Paris, La Découverte, 1993.

STERN REVIEW: *on the Economics of Climate Change*. Londres, HM Treasury, 2010.

STOCKING JR., George W. *Victorian Anthropology*. Nova York, Free Press, 1987.

STREECK, Wolfgang. *Du temps acheté*. La crise sans cesse ajournée du capitalisme démocratique. Paris, Gallimard, 2014.

TAYLAN, Ferhat. *Mésopolitiques*. Connaître, théoriser et gouverner les milieux de vie, 1750--1900. Paris, Éditions de la Sorbonne, 2018.

_____. Droits des peuples autochtones et communs environnementaux. Le cas du fleuve Whanganui en Nouvelle-Zélande. In: *Annales des Mines*, v. 92, n. 4, 2018, p. 21-5.

TAYLOR, Frederick. *The Principles of Scientific Management*. Nova York/Londres, Harper and Brothers, 1911.

THIERS, Adolphe. *De la propriété*. Paris, Paulin, Lheureux et Cie, 1848.

THOMPSON, Edward Palmer. *La Formation de la classe ouvrière anglaise*. Paris, Seuil, 2017.

_____. The Moral Economy of the English Crowd in the Eighteenth Century. In: *Past and Present*, n. 50, 1971, p. 76-136.

_____. *Whigs and Hunters*. The Origins of the Black Act. Londres, Allen Lane, 1975.

TILLEY, Helen. *Africa as a Living Laboratory*. Empire, Development, and the Problem of Scientific Knowledge, 1870-1950. Chicago, University of Chicago Press, 2011.

TOCQUEVILLE, Alexis de. *De la démocratie en Amérique*. Paris, GF-Flammarion, 1981.

TORT, Patrick. *Spencer et l'évolutionnisme philosophique*. Paris, PUF, 1996.

_____. *Darwin et le darwinisme*. Paris, PUF, 1997.

TOOZE, Adam. *Crashed*. Comment une décennie de crise financière a changé le monde. Paris, Les Belles Lettres, 2018.

TOYNBEE, Arnold. *Lectures on the Industrial Revolution of the 18th Century in England*. Londres, Longmans, 1884.

TRIBE, Keith. *Governing Economy*. The Reformation of German Economic Discourse (1750--1840). Cambridge, Cambridge University Press, 1988.

_____. De l'atelier au procès de travail. Marx, les machines et la technologie. In: JARRIGE, François (org.). *Dompter Prométhée*. Technologies et socialismes à l'âge romantique (1820--1870). Besançon, Presses Universitaires de Franche-Comté, 2016.

TURNER, Fredrik Jackson. The Significance of the Frontier in American History. In: *Annual Report of the American Historical Association*, 1894, p. 119-227.

TYLOR, Edward B. *Primitive Culture*. Londres, John Murray, 1871.

URE, Andrew. *Philosophie des manufactures ou économie industrielle de la fabrication du coton et de la laine, du lin et de la soie*. Paris, L. Mathias, 1836.

VAN ITTERSUM. Martine Julia. *Profit and Principle*. Hugo Grotius, Natural Rights Theories, and the Rise of Dutch Power in the East Indies, 1595-1615. Boston, Brill, 2006.

VANUXEM, Sara. *La Propriété de la terre*. Marseille, Wildproject, 2018.

VATIN, François. Le Travail. *Economie et physique, 1780-1830*. Paris, PUF, 1993.

VEBLEN, Thorstein. *The Collected Works of Thorstein Veblen*. Londres, Routledge/Thoemmes, 1994.

_____. *Théorie de la classe de loisir*. Paris, Gallimard, 1970.

VINCENT, Julien. Cycle ou catastrophe? L'invention de la "révolution industrielle" en Grande--Bretagne, 1884-1914. In: GENET, Jean-Philippe; RUGGIU, François-Joseph (orgs.). *Les idées passent-elles la Manche?* Savoirs, représentations, pratiques (France-Angleterre, X^c-XXe siècles). Paris, Presses de la Sorbonne, 2007, p. 235-58.

_____. Une contre-révolution du consommateur? Le comte Rumford à Boston, Munich, Londres et Paris (1774-1814). *Histoire, économie et société*, v. 32, n. 3, 2013, p. 13-32.

VIVEIROS DE CASTRO, Eduardo. *From the Enemy's Point of View*. Humanity and Divinity in an Amazonian Society. Chicago, University of Chicago Press, 1986.

_____. *Métaphysiques cannibales*. Paris, PUF, 2009.

364 • Abundância e liberdade

WALLERSTEIN, Immanuel. *The Modern World System*. University of California Press, 1974-1989.

WARDE, Paul. The Idea of Improvement, c. 1520-1700. In: HOYLE, Richard (org.). *Custom, Improvement and the Landscape in Early Modern Britain*. Farnham-Burlington, Ashgate, 2011, p. 127-48.

_____. *The Invention of Sustainability*. Cambridge, Cambridge University Press, 2018.

WAKEFIELD, Edward Gibbon. *A View of the Art of Colonization*. Cambridge, Cambridge University Press, 2014 (1849).

WEAVER, John C. *The Great Land Rush and the Making of the Modern World (1650-1900)*. Montreal, McGill-Queen's University Press, 2003.

WEBB, Beatrice; WEBB, Sydney. *Industrial Democracy*. Londres; Nova York; Mumbai, Longmans, Green & Co., 1897.

WEBER, Eugen. *La Fin des terroirs*. Paris, Fayard, 1983.

WEBER, Max. *L'Éthique protestante et l'esprit du capitalisme*. Paris, Gallimard, 2004.

WHITE, Ben et al. The New Enclosures. Critical Perspectives on Corporate Land Deals. In: *The Journal of Peasant Studies*, v. 39, n. 3-4, 2012, p. 619-47.

WHITE, Leslie. Energy and the Evolution of Culture. In: *American Anthropologist*, v. 45, n. 3, 1943.

WHITE JR., Lynn. The Historical Roots of our Ecological Crisis. In: *Nature*, v. 155, n. 3.767, 1967.

WILLIAMS, Eric. *Capitalism and Slavery*. Chapel Hill, University of North Carolina Press, 1944.

WINCH, Donald. *Economics and Policy*. A Historical Study. Nova York, Walker & Co., 1969.

_____. *Riches and Poverty*. An Intellectual History of Political Economy in Britain, 1750--1834. Cambridge, Cambridge University Press, 1996.

WINNER, Langdon. *The Whale and the Reactor*. A Search for Limits in an Age of High Technology. Chicago, University of Chicago Press, 1986.

WITTFOGEL, Konrad. *Le Despotisme oriental*. Paris, Minuit, 1964.

WOLLOCH, Nathaniel. *Nature in the History of Economic Thought*. How natural resources became an economic concept. Londres, Routledge, 2017.

WOOD, Neal. *John Locke and Agrarian Capitalism*. Berkeley, University of California Press, 1984.

WOOD, Ellen Meiksins. The Agrarian Origins of Capitalism. In: *Monthly Review*, v. 50, n. 3, 1998.

WRIGLEY, Edward Anthony. *Poverty, Progress and Population*. Cambridge, Cambridge University Press, 2004.

_____. *Energy and the English Industrial Revolution*. Cambridge, Cambridge University Press, 2010.

XIFARAS, Mikhaïl. Marx, justice et jurisprudence, une lecture du "vol de bois". In: *Revue Française d'Histoire des Idées Politiques*, n. 15, 2001/2.

ZACCAI, Edwin; GEMENNE, François; DECROLY, Jean-Michel (orgs.). *Controverses climatiques, sciences et politique*. Paris, Presses de Sciences Po, 2012.

ÍNDICE ONOMÁSTICO

Albritton Jonsson, Fredrik. 83, 86, 115, 214

Armitage, David. 49, 61-3

Aykut, Stefan. 269, 332

Babbage, Charles. 198-9

Barthe, Yannick. 244, 267

Bayly, Christopher. 91

Beck, Ulrich. 249

Belime, William. 129

Bentham, Jeremy. 27-8, 145

Beveridge, William. 228

Blanc, Louis. 132-3, 140

Blanqui, Adolphe. 89

Bloor, David. 284

Bolsonaro, Jair. 10

Bouglé, Célestin. 167

Cabanis, Pierre Jean Georges. 161

Callicott, John Baird. 26

Callon, Michel. 267

Canguilhem, Georges. 220

Carlyle, Thomas. 72, 170

Carson, Rachel. 229

Castel, Robert. 263

Castoriadis, Cornelius. 40, 191

Chakrabarty, Dipesh. 276, 303, 342-3

Chaptal, Jean-Antoine. 161, 164

Colbert, Jean-Baptiste. 74-5

Commoner, Barry. 251

Commons, John R. 158, 183,

Condorcet, Nicolas de. 23, 161

Cronon, William. 117

Crosby, Alfred. 116, 296

Crutzen, Paul. 38

Dahan, Amy. 269, 332

Daly, Herman. 250

De Vries, Jan. 73-4, 90-1

Descartes, René. 51

Descola, Philippe. 24, 29, 287, 289, 291--3, 300

Drayton, Richard. 65, 108, 118

Dunoyer, Charles. 138

Durkheim, Émile. 33, 127-8, 141-54, 185, 209, 225, 281, 331

Ehrlich, Paul. 251

Engels, Friedrich. 190, 199-200

Felli, Romain. 272

Fichte, Johann Gottlieb. 92-99, 114, 126, 243, 300

Fitzmaurice, Andrew. 51

Forrester, Jay. 251-2

Foucault, Michel. 352, 354, 361

Fourastié, Jean. 229-30

Fraser, Nancy. 335

Fressoz, Jean-Baptiste. 109, 169,

Gauchet, Marcel. 29, 42, 104

Georgescu-Roegen, Nicholas. 186, 250, 254-8, 297

366 • Abundância e liberdade

Giddens, Anthony. 265-8

Gorz, André. 233-4

Grotius, Hugo. 11, 46-7, 52-68, 131

Guha, Ramachandra. 304-5

Guha, Ranajit. 302-3

Guizot, François. 104-7, 116, 126

Halévy, Élie. 167

Hansen, James. 269

Haraway, Donna. 29-30

Hardt, Michael. 335

Haudricourt, André-Georges. 292

Hayek, Friedrich. 210-1

Hecht, Gabrielle. 244

Hegel, Georg W. F. 92

Heidegger, Martin. 233

Hirschmann, Albert. 72

Hobbes, Thomas. 661, 209

Hottinguer, Jean-Conrad. 164

Hume, David. 82

Husserl, Edmund. 33, 233

Illich, Ivan. 328

Ingold, Tim. 287, 289

Jackson, Tim. 21, 44

Jaeggi, Rahel. 335

Jarrige, François. 109, 142, 169, 199

Jefferson, Thomas. 123

Jevons, William Stanley. 104, 110-6, 121, 126, 173-4, 206, 240,

Kant, Emmanuel. 50, 61, 72, 92-3

Kennedy, John Fitzgerald. 228

Keynes, John Maynard. 38, 239-40

Klein, Naomi. 317, 320

Koselleck, Reinhardt. 41, 49, 80

Krausmann, Fridolin. 19, 37

Laclau, Ernesto. 335

Laffitte, Jacques. 164

Larcher, Silyane. 24, 119, 282

Lascoumes, Pierre. 267

Latour, Bruno. 24, 29, 171, 222, 262, 267-8, 283-7, 317, 319, 326, 335,

Leopold, Aldo. 224

Leroux, Pierre. 107

Lévi-Strauss, Claude. 282

Liebig, Justus von. 113, 199

Lippmann, Walter. 211

Locke, John. 11, 46-7, 60-8, 179, 209, 214, 311

MacPherson, Crawford B. 69

Maier, Charles S. 46

Malm, Andreas. 102, 113, 215, 307

Malthus, Thomas. 37, 72, 86-7, 101-2, 111, 113-5, 135, 212, 253-4

Mandeville, Bernard de. 72

Mannheim, Karl. 211

Marcuse, Herbert. 231-7, 240-2, 246, 343

Martinez-Alier, Joan. 251, 254, 296-7, 304

Marx, Karl. 39-40, 78, 127-9, 167, 189--207, 210, 212, 215, 220, 222-3, 292, 304

Mauss, Marcel. 281

McNeill, John. 28, 230, 297

Meadows, Dennis. 248

Meadows, Donatella. 248, 250, 254

Mercier de la Rivière, Pierre-Paul. 75-8

Mill, James. 198, 212

Mill, John Stuart. 107, 125, 145

Mintz, Sidney. 117

Mirabeau, Victor Riquetti de. 76, 78

Missemer, Antoine. 110-1, 254,

Mitchell, Timothy. 143, 239-41, 243, 278, 325, 330

Montesquieu, Charles Louis de Secondat, dit. 179

Moore, Jason. 95, 298

Morizot, Baptiste. 46, 293-4, 312, 336

Mouffe, Chantal. 335

Muir, John. 174

Murray Li, Tania. 279, 298-9, 305

Negri, Antonio. 335

Newcomen, Thomas. 112

Newton, Isaac. 51

Odum, Howard T. 251, 258-60, 297

Offe, Claus. 241

Índice onomástico • 367

Orléan, André. 214

Ostwald, Wilhelm. 177, 259

Pagden, Anthony. 50, 100

Paine, Thomas. 23, 41, 74

Patel, Raj. 298

Peccei, Aurelio. 251

Perregaux, Alphonse. 14

Pestre, Dominique. 268, 332-3

Pinchot, Gifford. 174

Pinker, Steven. 14

Plouviez, Mélanie. 152

Polanyi, Karl. 30, 40, 64, 72, 127, 140, 207-25, 245, 254, 20, 272, 287, 301, 304-5, 314, 318, 330-1, 334,

Pomeranz, Kenneth. 28, 91, 102, 121, 279

Popper, Karl. 210

Portalis, Jean-Étienne-Marie. 129

Pottier, Antonin. 88, 187, 325

Proudhon, Pierre-Joseph. 89, 107, 127-40, 149, 153-4, 191, 193, 209, 225, 304

Quesnay, François. 75-8, 80, 84-5

Ricardo, David. 72, 86-7, 111, 198, 209, 212, 215-6, 254,

Rockström, Johan. 38, 316

Roosevelt, Franklin Delano. 228

Roosevelt, Theodore. 174-5

Rosanvallon, Pierre. 107

Rousseau, Jean-Jacques. 50, 72

Sahlins, Marshall. 137, 215

Saint-Simon, Claude-Henri de Rouvroy de. 157-73, 191, 193, 209, 211, 222, 260, 325

Say, Jean-Baptiste. 130, 163

Schmelzer, Matthias. 243

Schmitt, Carl. 47, 61, 97

Schumacher, Ernst Friedrich. 251

Schumpeter, Joseph. 133

Scott, Howard. 176

Scott, James C. 81, 137

Sewell, William. 140

Shaftesbury, Comte de. 62

Sieyès, Emmanuel-Joseph. 161-2

Smith, Adam. 72, 81-91, 94, 179, 199, 203

Spencer, Herbert. 145

Stedman Jones, Gareth. 23, 191

Taylan, Ferhat. 324

Taylor, Frederick. 161, 175-6

Thiers, Adolphe. 129-30

Thompson, Edward Palmer. 41, 193, 219, 302, 336

Thunberg, Greta. 10

Tocqueville, Alexis de. 121-5, 211-2

Toussaint Louverture, François-Dominique. 117, 120

Townsend, Joseph. 212-3

Troplong, Raymond-Théodore. 129

Trump, Donald. 10

Ure, Andrew. 198-9

Van Heemskerk, Jacob. 53

Vattel, Emer de. 60

Veblen, Thorstein. 127, 136, 157-61, 172-87, 209, 251, 260, 325

Viveiros de Castro, Eduardo. 287, 289-91, 303

Voltaire, François-Marie Arouet, dit. 118

Von Justi, Johann H. G. 92

Wakefield, Edward Gibbon. 216

Wallerstein, Immanuel. 295

Warde, Paul. 64, 73, 214

Watt, James. 112,

Webb, Beatrice. 142

Webb, Sydney. 142

Weber, Max. 25, 39, 146

Wittfogel, Konrad. 81

Woolgar, Steve. 284

Wrigley, Anthony. 73, 86, 100, 179, 253

Wundt, Wilhelm. 146

Publicado em setembro de 2021 – mês em que o Programa de Queimadas do Instituto Nacional de Pesquisas Espaciais (Inpe) divulgou dados alarmantes que demonstram que o desmatamento na Amazônia teve seu terceiro maior índice desde 2010 –, este livro foi composto em Adobe Garamond Pro, corpo 10,5/13,5, e impresso em papel Avena 70 g/m² pela gráfica Rettec, para a Boitempo, com tiragem de 3 mil exemplares.